반도체소자와 전자회로

Semiconductor device

반도체소자와 전자회로

Electronic circuit

양전욱 지음

합격을 만드는 사람들
패스메이커
Passmaker

| 목차 |

Chapter 4. 트랜지스터 증폭기 (Transistor Amplifiers)

Chapter 5. 디지털 회로 (Digital Circuits)

Chapter 6. 초고주파 회로 (Microwave Circuits)

| 일러두기 |

아주 오랜 과거에서 현재에 이르기까지 인류는 도구의 사용으로 삶의 질을 높여왔다. 돌이나 나뭇가지와 같은 도구의 사용만이 가능했던 원시시대에 비해 현대는 다양한 기능을 갖는 도구와 장치들의 개발로 삶의 질이 원시시대와는 아주 달라졌다. 몇 세기 전만해도 꿈꾸지 못했던 자동차와 비행기, TV와 휴대용 전화기 등 주변의 모든 것들은 이제 없어서는 안 될 것들이 되었으며 그 장치들은 자동화, 소형화되어 더욱 편리한 형태로 거듭해서 변하고 있다. 이러한 변화의 중심에는 트랜지스터와 같은 전자부품을 이용한 다양한 기능을 갖는 회로와 시스템이 있으며, 회로 및 시스템의 집적이 크나큰 역할을 하고 있다.

전자회로의 기본 부품에는 저항과 커패시터, 인덕터, 전원과 다이오드, 트랜지스터 등이 있으며 이들 부품을 적절히 연결하면 다양한 기능을 갖는 회로와 시스템을 만들 수 있다. 전자회로와 시스템은 기능에 따라 매우 복잡하고 다양한 형태를 지니고 있으나 기본적인 회로와 구성은 그렇지 않다. 우리는 이 책에서 회로와 시스템을 구성하는 저항과 커패시터, 다이오드, 트랜지스터와 같은 기본 부품들을 이용한 증폭기, 필터와 같은 기본적인 회로의 해석과 설계에 대하여 공부할 수 있도록 군더더기를 빼고 가능하면 쉽게 설명하고자 하였다.

전자회로의 해석, 설계와 관련된 전공 지식을 습득하기 위해서는 반도체 소자와 회로의 해석에 대한 기초가 있어야 하고, 또 전자회로의 구성을 이해하여야 하므로 사전지식의 폭넓은 이해가 선행되는 것이 좋다. 그러나 전자공학을 제외한 타 전공자들은 전자회로에 관심이 있어도 대부분 상이한 교과과정으로 인해 회로에 대한 이해도가 많이 부족하고 전자공학 전공자들 역시 반도체 소자에 대해 더 깊은 지식이 필요한 경우가 많다. 뿐만 아니라, 통신과 태양광, 전기자동차 등이 대중화되어 많은 사람들에게 이와 관련된 핵심부품인 전자회로에 대한 관심도 높아지고 있으나 회로를 전공하지 않은 학생들과 직무 관련자들은 어려움을 느껴 쉽게 접하지 못하고 있다.

본 저서는 도입부에 회로의 기본 개념과 회로해석의 기초적인 내용을 상세히 수록하여 회로의 비전공자들도 여러 서적들을 편람하지 않고 전자회로를 쉽게 이해 할 수 있도록 하고, 회로 전공자들에게는 다소 취약한 반도체의 물성과 소자에 대한 이해에 도움이 되도록 이 부분을 상세히 다루어 선행학습이 부족한 경우에도 학습할 수 있도록 하였다. 대부분의 전자회로 저서들은 작은 전력과 낮은 주파수에서 동작하는 전자회로를 기본으로 다루고 있으나 본 저서를 통해서 다양한 회로에 대해 이해할 수 있도록 범위를 확장하여 초고주파 회로에 필요한 기본 개념도 간략히 소개하였다.

| 장의 요약 |

Chapter 1. 회로의 정리 (Circuit Theory)

MOS 트랜지스터, 바이폴라 트랜지스터와 같은 반도체 소자로 구성된 전자회로의 해석과 설계는 전류와 전압, 신호원 개념과 회로의 기본 법칙에 대한 이해가 선행되어야 한다. 1장에서는 회로 내에서 전하의 움직임을 지배하는 법칙과 정리를 설명하여 회로에 대한 선행학습이 이루어지지 않은 학생들에게 전자소자들의 동작과 회로의 해석, 설계에 필요한 기본지식을 습득할 수 있도록 하였다.

Chapter 2. 신호, 시스템과 전자회로 (Signal, System and Electronic Circuits)

전자회로의 중요한 기능은 신호의 처리이다. 2장은 회로를 공부하는데 필요한 신호의 구분과 표현하는 방법을 소개하고 휴대전화기를 예로 들어 전자회로의 시스템이 신호를 처리하는 과정을 나타내 트랜지스터와 증폭기 등 이어지는 장들에서 전자 부품이 어떻게 활용되는지 이해하는데 도움이 되도록 하였다.

Chapter 3. 반도체와 전자소자 (Semiconductor and Electronic Devices)

MOS 트랜지스터와 바이폴라 트랜지스터는 전자회로에서 가장 중요한 부품들이며 반도체는 이들의 기본 재료이다. 3장에서는 반도체의 물리적 성질을 에너지대 구조와 접합이론을 이용하여 설명하고, 이를 소재로 한 대표적인 전자소자들의 특성을 나타냈다. 특히 회로에 적용하고 있는 다이오드와 MOS 트랜지스터, 바이폴라 트랜지스터의 동작을 물리적인 관점과 회로의 관점에서 함께 설명하여 다양한 전공자들이 쉽게 이해하도록 서술하였다.

Chapter 4. 트랜지스터 증폭기 (Transistor Amplifiers)

본 장은 트랜지스터를 이용한 아날로그 증폭기 회로의 구성과 특성을 다루었다. 전자회로와 관련된 많은 서적들이 바이폴라 트랜지스터와 MOS 트랜지스터 증폭기를 구분하여 서술하였으나 본 저술에서는 MOS 증폭기를 중심으로 기술하고 바이폴라 증폭기를 부연 설명하여 이해도를 높이도록 하였다. 증폭기의 구성에 필요한 바이어스 회로, 소신호 회로의 이해가 가능하도록 하고 차동쌍과 차동증폭기를 서술하여 연산증폭기를 회로적으로 이해할 수 있도록 하였다. 주파수에 관한 특성은 웨이브의 개념이 필요한 초고주파 영역의 특성은 제외하고 커패시터 효과를 중심으로 나타냈다.

Chapter 5. 디지털 회로 (Digital Circuits)

디지털 회로는 논리게이트를 기반으로 하며 MOS와 바이폴라 트랜지스터는 논리게이트의 기본 부품이다. 본 장에서는 기본 논리 게이트와 CMOS 인버터를 중심으로 트랜지스터로 구성되는 논리회로들의 동작 특성을 공부하고 디지털 회로의 해석과 적용능력을 배양하도록 하였다.

Chapter 6. 초고주파 회로 (Microwave Circuits)

낮은 주파수에서 동작하는 회로들과 달리 높은 주파수 신호를 처리하는 전자회로의 해석은 웨이브 개념을 도입한 전송선로 해석을 기반으로 하므로 대다수의 전자회로 책자에서는 다루지 않고 있다. 그러나 최근에는 급격히 통신 기술이 발달하면서 많은 사람들이 초고주파를 적용한 기기를 접하고 있으며 이들 회로와도 낯설지 않게 되었다. 또한 학생들과 직무관련자들도 초고주파 회로의 해석과 설계에 대한 관심이 많아져 도움이 되도록 본 저서에 이들을 함께 다루었다. 본 장에서는 초고주파 회로의 해석과 설계에 필요한 기본적인 개념들을 다루고 임피던스 매칭의 방법들, 증폭기의 구성과 특성, 해석 방법을 기술하였다.

Chapter 1

회로의 정리

Circuit Theory

1.1 전류, 전압과 저항의 법칙

회로와 전자부품의 전기적인 특성은 자연계에서 나타나는 물리적인 현상과 함께 보면 이해하기 쉽다.

도체에 전하가 모이면 전하는 주변에 영향을 미치는데 이것을 전기장(electric field)이라 한다. 전하는 에너지를 가지며 전하가 갖는 에너지의 변화는 일의 양과 같다. 전하가 갖는 에너지의 크기는 전압으로 표시하며 전하의 움직임은 전류로 나타낸다. 즉, 전하의 단위를 쿨롱(Coulomb, C)으로 정의하는데 (그림 1.1) (a)와 같이 1 C의 전하가 1 주울(Joule, J)의 일을 할 수 있는 에너지를 갖고 있을 때 그 에너지의 차이를 전압 1 볼트(Volt, V)로 나타낸다.

$$1\,V = 1\,J/C$$

도체 내에서 전하의 움직임은 자유롭다. 도체 내에 전위차가 있으면 전하들은 에너지가 높은 곳으로부터 낮은 곳으로 움직여 전하의 흐름을 이루는데 (b)에 나타낸 것처럼 1 C의 전하가 1초 동안 어떤 물체의 단면을 지날 때 보이는 전하의 흐름을 1 암페어(Ampere, A)의 전류로 정의한다.

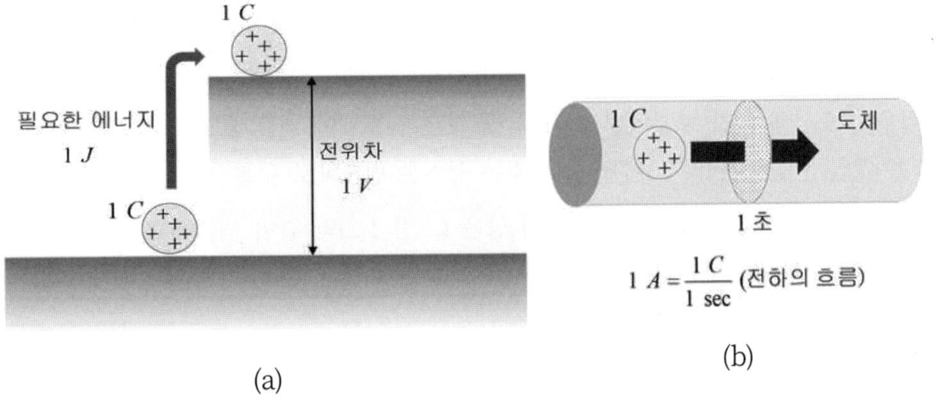

(그림 1.1) 전위차와 에너지(a), 전류의 정의(b)

또 어떤 물체에 전하가 들어오거나 나가면 에너지가 달라지는데 물체가 얼마나 빨리 에너지를 얻거나 방출하는가를 시간당 에너지의 변화율로 나타내며 이것을 일률(work rate), 또는 전력(power)이라고 한다. $1\,J$의 에너지가 1초 동안 달라지는 에너지의 변화율은 1 와트(Watt, W)로 정의하는데 이것은 $1\,V$의 전압과 전류 $1\,A$를 곱한 것과 같다.

$$1\,W = 1\,J/s = 1\,J/C \times 1\,C/s = 1\,V \times 1\,A$$

전력은 에너지의 변화율인 일률이므로 총 에너지의 변화인 일의 양(W)은 전력을 시간에 대하여 적분한 것이며 전력이 일정하면 전력과 시간의 곱이 일에 해당한다.

$$W = \int P dt$$

가정용 전력의 사용량은 보통 kWh 단위로 나타내며 $1\,kWh$는 $3.6\,MJ$의 에너지와 같다.

도체에 흐르는 전류와 전압은 비례하는 관계가 있다. 도체에 가한 전압이 높으면 전압에 비례해서 더 많은 전류가 흐르며 ($I \propto V$) 단위 면적당 도체에 흐르는 전류와 전압이 비례하는 정도를 도전율(conductivity, σ)이라 한다.

$$\sigma = \frac{I}{V}$$

도전율은 물리적인 개념을 잘 나타내지만 우리는 도전율보다는 저항률(resistivity, ρ)에 더 익숙하다. 저항은 도전율과 반대로 전압을 가했을 때 전류가 흐르지 않는 정도, 즉 도전율의 역수와 같으며 이 비례관계는 저항의 법칙이라고 한다.

$$\rho = \frac{V}{I} = \frac{1}{\sigma}$$

물체가 갖는 도전율과 저항률의 단위는 각각 S/m(S; Siemens)와 Ωm(Ω; Ohm)로 나타내며 $1\,\Omega$은 전압 $1\,V$가 걸렸을 때 $1\,A$의 전류가 흐르는 상태를 나타내는 값이다.

물질을 전도성에 따라 구분하면 전류가 잘 흐르는 도체와 전류가 흐르지 못하는 부도체로 나눌 수 있고 이들 사이의 도전율 값을 갖는 물질은 반도체로 구분한다.

전위차에 의해 도체를 흘러가는 전하의 양은 (그림 1.2)와 같이 면적에 비례하여 증가하며 도체에 걸리는 전계는 길이에 반비례하므로 이들을 포함한 전압과 전류의 비례관계를 다음과 같이 저항 R로 나타낸다.

$$R = \rho \frac{l}{S}$$

이 식에서 l은 도체의 길이, S는 단면적이며 저항 R의 단위는 Ω이 된다. 저항은 또 단위 면의 저항값을 나타낸 면저항(Sheet resistance)으로 나타내기도 한다. 저항의 역수는 컨덕턴스(conductance) G로 표시하며 단위는 지멘스(S)이다.

$$G = \frac{1}{R}$$

모든 물질은 종류에 따라 전압을 걸었을 때 전류가 흐르는 정도가 다르며 (표 1.1)과 같이 고유한 도전율, 또는 저항값을 갖는다. 가장 높은 도전율을 갖는 금속은 은(Ag)으로 도전율이 $6.3 \times 10^7\ S/m$이며 구리(Cu)와 금(Au), 알루미늄(Al), 텅스텐(W)도 도전율이 높아 전자 부품의 도전재료로 많이 이용된다. 도체의 저항은 가장 널리 이용되는 구리의 저항률인 $1.72 \times 10^{-8}\ \Omega m$를 '1'로 하여 상대적으로 나타내기도 하는데 이것을 표준연동률이라 한다.

(표 1.1) 물질의 물리적인 특성 (위키피디아)

재료(원소기호)	도전율 (S/m)	저항률 ($\Omega - m$)	표준연동률*	비고
은(Ag)	6.3×10^{7}	$1.59\text{x}10^{-8}$	0.94	도체
구리(Cu)	5.80×10^{7}	1.72×10^{-8}	1.00	도체
금(Au)	4.11×10^{7}	2.44×10^{-8}	1.39	도체
알루미늄(Al)	3.77×10^{7}	2.65×10^{-8}	1.60	도체
텅스텐(W)	1.79×10^{7}	5.60×10^{-8}	3.19	도체
아연(Zn)	1.69×10^{7}	5.90×10^{-8}	3.42	도체
니켈(Ni)	1.43×10^{7}	6.99×10^{-8}	4.20	도체
철(Fe)	10^{7}	9.70×10^{-8}	5.68	도체
백금(Pt)	9.43×10^{6}	1.06×10^{-8}	6.15	도체
주석(Sn)	9.17×10^{6}	1.09×10^{-8}	6.61	도체
납(Pb)	4.55×10^{6}	2.20×10^{-8}	12.2	도체
티타늄(Ti)	2.38×10^{6}	4.20×10^{-8}		도체
갈륨비소(GaAs)	10^{-8} to 10^{3}	10^{-3} to 10^{8}		반도체
게르마늄(Ge)	2.17	4.6×10^{-1}		반도체
규소(Si)	4.35×10^{-4}	2.3×10^{3}		반도체
유리	10^{-15} ~ 10^{-11}	10^{11} ~ 10^{15}		절연체
테프론(Teflon)	10^{-25} ~10^{-23}	10^{23} ~10^{25}		절연체

*구리의 저항률을 1로 할 때 저항률의 비

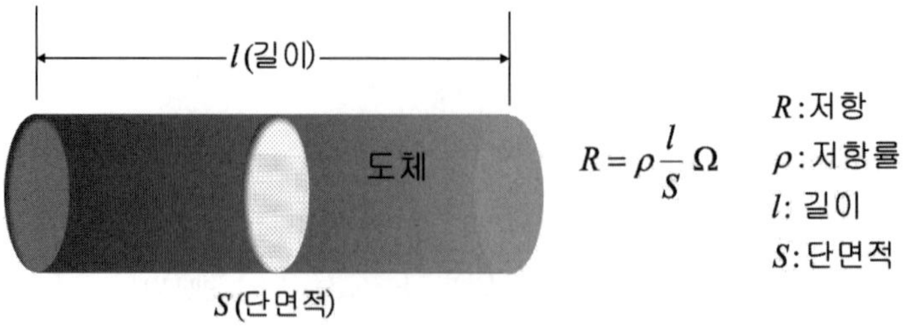

(그림 1.2) 도체의 저항

(예제 1.1) $1.5\,kW$ 전력의 가정용 에어컨을 하루에 세 시간씩 30일 동안 가동하였다. 에어컨이 가동되는 동안 표시된 전력을 계속해서 사용한다면 한 달 동안 사용한 전력량은 얼마나 되는가?

에어컨이 30일 동안 가동된 시간

$$3(\text{시간}) \times 30(\text{일}) = 90(\text{시간})$$

시간당 $1.5\,kW$의 전력을 소모하므로 총 소모전력 W는

$$W = (1.5\,kW/hr)(90\,hr) = 135\,kWh$$

1.2 저항의 직렬연결과 병렬연결

1.2.1 저항

저항은 전하의 흐름을 제한하는 물체의 전기적인 특성을 나타내는 물리적인 상수이다. 저항으로 인해 전하가 움직일 때 에너지의 손실과 전압강하가 나타나며 저항값에 따라 흐르는 전류의 크기가 달라지기도 한다. 전자회로에서는 금속과 반도체 등 여러 가지 재료를 이용하여 필요한 저항값을 갖도록 부품을 만들어 사용하는데 이러한 부품을 저항, 또는 저항기(resistor)라고 한다.

개별 부품으로 만들어지는 저항은 (그림 1.3) (a)와 같이 세라믹 봉에 얇은 탄소막이나 금속막, 또는 금속산화막을 입힌 뒤 원하는 저항값이 되도록 나선형의 홈을 내고 성형하여 만든다. 금속막을 이용한 저항은 탄소막에 비해 정밀도가 높고 금속산화막을 이용한 저항은 가용전력이 더 높다. 이들과 달리 반도체 기판에 회로를 집적하여 만든 집적회로(integrated circuit, IC)의 저항은 도핑된 반도체 기판이나 얇은 금속의 박막, 또는 도핑된 폴리실리콘 박막을 이용하여 원하는 값이 되도록 두께와 크기를 정하고 반도체의 집적회로 공정으로 제작한다.

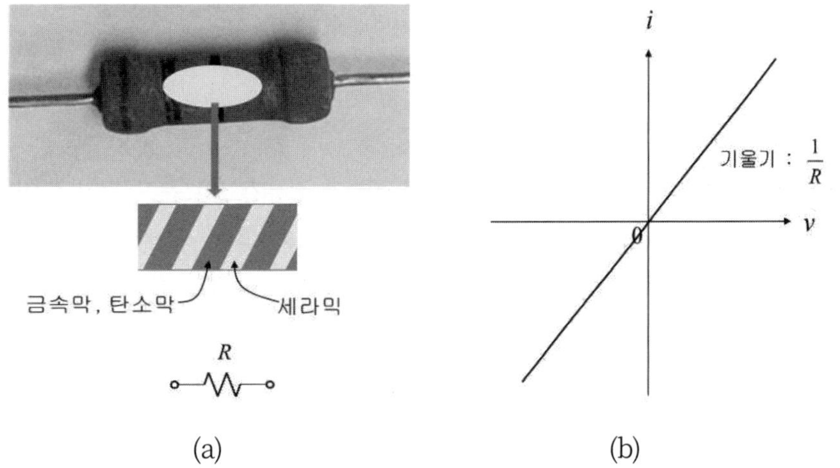

(그림 1.3) 저항기의 구조와 기호(a), 전류-전압 특성(b)

저항은 (a)의 아래에 나타낸 것과 같은 기호로 표시하며 저항의 양 끝에는 다른 부품이 연결되는데 이처럼 다른 부품이 연결되는 부품의 끝을 단자라고 한다.

(그림 1.3) (b)는 저항에 흐르는 전류와 전압의 관계를 나타낸 그래프이다. 저항의 법칙에 따라 전류는 전압에 비례하므로 원점을 지나는 직선이며 직선의 기울기는 저항의 역수와 같다. 저항은 전압과 전류 사이의 단순한 비례관계를 나타내며 이상적인 저항은 주변의 조건과 관계없이 항상 선형적인 특성을 나타내야 한다. 그러나 전자회로에 사용되는 저항기는 만들어진 물질의 특성과 구조에 따라 선형적인 특성을 나타내는 범위가 제한되어 있다.

1.2.2 저항의 직렬연결과 병렬연결

여러 개의 저항을 연결하여 전압을 가하면 전하가 시작점에서부터 끝점에 도달할 때까지 겪는 저항이 달라진다. 따라서 저항이 어떻게 연결되는가에 따라 전체 저항의 크기가 작거나 커질 수 있다. 저항의 연결로 달라진 전체의 저항은 같은 값을 갖는 하나의 저항으로 나타낼 수 있는데 이것을 등가저항이라고 한다.

저항의 연결은 직렬과 병렬연결로 구분하는데 저항이 길이 방향으로 이어진 것을 직렬연결, 나란히 연결된 것을 병렬연결이라고 한다. 저항을 여러 개 직렬로 연결하고 양 끝에 전압을 가하면 전하가 시작점에서부터 끝점에 도달할 때까지 모든 저항을 거치기 때문에 전체 저항은 각각의 저항을 합한 것과 같다. (그림 1.4)의 (a)와 같이 직렬로 연결된 전체 저항의 등가저항 R_{eq}는 다음과 같이 나타낼 수 있다.

$$R_{eq} = R_1 + R_2 + \cdots + R_n = \sum_{i=1}^{n} R_i$$

이와 달리 여러 개의 저항을 나란히 병렬로 연결하면 전류가 흐르는 통로가 넓어져 전류가 더 잘 흐를 수 있다. 전류가 잘 흐르는 정도는 도전율이며 (그림) (b)와 같이 병렬로 저항이 연결되면 전체 저항의 도전율 σ_{eq}는 각 저항이 갖는 도전율의 합과 같다.

$$\sigma_{eq} = \sigma_1 + \sigma_2 + \cdots + \sigma_n = \sum_{i=1}^{n} \sigma_i$$

$$\frac{1}{R_{eq}} = \frac{1}{R_1} + \frac{1}{R_2} + \cdots + \frac{1}{R_n} = \sum_{i=1}^{n} \frac{1}{R_i}$$

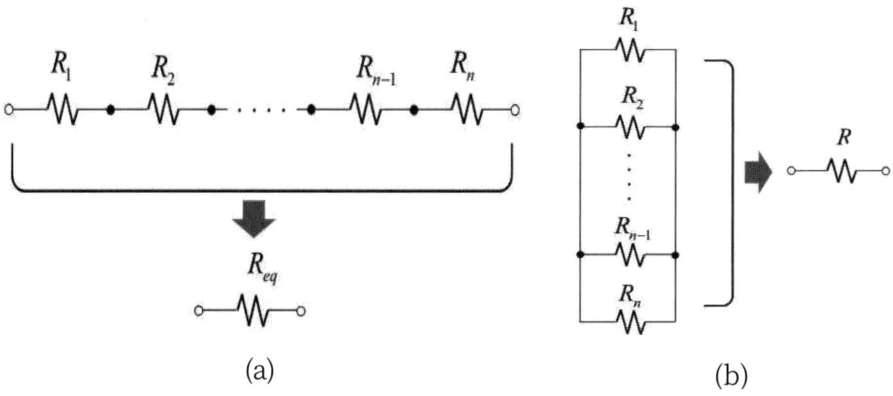

(그림 1.4) 저항의 직렬연결(a)과 병렬연결(b)

도전율은 저항의 역수이므로 병렬로 연결된 저항의 등가저항은 위 식과 같이 각각의 저항을 도전율로 표시하여 더한 총 도전율의 역수와 같다.

저항은 (그림 1.5) (a)와 같이 직렬과 병렬로 함께 연결될 수 있다. 이렇게 직렬연결과 병렬연결이 혼합된 저항들의 등가저항은 구하고자 하는 곳에서 가장 먼 곳부터 차례로 등가화하여 나타내면 쉽게 구할 수 있다.

(그림 1.5)에서 a, b 두 단자 사이에 있는 저항들을 바라볼 때 가장 멀리 $4\,\Omega$과 $12\,\Omega$의 두 저항이 병렬로 연결되어 있다. (b)와 같이 먼저 두 저항을 저항의 역수인 컨덕턴스를 이용하여 등가로 나타내면

$$\frac{1}{R_{eq1}} = \frac{1}{4} + \frac{1}{12} = \frac{1}{3}\,S$$

이 식의 역수로부터 $R_{eq1} = 3\,\Omega$이다. $15\,\Omega$과 $10\,\Omega$의 병렬로 연결된 저항은 R_{eq1}과 분리되어 있으므로 두 저항의 컨덕턴스를 합하고 역수를 취하여 등가저항으로 나타내면 R_{eq2}는 $6\,\Omega$과 같다.

$$\frac{1}{R_{eq2}} = \frac{1}{10} + \frac{1}{15} = \frac{1}{6}\,S$$

등가로 나타낸 R_{eq1}과 R_{eq2}는 직렬로 연결되어 있어 두 저항의 합 $9\,\Omega$은 a, b 단자에 직접 연결된 $9\,\Omega$을 제외한 나머지 모든 저항을 등가화한 R_{eq3}와 같다.

$$R_{eq3} = 3 + 6 = 9\,\Omega$$

따라서 a, b에서 우측을 보면 $9\,\Omega$과 R_{eq3}이 병렬로 연결된 회로와 같고 컨덕턴스를 이용

하면 다음과 같이 전체 회로의 등가 저항을 얻을 수 있다.

$$R_{eq} = 9//R_{eq3} = 9//9 = 4.5\,\Omega$$

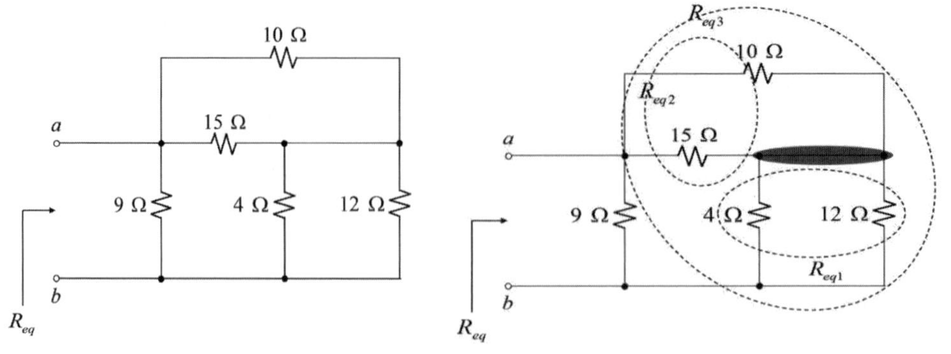

(그림 1.5) 직렬과 병렬로 연결된 저항의 등가화

(예제 1.2) 다음 저항 회로의 단자 a, b에서 본 저항값을 구하시오.

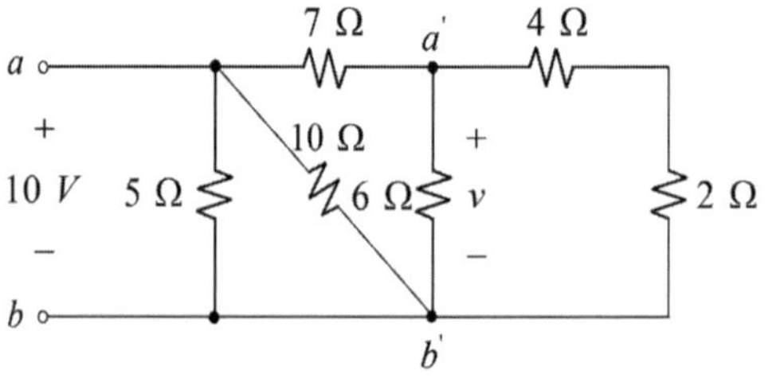

(예제 1.2 그림) 저항 회로

단자 a,b에서 먼 곳으로부터 등가화하면

$$R_{eq} = ((((2+4)//6)+7)//10)//5 = ((6//6+7)//10)//5$$

$$= ((3+7)//10)//5 = (10//10)//5 = 5//5$$

$$= 2.5\,\Omega$$

따라서 a,b에서 본 등가저항 R_{eq}는 $2.5\,\Omega$과 같다.

1.3 전압의 분배와 키르히호프의 법칙

1.3.1 전압의 분배

전하는 에너지의 차이에 따라 움직이며 저항은 전류의 흐름을 거스르는 성질이므로 전하가 움직일 때 저항이 크면 클수록 더 많은 에너지가 필요하다. 저항의 양 끝에 전위차가 있으면 전하가 이동하며 전하가 갖는 에너지는 감소한다. (그림 1.6)과 같이 n개의 저항이 직렬로 연결되었을 때 저항의 양 끝에 전압을 가하면 전하가 이동하면서 각각의 저항에서 에너지가 감소한다. 전체 저항을 R로 나타내면

$$R = R_1 + R_2 + \cdot \cdot \cdot + R_n$$

에너지 차이인 전압은 저항의 법칙에 따라 전류와 저항의 곱으로 나타낼 수 있으며 모든 저항에는 같은 크기의 전류가 흐르므로 전체 전압 V는 다음과 같이 저항에 비례하여 분배된다.

$$V = IR = I(R_1 + R_2 + \cdot \cdot \cdot + R_n)$$

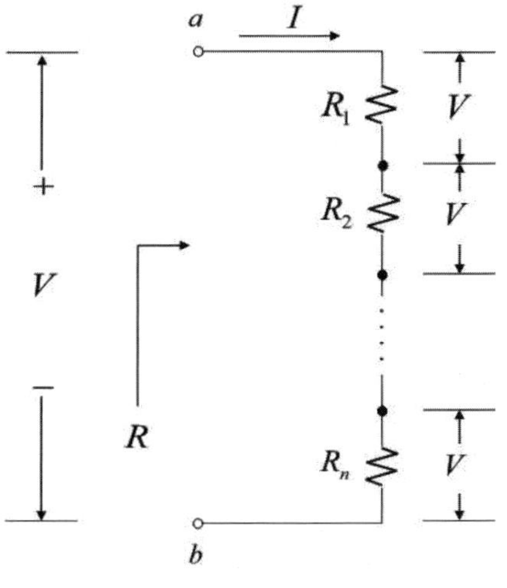

(그림 1.6) 저항에 의한 전압의 분배

$$= IR_1 + IR_2 + IR_3 + \cdot\cdot\cdot\cdot + IR_n$$

$$= V_{R_1} + V_{R_2} + V_{R_2} + \cdot\cdot\cdot\cdot + V_{R_n}$$

이처럼 여러 개의 저항이 직렬로 연결된 회로에서 전압이 저항값에 비례하여 저항에 분배되는 것을 전압분배의 법칙이라고 하며 저항의 법칙, 다음에 소개하는 키르히호프의 법칙과 함께 전자회로에서 전압과 전류 사이의 관계를 나타내는 기본 법칙이다.

(문제 1.1) 다음 회로에서 a, b 양단의 전압은 10 V이다. a', b 사이에 있는 6 Ω 저항의 전압 v를 구하시오.

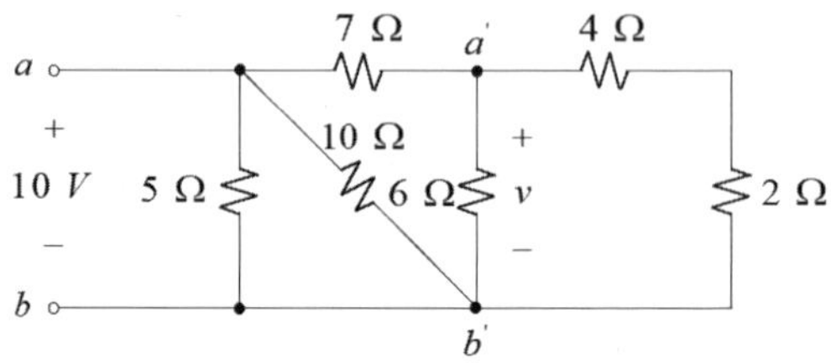

(문제 1.1 그림)

1.3.2 키르히호프의 법칙

키르히호프(Kirchhoff)의 법칙은 자연계에 존재하는 에너지보존과 전하보존의 법칙을 회로의 개념으로 나타낸 것이다. 에너지의 차이인 전압과 전하의 흐름인 전류는 전압법칙과 전류법칙으로 표시된 이들 자연의 법칙에 따른다.

(1) 키르히호프의 전압법칙

전자부품이 연결되어 루프를 형성한 것을 전자회로라고 하는데 루프가 끊어져 있는 경우 개방된 회로, 연결되어 있으면 폐회로라고 한다. (그림 1.7) (a)와 같이 저항 R_1, V_1의 전압을 갖는 전지, 저항 R_2가 이어져 연결된 회로의 양 끝 a와 b가 개방되어 있으면 두 단자의 에너지에 차이가 있어도 전하가 흘러갈 수 없다. 전하의 움직임이 없어 전류가 흐르지 않으므로 저항에는 전압강하가 나타나지 않고 단자 a는 높은 전압을, 단자 b는 낮은 전압을 유지한다. 그러나 개방된 두 끝을 (b)와 같이 연결하면 에너지가 높은 곳으로부터 낮은 곳으로 전하가 이동하며 전류가 흐른다. 이때 두 단자의 단락(저항이 없이 연결된 상태)으로 전압 V_H와 V_L은 같게 되고 각 저항에는 전류가 흐르며 전류의 방향으로 전류와 저항의 곱에 해당하는 다음의 전압강하를 나타낸다.

$$V_{R_1} = IR_1$$

$$V_{R_2} = IR_2$$

이처럼 직렬로 연결된 회로의 양 끝에 에너지를 가하면 저항값에 비례하여 에너지가 분배되며 저항에 분배된 에너지의 총합은 공급한 에너지와 같다. 이것을 단락된 두 점을 기준으로 나타내면 전체 전압의 합이 '0'이다.

$$V_{R_1} - V_1 + V_{R_2} = 0$$

이처럼 에너지를 공급하는 장치를 포함하여 폐회로를 구성하고 있는 모든 부품의 전압을 합하면 '0' 이 되는데 이것은 전하가 폐회로의 어떤 점에서부터 움직이기 시작하여 시작점으로 돌아왔을 때까지 전하가 이동하며 겪는 에너지의 합이 '0'이라는 말과 같으며 회로의 어떤 점에서 에너지는 변하지 않는다는 말과도 같다. 이것은 에너지보존의 원리를 회로에 적용하여 나타낸 것으로 키르히호프의 전압법칙이라고 한다.

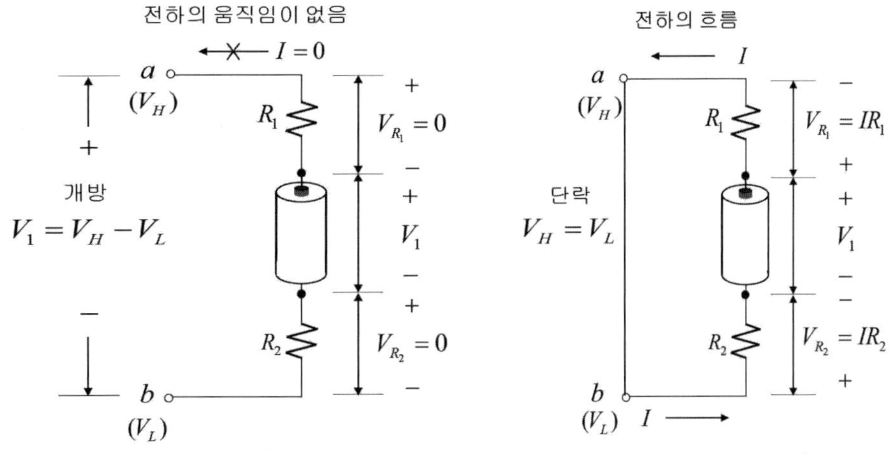

(a) (b)

(그림 1.7) 저항과 전지가 연결된 회로에서 전압의 분배

전원을 포함한 n개의 부품으로 구성된 폐회로에서 키르히호프의 전압법칙을 나타내면 다음식과 같다.

$$\sum_{i=1}^{n} v_i = v_1 + v_2 + \cdots + v_n = 0$$

(예제 1.3) 다음 회로에서 R_1의 저항값이 $100\,\Omega$이다. R_1의 전압과 저항에 흐르는 전류 I를 구하시오.

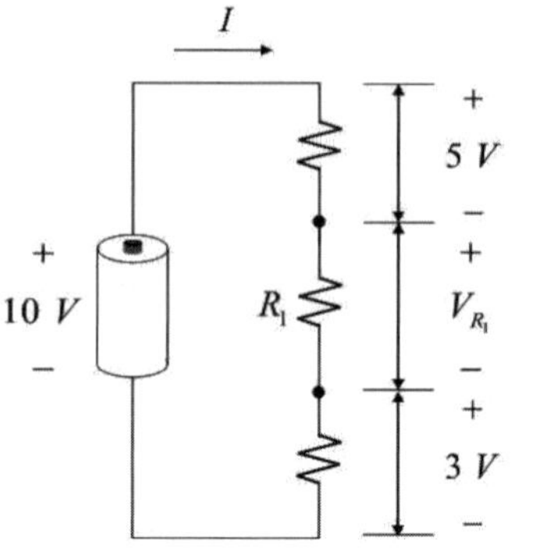

(예제 1.3 그림)

회로에 키르히호프의 법칙을 적용하면

$$\sum v = 5 + V_{R_1} + 3 - 10 = 0$$

$$V_{R_1} = 2\ V$$

전류는 전압을 저항으로 나누어 얻는다.

$$I = \frac{V_{R_1}}{R_1} = \frac{2}{100} = 0.02\ A$$

---

(2) 키르히호프의 전류법칙

키르히호프의 전류법칙도 전압법칙과 마찬가지로 자연의 법칙을 회로에 적용한 것이다. 여러 개의 부품으로 연결된 회로에 전류가 흐르고 있을 때 회로의 한 점을 기준으로 해서 보면 (그림 1.8)의 (a)와 같이 들어오는 모든 전하의 합과 나가는 모든 전하의 합은 같다. 들어오는 전하와 나가는 전하의 합이 같지 않으면 전하의 축적이 계속되어 연결된 곳의 전하가

(b)처럼 무한히 증대되거나 거꾸로 배출이 계속되어 무한한 음의 상태가 되는데 이것은 있을 수 없는 일이다. 이처럼 폐회로를 구성하고 있는 경우 부품들이 연결된 어떤 점에서 들어오고 나간 전하의 합이 '0'인 것을 키르히호프의 전류법칙이라고 하며 이것은 전하보존의 원리와 같다.

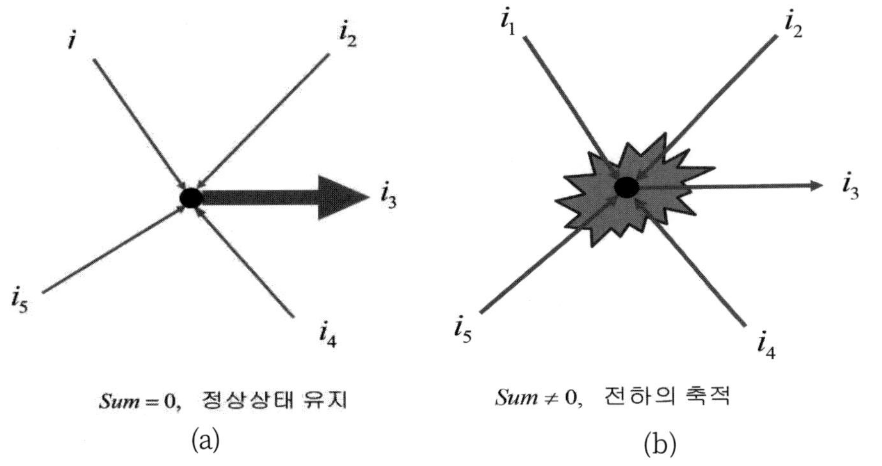

(그림 1.8) 정상적인 전류의 흐름(a)과 비정상적인 전류의 흐름

회로에서 키르히호프의 전류법칙에 의하면 각 저항이 연결된 점에서 들어온 전류와 나가는 전류는 크기가 같아야 하므로 모든 부품을 흐르는 전류의 합은 '0'이다. 키르히호프의 전류법칙을 수식으로 표현하면 다음과 같다.

$$\sum_{i=1}^{n} i_i = i_1 + i_2 + \cdots + i_n = 0$$

키르히호프의 법칙은 폐회로에 있는 전압이나 전류의 값 중 모르는 값을 구할 때 편리하다.

(그림 1.9) 회로에서 중앙에 있는 점 B에는 4개의 지로가 연결되어 있으며 3개의 지로는 전류가 흘러서 들어오고 나머지 하나의 지로는 전류가 흘러서 나간다. 점 B에서 들어오는 전류와 나가는 전류의 전체 합은 키르히호프의 법칙에 따라 '0'이므로

$$\sum i = 3 + 5 + i_3 - 10 = 0$$

이 식을 정리하면 i_3를 얻을 수 있다.

$$i_3 = 2\,A$$

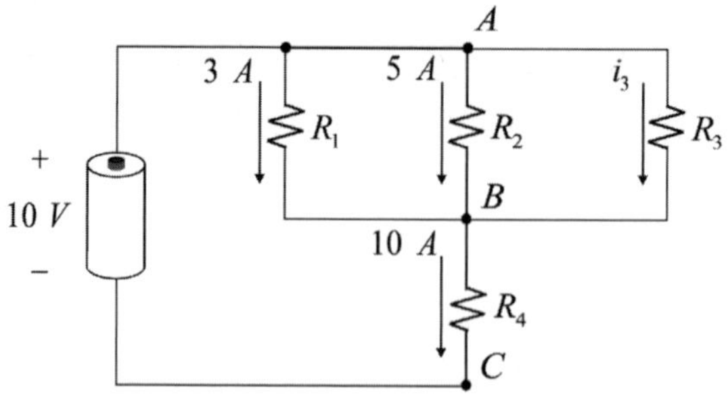

(그림 1.9) 키르히호프 법칙의 적용

(예제 1.4) (그림 1.9) 회로에서 저항 R_1이 $1\,\Omega$일 때 R_3를 구하시오. 또 $10\,A$ 전류가 흐르는 R_4의 저항값은 얼마인가?

A와 B 사이에 걸린 전압은 $1\,\Omega$ 저항의 전압과 같으므로 저항의 법칙을 이용하면

$$V_{AB} = V_{R_1} = i_1 R_1 = 3 \times 1 = 3\ V$$

따라서 R_3의 전압은 $3\ V$이며 $2\,A$의 전류가 흐르므로

$$R_3 = \frac{V_{AB}}{i_3} = \frac{3}{2} = 1.5\,\Omega$$

전원을 포함한 폐루프를 키르히호프의 전압법칙으로 나타내면

$$V_{AB} + V_{BC} = 10\ V$$

$$V_{BC} = 10 - 3 = 7\ V$$

R_4는 다음과 같다.

$$R_4 = \frac{V_{BC}}{i_4} = \frac{7}{10} = 0.7\,\Omega$$

1.4 전원과 부하

1.4.1 전원의 표시

전자회로에는 여러 부품이 연결되어 있는데 이들이 동작하기 위해서는 전압이나 전류를 공급하는 장치가 필요하다. 회로에 전압을 공급하는 장치를 전압원, 전류를 공급하는 장치를 전류원이라고 하며 이들은 모두 전원이다. 이상적인 전압원은 연결되는 부품의 특성이나 연결된 상태, 주위 환경과 동작 조건이 달라지더라도 같은 전압을 나타내야 하며 이상적인 전류원은 항상 같은 전류를 흘릴 수 있어야 한다.

이상적인 전원은 (그림 1.10) (a)와 같이 전압원은 전위의 높고 낮음을 나타내는 +/− 부호와 전압을 문자로 표시하여 나타내며 전류원은 원 안에 전류가 흐르는 방향을 지시하는 화살표, 또는 전류를 표시하는 문자를 넣어 나타낸다.

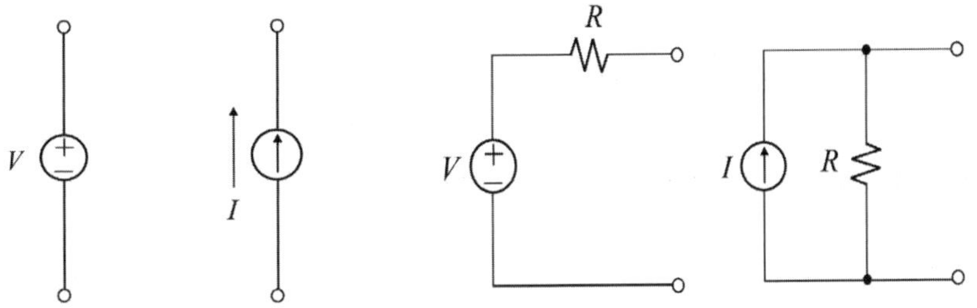

(a) (b)

(그림 1.10) 전압원과 전류원의 기호. (a) 이상적인 전원, (b) 실제의 전원

이상적인 전원은 정해진 전압이나 전류를 나타내지만 실재하는 전압원이나 전류원은 연결된 상태와 조건의 영향을 받는다. 예를 들어 전압원에 저항이 없는 부품이 연결되면 전류는 전압을 저항으로 나눈 것과 같아서 다음과 같이 무한히 큰 전류가 흘러야 하지만 실제 흐르는 전류는 무한히 크지 않다.

$$i = \frac{v}{R} = \frac{V}{0} = \infty$$

따라서 보통의 전원은 저항을 연결하여 이상적인 전원과의 차이를 보상하여 나타내는데 (b)와 같이 보통의 전압원은 이상적인 전압원과 저항을 직렬로 연결하며, 전류원은 이상적인 전류원과 저항을 병렬로 연결하여 나타낸다. 전압원은 직렬로 연결되는 저항이 작을수록, 전류원은 병렬로 연결되는 저항이 클수록 더 이상적이다.

전원은 독립전원과 종속전원으로 구분하기도 한다. 독립전원은 주위에 연결된 부품이나 다른 조건들과 무관하게 정해진 전압이나 전류를 나타내는 전원으로 우리가 흔히 알고 있는 전원이 이에 속한다. 독립된 전원과 달리 전원의 전압과 전류가 다른 부품의 영향을 받을 때도 있다. 이러한 전원은 종속전원이라 하며 마름모 안에 전류와 전압원 표시를 하여 나타낸다.

회로가 종속전원을 가지면 (그림 1.11)과 같이 회로 내에 그 전원에 영향을 주는 조절원이 있다. (그림)의 회로에서 10 V 전압원은 이상적인 전압원이며 $20i$ 전압원은 종속전원으로 전류 i에 의해 조절된다.

직렬로 연결된 두 5 Ω저항에 10 V 전압원이 연결되어 전류가 흐르므로 전류 i 는

$$i = \frac{10}{5+5} = 1\,A$$

이 전류는 종속전원이 얼마인지를 정한다.

$$20i = 20 \times 1 = 20\,V$$

이처럼 회로에 종속전원이 있으면 그 값을 정하는 조절원도 회로에 포함되어 있다. 뒤에 나올 트랜지스터 회로는 종속전원을 포함하는 대표적인 회로이다.

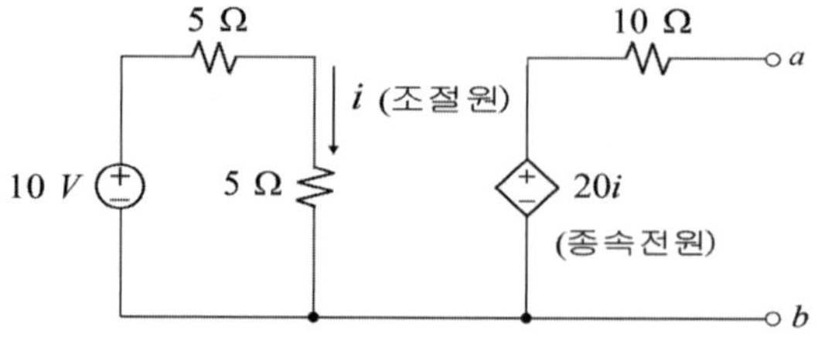

(그림 1.11) 종속전원과 트랜지스터 회로

(문제 1.2) 다음 회로에서 20Ω 저항에 걸리는 전압 v를 구하시오.

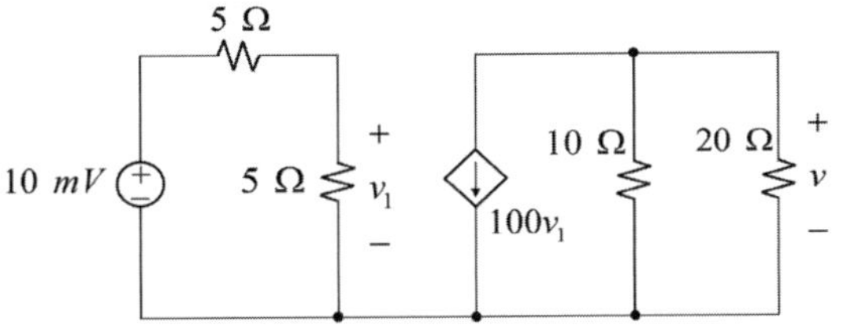

(문제 1.2 그림)

1.4.2 부하

전기의 활용은 전원에서 공급된 에너지를 이용하여 필요한 일을 하는 것이다. 전기장치는 (그림 1.12)의 (a)와 같이 에너지를 공급하는 전원과 일을 하는 부분으로 나눌 수 있으며 일을 하는 부분을 부하(load)라고 한다.

전자회로는 주어진 전압이나 전류를 우리가 원하는 크기와 형태 등으로 변환하는 장치이며 변환된 전압이나 전류를 부하에 연결하여 이용한다. 전압원에 어떤 회로가 연결되어 있다면 전압원이 볼 때 회로는 단순한 부하로 보일 뿐이다. 또 회로에 부하가 연결되어 있으면 회로에서 변환된 전류나 전압이 출력되어 부하를 구동하므로 부하가 볼 때 부하 앞의 회로는 모두 부하를 구동하는 역할을 하는 전원이다. 따라서 회로는 그 역할에 따라 전원과 부하로 구분할 수 있다.

(그림) (b)의 회로는 내부저항이 5Ω인 100 V 전압원에 두 개의 10Ω 저항이 병렬로 연결되어 있다. 이 회로에는 여러 개의 저항이 있지만 그중 하나가 부하 R_L이다. 이 회로는 전원에서 바라볼 때 (c)와 같이 두 10Ω 저항이 병렬로 연결되어 있어 전원이 바라본 부하는 5Ω의 저항과 같다. 이와 달리 10Ω 부하에서 전원을 보면 전압원은 (d)와 같이 100 V 전압과 직렬연결된 5Ω 저항, 병렬연결된 10Ω 저항을 포함한다. 따라서 전원이 갖는 내부저항은 5Ω이지만 부하가 전원 쪽을 바라보면 저항 R_s는 5Ω이 아닌 5Ω과 10Ω의 병렬연결이다. 이처럼 회로는 그 역할에 따라 전원과 부하로 구분할 수 있다.

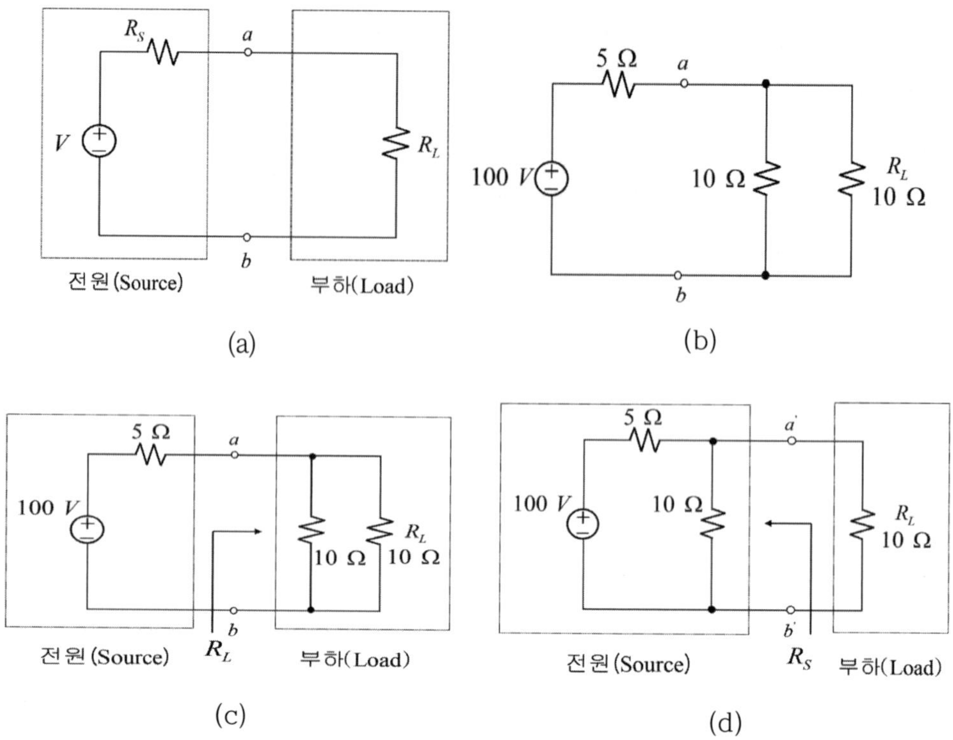

(그림 1.12) 전원과 부하의 구분(a), 전원과 저항을 포함한 회로(b), (b)의 역할에 따른 구분(c)(d)

1.5 전원의 변환

보통의 전압원은 이상적인 전압원과 저항의 직렬연결로 표시할 수 있는데 이 전원을 부하에 연결하면 전압과 전체 저항의 비에 따른 전류가 흐르며, 부하에 흐르는 전류와 부하저항의 곱에 해당하는 전압이 부하에 걸린다.

(그림 1.13)의 회로 (a)는 10 V의 전압에 두 개의 50 Ω 저항이 직렬로 연결되어 있다. 이 회로의 두 저항은 직렬로 연결되어 0.1 A의 같은 전류가 흐르며 50 Ω 부하에는 5 V의 전압이 나타난다. 회로 (b)는 두 저항이 병렬로 연결되어 있지만 크기가 같으므로 전류원에서 공급된 0.2 A가 각 저항에 분배되어 부하에는 (a)와 같이 0.1 A의 전류가 흐른다. 따라서 부하에 걸리는 전압은 5 V가 되고 두 회로 모두 부하에 흐르는 전류와 전압이 같다. 전압원을 포함한 회로는 이렇게 전압원 대신 전류원을 연결해도 부하에 같은 전류와 전압을 나타낼 수 있는데 이 경우 부하에서 보면 전류원은 전압원과 같은 전원으로 보아도 무방하다.

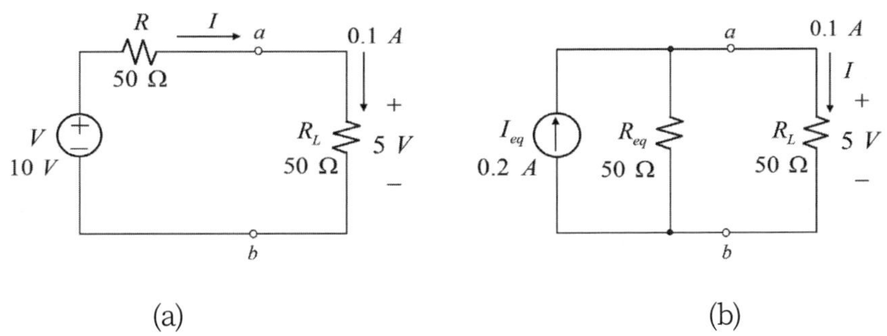

(그림 1.13) 전압원 회로(a)와 등가의 전류원 회로(b)

회로에서 부하에 같은 전압, 전류의 특성을 나타내는 전원을 등가전원이라 하는데 전압원을 등가의 전류원으로 바꾸어 나타낼 때는 (그림)과 같이 전류원과 함께 저항을 전류원에 병렬로 연결하여 회로를 구성하면 된다. 이때 전류의 크기는 전압을 직렬연결된 저항으로 나눈 값이며 직렬과 병렬로 연결된 두 전원의 저항은 크기가 같다.

$$I_{eq} = \frac{V}{R}$$

$$R_{eq} = R$$

마찬가지로 이상적인 전류원과 저항의 병렬연결로 이루어진 전류원의 등가 전압원은 전류와 저항의 곱을 이상적인 전압원으로 하고 저항을 이 전압원에 직렬로 연결하여 구성할 수 있다. 등가의 전압원 회로에 연결되는 부하는 전류원이 연결되었을 때와 같은 전류-전압 특성을 갖는다.

$$V_{eq} = RI$$

$$R_{eq} = R$$

전류원과 전압원은 이처럼 서로 변환이 가능하며 회로를 해석할 때 효과적으로 이용할 수 있다.

(예제 1.5) 다음 회로의 전압원을 전원변환을 이용하여 부하 R_L에서 본 등가의 전압원 회로인 전압원과 저항의 직렬연결로 나타내시오.

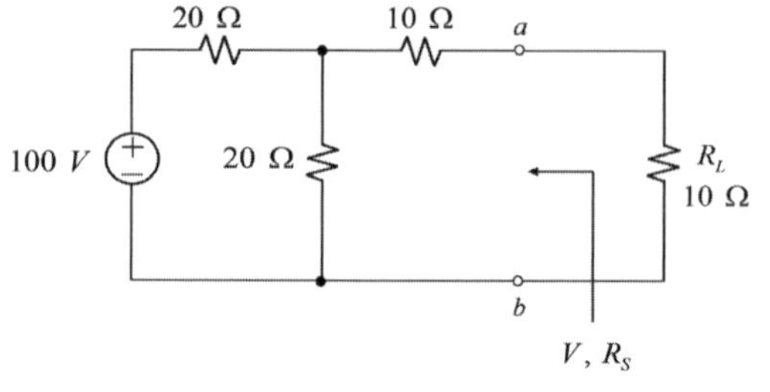

(예제 1.5 그림)

전압원 회로인 100 V 전압과 20 Ω 저항의 직렬연결은 아래 (그림) (a)와 같이 전류 5A와 20 Ω 저항이 병렬로 연결된 등가의 전류원 회로로 바꿀 수 있다.

$$I_{eq} = \frac{100}{20} = 5\,A$$

바뀐 회로에서 두 개의 20 Ω 저항이 병렬로 연결되어 있으므로 저항들을 하나의 등가저항으로 나타내면

$$R_{eq} = 20//20 = 10\,\Omega$$

회로는 (b)와 같이 $5\,A$ 전류원과 $10\,\Omega$ 저항이 병렬로 연결된 전류원 회로가 된다.
이 회로를 다시 전압원 회로로 바꾸면 등가의 전압 V_{eq}와 $10\,\Omega$ 저항이 직렬로 연결된 (c) 회로와 같다.

$$V_{eq} = 5 \times 10 = 50\ V$$

직렬로 연결된 $10\,\Omega$ 저항 두 개는 $20\,\Omega$과 같으므로 부하에서 바라본 전압원 회로는 (d)의 $50\ V$의 전압과 $20\,\Omega$의 저항이 직렬로 연결된 회로로 나타낼 수 있다.

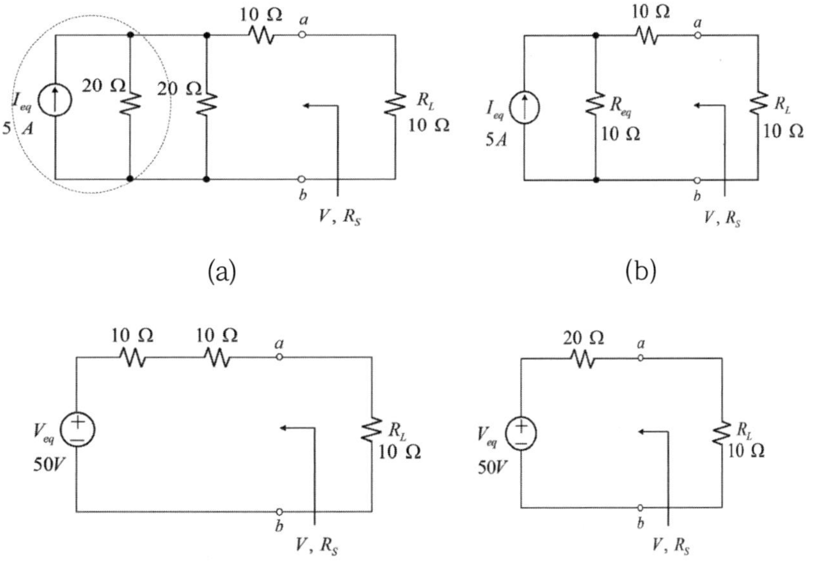

(a) (b) (c) (d)

(예제 1.5 해의 그림)

1.6 테브난, 노턴의 정리

전자회로를 전원과 부하로 구분하여 나타내면 부하의 앞에 있는 회로는 모두 전원으로 볼 수 있는데 회로는 보통 많은 부품으로 구성되기 때문에 하나의 전원으로 나타내기가 쉽지 않다. 그러나 회로의 부품 중 에너지를 공급하는 전원과 에너지를 소모하는 저항들의 역할을 구분하면 하나의 전원과 하나의 저항이 연결된 회로로 간략히 나타낼 수 있으며 이처럼 회로를 단순화하여 나타내는 방법을 정리한 것이 테브난(Thevenin)과 노턴(Norton)의 정리이다. 테브난의 정리는 다음과 같다.

1.6.1 테브난 등가회로

전원을 포함하는 모든 회로는 (그림 1.14)와 같이 등가의 전압원 V_{Th}와 저항 R_{Th}가 직렬로 연결된 회로로 나타낼 수 있으며 이 등가의 회로를 테브난 등가회로라 한다. 테브난 등가회로의 전압원은 회로의 출력단자를 개방하여 얻은 개방회로 전압 V_{OC}와 같으며 저항은 출력을 단락시켰을 때 흐르는 단락회로 전류 I_{SC}로 개방회로 전압을 나눈 것과 같다.

$$V_{Th} = V_{OC}$$
$$R_{Th} = \frac{V_{OC}}{I_{SC}}$$

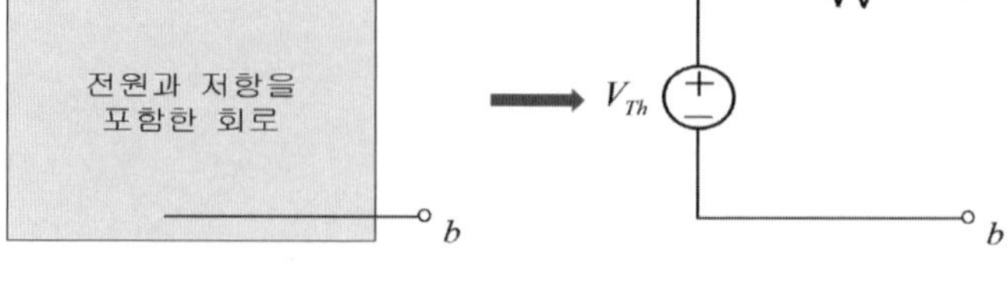

(그림 1.14) 전원을 포함한 회로와 테브난 등가회로

(그림 1.15)는 테브난 등가회로를 구하는 방법을 나타낸 것이다. 회로 (a)의 부하를 (b)와 같이 개방하면 두 저항에 전압이 분배되고 개방된 단자의 전압은 테브난 등가회로의 전압과 같다.

$$V_{OC} = V_{Th} = V\frac{R_2}{R_1 + R_2}$$

회로의 부하를 제거하고 단락하면 (c)와 같이 되는데 단락된 지로에는 저항이 없으므로 단락된 곳을 흐르는 전류 I_{SC}는 R_1을 흐르는 전류와 같다.

$$I_{SC} = \frac{V}{R_1}$$

개방회로 전압을 이 단락회로 전류로 나누면 테브난 등가회로의 저항이 되며

$$R_{Th} = \frac{V_{OC}}{I_{SC}} = \frac{VR_2/(R_1 + R_2)}{V/R_1} = \frac{R_1R_2}{R_1 + R_2} = R_1//R_2$$

개방회로 전압과 이 등가저항을 (d)와 같이 직렬로 연결하면 테브난 등가회로가 된다.

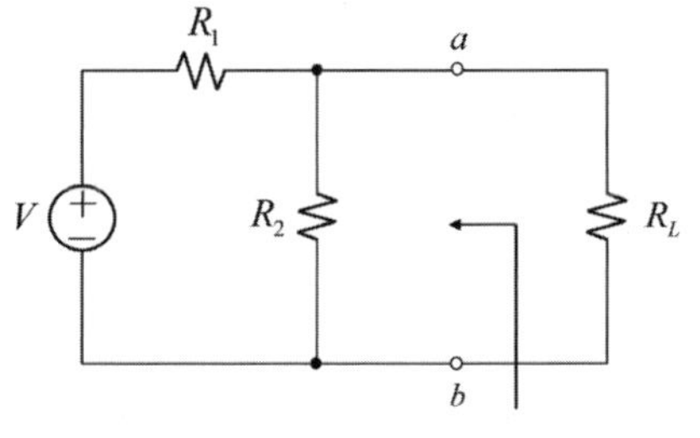

(a)

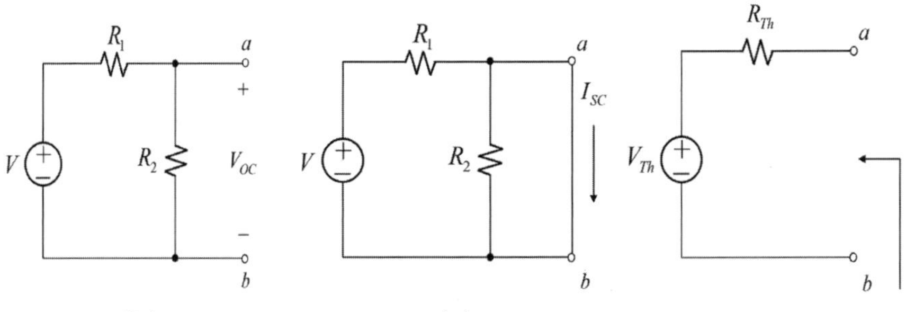

(b) (c) (d)

(그림 1.15) 회로(a)의 테브난 등가회로를 구하기 위한 개방회로(b)와 단락회로(c), 테브난 등가회로(d)

간단한 회로의 테브난 등가전압과 등가저항은 이처럼 쉽게 구할 수 있으나 회로가 복잡하면 저항값의 계산이 쉽지 않아 테브난 등가회로의 등가저항은 다음과 같은 세 가지 방법 중 편리한 방법을 이용하여 얻는다.

테브난 등가저항을 구하는 방법

방법 1. 전압원은 단락시키고 전류원은 개방하여 모든 전원을 제거한 다음 출력에서 바라본 저항값을 구한다.

방법 2. 회로의 개방회로 전압을 회로의 단락회로 전류로 나누어 저항값을 구한다.

방법 3. 회로를 개방하고 테스트 전류를 가하여 출력단자에 나타나는 전압을 구한 뒤 이 전압을 테스트 전류로 나누어 구한다. 또는 테스트 전압을 가하고 전류를 구하여 테스트 전압을 구한 전류로 나누어 등가저항을 얻을 수 있다.

테브난의 정리를 이용하여 얻은 등가회로는 변환되기 전의 회로와 부하에 같은 전기적인 효과를 나타내므로 회로를 단순하게 표현할 때 효과적이다.

(그림 1.16)의 회로는 전원의 내부저항이 50 Ω인 100 V 전원과 실제 일을 하는 50 Ω 크기의 저항 부하가 있고 이들 사이에 많은 저항이 연결되어 있다. 전원은 이처럼 많은 저항과 부하가 함께 연결된 회로를 바라보고 있으므로 부하를 포함하여 저항으로 이루어진 회로 전체를 부하로 보고 동작하고 있다. 또 50 Ω 부하에서 보면 100 V 전원과 부하 앞에 있는 많은 저항으로 이루어진 회로 전체가 에너지를 공급하는 전원처럼 작동한다. 따라서 이 회로는 전원이 바라본 부하, 부하가 바라본 전원으로 구분하여 나타낼 수 있다.

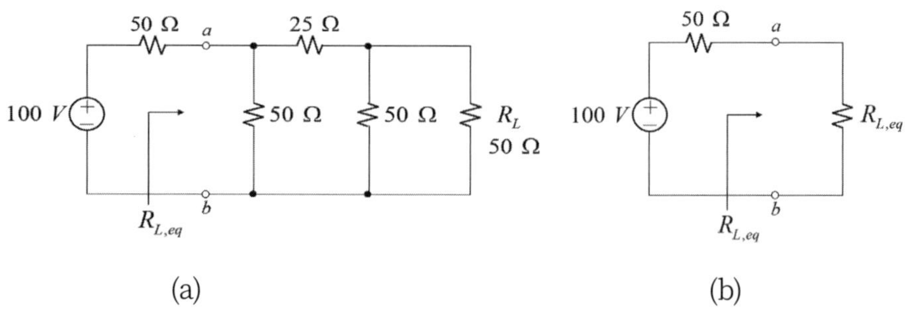

(그림 1.16) 전원과 여러 개의 저항이 배열된 회로(a)와 전원이 바라본 등가저항으로 변환된 회로(b)

회로에서 전원이 바라본 부하는 R_L을 포함한 저항들이며 부하로부터 차례로 등가로 나타내면 다음과 같다.

$$R_{L,eq} = ((50//50)+25)//50 = (25+25)//50 = 50//50$$
$$= 25\,\Omega$$

이 회로의 100 V 전원은 전원이 갖는 저항 50 Ω과 등가화된 $R_{L,eq}$이 직렬로 연결된 회로에 에너지를 공급하며 전류가 흐른다.

이와 마찬가지로 부하에서 보면 전원과 여러 저항이 있는 회로를 전원과 하나의 저항이 직렬로 연결된 테브난 등가회로로 표시할 수 있다.

테브난 등가회로의 전압은 부하를 개방했을 때 개방회로의 전압과 같으므로 이 회로는 (그림 1.17) (a)와 같이 50 Ω 부하를 제거하고 개방된 단자 사이의 전압을 구하여 테브난 등가회로의 전압을 얻을 수 있다. 전원변환을 이용하면 100 V 전원과 저항 50 Ω이 직렬로 연결된 회로는 (b)의 2 A 전류원과 50 Ω 저항이 병렬로 연결된 것과 같다.

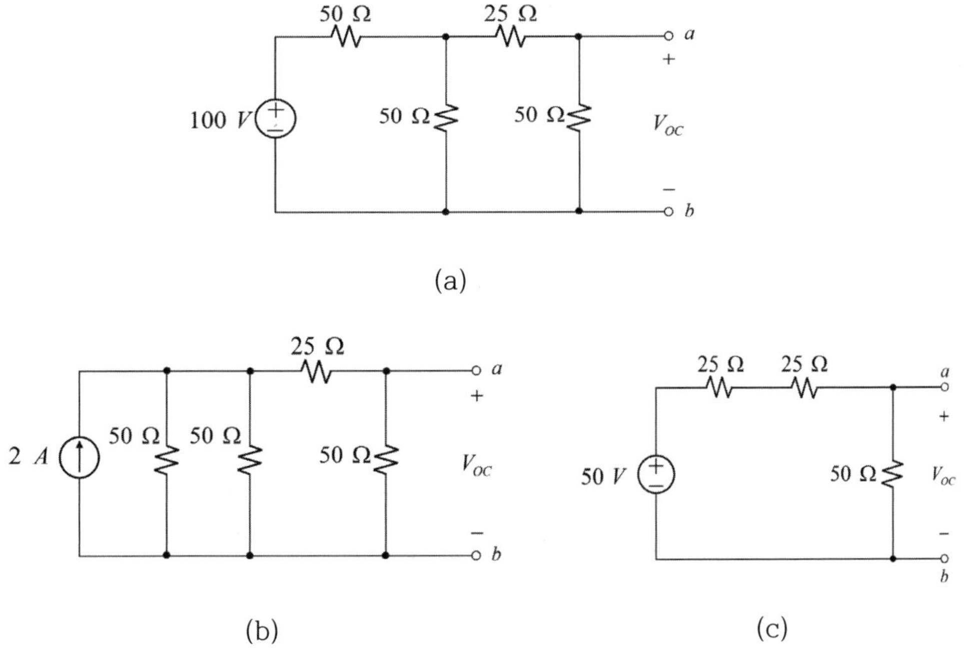

(그림 1.17) 전원변환으로 테브난 등가회로의 전압을 구하는 과정. (a) 부하의 개방, (b) 전압원의 전류원 변환, (c) 전류원의 전압원 변환

50 Ω 저항은 또 다른 50 Ω 저항과 병렬로 연결되어 있으므로 두 저항은 25 Ω으로 등가화할 수 있으며 2 A 전류원과 등가화된 25 Ω 병렬저항을 전압원으로 바꾸면 (c와 같이 50 V 전원과 직렬연결된 25 Ω의 저항이 된다. 이 저항은 이어진 25 Ω 저항과 직렬로 연결되어 있으므로 두 저항을 합하면 50 Ω이다. 이 50 Ω 저항은 개방된 단자의 저항 50 Ω과 함께 50 V 전원의 전압을 분배하고 있다. 따라서 개방된 단자의 전압은 25 V이며 이 전압이 테브난 등가회로의 전압이 된다.

$$V_{Th} = V_{OC} = 25\ V$$

테브난 등가회로의 저항은 부하를 구동할 때 같은 효과를 내는 전원회로의 저항이며 앞에 나타낸 세 가지 방법으로 구할 수 있다. (그림 1.18)은 위의 첫 번째 방법으로 등가저항을 구하기 위해 전원을 제거한 회로이다. 전압원은 단락시키고 전류원은 개방해야 하므로 100 V 전원을 단락으로 나타내면 회로는 저항만을 가져 등가저항을 쉽게 구할 수 있다. 테브난 등가회로의 저항은 개방된 단자에서 본 저항과 같으므로 가장 먼 곳부터 저항을 등가로 표시하면 다음과 같다.

$$R_{Th} = ((50//50) + 25)//50 = (25+25)//50 = 50//50$$

$$= 25\,\Omega$$

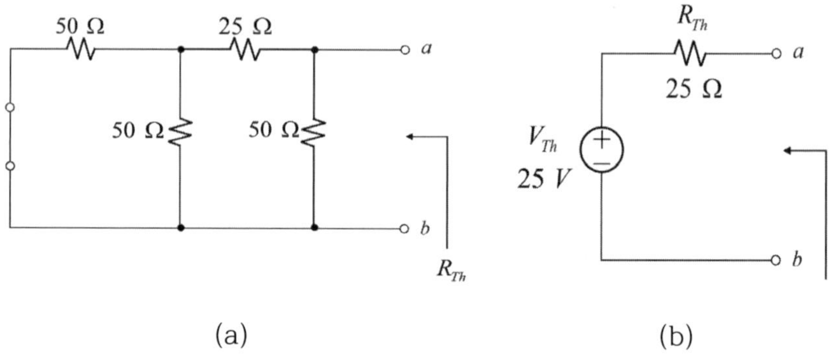

(그림 1.18) 테브난 등가회로의 저항을 구하기 위해 전원을 제거한 회로(a)와 테브난 등가회로(b)

(문제 1.3) 다음 그림은 부하를 제거하고 부하가 연결되었던 단자 a와 b 사이에 $1A$의 테스트 전류를 인가한 회로를 나타낸 것이다. a,b 사이의 전압을 구하고 테브난 등가저항을 구하시오.

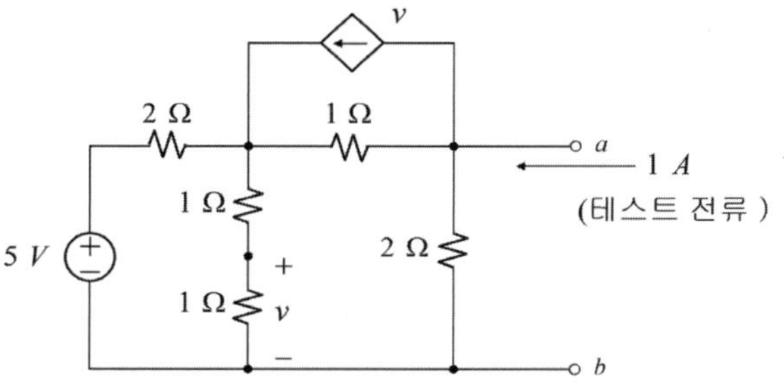

(문제 1.3 그림)

1.6.2 노턴 등가회로

전원을 포함한 모든 회로를 하나의 전압원과 저항의 연결로 등가화할 수 있는 것처럼 회로를 전류원과 저항의 연결로도 나타낼 수 있으며 이를 노턴의 정리라 한다. 노턴의 정리는 테브난의 정리에 대응된 것으로 전원을 포함한 회로를 전류원과 저항이 병렬로 연결된 회로로 등가화한 것이다.

노턴의 등가회로는 (그림 1.19)와 같이 하나의 전류원이 있고 이 전류원에 저항이 병렬로 연결되어 있다. 노턴 등가회로의 전류원 I_N은 원 회로의 출력단자를 단락했을 때 흐르는 전류 I_{SC}와 같으며 병렬로 연결되는 저항 R_N의 크기는 원 회로의 출력단자를 개방했을 때 전압 V_{OC}를 단락회로 전류 I_{SC}로 나눈 값이다.

$$I_N = I_{SC}$$

$$R_N = \frac{V_{OC}}{I_{SC}} = R_{Th}$$

노턴 등가회로의 저항은 테브난 등가회로에서 구한 저항과 같다. (그림 1.18) (b)의 테브난 등가회로에서 부하를 단락하면 단락된 곳에는 다음과 같은 전류가 흐른다.

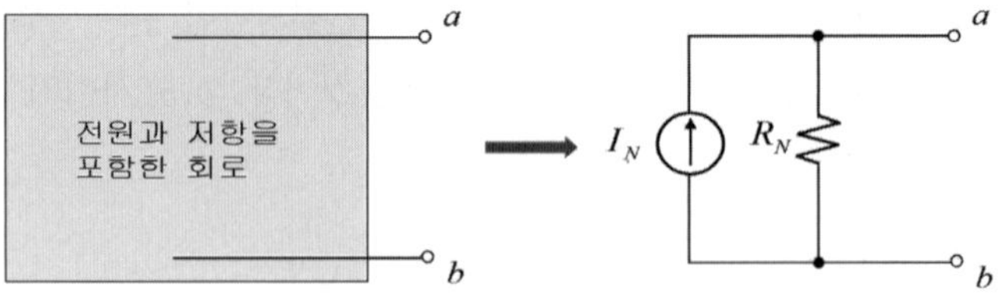

(그림 1.19) 전원을 포함한 회로와 노턴 등가회로

$$I_{SC} = \frac{100}{50 + (50//25)} \frac{50}{50 + 25} = 1\,A$$

이 전류는 (그림 1.18) (b)의 테브난 등가회로를 노턴 등가회로로 나타냈을 때 전류원의 크기이며 노턴 등가회로의 저항은 테브난 등가회로의 저항과 같이 $25\,\Omega$이다. (그림 1.18)의 테브난 등가회로와 (그림 1.20)의 노턴 등가회로는 부하에 같은 효과를 준다.

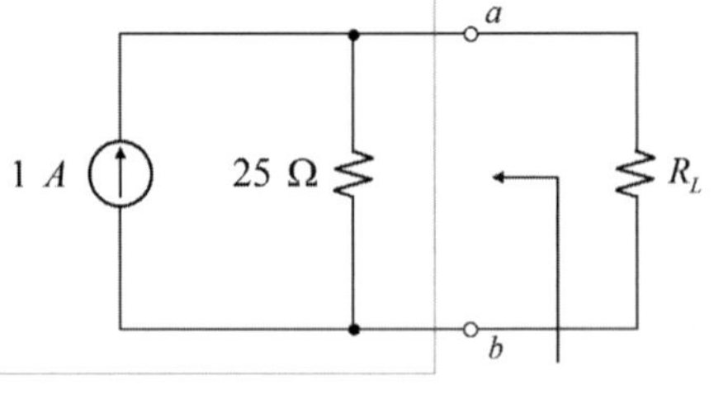

(그림 1.20) (그림 1.16)회로의 노턴 등가회로

1.7 중첩의 원리

전원을 포함하는 회로는 연결된 부품에 따라 그 특성에 맞는 전류가 흐르거나 전압이 걸린다. 이때 회로가 다수의 전원을 포함할 경우 각각의 부품에 걸리는 전압이나, 흐르는 전류의 양은 전원 하나하나의 효과가 중첩된 것과 같고 이것을 중첩의 원리라 한다.

(그림 1.21)의 (a)와 같이 V_1과 V_2, 두 개의 전압원과 저항이 연결되어 있을 때 하나씩 고려하여 특성을 구하고 이를 더하면 전체의 효과를 나타낼 수 있다. 전압 V_1을 고려할 때는 V_2를 단락시켜 제거한 다음 전류 I_1과 R에 걸린 전압을 구하고 V_2를 고려할 때는 V_1을 단락시켜 제거한 뒤 전류 I_2와 R의 전압을 구한다. 이어서 구한 두 전류와 전압을 각각 더하면 전원 V_1과 V_2가 함께하여 R에 미치는 효과를 얻을 수 있다.

$$I = I_1 + I_2$$

$$V = V_1 + V_2$$

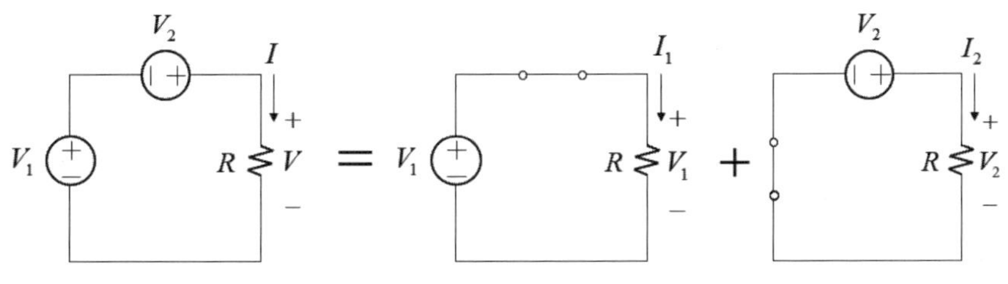

(a)

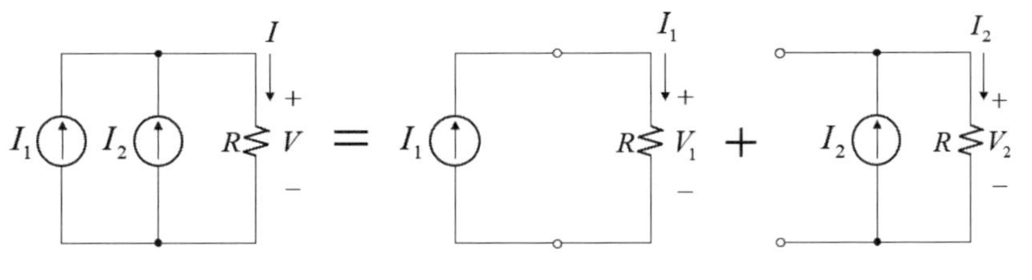

(b)

(그림 1.21) 전압원의 중첩(a)과 전류원의 중첩(b)

(b)와 같이 여러 개의 전류원을 갖는 회로도 전류원을 하나씩 고려해서 얻은 결과들을 합하면 전체의 전류원이 미치는 효과를 볼 수 있다. 전류원을 제거할 때는 회로의 연결을 끊으면 전류가 흐르지 않으므로 그림과 같이 전류원을 제거하고 두 단자 사이를 개방한다.

회로가 전압원과 전류원을 모두 가지고 있을 때도 하나하나의 전원에 대한 전류, 또는 전압을 구하여 더하면 모든 전원의 효과를 볼 수 있다. 이처럼 중첩의 원리에 따라 전원의 효과를 중첩하면 다수의 전원을 갖는 회로의 응답을 쉽게 구할 수 있다.

(그림 1.22) (a)회로는 100 V 전압원과 3 A 전류원을 포함하고 있다. 이 회로는 중첩의 원리에 따라 전압원만 있을 때와 전류원만 있을 때의 효과를 합하여 전체의 응답을 구할 수 있다. 먼저 100 V 전압원만의 효과를 보기 위해서 전류원을 개방하면 회로는 (b)와 같이 두 전원 중 100 V 전압원만 가진 회로가 된다. 이 회로에서 부하에 흐르는 전류 I_{L1}과 V_{L1}는 다음과 같다.

$$I_{L1} = \frac{100}{25+25+50//50}\frac{50}{50+50} = \frac{2}{3}A$$
$$V_{L1} = (\frac{2}{3})(50) = \frac{100}{3}V$$

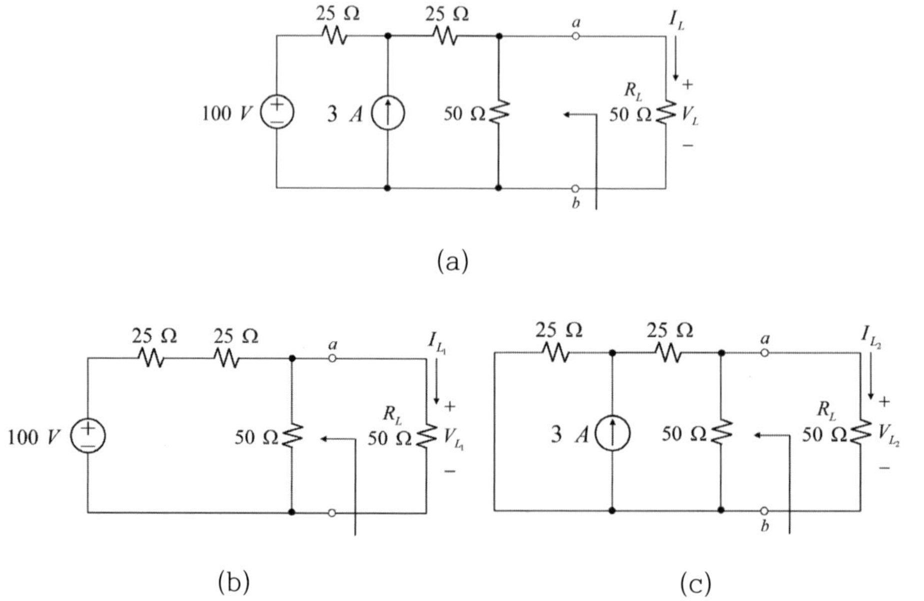

(그림 1.22) 전압원과 전류원을 갖는 회로(a), 전류원을 제거한 회로(b)와 전압원을 제거한 회로(c)

이어서 (c)와 같이 100 V 전압원을 단락시켜 제거하고 3 A 전류원의 효과를 보면

$$I_{L2} = (3)\left(\frac{25}{25+(50//50+25)}\right)\left(\frac{50}{50+50}\right) = \frac{1}{2}A$$

$$V_{L2} = \left(\frac{1}{2}\right)(50) = 25\ V$$

두 전원의 효과를 더하면 전체 전원의 응답을 얻는다.

$$I_L = I_{L1} + I_{L2} = \frac{2}{3} + \frac{1}{2} = \frac{7}{6}A$$

$$V_L = V_{L1} + V_{L2} = \frac{100}{3} + 25 = 58.3\,V$$

1.8 커패시터, 인덕터와 복소임피던스

전자회로의 기본 부품으로는 (그림 1.23)과 같이 에너지를 공급하는 전원, 도체에서 전하의 움직임과 에너지의 변화에 따른 물질적인 특성을 나타내는 저항, 마주한 두 도체의 대전에 따른 전기장을 나타내는 커패시터, 도체에서 자기장의 변화에 따른 특성을 묘사한 인덕터가 있다. 이들은 자연에서 일어나는 물리적인 현상을 묘사하는 부품들로써 모든 전자회로의 특성은 이 부품들의 조합으로 표현할 수 있다.

전자회로의 부품에는 이 외에도 다이오드와 트랜지스터 등 기술의 발전과 함께 개발된 다양한 소자들이 있으며 이들은 정류기나 증폭기, 변환기 등의 아날로그 회로는 물론 디지털 회로에도 널리 이용되고 있어 이들 부품의 특성과 이용 방법에 대하여 잘 알아야 한다.

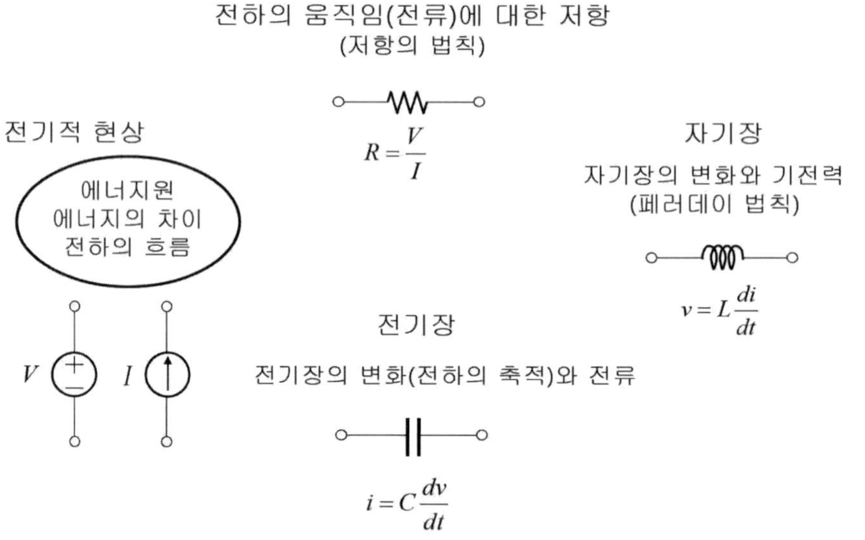

(그림 1.23) 자연계의 물리적 현상과 회로에서의 표현

1.8.1 커패시터

도체에 전하가 있으면 전하는 주위에 전계를 형성하는데 (그림 1.24)와 같이 가까이에 다른 도체가 있으면 그곳에는 전계를 형성한 전하와 반대의 전하가 꼬인다. 이때 두 도체 사이에 축적된 전하량 Q는 전계에 비례하며 전하량과 전압 V 사이의 비례관계를 커패시터의 용량 C로 나타낸다. 커패시터는 두 도체 사이의 전계가 강할수록 많은 전하가 유도되어 용량이 커지며 도체의 면적(S)이 넓을수록 축적되는 전하량이 많아 용량이 커진다. 커패시터의 용량은 패럿(Farad, F)으로 나타내는데 $1\,F$은 $1\,V$의 전압에서 $1\,C$의 전하가 유도되는 양이다.

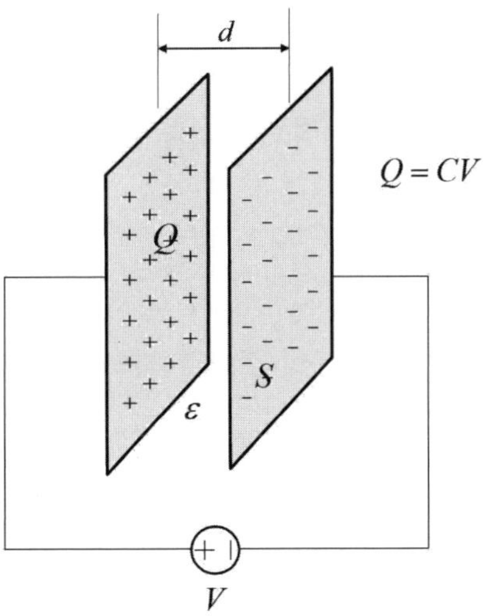

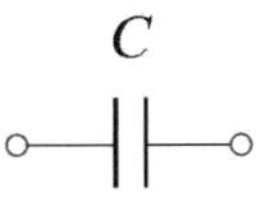

(그림 1.24) 커패시터의 개념도

전계가 걸렸을 때 도체에 축적되는 전하량은 도체 사이에 있는 물질에 따라 다른데 이 비율을 유전율(ϵ)이라 한다. 또 축적되는 전하량은 도체의 면적에 비례하고, 두 도체가 마주할 때 전계는 거리에 반비례하므로 커패시터의 용량은 다음과 같이 나타낼 수 있다.

$$C = \frac{Q}{V} = \frac{\epsilon S}{d}$$

커패시터는 이러한 특성을 바탕으로 두 도체의 면적을 넓히고 도체 사이의 거리를 가깝게 하며 도체 사이에는 높은 유전율을 갖는 물질을 두어 많은 전하가 축적되고 보다 많은 에너지가 축적될 수 있도록 고안된 장치이다. 커패시터는 용량을 크게 하거나 작은 부피로 만들기 위해서, 또는 높은 전압에 견딜 수 있도록 다양한 재료를 이용하여 여러 가지 구조로 제작한다.

커패시터는 주위의 에너지 상태가 극판 사이의 전계보다 높거나 낮으면, 즉 커패시터의 전압보다 높거나 낮은 전압이 걸리면 커패시터의 전하가 이동하여 커패시터를 흐르는 전류가 된다. 전류는 단위시간당 전하의 흐름이므로 다음과 같이 전압의 시간에 따른 변화율로도 나타낼 수 있다.

$$i = \frac{dQ}{dt} = C\frac{dv}{dt}$$

이 식에서 커패시터에는 시간에 따라 변하는 전압, 즉 교류전압이나 신호의 전압이 연결되면 전류가 흐르지만 크기가 일정한 dc 전압이 걸려 있으면 전류가 흐르지 않는 것을 알 수 있다.

전하량은 전위차인 전압에 비례하므로 전류를 적분하면 축적되거나 감소한 전하량과 전압을 얻을 수 있다.

$$V = \frac{Q}{C} = \frac{1}{C}\int idt$$

전자회로에서 표현되는 신호의 전압은 사인파들의 합으로 나타낼 수 있으므로 커패시터의 전압 v를 $Vsin\omega t$라 하면 전류는 다음과 같다.

$$i = C\frac{d(Vsin\omega t)}{dt} = \omega CVcos\omega t = j\omega CVsin\omega t = j\omega Cv$$
$$v = \frac{1}{j\omega C}i = -j\frac{1}{\omega C}i$$

이 식에서 $1/j\omega C$는 저항과 같이 커패시터의 전류와 전압에 대한 비례관계를 나타내지만 허수이다. 전자회로에 이용되는 부품의 전압과 전류 사이의 관계는 이처럼 실수뿐 아니라 허수를 가질 수 있다. 이 값은 커패시터의 리액턴스(reactance, X_C)라고 하며 다음과 같다.

$$jX_C = j(-\frac{1}{\omega C})$$

많은 비가 왔을 때 저수지에 물을 저장했다가 필요할 때 방류하는 것과 같이 커패시터는 높은 에너지가 공급되었을 때 에너지를 저장했다가 주변의 에너지가 낮아지면 방출하는 특성을 가져 에너지를 저장하는 회로나 정류회로에 많이 이용된다.

커패시터의 에너지 저장능력은 적절히 이용하면 회로의 특성에 도움이 되지만 좋지 않은 특성의 원인이 되기도 한다. 예를 들어 어떤 회로의 부하에 커패시터가 병렬로 연결되어 있다면 커패시터에 있는 전하들이 빠져나가야 전압이 변하므로 부하의 전압이 빨리 변하지 못한다. 특히 커패시터 용량이 클수록 많은 전하가 축적되어 있으므로 전압이 빨리 변해야 할 때는 큰 용량의 커패시터가 적합하지 않다. 또 전자회로의 부품은 도체와 절연체들을 이용하여 만들기 때문에 도체가 절연체를 사이에 두고 배치되는 경우가 많은데 이때 도체들 사이에 커패시터 성분이 나타나며 이들은 회로의 주파수에 따른 특성에 영향을 미친다. 따라서 신호의 증폭이나 변환이 필요할 때는 이들 커패시터 성분에 대하여 충분히 고려하여야 한다.

저항과 마찬가지로 병렬, 또는 직렬로 연결된 커패시터는 하나로 등가화하여 나타낼 수 있다. (그림 1.25)와 같이 병렬로 연결된 커패시터는 모두 같은 전위차를 갖고 있으며 (+)와 (-) 전극 사이에 유도된 전하의 양은 연결된 모든 커패시터가 갖는 전하들의 합과 같다. 따라서 병렬로 연결된 커패시터의 용량은 각 커패시터의 용량을 모두 합하여 등가로 나타낼 수 있다.

$$Q_{eq} = Q_1 + Q_2 + Q_3 = C_1 V + C_2 V + C_3 V = (C_1 + C_2 + C_3) V = C_{eq} V$$

$$C_{eq} = C_1 + C_2 + C_3$$

그러나 커패시터가 직렬로 연결되면 커패시터에 전압이 분배되고 커패시터가 갖는 전하량은 모두 같다.

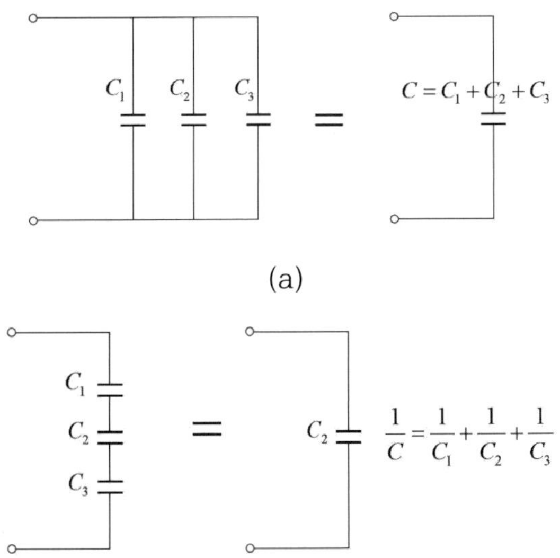

(b)

(그림 1.25) 커패시터의 병렬연결(a)과 직렬연결(b)

$$Q_1 = Q_2 = Q_3 = Q_{eq}$$

$$C_1 V_1 = C_2 V_2 = C_3 V_2$$

직렬로 연결된 각 커패시터의 전압을 합하여 전체 전압으로 표시하고 연결된 커패시터들을 하나의 커패시터로 등가화하여 나타내면 다음과 같다.

$$V = V_1 + V_2 + V_3 = \frac{Q_{eq}}{C_1} + \frac{Q_{eq}}{C_2} + \frac{Q_{eq}}{C_3} = \frac{Q_{eq}}{C_{eq}}$$

$$\frac{1}{C_{eq}} = \frac{1}{C_1} + \frac{1}{C_2} + \frac{1}{C_3}$$

이 식은 병렬로 연결된 저항을 하나의 저항으로 등가화하여 나타낼 때와 유사하다.

(예제 1.6) 반도체의 MOS 트랜지스터는 금속과 반도체 사이에 산화막을 갖는 커패시터 구조를 이용한다. 금속과 반도체의 도전율이 무한할 정도로 크고 산화막의 두께가 $100\,nm$, 비유전율을 3.9라 할 때 이 커패시터 구조의 용량은 $1\,\mu m^2$당 얼마인가?

커패시터의 용량에 관한 식을 이용하면

$$\begin{aligned} C &= \frac{\epsilon S}{d} = \frac{\epsilon_0 \epsilon_r S}{d} \\ &= \frac{(8.85 \times 10^{-12} F/m^2)(3.9)(1 \times 10^{-6} m)^2}{100 \times 10^{-9} m} \\ &= 3.45 \times 10^{-16} F/\mu m^2 \end{aligned}$$

1.8.2 인덕터

도선에 전류가 흐르면 도선의 주위에 자기장이 발생한다. 도선에 일정한 전류가 흐르면 자기장의 변화가 없으나 전류의 크기가 변하면 자기장이 달라지고 도선에는 전류의 변화를 방해하는 힘이 발생하는데 이것을 유도기전력이라고 한다.

도선을 원형으로 감으면 (그림 1.26)과 같이 자기장이 모두 원형의 고리를 통과하므로 자기장의 크기는 고리를 감은 수만큼 커지고 유도기전력도 이에 비례해서 증가한다. 이렇게 코일을 감아 자기에너지가 많이 축적되도록 한 장치를 인덕터(inductor)라고 하며 인덕턴스는 얼마나 많은 에너지를 저장할 수 있는가를 나타내는 척도이다.

인덕터는 더 많은 자기에너지가 저장되도록 (그림)과 같이 속이 비어있는 공심에 솔레노이드와 같이 전선을 코일로 감거나 투자율이 높은 철심, 페라이트의 코어 등에 전선으로 코일을 감아 만들며 초고주파 집적회로에서는 도전체 박막의 패턴을 코일과 같이 형성하여 만들기도 한다.

인덕터에 전류가 흐를 때 자속은 전류에 비례하고 유도되는 전압은 자속의 시간당 변화율에 비례한다. 인덕턴스 L은 전류의 시간당 변화율에 대해 인덕터에 얼마나 많은 전압이 유도되는가를 나타낸 비례상수이며 단위는 헨리(Henry, H)이다. $1\,H$는 전류가 $1\,A/s$의 비율로 변할 때 $1\,V$의 전압이 유도되는 인덕턴스 값이다.

코일이 솔레노이드 구조를 가질 때 인턱턴스는 다음과 같다.

$$L = \frac{\mu A N^2}{l}$$

여기에서 μ는 투자율, A와 l은 각각 솔레노이드 단면적과 길이, N은 코일의 감은 수이다. 인덕터에 유기되는 전압은 다음과 같이 인덕턴스와 전류의 시간당 변화율에 비례한다.

$$v = L\frac{di}{dt}$$

인덕터에 흐르는 전류 i를 $Isin\omega t$라 하면

$$v = L\frac{d(Isin\omega t)}{dt} = \omega LIcos\omega t = j\omega LIsin\omega t = j\omega Li$$

이 식에서 인덕터에 유도된 전압 v는 전류 i와 비례관계에 있으며 비례상수는 $j\omega L$이다. 이 값은 인덕터의 임피던스이며 허수이므로 인덕터가 나타내는 리액턴스(X_L)이다.

$$jX_L = j\omega L$$

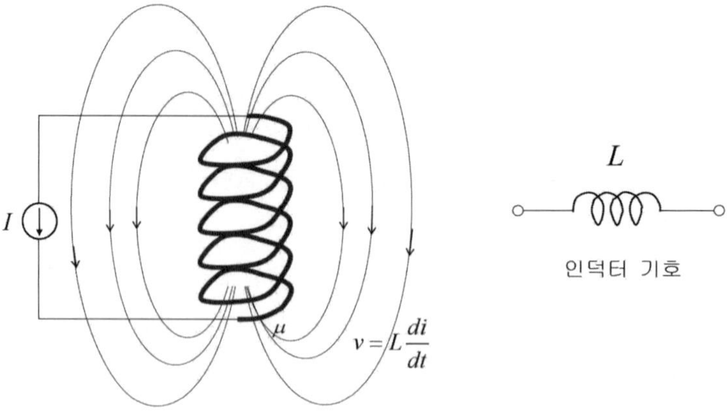

(그림 1.26) 인덕터의 개념도

인덕터가 갖는 리액턴스의 크기는 주파수에 비례한다. 인덕터에 흐르는 전류에 변화가 없으면 전압강하 없이 전류가 흐르므로 인덕터는 단락된 회로와 같다. 그러나 전류에 변화가 있으면 잘 흐르지 못하며 그 변화가 심하여 주파수가 아주 높으면 개방된 회로와 같이 된다.

전자회로와 같은 반도체 부품에 이용되는 전선은 길이가 짧아 인위적으로 만든 인덕터가 아니면 낮은 주파수의 신호에서는 유도되는 기전력이 크지 않아서 회로의 특성에 크게 영향을 주지 않는다. 그러나 주파수가 높은 초고주파 회로에서는 그 영향을 무시할 수 없다.

(예제 1.7) $1\mu H$의 인덕터에 $10\sqrt{2}\sin 377t$의 전류가 흐르고 있다. 이 인덕터의 양 끝에 나타나는 전압은 얼마인가?

인덕터에 유기되는 전압은 전류의 시간당 변화율에 비례하므로

$$v = L\frac{d(Isin\omega t)}{dt} = \omega LIcos\omega t$$

$$= (377)(1 \times 10^{-6})(10\sqrt{2})\cos 377t$$

$$= 3.77\sqrt{2}\cos 377t\ mV$$

여러 개의 인덕터가 직렬, 또는 병렬로 연결될 경우 하나의 인덕터로 등가화하여 나타낼 수 있다. (그림 1.27) (a)와 같이 인덕터가 직렬로 연결되면 인덕터에 흐르는 전류는 같으며

각 인덕터에 유도된 전압은 인덕턴스에 비례한다. 두 인덕터에 유도된 전압의 합을 하나의 인덕터에 유도된 전압으로 나타내면 다음과 같다.

$$v = v_{L_1} + v_{L_2} = j\omega L_1 i + j\omega L_2 i = jL_{eq} i$$

따라서 두 인덕터를 하나의 인덕터로 등가로 나타낼 수 있다.

$$L_{eq} = L_1 + L_2$$

이와 달리 병렬로 연결된 (b)의 두 인덕터는 유도된 전압이 같으므로

$$v = v_{L_1} = v_{L_2} = j\omega L_1 i_1 = j\omega L_2 i_2 = jL_{eq} i$$

$$i_1 = \frac{v}{j\omega L_1},\ i_2 = \frac{v}{j\omega L_2}$$

$$i = \frac{v}{j\omega L_{eq}} = i_1 + i_2$$

전체 전류를 나타내면 등가의 인덕터를 구할 수 있다.

$$\frac{v}{j\omega}\left(\frac{1}{L_{eq}}\right) = \frac{v}{j\omega}\left(\frac{1}{L_1} + \frac{1}{L_2}\right)$$

$$\frac{1}{L_{eq}} = \frac{1}{L_1} + \frac{1}{L_2}$$

이처럼 병렬로 연결된 경우 인덕터의 역수의 합은 등가로 된 인덕터의 역수와 같다.

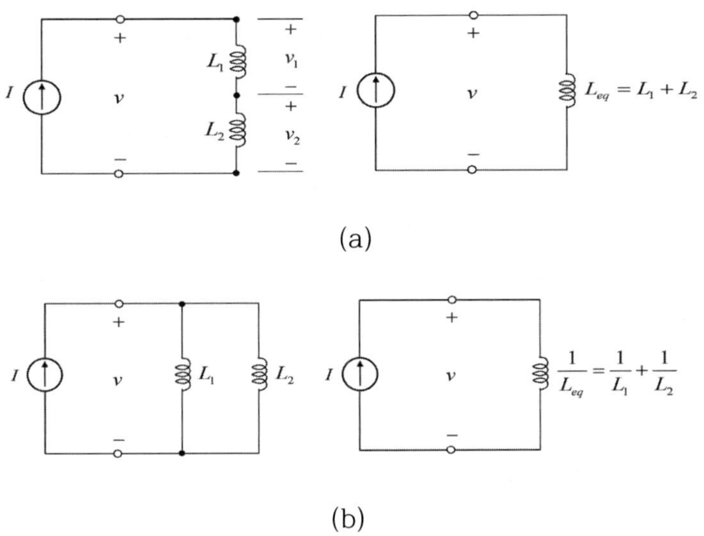

(그림 1.27) 직렬(a)과 병렬(b)로 연결된 인덕터의 등가화

1.8.3 복소임피던스와 어드미턴스

저항체에서 전압과 전류의 비는 저항 R로 표시되며 실수의 값을 갖는다. 그러나 커패시터와 인덕터에서 나타나는 전압과 전류의 비는 각각 $1/j\omega C$, $j\omega L$로 허수이며 주파수에 따라 크기가 다르다. 저항과 커패시터, 인덕터는 주파수에 따른 특성이 서로 다르지만 각 부품이 나타내는 전압-전류의 관계는 모두 에너지 차이가 있을 때 전류가 흐르는 정도를 나타내는 것으로 같은 의미를 지닌다. 따라서 이들을 함께 나타낼 수 있는데 전압과 전류의 비가 실수로 표현되는 값은 순저항(resistance) R, 허수로 표현된 값은 리액턴스(reactance) X로 표시하고 복소임피던스(complex impedance) Z로 정의한다.

$$Z = R + jX$$

여기에서 저항은 실수이지만 커패시터와 인덕터의 임피던스는 허수이므로 리액턴스 X_C와 X_L이며 각각 다음과 같다.

$$jX_C = j(-\frac{1}{\omega C})$$

$$jX_L = j(\omega L)$$

복소임피던스 Z는 주파수에 따른 특성을 포함하므로 저항뿐 아니라 커패시터와 인덕터가 있는 회로의 전압과 전류의 관계를 함께 나타낼 수 있다. 임피던스 성분인 커패시터의 리액턴스는 위와 같이 주파수에 반비례하므로 dc 전압에서 무한히 큰 값이 되어 전류의 흐름이 없는 개방된 상태와 같고 주파수가 높아질수록 리액턴스가 작아져 아주 큰 주파수에서는 단락된 것과 같은 특성을 보인다. 이와 반대로 인덕터의 리액턴스는 주파수에 비례하여 dc 전압에서는 단락, 주파수가 아주 높으면 개방상태와 같다. 커패시터와 인덕터의 리액턴스는 이처럼 부호가 반대이며 서로 다른 특성을 보이므로 회로에 커패시터와 인덕터가 함께 있을 때는 두 리액턴스의 합에 의한 효과가 나타난다. 회로에 커패시터나 인덕터가 있으면 주파수에 따라 임피던스가 변하기 때문에 주파수에 대한 선형성을 떨어뜨리는 원인이 된다.

임피던스는 저항이 갖는 의미와 마찬가지로 전류가 잘 흐르지 않는 비율이며 임피던스의 역수는 전류가 잘 흐르는 정도를 나타내 이를 이용하면 편리할 때가 있다. 임피던스의 역수는 다음과 같이 어드미턴스(admittance) Y로 표시하며 실수와 허수를 구분하여 각각 컨덕턴스(conductance) G와 서셉턴스(susceptance) B로 나타낸다.

$$Y = \frac{1}{Z} = G + jB$$

저항과 마찬가지로 직렬, 또는 병렬로 연결된 커패시터와 인덕터는 하나로 등가화할 수 있다. 앞의 (그림 1.25) (a)와 같이 병렬로 연결된 커패시터를 복소 임피던스로 나타내면 다음과 같다.

$$\frac{1}{j\omega C_{eq}} = \frac{1}{j\omega(C_1 + C_2 + C_3)}$$

병렬로 연결된 커패시터의 총 서셉턴스는 각 커패시터가 갖는 서셉턴스의 합이며 이들의 관계는 다음과 같이 어드미턴스를 이용하면 나타내기 쉽다.

$$Y = \frac{1}{Z} = Y_1 + Y_2 + Y_3$$
$$j\omega C_{eq} = j\omega C_1 + j\omega C_2 + j\omega C_3 = j\omega(C_1 + C_2 + C_3)$$

따라서 병렬로 연결된 전체 커패시터의 용량은 각 커패시터의 용량을 합한 등가의 커패시터로 나타낼 수 있다.

$$C_{eq} = C_1 + C_2 + C_3$$

그러나 직렬로 연결된 커패시터의 총 리액턴스는 각 커패시터가 갖는 리액턴스의 합이며 각 커패시터 용량의 역수의 합이 등가인 커패시터 용량의 역수와 같다.

$$jX_{eq} = jX_{C1} + jX_{C2} = j(X_{C1} + X_{C2})$$

$$\frac{1}{\omega C_{eq}} = \frac{1}{\omega C_1} + \frac{1}{\omega C_2}$$

(문제 1.4) (그림 1.25)의 커패시터를 인덕터로 바꾸었을 때 직렬연결된 인덕터의 총 인덕턴스와 병렬연결된 인덕터의 총 인덕턴스를 구하시오.

참고문헌

1. R. C. Dorf, J. A. Svoboda, Introduction to Electric Circuits, 7th ed. John Wiley & Sons, 2006
2. D. C. Giancoli, Physics Principles with Applications, 4th ed. Prentice-Hall International, Inc. 1995
3. D. Halliday, R. Resnick, and J. Walker, Fundamentals of Physics, 6th ed. John Wiley & Sons, 2001
4. 박송배, 알기쉬운 회로이론, 4th ed. 문운당, 2009

Chapter 2

신호, 시스템과 전자회로

Signal, System and Electronic Circuits

2.1 신호

2.1.1 신호의 구분

우리는 변화가 있을 때 그것을 지각하고 그에 따라 반응하는데 변화는 고정되거나 일정한 상태로부터 달라지는 것을 의미한다. 변화는 보통 시간과 같이 일정하게 변하는 (증가하는) 기준과 그 기준에 따라 달라지는 크기(amplitude)로 표현되며 이처럼 기준에 따라 달라지는 크기의 변화를 신호(signal)라고 한다. (그림 2.1)은 시간에 따라 크기가 변화는 신호의 예이다.

사람이 변화를 느낄 때는 있거나 없는 상태를 느끼기도 하지만 소리의 강약이나, 밝고 어두운 정도와 같이 크기의 변화도 함께 느낀다. 이것은 변화를 나타내는 신호를 감지하기 때문이다.

신호는 전원, 음원, 광원 등과 같이 그것을 일으키는 원천이 있다. 신호는 그 원천이 갖는 성질을 바탕으로 전기신호, 음성신호, 광신호 등으로 나눌 수 있는데, 신호가 갖는 정보의 유무에 따라 정보신호와 잡음신호로 나누기도 한다.

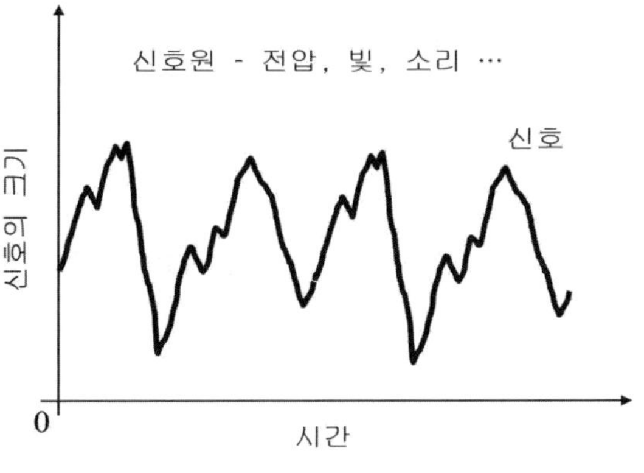

(그림 2.1) 시간에 따른 크기의 변화 ; 신호

이들 신호를 이용하면 우리가 느끼고 알게 되는 현상을 설명하고자 할 때 매우 편리하다. 예를 들면 전기, 전자공학에서는 주로 전기신호를 이용하여 관련된 현상들을 설명하고 있으며 음향학에서는 음성신호를, 광학에서는 광신호를 주로 활용하여 현상들을 설명하고 있다.

전기신호는 다른 신호들과의 변환이 쉽고 전자부품을 이용하여 크기와 형태로 바꿀 수 있으므로 자연계에서 나타나는 신호는 대부분 전기신호로 바꾸고 원하는 형태로 가공하여 다시 자연계 신호로 되돌려 활용한다.

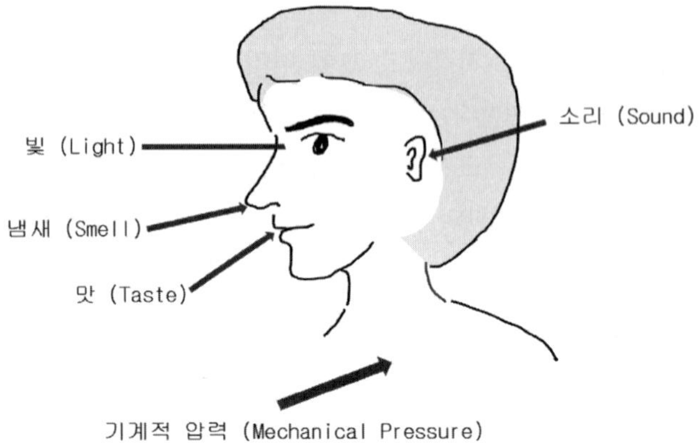

(그림 2.2) 사람이 느끼는 신호들

전기, 전자공학에서 활용하는 전원으로는 전압원과 전류원이 있다. 전압원은 전압이 나타날 수 있는 모든 원천을 대표하여 전압을 생성하는 장치로 표현한 것으로 테브난 등가회로를 이용하여 나타낼 수 있으며 전류원은 노턴 등가회로로 나타낼 수 있다. 신호도 전압이나 전류의 변화이며 (그림 2.3)과 같이 신호를 포함한 전압원(a)과 전류원(b)으로 나타낸다.

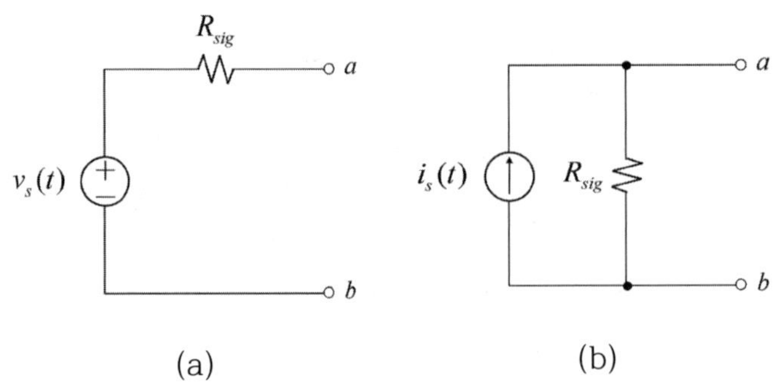

(그림 2.3) 신호원의 표시 - 전압원(a), 전류원(b)

신호는 전기신호가 광신호로 바뀔 수 있는 것처럼 또 다른 성질의 신호나 다양한 형태로 변화될 수 있다. 신호를 미리 설정된 처리 과정을 통해 필요한 형태로 변환하여 활용하기도 하는데 이렇게 처리하는 과정을 신호처리(signal processing)라고 한다.

(문제 2.1) 전기신호는 다른 신호에 비하여 더욱 널리 이용되고 있다. 그 이유를 설명하시오.

2.1.2 아날로그 신호와 디지털 신호

신호는 시간에 따라 연속적으로 변화되지만, 단속적으로 변화가 일어날 수도 있으며 변화가 연속적인지 또는 불연속적인지에 따라 연속적인 아날로그 신호(analog signal)와 시간에 따라 구분된 디지털 신호(digital signal)로 구분하기도 한다.

사람은 신호의 크기 변화를 감각기관을 통해 연속적으로 느끼기 때문에 아날로그 신호는 물리적인 현상을 나타낼 때 편리하며 디지털 신호는 신호의 변화를 원하는 형태로 다양하게 처리하는 과정에 효율적이다. 아날로그 신호는 우리가 쉽게 접할 수 있는 신호이지만 디지털 신호는 대부분 컴퓨터와 같은 전자부품에서 논리적 연산이나, 스위칭 등에 활용되는 인위적인 신호들이다.

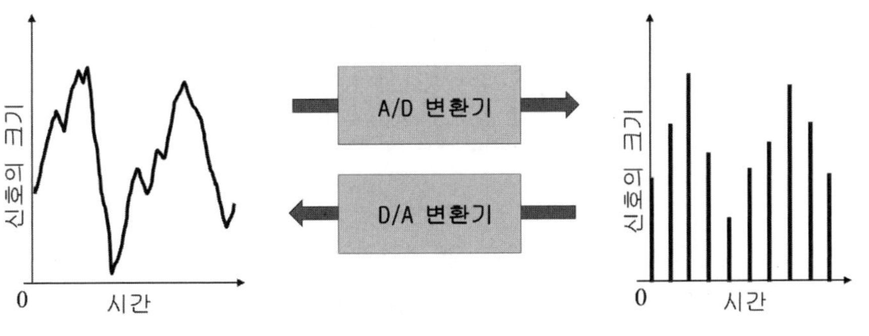

(그림 2.4) 아날로그 신호와 디지털 신호의 변환

자연에서 일어나는 대부분의 신호는 크기를 갖는 아날로그 신호이지만 단속적으로 구분된 크기의 신호도 아날로그 신호와 유사한 정보를 담고 있다. 따라서 연속적인 아날로그 신호를 시간에 따라 구분된 디지털 신호로 바꾸면 정보신호의 처리 과정에서 효과적으로 이용할 수 있다. (그림 2.4)와 같이 아날로그 신호를 시간에 따라 구분하여 디지털 신호의 형태가 되도록 하는 것을 양자화(quantization)라고 하며 이렇게 신호를 변환하는 장치를 아날로그-디지털 변환기(Analog/ Digital converter, AD converter)라고 한다. 또 처리되어 바뀐 디지털 신호를 우리가 인식하기 위해서는 다시 아날로그 신호로 복원할 필요가 있으며 복원하는 과정은 디지털-아날로그 변환기(Digital/Analog converter, DA converter)를 이용한다.

양자화 과정은 정해진 연속적인 시간을 일정한 시간 간격으로 나누어 각각의 구분된 시간 동안 보이는 크기의 대푯값을 설정하여 나타내는 것인데, 많이 구분하여 양자화할수록 원래의 신호와 닮아 오차를 줄일 수 있다. 예를 들어 신호가 변하는 구간을 시간에 따라 둘로 나누어 나타내면 (그림 2.5) (a)와 같이 원래 신호의 변화를 잘 나타내지 못한다. 그러나 이 신호를 (b)처럼 8개 구간으로 나누어 구분하면 원래의 신호와 좀 더 가깝다.

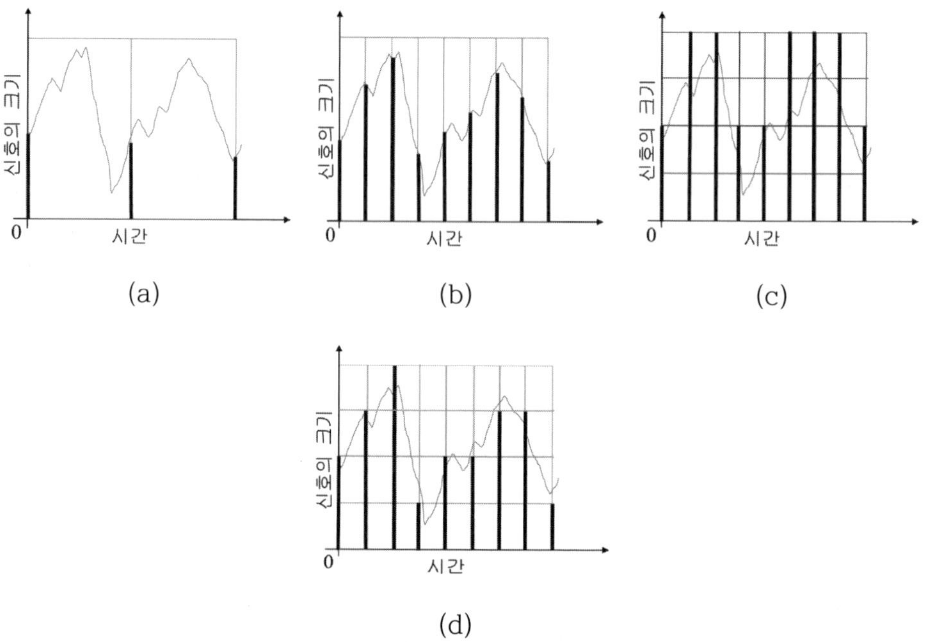

(그림 2.5) 아날로그 신호의 디지털화. 한 주기의 시간 2로 구분한 신호(a)와 4로 구분한 신호(b), 크기를 2로 구분한 신호 (c)와 4로 구분한 신호(d)

디지털 시스템에서는 구간을 양자화하여 신호를 처리하는데 구분할 수 있는 경우의 수를 2진수로 나타내면 자릿수가 n 일 때 2^n 으로 구분되어 자릿수가 많을수록 더 많이 구분할 수 있다. 따라서 많은 자릿수로 양자화할수록 더 정확한 정보를 나타낼 수 있다.

시간과 같이 크기도 양자화할 수 있다. 시간에 따른 구분이 같아도 (c)와 같이 신호의 크기를 크고 작은 두 가지로 나누어 나타내면 원래의 신호와 매우 다르지만 (d)처럼 아주 큰 신호, 큰 신호, 중간 크기의 신호, 작은 신호의 네 가지로 구분하면 원래 신호에 가깝게 표현되며 더 많이 구분하여 나타낸다면 더욱 비슷하게 나타낼 수 있다.

아날로그 신호가 양자화된 디지털 신호는 아날로그 신호와 같이 크기에 의미가 있다. 이때 각 자리의 변화를 보면 가장 낮은 자리는 두 가지의 변화가 있고 자릿수가 높아질수록 더 많은 변화를 포함하게 되므로 제일 높은 자리가 가장 중요한 자리(most significant bit, MSB)가 되며 가장 낮은 자리는 가장 영향이 적다.(least significant bit, LSB)

디지털 신호도 아날로그 신호와 같이 크기에 따른 정보를 가질 수 있지만 가장 단순한 형태의 디지털 신호는 신호의 있고 없음만을 구분하여 나타낸 바이너리(binary) 디지털 신호이다. 바이너리 디지털 신호는 참과 거짓의 두 가지 논리로 구성된 논리체계에 적합하다.

디지털 신호는 특정한 레벨을 기준으로 신호의 유 무만을 나타내므로 외부에서 유입되는 잡음에 덜 민감하고 동기화를 통하여 연산과 제어과정의 오류를 줄일 수 있는 장점이 있어 논리적인 연산, 시스템의 제어과정 등에 주로 이용된다.

(문제 2.2) 네 자리의 2진수를 이용하여 아날로그 신호를 나타내면 몇 단계로 구분되는가?

2.1.3 시간과 주파수에 따른 신호의 표현

자연과 생활에서 얻는 물리적인 신호들은 매우 다양한 형상을 띠고 있으나 신호의 주기성을 이용하면 이들을 쉽게 구분하여 편리하게 이용할 수 있다. (그림 2.6)과 같이 신호와 형태가 시간에 따라 반복되어 나타날 때 주기적인 신호라고 하며 반복되는 신호의 주기를 사이클(cycle), 또 1초 동안 반복되는 한 주기의 횟수를 주파수라고 한다.

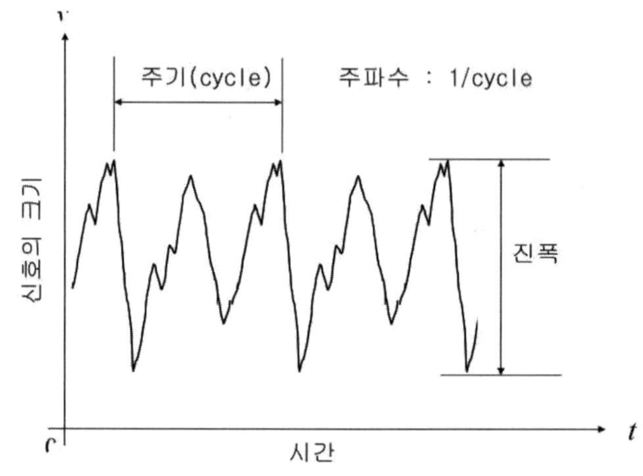

(그림 2.6) 신호의 주기와 진폭

신호는 용도와 특성에 따라 매우 다양한 주파수를 갖는다. (그림 2.7)에 나타낸 것과 같이 사람이 들을 수 있는 음성신호의 주파수는 $20 \sim 20\,kHz$이며 영상신호에 이용되는 주파수는 $\sim 4.5\,MHz$, 무선통신에 이용되는 전자파는 GHz에 이르는 매우 높은 주파수를 갖는 신호이다.

신호의 크기는 진폭으로 나타낸다. 아날로그 신호는 크기에 정보가 담겨있으므로 크기의 변화를 증폭하거나 전달하는 것이 아날로그 회로의 주된 기능이다. 따라서 신호를 잘 나타내고 신호가 변환되는 과정을 잘 이해하는 것이 매우 중요한 일이다.

시간에 따른 크기의 변화를 나타내는 가장 유용한 함수는 사인파이다. 사인파는 시간에 따라 크기가 주기적으로 변하는 값을 나타내는데 푸리에 급수(Fourier series)를 이용하면 모든 신호를 다음과 같이 크기와 주기가 다른 사인파의 합으로 나타낼 수 있다.

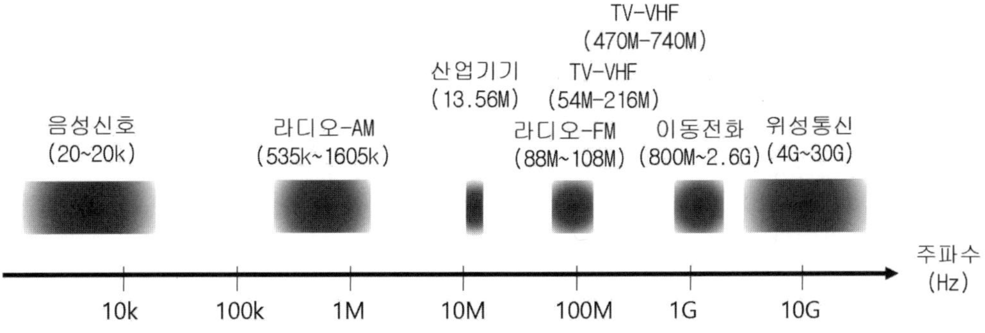

(그림 2.7) 신호 주파수의 이용

$$f(t) = a_0 + \sum_{n=1}^{\infty} a_n \cos(n\omega_0 t) + \sum_{n=1}^{\infty} b_n \sin(n\omega_0 t) = a_o + \sum_{n=1}^{\infty} c_n \sin(n\omega_0 t + \theta_n)$$

여기에서 a_0는 주기함수의 dc 평균값이며 a_n과 b_n은 코사인과 사인으로 나타낸 신호 성분들의 크기이다.

신호를 이처럼 구분해 나타내면 dc 성분과 함께 사인파 성분들이 더해지는데 이 사인파들을 고조파(harmonics)라고 한다. 주기적인 신호는 원래의 신호와 같은 주파수를 갖는 크기가 가장 큰 사인파(이를 기본파 또는 1차 고조파라고 함)와 주파수가 기본주파수의 배수인 작은 크기의 사인파들의 합으로 이루어진다. 이들 사인파는 주파수가 기본주파수의 몇 배 주파수인가에 따라 2차, 3차 고조파 등으로 나누어 부른다.

(그림 2.8) (a)는 톱니 모양의 파형을 갖는 주기적인 파이다. 이 톱니파는 다음과 같이 기본파와 고조파의 사인파들로 구성되어 있다.

$$f(t) = \frac{2}{\pi}(\sin\omega_0 t - \frac{1}{2}\sin 2\omega_0 t + \frac{1}{3}\sin 3\omega_0 t - \dots)$$

이 함수의 모든 항은 사인파이지만 (b)와 같이 기본파인 첫 번째 사인파와 두 번째 고조파를 더하면 톱니파와 비슷한 형태를 갖추기 시작하며 항을 더할수록 톱니파에 가깝게 된다.

이처럼 단순한 형태의 주기적인 신호는 몇 개 사인파들의 합으로 나타낼 수 있으며 일그러진 주기적인 신호는 더 많은 사인파를 이용하여 원래의 파형에 가깝게 나타낼 수 있다. 이뿐만 아니라 비주기적인 랜덤한 신호일지라도 이론적으로는 무한한 개수의 사인파를 합하여 구현할 수 있다. 따라서 어떤 신호를 처리하여 변환한 결과는 그 신호를 구성하는 모든 사인파를 변환하고 합하여 얻은 결과와 같다고 할 수 있다.

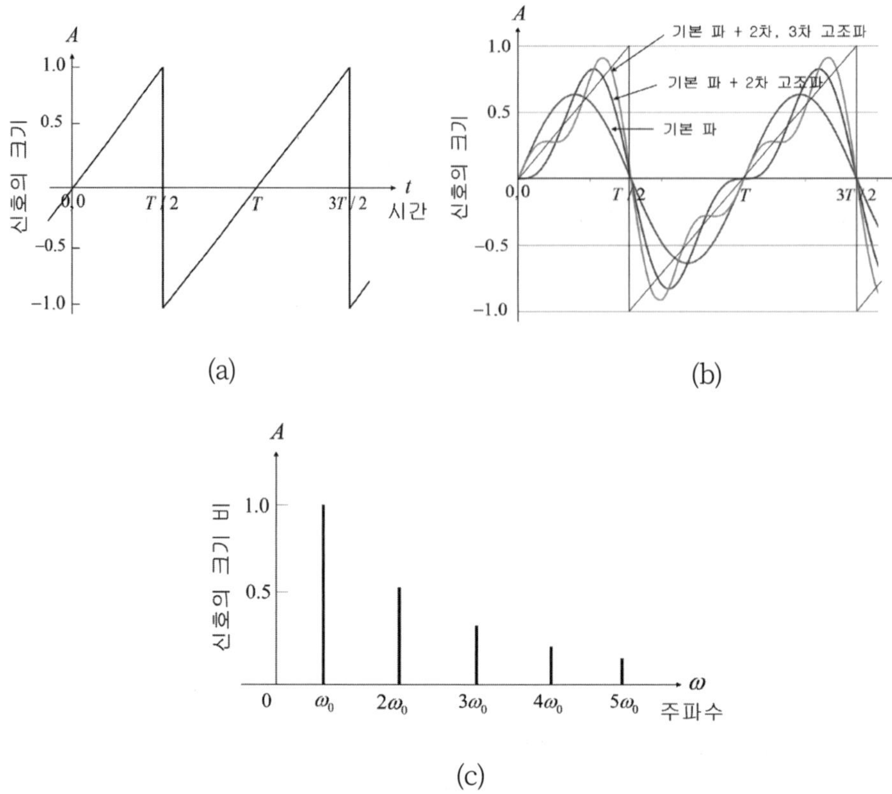

(그림 2.8) 톱니 모양의 파형(a)과 고조파들의 합(b), 주파수 스펙트럼(c)

시간에 따라 변하는 주기적인 신호는 크기와 주파수가 다른 고조파들로 나타낼 수 있으므로 주파수를 축으로 하여 크기가 다른 사인파들로 조합할 수 있다. 따라서 신호를 주파수 축으로 나타내면 크기가 다른 값들이 (c)처럼 단속적으로 나타나는데 이를 주파수 스펙트럼이라고 한다. 주기적인 함수는 기본주파수에서 가장 큰 스펙트럼을 갖고 그 배수의 주파수에서 스펙트럼을 보이며 차수가 높을수록 크기가 작다. 널리 이용되는 전압과 전류의 신호는 대부분 주기적인 신호이므로 시간에 대응하는 값이나 주파수에 대응된 값인 주파수의 스펙트럼으로 나타낼 수 있다.

시간축과 주파수축으로 나타낸 신호의 함수들은 적절한 방식을 통해 서로 바꾸어 나타낼 수 있는데 시간영역의 함수를 주파수영역으로 변화시키는 것을 푸리에 변환(Fourier transform)이라고 하며 주파수영역의 함수를 시간영역으로 변화시키는 것을 푸리에 역변환(inverse Fourier transform)이라 한다. 푸리에 변환은 시간에 따른 변화를 주파수의 변화로 대응하여 나타낸 것이므로 함수의 전체 시간에 대한 적분이 필요하고, 역변환은 시간에 따른 변화로 표현하기 위하여 전체 주파수에 대해 적분하여 구한다. 즉, 시간에 따라 변화되는 모든 신호는 주기적으로 변하는 사인파들의 합(고조파들의 합)으로 나타낼 수 있으므로 푸리에 변환은 사인파로 표현된 시간 함수를 모든 고조파에 대하여 적분하여 얻을 수 있다.

푸리에 변환과 역변환은 응용수학과 회로이론에 보다 상세히 기술되어 있으므로 참조할 필요가 있다.

신호는 다양한 주파수를 가지므로 신호의 증폭과 변환을 위해서 아날로그 회로는 센서로부터 얻은 수 mV 이하의 매우 작은 신호로부터 큰 전력의 신호까지 모든 주파수에서 적절히 반응하여 원하는 결과를 얻어야 한다. 따라서 아날로그 회로는 크기와 주파수에 대한 특성이 입출력 관계에 있어서 아주 중요한 요소가 된다.

(문제 2.3) 전파의 진행속도가 $3 \times 10^8\, m/s$라고 할 때 $1\, GHz$의 주파수를 갖는 신호의 파장은 얼마인가?

2.2 전자회로와 시스템

2.2.1 전자회로의 구분

우리가 느낄 수 있는 물리적인 신호는 센서를 이용하여 전기적인 신호로 바꿀 수 있으며 바뀐 전기신호를 다시 필요한 형태로 변환하여 이용한다. 신호를 변환하고 이용하는 장치는 전자회로와 여러 가지 부품으로 구성되는데 전자회로는 신호의 종류에 따라서 또는 신호를 어떻게 변환하는가에 따라서 회로의 형태와 사용되는 부품이 다르다.

전자회로는 이용하는 신호에 따라서 (그림 2.9)와 같이 다양한 기능을 갖는 아날로그 전자회로와 디지털 전자회로로 구분할 수 있다.

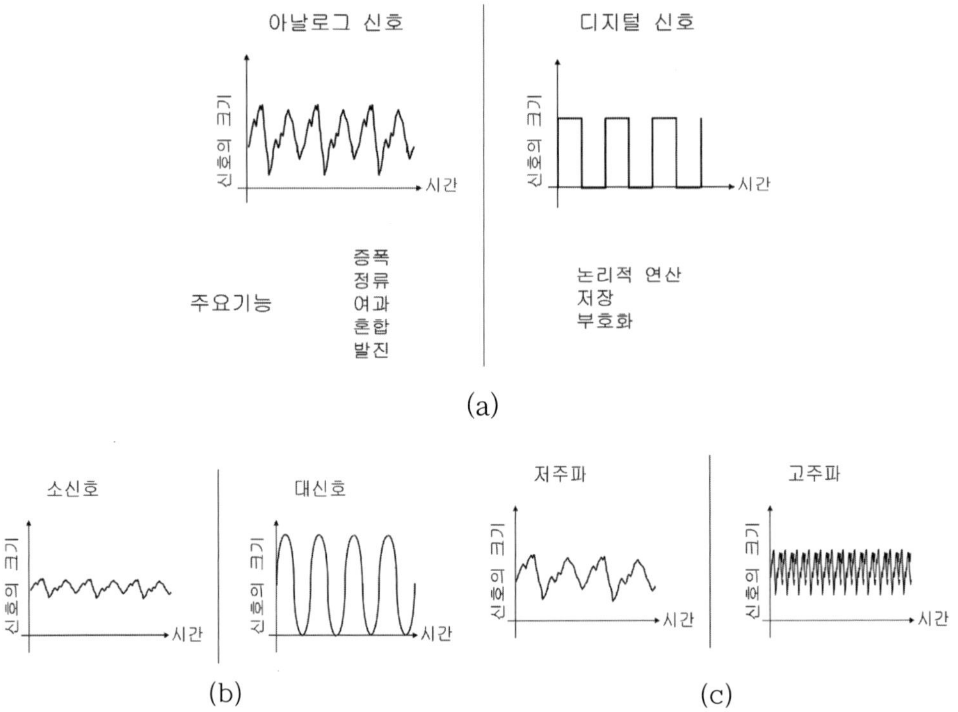

(그림 2.9) 전자회로 신호의 구분과 응용. (a) 아날로그 신호와 디지털 신호, (b) 소신호와 대신호, (c) 저주파 신호와 고주파 신호

아날로그 회로는 신호의 크기를 키우는 증폭기 회로, 교류를 직류로 변환하는 정류기 회로, 원하는 주파수의 신호만을 걸러내는 필터 회로, 신호를 혼합하여 나타내는 혼합회로 등이 있으며 신호의 크기에 따라서 소신호 회로와 대신호 회로, 신호가 갖는 주파수의 높고 낮음에 따라 저주파 회로와 고주파 회로, 전력의 크기 따라서는 저전력, 고전력 회로 등과 같이 구분하기도 한다. 디지털 회로는 논리적인 연산을 수행하는 다양한 논리게이트와 논리적인 레벨을 저장하는 메모리 회로가 있다. 논리게이트의 다양한 조합은 논리적인 연산뿐 아니라 저장과 제어에 이용되기도 한다.

전자회로는 신호를 정해진 방식으로 변환하는데 널리 이용되는 일반적인 증폭기 회로는 입력된 신호의 크기만을 증폭하여 출력하며 출력신호는 입력신호에 선형적으로 비례하여 형태가 같다. 이처럼 입력과 출력이 선형적으로 비례하는 회로를 선형 회로라 하는데 실제 회로에서는 이상적이지 않은 회로 부품들의 특성으로 인해 신호가 제한되거나 출력신호의 형태가 달라질 수 있으며 얼마나 선형적인가 하는 것은 증폭기의 중요한 특성의 하나이다.

(그림 2.10)은 $+/-5\ V$ 범위에서 선형적으로 10배 증폭하고 더 큰 전압에서는 증폭하는 비율이 작은 증폭기의 입력과 출력을 예로 든 것이다. 출력이 $5\ V$일 때까지 입력과 출력의 형태가 닮아있지만 $5\ V$ 이상의 전압에서는 파형의 변화가 입력의 변화에 대응하지 못하여 원래의 신호와 모양이 다르다. 이렇게 출력신호의 형태가 입력과 달라지는 변화를 왜곡(distortion)되었다고 하는데 (그림)에서 증폭기가 왜곡되지 않은 출력을 나타내려면 입력의 범위는 선형적인 특성을 나타내는 $+/-0.5\ V$ 이내로 제한되어야 한다.

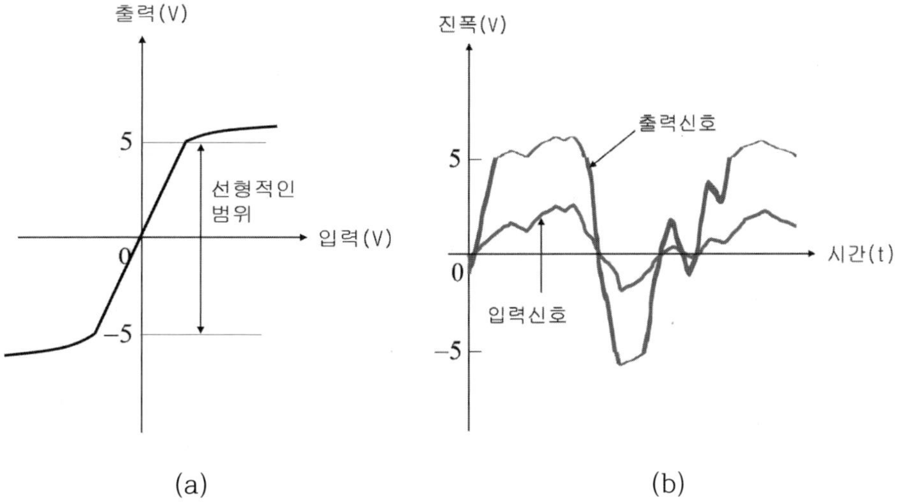

(그림 2.10) 선형적인 회로의 제한된 선형영역(a)과 응답의 왜곡(b)

회로의 특성은 선형적인 출력전압의 범위에 의해 제한되기도 하지만 신호의 주파수에도 영향을 받는다. 앞에서 나타낸 바와 같이 시간영역의 신호를 주파수영역의 신호로 변환하면 매우 다양한 주파수의 사인파가 되기 때문에 회로가 선형성을 갖기 위해서는 모든 주파수에 대해서도 선형적인 변화를 보여야 한다. 그러나 회로의 부품에는 사용할 수 있는 전압의 범위와 함께 주파수의 범위도 제한되는 것이 많으며 이처럼 범위가 제한된 부품을 사용한 회로는 허용된 주파수의 범위를 벗어나면 왜곡된 출력을 나타낼 수 있으므로 주파수에 따른 특성의 변화도 고려해야 한다.

전자회로는 대부분 선형적인 특성이 필요하나 의도적으로 비선형적인 특성을 갖도록 제작하기도 한다.

(문제 2.4) 전자회로는 대부분 제한된 영역에서 선형성을 가질 뿐 부분적으로는 비선형적인 특성을 갖는다. 그 원인은 무엇인가?

2.2.2 전자회로와 시스템

우리가 사용하는 도구나 장치들은 단순한 기능을 갖는 것부터 지능적인 일들을 수행할 수 있는 것까지 다양하게 구성되어 있다. 단순한 기능을 갖는 도구나 장치는 기계적인 부품들을 이용하여 만들 수 있지만 복잡하거나 제어기능은 기계부품만 가지고 구현하기는 쉽지 않다. 또 대표적인 교통수단인 자동차는 십여 년 전까지만 해도 대부분 수만 개의 기계부품으로 구성되어 있었으나 자동차에 통신과 자율운행 등 새로운 기능들이 부여되고 전기자동차가 등장하면서 자동차를 만드는데 기계부품과 함께 많은 전자부품이 이용되고 있다. 이뿐 아니라 사람들은 다양한 전자부품으로 구성된 컴퓨터 단말기를 이용하여 업무를 보며 스마트폰으로 관계자들과 대화하고 인터넷을 통해 많은 정보를 주고받는다.

전자기기는 (그림 2.11)과 같이 간단한 기능을 갖는 부품들이 모여 다양한 기능을 수행하는 장치가 되며 더욱 복잡하고 큰 장치로 만들어지는데 이와 같은 장치를 시스템(system)이라고 한다. 이들은 대부분 저항과 커패시터, 인덕터, 앞으로 공부하게 될 다이오드와 트랜지스터 등 몇 종류의 전자부품들이 연결된 회로와 기타 부품들이 조합되어 필요한 특성을 갖는다.

전자회로로 구성된 시스템은 물리적 신호를 처리하여 변환하는 장치 이외에도 컴퓨터와 통신, 제어와 전원용 장치 등으로 구분할 수 있다. 이들은 모두 신호를 이용하며 어떤 형태의 신호를 이용하는가에 따라 시스템의 기능이 전혀 달라진다. 아날로그 신호를 처리하는 과정은 좀 더 물리적 환경에 친숙해 있으며 디지털 신호의 처리는 연산과 비교 논리에 가깝다. 증폭기와 같은 아날로그 회로는 작은 신호를 큰 신호로 증폭하는 기능을 가지므로 트랜지스터와 같이 신호를 키울 수 있는 부품이 사용되며 디지털 연산에는 정과 부의 논리를 처리하는 스위칭의 과정이 중요하기 때문에 신호를 차단하거나 연결하는(on/off) 기능을 갖는 부품이 이용된다.

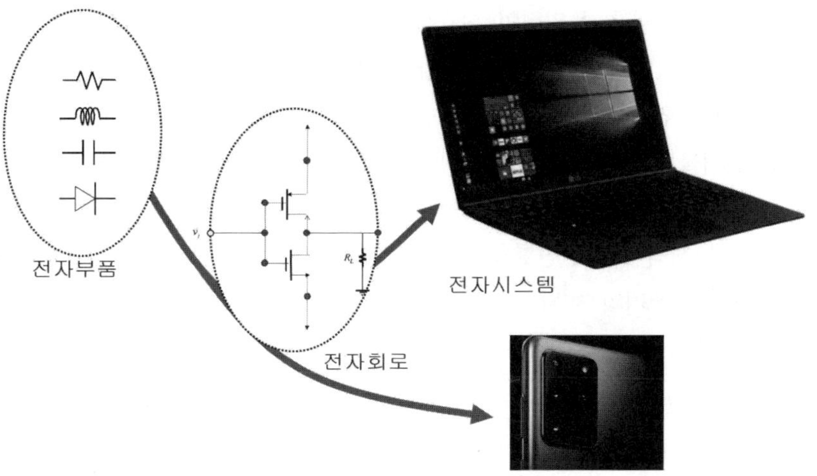

(그림 2.11) 전자회로의 기본 부품과 회로, 시스템

입출력 단자와 제어기능을 갖는 시스템은 대부분 아날로그 신호와 디지털 신호를 모두 이용한다. 물리적인 양이 중요한 입력과 출력단에서는 아날로그 신호가 주로 이용되고 시스템의 기능과 관련된 제어와 변환과정에서는 디지털화된 신호를 이용하는 것이 보통이다. 여기에서는 전자회로의 이해에 도움이 되도록 휴대전화기를 이용하여 전자회로를 이용한 시스템의 구성과 신호처리 과정을 간략히 소개한다.

2.2.3 휴대전화기의 구성과 전자회로

종래의 휴대전화기는 단순히 음성통화를 위한 수단으로 사용되었으나 현재는 영상통화는 물론 인터넷과 자동화기기의 제어장치로 이용하는 등 스마트폰으로써 다양한 기능이 부가되었다. 스마트폰을 만들기 위한 회로는 복잡하지만 필요한 전자회로의 기능과 특성을 간단히 회로의 기능과 역할을 구분하여 나타내면 다음과 같다.

(그림 2.12)는 스마트폰의 신호처리 과정이다. 스마트폰과 인간이 접속하는 신호는 영상과 소리, 사람이 입력하는 정보이다. 이 영상과 소리는 전기신호가 아니므로 기기에 입력되어 먼저 전기신호로 변환되며 출력될 때는 반대로 전기신호가 소리나 영상으로 변환된다. 음성과 영상의 전기신호 변환은 물리적인 신호를 전기신호를 바꾸는 과정이며 마이크로폰과 영상 센서를 이용하는 아날로그 신호의 처리과정이다. 마이크로폰을 통해 변환된 음성의 전기신호는 크기를 갖는 연속적인 신호이므로 아날로그 신호이며 매트릭스 형태로 구분된 화소를 갖는 영상 센서를 통해 얻은 영상의 전기신호도 크기를 갖는 아날로그 신호이다. 센서를 통해 얻은 음성과 영상의 아날로그 신호는 크기가 매우 작고 불필요한 신호도 포함하기 때문에 필터를 통해 선택적으로 신호를 거르거나 증폭기를 통해 신호의 증폭이 이루어진다. 이렇게 얻은 적절한 크기의 아날로그 신호는 아날로그/디지털(A/D) 변환기를 통해 필요한 형태의 디지털 신호로 바꾼다.

변환된 디지털 신호는 정해진 주파수 범위 내에 많은 정보가 포함되도록 부호화되고 또 필요한 작업을 하기 위해서 다양한 형태로 바뀌어 처리된다. 이러한 신호처리 과정은 스마트폰의 기능이 복잡해지면서 대부분 컴퓨터의 중앙처리장치와 같은 장치가 수행하게 되었다. 산술, 또는 논리적 연산이나 정보의 저장 등을 위한 장치는 논리게이트, 조합논리회로와 순차논리회로 등으로 되어있다.

적절한 형태로 처리된 디지털 신호는 작은 스마트폰의 안테나를 통해서 신호가 전파되어야 하므로 디지털/아날로그(D/A) 변환기를 이용하여 아날로그 신호로 변환된 뒤 무선통신이 가능한 매우 높은 주파수의 고주파 신호에 담는 변조를 거치는데 이것은 고주파를 발생하는 발진기(Oscillator)와 신호를 혼합하는 장치인 믹서(Mixer)를 이용한다. 변조된 신호는 안테나를 통해 전파되기에는 미약하므로 고주파 전력증폭기를 이용하여 큰 전력으로 증폭되며 증폭된 고주파 신호는 스마트폰의 작은 안테나를 통해서 전파되어 멀리 떨어진 수신 안테나가 있는 곳까지 전달된다.

음성, 또는 영상신호를 처리하여 송신하는 과정을 거꾸로 하면 전파된 신호를 받아서 음성과 영상으로 복원할 수 있으며 스마트폰은 신호를 수신하여 이 과정을 수행한다.

스마트폰의 안테나는 높은 주파수의 전파를 수신하여 신호를 만든다. 안테나를 통해 들어오는 신호는 매우 미약하므로 신호에 잡음이 섞이지 않도록 하여 필요한 세기로 증폭한다. 증폭된 신호는 이제 필요한 신호만 선택하여 복조하는 과정을 거치는데 먼저 필터를 통해 필요한 낮은 주파수의 정보를 가진 신호를 추출하고 추출된 신호를 다시 증폭하여 디지털 신호로 변환한 다음 부호화하기 이전의 신호로 되돌리고 정보의 처리를 통해 필요한 신호로 변환한다. 이렇게 처리된 신호를 다시 아날로그 신호로 바꾼 뒤 스피커와 모니터를 통해 사람이 인식할 수 있는 음성과 영상신호를 얻는다.

스마트폰이 행하는 일련의 신호처리 과정은 모두 전자회로를 이용하여 수행되고 있으며 이 회로에는 신호의 변환과 증폭, 여과, 혼합 등의 아날로그 신호를 처리하는 아날로그 회로와 신호의 부호화, 논리적 연산과 정보의 저장 등 디지털 신호를 처리하는 디지털 회로가 포함되어 있다. 스마트폰이 잘 작동하기 위해서는 이와 같은 모든 전자회로 부품들이 필요한 성능을 안정적으로 나타내야 한다.

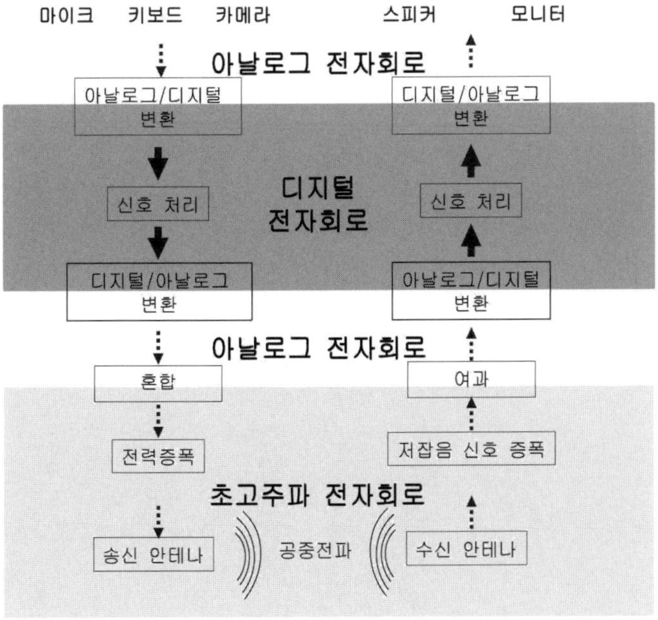

(그림 2.12) 스마트폰의 신호처리 과정

참고문헌

1. A. S. Sedra, and K. C. Smith. Microelectronic Circuits, 6th ed. Oxford University Press, Inc., 2011
2. B. Razavi, Fundamentals of Microelectronics, John Wiley & Sons, Inc., 2008
3. 박송배, 알기쉬운 회로이론, 4th ed. 문운당, 2009
4. D. M. Pozar, Microwave and RF Design of Wireless Systems, John Wiley & Sons, Inc., 2001

Chapter 3

반도체와 전자소자

Semiconductor and Electronic Devices

3.1 반도체의 접합 이론

물질은 금속과 반도체, 절연체와 같이 전류가 잘 흐르는 정도로 구분할 수 있는데 일반적으로 금속의 비저항은 $10^{-6}\,\Omega cm$ 이하, 절연체는 $10^{12}\,\Omega cm$ 이상이며 그 사이의 비저항 값을 나타내는 물질은 반도체라고 한다. 반도체의 비저항 값은 매우 넓은 범위에 걸쳐 있지만 흔히 이용하는 반도체의 비저항은 $10^{-3} \sim 10^{7}\,\Omega cm$ 정도이다.

전자회로 부품은 이들 금속과 반도체, 절연체를 이용하여 제작하는데 특히 반도체는 인위적으로 특성을 조절할 수 있을 뿐 아니라 p형과 n형으로 구분되어 서로 다른 전기적인 특성을 보이며 가공성이 뛰어나 전자회로 부품의 기본 재료로 널리 이용되고 있다.

3.1.1 반도체와 공유결합

자연계에 존재하는 원소들은 각각 고유한 특성을 갖는다. 원자는 원자핵과 전자로 구성되는데 원자핵과 전자의 수, 배열에 따라 서로 다른 원소로 구분하며 가장 외곽에 있는 전자의 수에 따라 유사한 특성을 나타내 (표 3.1)의 주기율표와 같이 그룹을 지어 구분하기도 한다.

자연계의 원소 중 금속으로 분류된 원소들은 전자의 움직임이 자유로워 외부에서 가해지는 전계에 전자가 쉽게 이끌려 움직이기 때문에 전도성을 나타낸다. 이와 달리 비금속 원소들은 전자가 원자핵에 구속되어 있어 전도성을 나타내지 않는데 비금속 원소일지라도 어떤 원소는 적절히 가공할 경우 도체에 버금가는 전도성을 가질 수 있으며 이것을 반도체라고 한다. 자연의 원소 중에서 이러한 반도체의 특성을 나타내는 대표적인 원소로는 주기율표에서 14족 원소인 Si과 Ge이 있다.

원자번호가 28인 Si은 (그림 3.1) (a)의 보어 모델에서 보는 것처럼 14개의 전자 중 최외곽에 4개의 전자를 갖고 있으며 Si의 결정은 (b)와 같이 Si 원자가 주위에 있는 4개의 Si 원자와 전자를 공유한 상태로 결합하고 있다. Si 원자는 이와 같은 공유결합으로 외곽에 필요한 8개의 전자를 모두 채워 안정한 상태를 유지하는데 결합이 깨지거나 공유된 전자에 변화가 일어나지 않는 한 안정한 상태를 유지하므로 부도체와 같이 전도성을 나타내지 않는다.

반도체는 Si 또는 Ge과 같이 하나의 원소로 이루어진 반도체가 있으며 두 개 이상의 원소가 결합하여 만들어지기도 하는데 GaAs, GaN 등과 같이 서로 다른 원소가 결합하여 화합물반도체를 이루기도 하며 SiGe과 같이 서로 다른 원소들이 혼합되어 반도체가 되기도 한다. 하나의 원소로 이루어진 반도체는 이웃한 같은 원소의 원자들이 전자를 공유하며 결합하고 화합물반도체는 GaAs와 같이 서로 다른 13족과 15족 원소의 결합으로 외곽의 전자를 공유하거나 ZnS와 같이 12족과 16족 원소가 결합하여 외곽의 부족한 전자를 채움으로써 안정한 상태를 유지한다. 화합물반도체는 또 GaInAs 등과 같은 세 개 이상의 원소로 구성되기도 한다.

원소들이 공유결합되어 안정된 반도체를 이루면 고유한 특성을 나타내는데 다른 원소가 포함되지 않은 이러한 반도체를 진성반도체라 한다. 온도가 올라가면 결합한 원자들이 열적으로 진동하여 간혹 진성반도체의 전자가 들떠 구속된 상태에서 벗어나기도 한다. 전계가 가해지면 이렇게 구속에서 벗어난 전자들은 금속의 자유전자와 같이 움직일 수 있으므로 반도체는 전도성을 갖게 된다. 그러나 반도체에 있는 이동이 가능한 전자들은 금속과 같이 많지 않으며 고정된 원자들과의 산란 등으로 인해 움직임에 제한이 따른다. 따라서 반도체 물질들은 절연체와 달리 전도성을 나타낼 수 있으나 금속과 같이 큰 전도성을 갖지는 못한다.

(표 3.1) 원소의 주기율표

IA	II	III	IV	V	VI	VII		VIII		XI	XII	XIII	XIV	XV	XVI	XVII	No b.
H																	He
Li	Be											B	C	N	O	F	Ne
Na	Mg											Al	Si	P	S	Cl	Ar
K	Ca	Sc	Ti	V	Cr	Mn	Fe	Co	Ni	Cu	Zn	Ga	Ge	As	Se	Br	Kr
Rb	Sr	Y	Zr	Nb	Mo	Tc	Ru	Rh	Pd	Ag	Cd	In	Sn	Sb	Te	I	Xe
Cs	Ba	La	Hf	Ta	W	Re	Os	Ir	Pt	Au	Hg	Tl	Pb	Bi	Po	At	Rn
Fr	Ra	Ac															

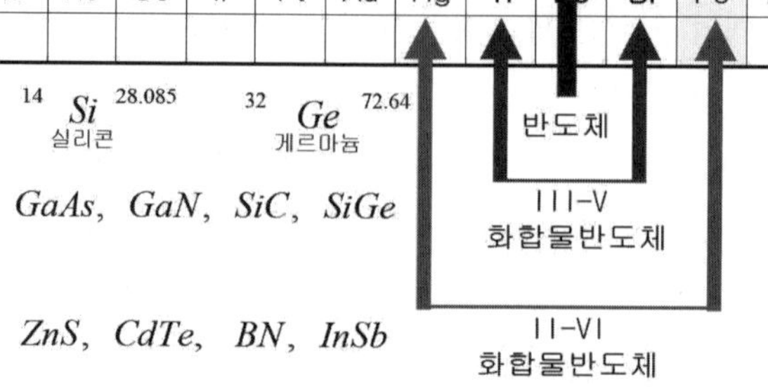

금속과 달리 반도체는 공유결합 되어있는 원자를 다른 원자로 치환할 경우 도전율을 비롯한 여러 가지 성질을 변화시킬 수 있으며 정밀한 조절이 가능하다. 반도체는 이러한 특성을 바탕으로 트랜지스터를 비롯한 여러 가지 전자부품의 제작에 널리 이용되고 있으며 기술의 발달로 반도체는 더욱 다양한 분야에 활용되고 있다.

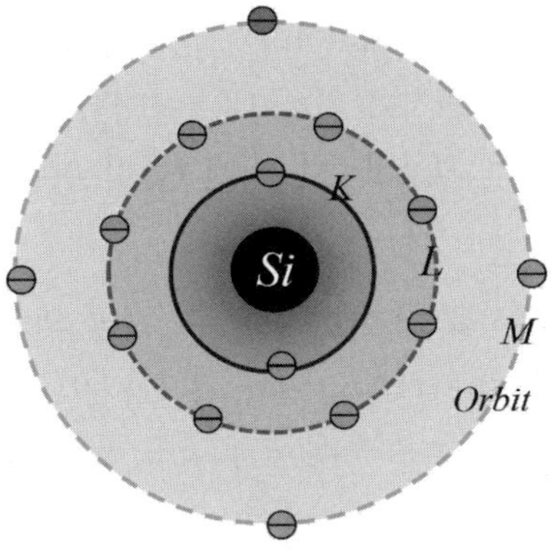

Si의 14개 전자

(a)

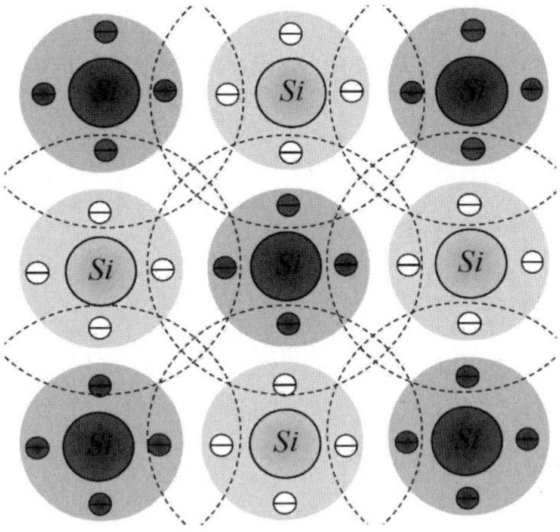

Si의 공유결합

(b)

(그림 3.1) 보어 모델의 Si 원자(a)와 Si의 공유결합(b)

(문제 3.1) 자연계의 원소 중 반도체로 이용되는 원소와 화합물에는 어떤 것들이 있는지 원소기호로 나타내시오.

3.1.2 반도체의 결정구조

결정을 이루고 있는 Si은 원자들은 (그림 3.2) (a)와 같이 인접한 4개의 원자와 공유결합되어 있으며 주기적으로 배열되어 있다. Si 결정의 구조를 보면 (b)와 같이 육면체 바깥면의 중심과 각 모서리에 Si 원자가 위치하며 이러한 배열을 면심입방(face centered cubic, FCC) 격자(lattice)구조라고 한다. 이 구조는 규칙적으로 배열되어 하나의 큰 결정을 이루는데 공유결합의 4개 Si 원자는 (c)와 같이 격자의 한 부분에 위치한다. 결정 내에서 격자는 격자상수라고 하는 일정한 간격으로 배열되어 있으며 Si 결정의 격자상수는 5.431Å이다. Si 결정은 다이아몬드와 같은 결정구조를 보여 다이아몬드 구조라고도 하며 Ge의 공유결합도 같은 결정구조로 되어있다.

원자들로 이루어진 결정은 방향에 따라 서로 다른 특성을 가지며 이를 구분하기 위하여 결정구조의 방향을 밀러지수(Miller index)로 표현한다. 밀러지수는 격자 하나가 갖는 모서리 한 점을 3차원 좌표계의 기준으로 정하고 이때 결정이 이루는 결정면과 x, y, z축이 만나는 교차점의 좌표를 구하여 그 역수의 최소 정수비를 괄호 안에 나타낸 것이다. 예를 들어 (그림 3.3) (a)와 같이 결정의 모서리 한 점을 원점 (0,0,0)으로 하면 격자상수를 '1'로 했을 때 결정면은 x축 (1,0,0)에서 만나고 y, z축과는 만나지 않으므로 결정면과 축과의 교차점은 (1,∞,∞)이며 결정의 방향은 (100)이다. (b)의 경우 결정면이 만나는 x, y, z축의 교차점이 (1,1,1)이므로 결정 방향이 (111)이다. 또 결정면과의 교차점이 (1,1,∞)인 (c)의 결정 방향은 (110)이 된다.

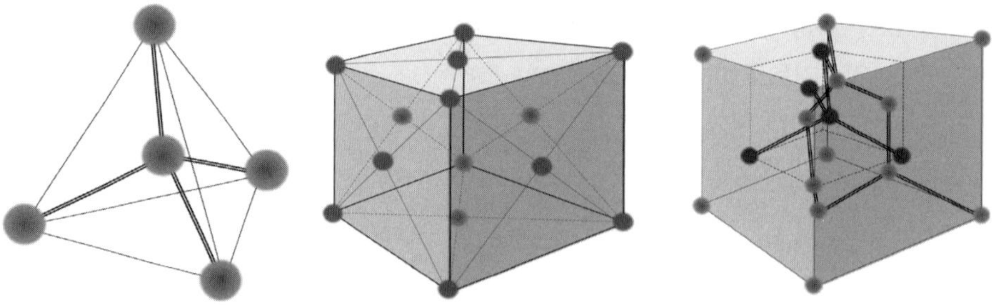

(a) (b) (c)

(그림 3.2) Si 결정의 공유결합 구조 (a), 면심입방 (FCC) 구조(b)와 격자 내의 공유결합 된 Si 원자 배열(c)

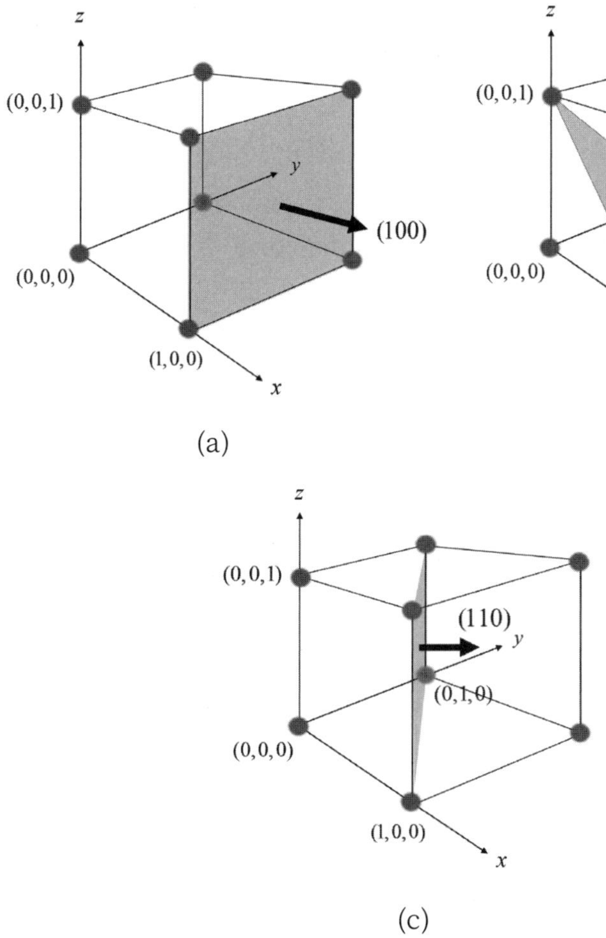

(그림 3.3) 밀러지수와 결정의 방향. (a) (100), (b) (111), (c) (110)

결정은 방향에 따라 조밀하거나 드문 배열상태를 나타내며 노출된 결정면이 갖는 원자의 수도 달라 결정 방향은 물리적, 화학적 성질에 영향을 미친다. (111) 방향의 Si 결정은 반응성이 높아 화학적으로 식각이 잘되고 전자이동도도 높다. 반면에 (100) 방향의 Si은 다른 결정 방향보다 화학적으로 안정한 성질을 갖는다. 전자회로의 반도체 부품은 제조공정에 유리하고 화학적으로 안정한 (100) 방향의 결정을 주로 이용한다.

완전한 결정을 이룬 Si은 결정에 따라 고유한 특성을 가지며 하나의 결정 상태를 유지하고 있을 때 단결정(single crystal) Si이라고 한다. 단결정 Si은 얇은 기판으로 형성하여 반도체 소자와 집적회로 등 전자회로의 부품을 만드는데 널리 이용한다. 하나의 결정인 단결정 Si과 달리 여러 방향의 결정이 혼합되어 이루어진 Si은 다결정(poly-crystal) Si이라고 하며 결정을 이루지 못한 상태의 Si들로 구성된 경우 비정질(amorphous) Si이라 한다.

Si은 지구상에 산소에 이어 두 번째로 많이 존재하는 원소로 지각의 27.7%를 구성하며 모래에 주요 성분인 SiO_2로 함유되어 있다. Si은 전기로 속에서 모래와 탄소를 반응시켜 산소를 제거하여 얻을 수 있는데 전자회로의 부품에 이용하기 위해서는 여러 처리과정을 거쳐 Si의 순도가 10-nine(99.99999999%)이상인 매우 높은 순도로 정제된다. 초고순도로 정제된 Si은 초크랄스키(Czochralski), 또는 부융대(floating zone) 결정성장법을 이용하여 단결정으로 이루어진 동그란 기둥 형태의 잉곳(ingot)으로 성장되고 이 잉곳을 얇게 절단하면 둥그런 원판 모양의 반도체 기판을 만들 수 있다. 단결정의 Si 반도체 기판은 전체가 균일한 전기적 특성을 가지므로 그 위에 다양한 패턴의 금속과 절연막을 증착, 식각하거나 선택적인 도핑을 통해 기판의 성질을 변화시키는 등 반도체 제조기술의 여러 가지 공정을 이용하여 반도체의 소자와 회로가 제작된다.

다결정 Si은 단결정 Si을 만드는 과정 중 단결정으로 성장하기 전의 형태로 얻어지며 여러 방향의 단결정들로 구성되어 있으므로 결정 방향이 하나인 단결정에 비하여 각각의 결정들이 갖는 복합적인 특성을 갖는다. 다결정 Si은 단결정 Si에 버금가는 전기적 성질을 어느 정도 유지하고 있고 단결정 Si에 비하여 쉽게 형성할 수 있으며 제조비용이 저렴하여 태양전지에 주로 이용된다. 또, 반도체 제조기술의 증착 공정을 이용하면 박막 형태의 다결정 Si을 얻을 수 있다. 다결정 Si 박막은 반도체 회로의 제조공정에 많이 이용된다.

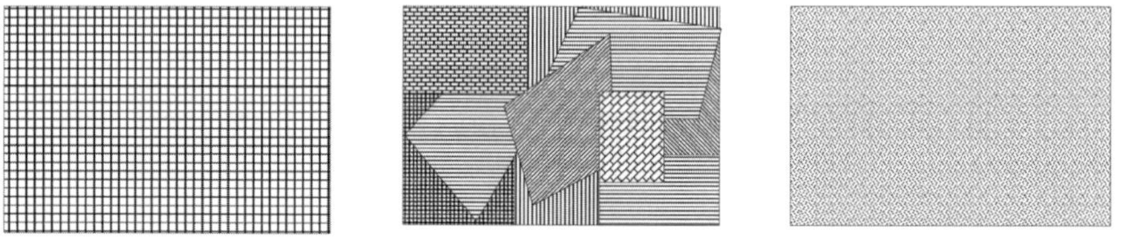

(a) (b) (c)

(그림 3.4) 단결정(a), 다결정(b), 비정질(c) 구조

(문제 3.2) (211)의 결정 방향을 (x, y, z) 좌표축을 이용한 그래프로 도식하여 나타내시오.

3.1.3 도핑과 에너지대 구조

(1) 도핑 - 도너와 억셉터

Si 원자만으로 이루어진 진성반도체는 외곽의 전자들이 모두 인접한 Si 원자들에 공유되어 있어 자유롭지 못하며 전기적으로 부도체에 가깝다. 그러나 (그림 3.5) (a)와 같이 공유결합된 Si 원자 중 하나가 As와 같은 15족 원소로 치환되면 치환된 원소의 외곽 전자 5개 중 4개는 주변에 있는 Si 원자들과 공유되어 결합을 이루지만 나머지 하나는 구속에서 벗어나 자유로운 상태에 있다. 따라서 전계를 가하면 이 전자가 쉽게 이동하여 전류가 흐를 수 있다. 이처럼 결정 내의 Si 중 일부를 As와 같은 다른 원소로 치환하는 것을 도핑(doping)이라고 하며 치환되는 원소를 도펀트(dopant)라고 한다. Si에 As가 도핑되면 자유전자를 만들어 도핑된 정도에 따라 전류가 매우 잘 흐를 수 있는 상태가 된다.

Si이 As로 도핑되면 결합하여 자유전자를 생성하지만 As 대신 13족 원소인 B로 도핑되면 원자들은 (b)와 같이 전자가 하나 부족한 상태로 결합된다. 결합에서 전자가 비워진 상태를 홀(hole), 정공, 또는 양공이라 하는데 상온에서는 Si 중 상당한 수의 전자들이 들떠 있으므로 주변의 홀을 채우고 들뜨는 일이 되풀이된다. 이때 반도체에 전계가 가해지면 전자들이 들뜨고 채워지는 과정이 전계의 방향으로 반복하여 일어나므로 거시적으로 보면 전자의 이동이 있는 것과 같다. 따라서 홀 역시 전류의 흐름을 나타낼 수 있으며 외부 전계에 의한 전류의 방향은 As가 치환될 때와 반대로 된다. 이처럼 Si 결정은 치환되는 원자의 종류에 따라 자유전자, 또는 홀을 만들 수 있는데 자유전자를 만드는 원소를 도너(donor), 홀을 만드는 원소는 억셉터(acceptor)라 한다. Si 반도체의 경우 15족 원소인 P, As, Sb이 도너로 이용되며, 13족 원소인 B, Al, Ga 등이 억셉터로 이용될 수 있다.

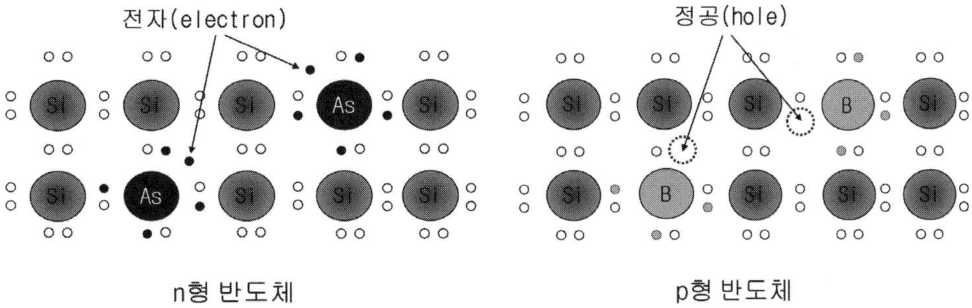

(a) n형 반도체 (b) p형 반도체

(그림 3.5) Si 반도체에서 도너와 억셉터 원자의 도핑

Si 원자와 치환된 도너는 5개의 가전자를 가지고 있으므로 공유결합에 이용된 4개를 제외한 하나의 전자는 에너지를 조금만 얻어도 구속에서 벗어나 자유롭게 된다. 이때 필요한 에너지를 활성화에너지(activation energy)라고 하며 As와 P는 각각 $0.054\,eV$와 $0.045\,eV$로 매우 작아 상온에서 쉽게 활성화된다. 억셉터인 B, Al이 정공을 형성하는데 필요한 활성화 에너지는 각각 $0.045\,eV$와 $0.067\,eV$로 도너인 As, P와 같이 쉽게 활성화된다. (그림 3.6)은 Si에서 주요 원소들이 갖는 활성화에너지를 나타낸 것이다.

반도체에 도너, 또는 억셉터를 주입하면 자유전자를 만들거나 홀을 만들게 되는데 도너의 주입으로 자유전자가 있는 반도체를 n형 반도체, 억셉터의 주입으로 홀이 있는 반도체를 p형 반도체라 한다. 도너와 억셉터의 주입으로 생성된 전자와 홀은 전계에 따라 움직일 수 있는 전하들이므로 이들 전하를 캐리어(carrier)라고도 한다. 트랜지스터와 같은 반도체 부품에 사용되는 캐리어 수는 보통 $10^{16}/cm^3$ 이상이며 필요한 만큼의 도펀트를 주입하여 캐리어 수를 조절할 수 있다. 한편, 불순물이 주입되지 않은 반도체 일지라도 온도의 상승으로 전자가 들뜨면 캐리어로 작용할 수 있는데 Si 진성반도체의 경우 들뜸(excitation)으로 인한 캐리어 수는 $\sim 10^{12}/cm^3$로 주입되는 도펀트에 비하여 매우 작아 전도성을 거의 나타내지 않는다.

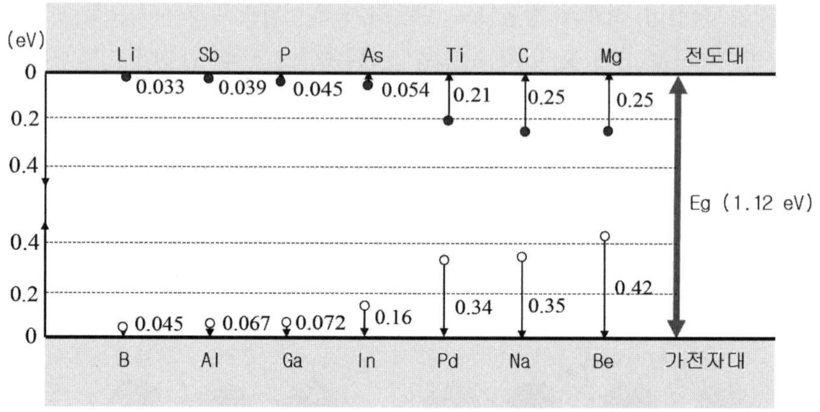

(그림 3.6) Si에서 원소들이 갖는 활성화에너지 (단위 : eV)

(문제 3.3) Si을 도핑할 때 낮은 활성화에너지를 갖는 원소를 이용한다. 그 이유는 무엇인가?

---

(2) 반도체의 에너지대 구조

반도체의 물리적 성질은 원자에 있는 전자들의 에너지 상태를 고려한 에너지대 구조를 이용하면 해석이 쉽다.

원자는 핵과 주위에 있는 상대적으로 다른 위치에 존재하는 전자들로 구성되는데 원자들이 멀리 떨어져 있을 때는 핵과 주위의 전자가 각각 독립된 에너지 상태를 유지하지만 가까이 있으면 서로 영향을 미친다. 이때 '폴리(Pauli)'의 배타율에 의해 전자는 한 에너지 상태에만 있을 수 있으므로 전자들은 서로 간섭되어 각각 갈라진 에너지 상태의 준위에 있게 된다. 원자들이 배열되어 결정을 이루면 원자의 수가 많으므로 그에 대응하여 많은 상태준위가 나타나며 각 궤도(orbital)의 전자들이 갈라져 군집해 있는 상태준위들에 (그림 3.7)과 같이 밴드처럼 나타난다. 이처럼 군집한 에너지 상태의 밴드를 에너지밴드, 또는 에너지대라 한다.

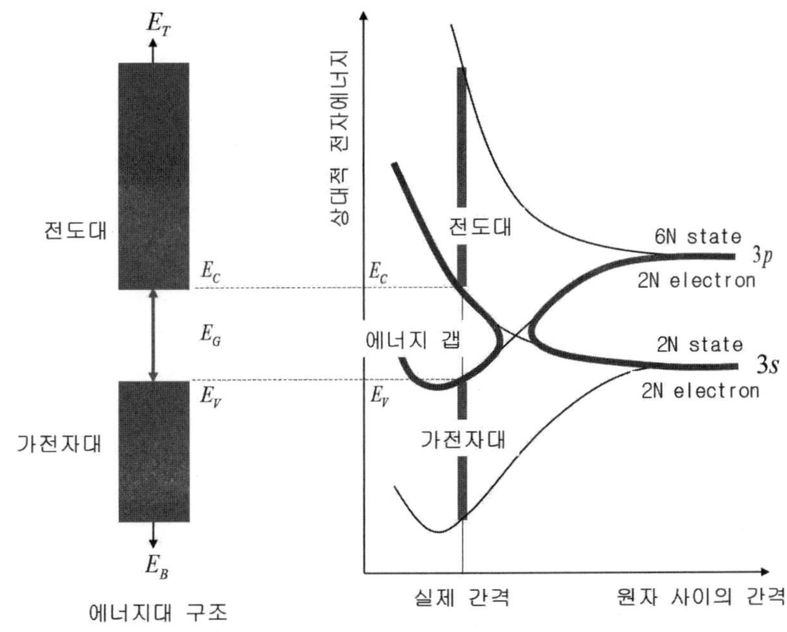

(그림 3.7) 원자 사이 간격에 따른 Si 결정의 에너지대 구조 형성

이렇게 되면 에너지 상태의 준위들이 밴드를 이루어 에너지 상태가 없는 영역을 사이에 두고 나타나는데 전자로 채워져 있는 상태준위의 밴드를 가전자대(valance band), 비어있는 상태준위의 밴드는 전도대(conduction band)라 하며 가전자대에서 가장 높은 에너지 준위를 가전자대 에너지(valance band energy, E_V), 전도대의 가장 낮은 에너지 준위는 전도

대 에너지(conduction band energy, E_C)라 한다. 또 에너지 상태가 없는 구분된 밴드들 사이의 에너지 차이를 에너지갭 또는 밴드갭(band gap, E_G)이라 하는데 상온에서 반도체인 Si은 $1.12\,eV$, Ge $0.66\,eV$, GaAs는 $1.42\,eV$의 밴드갭을 가지며 절연체인 SiO_2는 $9\,eV$로 밴드갭이 매우 크다. 금속이나 반도체와 달리 절연체는 SiO_2와 같이 밴드갭이 커서 전도성을 기대하기 어렵다.

에너지대 구조에서 전자들이 채워질 확률이 1이 되는 가장 높은 상태의 에너지 준위를 페르미준위(Fermi level, E_F)라 하며 반도체의 물성을 나타낼 때 유용하다.

에너지대 구조에서 캐리어의 분포는 다음 페르미-디락(Fermi-Dirac)의 분포함수 $F(E)$에 따른다.

$$F(E)=\frac{1}{1+\exp\left(\frac{E-E_F}{kT}\right)}$$

여기에서 E는 에너지 준위, k는 볼쯔만 상수, T는 절대온도이다.

가전자대와 전도대의 에너지 상태밀도를 $N(E)$라 하면 전도대에서 점유된 상태는 자유전자를 나타내므로 전도대의 밴드 가장자리 E_C에서부터 가장 높은 에너지 상태 E_T까지 캐리어의 분포함수를 고려하여 점유된 상태밀도를 적분하면 전자농도 n을 구할 수 있다.

$$n=\int_{E_C}^{E_T}N(E)F(E)dE=N_C\exp\left(-\frac{E_C-E_F}{kT}\right)$$

이와 마찬가지로 가장 낮은 에너지 상태 $E_\perp$에서 가전자대의 가장 높은 에너지 상태인 E_V까지 적분하여 홀 농도 p를 다음과 구할 수 있다.

$$p=\int_{E_\perp}^{E_V}N(E)F(E)dE=N_V\exp\left(-\frac{E_V-E_F}{kT}\right)$$

이 식에서 N_C는 전도대의 유효상태 밀도, N_V는 가전자대의 유효상태 밀도이다.

진성반도체의 캐리어 농도를 n_i라 하면 전자와 정공의 농도가 같으므로 $(n=p=n_i)$, 위 식을 이용하면 페르미준위와 캐리어의 농도를 다음과 같이 나타낼 수 있다.

$$E_F=\frac{E_C+E_V}{2}+\frac{kT}{2}\ln\left(\frac{N_V}{N_C}\right)$$

$$np=n_i^2=N_CN_V\,e^{-E_g/kT}$$

$$n_i=\sqrt{N_CN_V}\,e^{-E_g/2kT}$$

이 식으로부터 도핑되지 않은 진성반도체는 유효한 상태밀도가 같으므로 페르미준위는 (그림 3.8)과 같이 전도대의 상태준위 E_C와 가전자대의 상태준위 E_V의 중간에 있다.

도핑된 반도체의 페르미준위는 진성반도체와 달리 도핑된 정도에 따라 달라진다.

상온에서는 도핑된 반도체의 도너와 억셉터가 대부분 활성화되어 있으므로 이들 도너와 억셉터가 N_D, N_A로 서로 다른 농도로 도핑되어도 반도체는 양전하와 음전하 수가 같아 중성을 유지한다.

$$n + N_A = p + N_D$$

도너가 억셉터보다 훨씬 많이 도핑되면 $N_D \gg N_A$ 이며 캐리어가 대부분 전자인 n형 반도체가 된다. 이때 전자와 홀의 농도는 다음과 같다.

$$n_{n0} \approx N_D$$

$$p_{n0} = \frac{n_i^2}{n_{n0}} \approx \frac{n_i^2}{N_D}$$

이 식에서 도너 농도는

$$N_D = N_C \exp\left(-\frac{E_C - E_F}{kT}\right)$$

전도대의 에너지 준위와 페르미준위의 차이는 다음과 같다.

$$E_C - E_F = kT \ln\left(\frac{N_C}{N_D}\right)$$

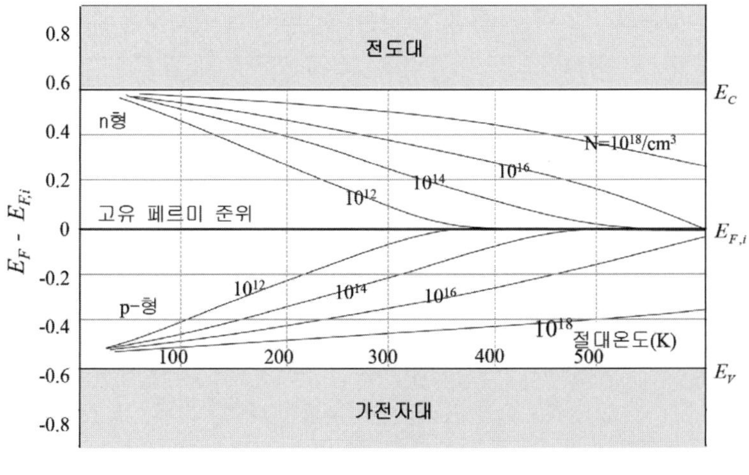

(그림 3.8) 불순물농도와 온도에 따른 Si의 페르미준위

진성반도체의 페르미준위 $E_{F,i}$를 고려하면

$$E_F - E_{F,i} = kT\ln\left(\frac{n_{n0}}{n_i}\right)$$

가 되어 도핑이 많을수록 페르미준위가 진성반도체의 페르미준위와의 차이가 크다.

이와 반대로 억셉터가 많이 도핑된 경우 $(N_A \gg N_D)$, 대부분의 캐리어는 홀로써 p형 반도체가 되며 전자와 홀의 농도는 다음과 같다.

$$p_{p0} \approx N_A$$
$$n_{p0} = \frac{n_i^2}{p_{p0}} \approx \frac{n_i^2}{N_A}$$

식을 위와 같이 적용하면

$$E_F - E_V = kT\ln\left(\frac{N_V}{N_A}\right)$$

$$E_{F,i} - E_F = kT\ln\left(\frac{p_{p0}}{n_i}\right)$$

에너지의 차이는 전압을 나타내므로 이들 식으로부터 캐리어와 반도체의 전압과의 관계를 구할 수 있다.

(문제 3.4) 진성 Si 반도체를 n형과 p형 Si 반도체로 만드는 도펀트에는 각각 어떤 것들이 있는가? 또 이들 중 가장 낮은 활성화에너지를 갖는 것은 무엇인가?

3.1.4 전하의 이동과 전류

반도체에서 캐리어인 전자나 홀은 전하를 띠고 있으므로 캐리어의 이동으로 전류를 나타낼 수 있다. 캐리어는 전계에 이끌려 움직이는 유동(drift)과 농도가 높은 곳에서 낮은 곳으로 움직이는 확산(diffusion)의 두 가지 이동 과정을 통해 움직인다.

캐리어가 전계에 이끌려 움직일 때 캐리어의 속도 v_d는 전계 E에 비례하여 증가한다. 캐리어의 이동도 μ는 속도와 전계 사이의 비례관계를 나타내는 상수이며 전계에 따라 얼마나 잘 이동할 수 있는지를 나타내는 값이다. 캐리어의 속도와 전계 사이의 관계는 다음 등식으로 나타낼 수 있다.

$$v = \mu E$$

전류는 단위면적을 갖는 반도체의 단면을 단위시간 당 통과하는 전하량이므로 캐리어의 전하량 q, 농도 n, 속도가 v이면 전류밀도 J는 다음과 같이 캐리어의 수와 이동도에 비례한다.

$$J = nqv = nq\mu E = \sigma E$$

반도체의 도전율은 농도와 전하량, 이동도의 곱으로도 나타낼 수 있다.

$$\sigma = \frac{1}{\rho} = nq\mu$$

반도체 내에서 캐리어는 금속과 같이 충분하게 자유롭지 못하기 때문에 이동하는 과정에서 재결합하거나 반도체를 구성하는 격자의 원자들과 부딪혀 산란하기도 한다. 따라서 캐리어의 이동도는 산란 정도와 도펀트의 양, 온도 등에 영향을 받는다. Si 반도체의 경우 도펀트의 농도가 $10^{16}/cm^3$일 때 전자의 이동도는 (그림 3.9)와 같이 상온에서 $1000\,cm^2/Vs$, 홀의 이동도는 $400\,cm^2/Vs$ 정도이며 도펀트의 양과 온도에 따라 감소하는 경향을 보인다.

반도체에서 전류는 캐리어의 이동도에 비례하므로 같은 수의 캐리어가 움직일 때 홀보다 전자이면 더 큰 전류를 얻을 수 있다. 따라서 큰 전류를 얻기 위해서는 n형 반도체가 유리하고 더 많은 도핑으로 캐리어 수를 늘리거나 이동도가 높은 반도체를 이용하는 것이 좋다. 화합물반도체인 GaAs는 전자이동도가 $4000\,cm^2/Vs$정도로 Si에 비해 높아 속도가 빠르고 큰 전류의 특성을 갖도록 할 때 유리하다.

반도체에서 캐리어의 속도는 전계에 비례하여 증가하는 것으로 되어있지만 이동하는 동안 격자 원자들과의 산란으로 인해 증가하다가 포화하여 더 이상의 증가하지 않는다. 이처럼 더 증가하지 않는 캐리어의 속도를 포화속도(saturation velocity)라 하며 전류의 증가가 제한되는 원인이다. Si에서 전자의 포화속도는 $10^7\,cm/s$ 정도이지만, 화합물반도체인 GaN는 $2.5\times10^7\,cm/s$, SiC는 $2\times10^7\,cm/s$로 Si에 비해 크기 때문에 큰 전류가 필요한 부품에 적합하다.

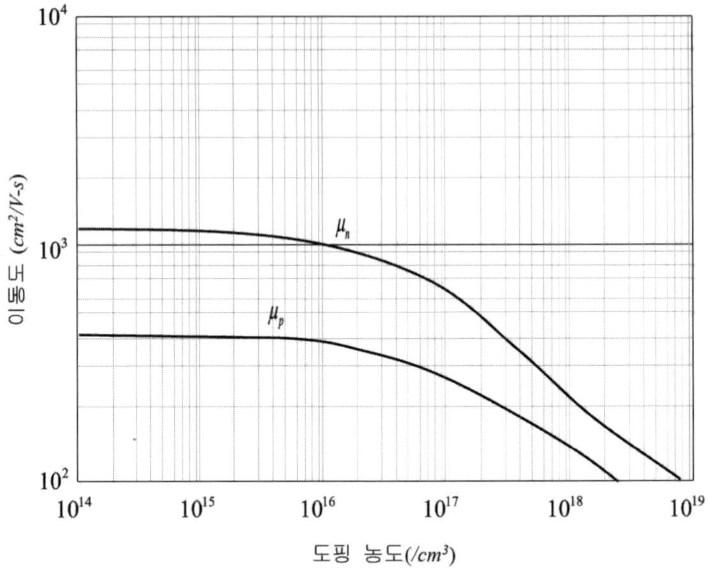

(그림 3.9) 300K의 온도에서 Si 반도체의 전자와 홀의 이동도

(예제 3.1) 도너의 농도가 $8\times10^{16}/cm^3$, 전자이동도가 $800\,cm^2/Vs$인 반도체의 저항률은 얼마인가? 이 반도체에 $10\,V/cm$의 전계가 걸려 있을 때 전류밀도를 구하시오.

저항률은 도전율의 역수이므로

$$\sigma = nq\mu = (8\times10^{16})(1.6\times10^{-19})(800) = 10.24\,/\Omega cm$$

$$\rho = \frac{1}{\sigma} = \frac{1}{10.24} = 9.77\times10^{-2}\,\Omega cm$$

전류밀도는

$$J = \sigma E = (9.77\times10^{-2})(10) = 977\,mA/cm^2$$

3.2 PN 접합과 쇼트키접합

3.2.1. PN 접합의 공핍층 형성

도핑된 반도체는 상온에서 주입된 도펀트가 대부분 활성화되어 n형 반도체는 전자를, p형 반도체는 홀을 갖는다. n형 반도체는 자유전자가 있으나 전자를 내어준 도너 원자는 (-) 상태이므로 전체적으로 중성을 띄고 있으며 p형 반도체는 홀이 (+) 상태인 억셉터 원자와 함께 전하의 평형상태를 유지하고 있으므로 중성이 유지되고 있다.

두 반도체가 접촉되면 접촉면 가까이 있던 자유로운 전자나 홀이 움직여 서로 결합하고 이온화된 도너나 억셉터 원자는 움직일 수 없어 그대로 남는다. 따라서 전자와 홀의 결합으로 접합 가까이에 있던 n형 반도체의 도너 원자는 전자를 잃어 (+)이온으로 되고 홀을 잃은 p형 반도체의 억셉터 원자는 (-)이온이 된다. 이 이온들은 움직일 수 없는 고정전하이며 서로 맞닿아 있으므로 접합에 전위의 장벽을 형성한다. 접합에는 이처럼 전자와 홀이 없고 고정전하만 있는 영역이 만들어지며 근처에서 이곳으로 전자와 홀이 확산해 이동한다. 이렇게 접합부로 이동한 전자와 홀이 만나면 결합하므로 고정전하의 영역은 더욱 넓어지고 전위장벽도 높아진다. 결합이 계속되어 접합부에 캐리어가 넘어갈 수 없을 정도의 장벽이 만들어지면 전하의 이동이 멈추고 접합은 평형상태를 이룬다.

이렇게 n형과 p형 반도체가 접촉되면 캐리어가 공핍이 된 영역이 만들어지는데 이것을 공간전하 영역 또는 공핍층이라고 하며 접촉면에 나타나는 전위의 장벽을 접촉전위, 또는 빌트인(built-in)전위라고 한다. pn 접합의 접합 전위는 전류가 흐르는데 필요한 전위이며 공간전하의 양과 공핍층의 폭은 접합의 특성을 나타내는 중요한 값이다.

도핑농도가 N_A인 p형 반도체와 N_D인 n형 반도체가 접합되었을 때 n형과 p형 반도체 영역에서 공핍층의 폭이 각각 x_n, x_p 이고 첨예한 경계를 가진다고 하면 접합 근처에서 전계와 전위, 전하밀도의 분포는 (그림 3.10)과 같이 선형적으로 나타낼 수 있다.

n형과 p형 반도체가 접촉하면서 결합한 전자와 홀은 공핍층에 이온화된 전하를 남기며 이들의 수는 같다.

$$N_A x_p = N_D x_n$$

pn 접합의 공핍층이 형성된 부분에서 전계를 E, 접합으로부터의 거리를 x, 공핍층 내에서의 전위를 $V(x)$ 라고 하고 순전하 밀도를 $\rho(x)$, 유전율을 ϵ_s라 하면 전하로 인한 전계의 변화를 Poison 방정식을 이용하여 나타내면 다음과 같다. (전계의 원천은 전하이며 전계의 변화는 전하와 같다.)

$$\nabla \cdot E = \frac{\partial E}{\partial x} = -\frac{\partial^2 V}{\partial x^2} = \frac{\rho(x)}{\epsilon_s} = \frac{1}{\epsilon_s}(p(x) + N_D^+(x) - n(x) - N_A^-(x))$$

n형 영역에는 도너가 있고($N_D \gg N_A$), p형 영역에는 억셉터가 있으므로($N_D \ll N_A$) 전계는 위 식을 공핍 된 구간에서 적분하여 구할 수 있다.

$$\begin{aligned} E(x) &= \frac{1}{\epsilon_s}\int_{-x_p}^{x_n} \rho(x)dx \\ &= \frac{1}{\epsilon_s}\int_{-x_p}^{0}(n(x) + N_A^-(x))dx + \frac{1}{\epsilon_s}\int_0^{x_n}(p(x) + N_D^+(x))dx \end{aligned}$$

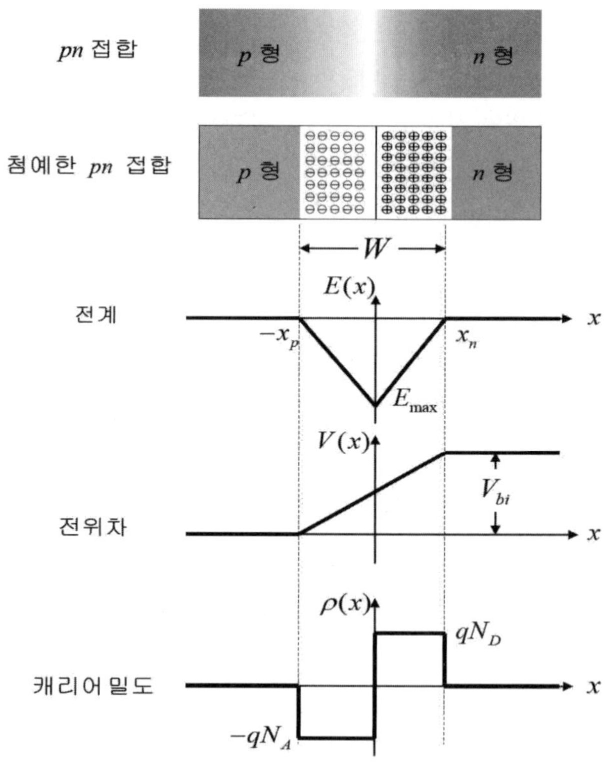

(그림 3.10) pn 접합에 의한 전계, 전위, 전하밀도

여기에서 접합면($x=0$)에서 전계가 가장 크므로 최대 전계 $E_{\max}$ 는

$$E_{\max} = -\frac{qN_A x_p}{\epsilon_s} = -\frac{qN_D x_n}{\epsilon_s}$$

n 형 반도체의 공핍층에서 전계는 각각 다음과 같다.

$$E(x) = \frac{qN_D}{\epsilon_s}x - \frac{qN_D}{\epsilon_s}x_n = E_{\max} + \frac{qN_D}{\epsilon_s}x \qquad 0 < x \le x_n$$

전위는 전계를 적분하여 얻을 수 있으며 pn 접합이 나타내는 총 전위차인 접촉전위(V_{bi})는 $-x_p$ 에서 x_n 까지 전계의 적분과 같다. 전계가 균일하다고 하면

$$V_{bi} = \frac{1}{2}E_{\max}W = \frac{1}{2}E_{\max}(x_n + x_p) = \frac{1}{2}\frac{qN_A N_D}{\epsilon_s(N_A + N_D)}W^2$$

p 형 반도체와 n 형 반도체의 접촉으로 생성된 전압은 접촉전위와 같으므로 공핍층의 두께 W를 빌트인 전압으로 나타내면 다음과 같다.

$$W = \sqrt{\frac{2\epsilon_s}{q}\left(\frac{N_A + N_D}{N_A N_D}\right)V_{bi}}$$

거시적으로 보이는 전류는 캐리어의 확산이동에 따른 전류 J_{diff}와 전계에 의한 캐리어의 유동 전류 J_{drift}의 합이며 열적인 평형상태에서 접합의 양 끝에 전계를 가하지 않으면 전류가 흐르지 않는다. 평형상태에서 두 전류는 크기가 같고 방향은 반대이다.

$$J_{diff} = J_{drift}$$

(예제 3.2) 도너와 억셉터 농도가 모두 $1\times10^{17}/cm^3$인 Si으로 이루어진 pn접합의 빌트인 전압이 0.7 V일 때 공핍층 두께는 얼마인가? 또, 이 접합이 갖는 공핍층의 폭이 $1\,\mu m$가 되는데 필요한 접합의 전압을 구하시오.

Si의 비유전율이 11.9이므로 위 식에 대입하면

$$W = \sqrt{\frac{2(11.9)(8.854\times10^{-14})}{1.6\times10^{-19}}\left(\frac{1\times10^{17}+1\times10^{17}}{(1\times10^{17})(1\times10^{17})}\right)(0.7)}$$

$$= 13.57\times10^{-6}\,cm \approx 0.14\,\mu m$$

빌트인 전압을 나타내는 위의 식을 이용하면 다음과 같다.

$$V_{bi} = \frac{1}{2}\frac{qN_A N_D}{\epsilon_s(N_A + N_D)}W^2$$

$$= \frac{1}{2}\frac{(1.6\times10^{-19})(1\times10^{17})(1\times10^{17})}{(11.9)(8.854\times10^{-14})(1\times10^{17}+1\times10^{17})}(1\times10^{-4})^2 \approx 38\,V$$

(문제 3.5) $N_D \gg N_A$인 pn 접합에서 공핍층은 n형과 p형 반도체의 어느 쪽이 더 넓은가? 그 이유를 설명하시오.

3.2.2 PN 접합과 바이어스

접합된 p형 반도체와 n형 반도체에 전압을 가하면 전압의 크기에 따라 접합에 형성되는 전위와 전계, 공핍층의 폭과 같은 접합의 특성이 달라진다. 접합에 전압을 가하여 특정한 상태에서 동작하도록 하는 것을 바이어스를 가한다고 하는데 p형 반도체에 n형 반도체보다 높은 전압을 가하면 전위장벽이 낮아지며 전위장벽이 충분히 낮아지면 캐리어의 이동이 가능해 전류가 흐를 수 있다. 이처럼 전류가 흐를 수 있도록 전압을 가하는 것을 순방향 바이어스라 한다. 이와 반대로 n형 반도체에 p형 반도체보다 높은 전압을 가하면 전위장벽이 더 높아지고 캐리어가 이동할 수 없어 전류가 흐르지 않는 역방향 바이어스 상태가 된다. 바이어스에 따라 전류가 흐르거나 흐르지 않는 이러한 pn접합의 특성은 다이오드, 트랜지스터와 같은 전자회로 부품에 적용된다.

(1) 순방향 바이어스

p형 반도체에 (+)전극, n형 반도체에 (-)전극을 연결하여 순방향으로 전압 V를 가하면 p형 반도체와 n형 반도체에서 공핍층을 제외한 영역은 캐리어가 풍부하여 전위의 변화가 거의 없으며 전위차는 대부분 공핍층에서 나타난다. 순방향 전압 V는 전위장벽 V_{bi}와 반대 방향의 전압이므로 공핍층의 전위차가 $V_{bi} - V$로 감소한다. 전위차의 감소로 높은 에너지 상태에 있는 p형 반도체의 홀들은 접합을 넘어 n형 반도체로 주입되고 n형 반도체에

있는 전자들은 p형 반도체로 주입된다.

주입된 홀과 전자는 각각 n형 반도체와 p형 반도체에서 평형상태의 소수캐리어 농도보다 높은 과잉상태를 만들고 과잉된 소수캐리어는 농도의 차이에 의해 확산하여 이동한다. n형 반도체 영역에서는 p형 반도체에서 주입된 소수캐리어인 홀이 확산 이동하면서 다수캐리어인 전자와 재결합하여 공핍층에서 멀어짐에 따라 점차 감소하며 p형 영역에서는 n형 반도체에서 주입된 소수캐리어인 전자가 홀과의 재결합으로 감소하여 (그림 3.11)과 같은 캐리어 분포를 나타낸다.

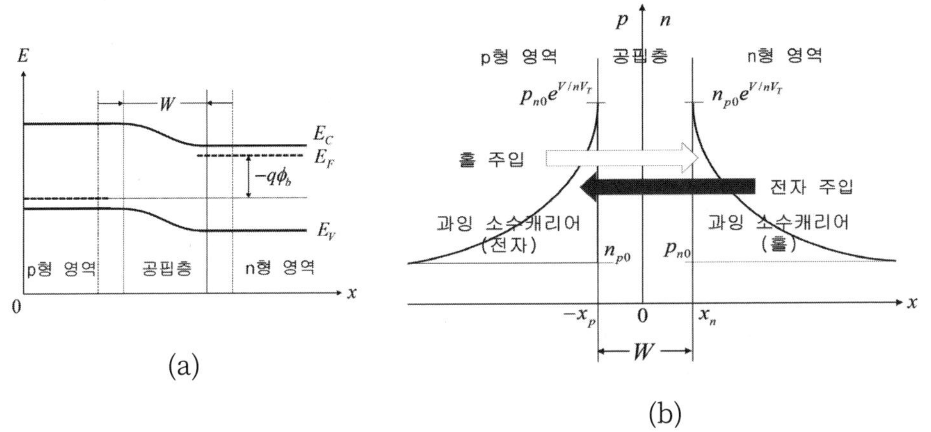

(그림 3.11) pn접합의 순방향 바이어스에 따른 에너지대 구조(a)와 공핍층 근처의 소수캐리어 분포(b)

순방향 전압 V를 계속 인가하면 접합의 전위차가 $V_{bi} - V$의 감소한 상태를 유지하므로 외부의 전극은 계속해서 홀과 전자를 접합에 공급하고 공핍층 가까이에서는 주입된 홀과 전자의 재결합이 계속된다. 이처럼 달라진 공핍층과 전위차, 홀과 전자의 주입, 재결합은 새로운 평형상태를 이루어 바이어스 전압이 달라지지 않는 한 계속해서 같은 상태를 유지한다. 이때 재결합으로 사라지는 캐리어는 외부 전극으로부터 계속해서 공급되어 보충되며 이 캐리어의 흐름이 pn접합에 흐르는 전류이다.

pn접합에서 공핍층 외에는 고정전하가 없으며 공핍층 내에서 고정전하의 분포가 일정하고, 공핍층에서 생성되는 전류가 없으며 공핍층 내에서 전류는 일정하다고 가정하면 pn접합의 형태가 단순해져 접합에 흐르는 전류를 쉽게 나타낼 수 있다. 순방향 전압을 가해 새로운 평형상태에 이른 pn접합에서 주입되는 소수캐리어가 존재할 확률이 볼쯔만의 분포에 따라 분포하고, 소수캐리어의 농도가 다수캐리어에 비해 낮은 저주입 조건(low injection)이라

고 가정하면 전자와 홀의 밀도는 다음과 같다.

$$n_p(-x_p) = n_{p0}e^{qV/nkT}$$

$$p_n(x_n) = p_{n0}e^{qV/nkT}$$

여기에서 n_{p0}는 평형상태인 p형 반도체에서 소수캐리어인 전자의 농도, p_{n0}는 평형상태인 n형 반도체에서 소수캐리어인 홀의 농도이다. 이 식에서 V가 (+) 이면 p형 반도체의 공핍층 가장자리에서 전자농도는 평형상태의 전자농도인 n_{p0}보다 높다. 따라서 n형 반도체에서 p형 반도체로 전자가 주입되었음을 알 수 있으며, n형 반도체에서는 홀 농도가 평형상태 홀 농도 p_{n0}보다 높아 p형 반도체에서 n형 반도체 쪽으로 홀이 주입되었음을 알 수 있다.

공핍층을 통해 주입된 소수캐리어는 확산하여 이동하며 재결합하므로 확산거리를 L이라 하면 평형상태에서 소수캐리어의 농도는 거리에 따라 다음과 같이 지수함수로 감소한다.

$$n_p(x) = n_{p0} + (n_p(-x_p) - n_{p0})e^{-(x+x_p)/L_n}$$

$$p_n(x) = p_{n0} + (p_n(x_n) - p_{n0})e^{-(x-x_n)/L_p}$$

여기에서 확산거리 L은 소수캐리어의 확산계수 D와 수명 τ의 함수이며 보통의 pn접합에서 수 ~ 수십 μm 정도이다.

$$L_n = \sqrt{D_n \tau_n}, \ L_p = \sqrt{D_p \tau_p}$$

Fick의 법칙은 정상상태에서 단위면적당 확산하는 물질의 유속이 농도의 기울기에 비례하는 것을 나타내므로 이 법칙을 이용하면 소수캐리어에 의한 전류밀도를 다음과 같이 나타낼 수 있다.

$$J_p = -qD_p \frac{dp}{dx}\Big|_{x=x_n} = q\frac{D_p}{L_p}p_{n0}(e^{qV/kT} - 1)$$

$$J_n = qD_n \frac{dn}{dx}\Big|_{x=-x_p} = q\frac{D_n}{L_n}n_{p0}(e^{qV/kT} - 1)$$

J_n과 J_p는 각각 전자와 홀에 의한 전류이므로 전체 전류 J는 이들 두 전류의 합이다.

$$J = J_n + J_p = J_s(e^{qV/kT} - 1)$$

이 식은 쇼클리(Shockley) 방정식으로 J_s는 다음과 같다.

$$J_s = \frac{qD_p p_{n0}}{L_p} + \frac{qD_n n_{p0}}{L_n} = \left(\frac{qD_p}{L_p N_D} + \frac{qD_n}{L_n N_A}\right)n_i^2$$

순방향 전압이 인가된 pn 접합의 전류는 위와 같이 J_s에 비례하고 전압에 따라 지수함수로 증가하는 특성을 갖는다.

(2) 역방향 바이어스

위와 반대로 p 형 반도체의 전극에 (-), n 형 반도체의 전극에 (+) 전압을 인가하면 (-)전극은 p 형에 반도체에서 홀을 끌어당기고 (+) 전극은 n 형 반도체에서 전자를 끌어당겨 캐리어들이 이동한다. 캐리어의 이동은 공핍층까지 이어지는데 공핍층에는 자유로운 전하가 없으므로 공핍층이 인접한 곳의 도너와 억셉터는 전하가 채워지지 못해 이온화된 상태가 유지되어 공핍층의 이온과 같이 고정전하로 남는다. 따라서 공핍층이 확장되고 공핍층의 전계도 증가하는데 인가된 전압과 증가한 공핍층의 전위가 같게 되면 캐리어의 이동이 멈추고 평형상태를 이룬다.

(그림 3.12) (a)는 역방향 전압이 인가된 pn 접합의 에너지대 구조이다. 그림과 같이 역방향 전압이 가해지면 공핍층이 확장되고 접합의 전위가 증가하여 캐리어가 이동하기 더욱 어려운 구조로 바뀐다.

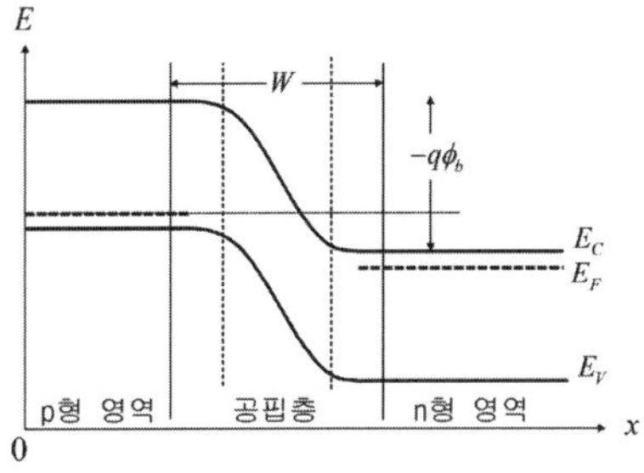

(a)

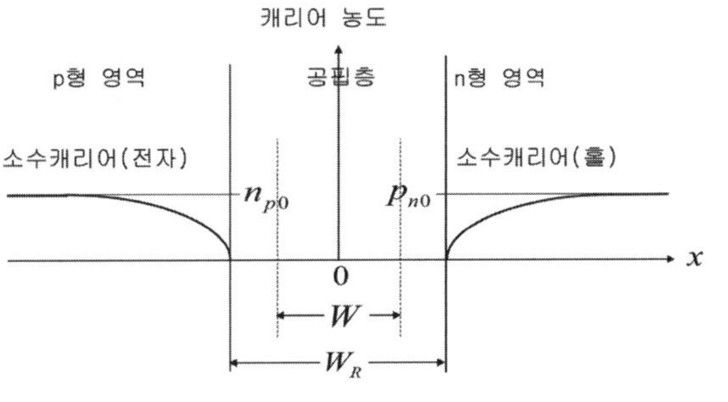

(b)

(그림 3.12) 역방향으로 바이어스된 pn 접합의 에너지대 구조(a)와 캐리어 분포(b)

pn 접합에 역방향 전압 V_R을 가하면 공핍층 근처에서 p 형 반도체의 소수캐리어인 전자는 전계에 이끌려 공핍층으로 이동하고, n 형 반도체에서는 홀이 공핍층으로 이동한다. 소수캐리어의 이동은 n 형 반도체에서 p 형 반도체로 향하는 전류를 형성하는데 역방향 전압이 증가하여 공핍층 가까이 소수캐리어가 없는 상태가 되면 (b)와 같은 캐리어의 분포를 유지하

며 접합 근처에서 열적으로 생성된 전자와 홀의 이동이 전류이므로 더 증가하지 않고 포화된다. 이렇게 역방향 전압에서 포화된 전류는 J_s와 같고 이를 역(방향)포화전류(reverse saturation current)라 한다.

$$J = J_s(e^{qV_R/kT} - 1) \approx -J_s, \qquad V_R \gg \frac{kT}{q}$$

pn 접합에 역방향 전압을 가할 때 흐르는 전류는 순방향 전압을 가할 때 흐르는 전류에 비하여 매우 작다.

(예제 3.3) pn접합에서 역포화전류의 밀도 J_R이 $1\times10^{-18}A/\mu m^2$일 때 얼마의 전압을 가하면 20^oC의 온도에서 $10\mu A/\mu m^2$의 밀도로 전류가 흐르는가? 볼쯔만 상수는 $1.38\times10^{-23}J/K$, 전자의 전하량은 $1.6\times10^{-19}C$으로 계산하시오,

위 식에서 $e^{qV/kT} \gg 1$이므로

$$V = \frac{kT}{q}\ln\frac{J}{J_R} = 2.3\frac{kT}{q}\log\frac{J}{J_R}$$

$$= 2.3\frac{(1.38\times10^{-23})(293)}{1.6\times10^{-19}}\log\frac{10^{-5}}{10^{-18}} = (5.81\times10^{-2})(13) = 0.755\ V$$

3.2.3 PN 접합의 항복

도핑이 많이 된 pn 접합에 역방향 전압을 가하면 공핍층의 전계도 강해진다. 역방향 전압이 증가하면 전계는 더욱 커지고 한계에 이를 정도로 큰 역방향 전압을 가하면 공유결합된 Si 원자의 전자가 공유결합의 구속을 벗어나 자유로운 상태가 되어 전계에 이끌려 움직인다. 이것을 에너지대 구조로 나타내면 (그림 3.13) (a)와 같이 p형 반도체의 가전자대와 n형 반도체의 전도대가 겹치고 가전자대의 전자가 전도대로 터널링하여 자유전자와 홀이 생성되어 (b)와 같이 전계를 따라 이동한다. 이처럼 pn 접합에 매우 높은 역방향 전압을 가하면 공유결합된 원자로부터 자유전자가 발생하여 전류가 흐르게 되는데 이러한 현상을 제너항복(Zener breakdown)이라고 한다. p형과 n형 반도체의 도핑농도를 높이면 공핍층의 폭이 줄고 전계가 더 강하게 걸리기 때문에 제너항복은 도핑농도가 높을수록 더 쉽게 일어난다.

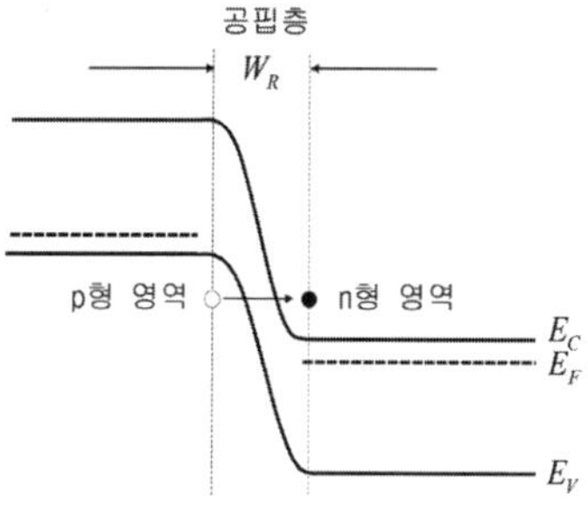

(a)

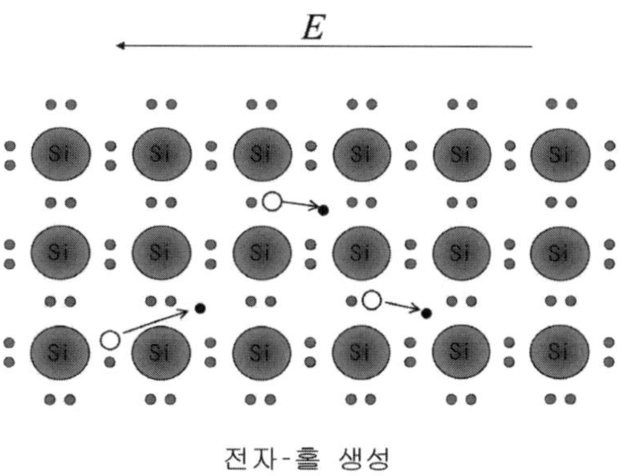

(b)

(그림 3.13) 큰 역방향 전압을 가할 때 pn접합의 에너지대 구조(a)와 제너 항복에 의한 캐리어의 발생(b)

제너항복을 이용하는 pn접합은 보통 낮은 역방향 전압에서는 전류가 흐르지 않다가 $5\,V$ 정도의 높은 역방향 전압에서 턴온되어 전류가 흐르기 시작하며 이것은 다이오드의 순방향 전류-전압 특성을 거꾸로 나타낸 것과 유사하다. 제너항복의 높은 역방향 턴온전압은 정류기의 전압조정기(regulator), 과전압 보호회로 등에 효과적이어서 역방향 특성을 다이오드로 이용하며 제너항복을 이용한 다이오드를 제너다이오드라고 한다.

전자는 전계에 이끌려 가속되기 때문에 움직이면서 에너지가 커지고 때로는 원자들과 충돌하기도 한다. 전자가 충분한 에너지를 가진 상태에서 공유결합된 원자와 충돌하면 에너지가 원자에 전달되며 원자는 결합을 깨뜨릴 수 있을 정도의 높은 에너지를 얻기도 한다. 이 경우 결합이 깨지면서 자유전자가 발생하고 자유전자는 전계에 이끌려 또 다른 충돌을 일으키는데 이와 같은 충돌이 계속되면 마치 눈사태가 일어난 것처럼 연속적으로 많은 자유전자가 생성되며 전류가 급격히 증가하여 접합이 파괴된다. 이러한 현상을 사태항복(avalanche breakdown)이라고 하는데 제너항복과 같이 역방향 전압의 증가로 발생한다. 반도체 내에서 전자는 이동 경로가 길수록 더 높은 에너지를 갖게 되므로 사태항복은 도핑농도가 낮은 pn 접합에서 더 쉽게 일어난다.

역방향 전압에 따라 나타나는 항복 현상 중 제너항복은 상대적으로 낮은 $5\,V$ 정도의 전압에서 나타나며 전류의 흐름이 전압에 비례하여 증가한다. 제너항복의 전류는 사태항복에 비해 크지 않아 접합이 손상되지 않으므로 항복이 일어난 후에도 원래의 pn 접합 특성을 유지한다. 그러나 사태항복이 일어나면 급격한 전류의 증가로 접합이 파괴되어 항복 이후 접합의 특성을 나타내지 못한다. 따라서 pn 접합에 전압을 가할 때는 사태항복이 일어나지 않도록 허용된 범위 내에서 인가하여야 한다.

3.2.4 쇼트키접합

금속은 모두 고유의 일함수(ψ_m)을 갖는다. 반도체의 전자친화력(χ)보다 일함수가 큰 금속과 반도체를 접합하면 반도체에서 금속으로 전자가 이동하는데 이때 금속과의 접촉면에서 가까운 반도체 영역은 전자가 공핍되어 pn 접합의 공핍층과 유사하게 고정전하를 만들고 반도체 표면에 전위장벽을 형성한다. (그림 3.14)는 금속과 n형 반도체를 접촉하기 전과 후의 에너지대 구조이다. 금속과 n형 반도체가 접합되면 금속과 반도체의 페르미준위가 같게 되며 금속의 일함수가 반도체의 전자친화력보다 크기 때문에 접합 가까이에서 반도체의 에너지대가 구부러지고 전자친화력의 차이만큼의 전위장벽(V_{bi})이 형성된다.

$$V_{bi} = \psi_m - \chi$$

이 전위장벽은 pn 접합에서 전하의 움직임이 제한되는 것과 마찬가지로 전자의 에너지가 장벽의 전위보다 높을 때까지 전자의 이동을 제한한다. 이처럼 pn 접합과 유사한 특성을 나타내는 금속과 반도체의 접합을 쇼트키(Schottky)접합이라고 한다.

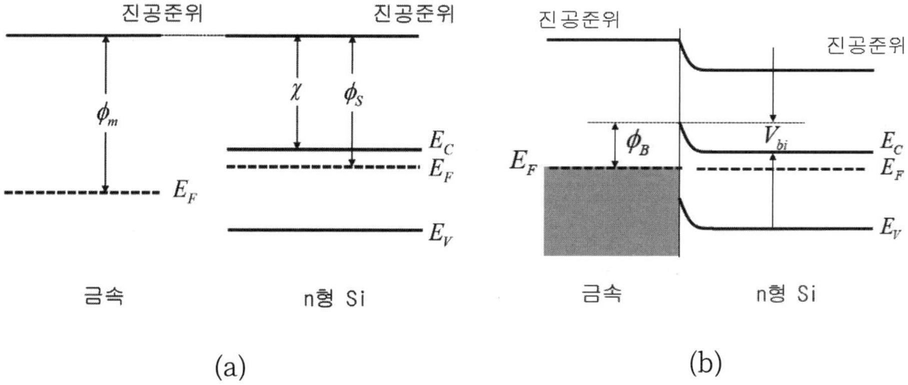

(그림 3.14) 금속과 반도체의 접촉 전(a)과 접촉 후(b)의 에너지대 구조.

금속과 n형 반도체의 쇼트키접합에 전압을 가하면 에너지대 구조가 달라지며 이에 따른 전류-전압 특성을 나타낸다. 금속에 양의 전압이 가해지면 (그림 3.15) (a)와 같이 공핍층이 줄어들고 전위차가 낮아져 순방향으로 바이어스된 pn접합과 같이 반도체로부터 금속으로 전자의 이동이 가능해진다. 그러나 금속에 (-) 전압을 가하면 (b)처럼 역방향으로 바이어스된 pn접합과 같이 전위장벽이 더 높아지고 공핍층이 늘어나 전자가 이동할 수 없다. 쇼트키접합은 전압에 따른 공핍층의 변화와 전자의 움직임이 반도체의 pn접합과 유사하며 (c)와 같이 한쪽 방향으로만 전류가 흐르고 금속과 반도체 사이의 접합이 이상적일 경우 금속의 일함수와 반도체의 전자친화력 차이에 해당하는 전위장벽인 빌트인 전압을 갖는다.

그러나 실제의 쇼트키접합은 pn접합과 달리 Si이나 화합물반도체에 형성되는 반도체 결정의 불연속면에 금속이 접촉되기 때문에 표면의 상태들에 의해 전위장벽이 고정(pinning)되어 전자친화력의 차이와는 다른 턴온전압을 나타낸다. 따라서 쇼트키접합이 나타내는 턴온전압과 접합 특성은 반도체의 종류에 따라, 또 접합되는 금속의 종류에 따라 다른데 n형 Si 반도체는 Au나 Pt와 같은 금속으로 좋은 특성을 갖는 쇼트키접합을 형성할 수 있으며 GaAs, GaN에는 Ti이 좋은 쇼트키접합 특성을 나타낸다.

금속과 n형 반도체의 쇼트키접합에는 홀이 없으므로 pn접합과 달리 소수캐리어가 없으며 전류는 오로지 전자의 움직임에 따른 것이다. 따라서 전류의 흐름을 제어하는 스위치에 쇼트키접합을 이용하면 소수캐리어를 보상할 필요가 없어 스위칭의 on/off 상태 전환을 빠르게 할 수 있다.

n형 반도체와 달리 금속과 p형 반도체의 접합은 금속의 일함수가 반도체의 전자친화력보

다 작으면 형성될 수 있으나 이동도가 낮은 홀이 캐리어가 되기 때문에 잘 이용되지 않는다.

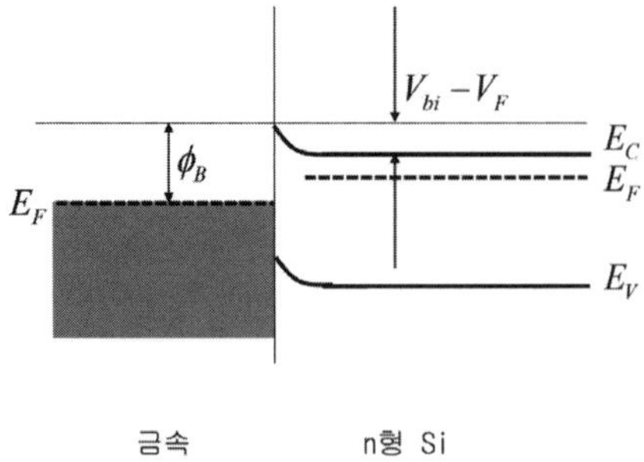

(a) 순방향 전압

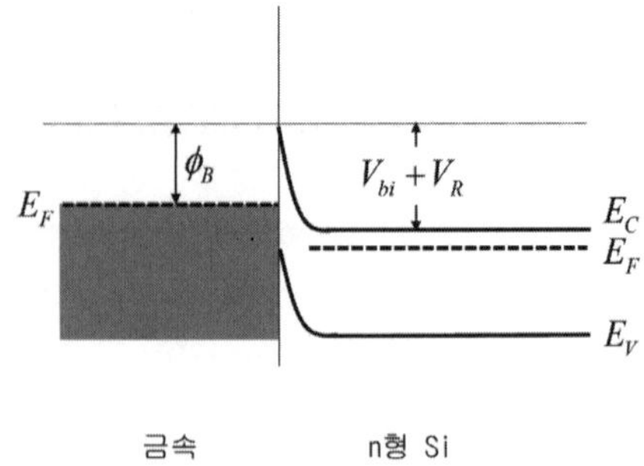

(b) 역방향 전압

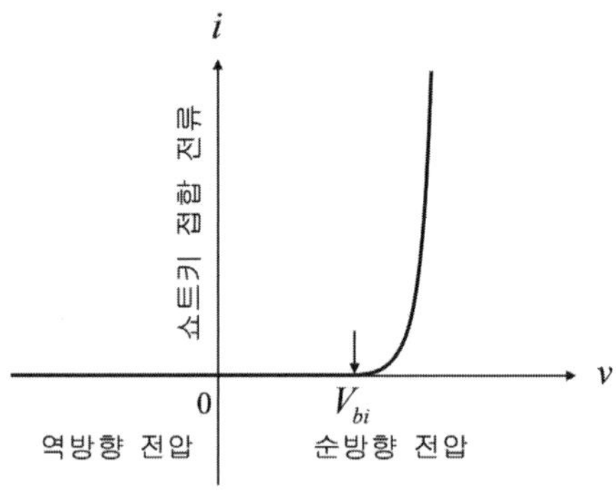

(c) 전류-전압 특성

(그림 3.15) 순방향과 역방향 전압을 가한 쇼트키접합의 에너지대 구조와 전류-전압 특성

3.3 다이오드

다이오드는 반도체의 pn접합, 또는 금속과 반도체의 쇼트키접합을 이용하여 제작한 양극(anode)과 음극(cathode)의 두 전극을 갖는 소자이다. 다이오드는 양극에 높은 전압을 가하면 전류가 흐르고 반대의 전압을 가하면 전류가 흐르지 않으며 다이오드의 양극에 높은 전압이 걸려 전류가 흐르는 상태를 순방향 바이어스, 음극에 높은 전압이 걸려 전류가 흐르지 않는 상태를 역방향 바이어스라고 한다. 다이오드는 이처럼 전류가 흐르고 흐르지 않는 두 가지의 동작이 있으며 이것을 스위치의 동작에 비유하여 다이오드에 순방향 바이어스가 걸려 전류가 흐르는 것을 턴온(turn on)되었다고 하고 역방향 바이어스가 걸려 전류가 흐르지 않는 것을 턴오프(turn off), 또는 차단(cut off)되었다고 한다.

다이오드는 전류가 흐르는 방향을 고려하여 (그림 3.16) (a)와 같은 기호로 나타낸다. 다이오드의 빌트인 전압이 0 V이면 전압이 인가되었을 때 다이오드는 전류가 차단되거나 흐르는 상태만 정할 뿐 전류의 양은 주변 회로에 의해 정해진다. 이 경우 다이오드는 양극의 전압이 조금이라도 높으면 전류가 흐르고 다이오드에는 걸리는 전압이 없다. 이상적인 다이오드는 이렇게 역방향 전압이 걸리면 전류가 흐르지 않고 순방향 전압에서는 다이오드의 전압강하 없이 전류가 흐르며 내부에 저항 성분이 없어서 (b)의 전류-전압 특성 그래프와 같이 특성곡선은 전류와 전압 축에 있다. 그러나 반도체 pn접합 다이오드와 같은 실제의 다이오드는 (그림)과 같이 전압강하가 있으며 특성도 선형적이지 않다.

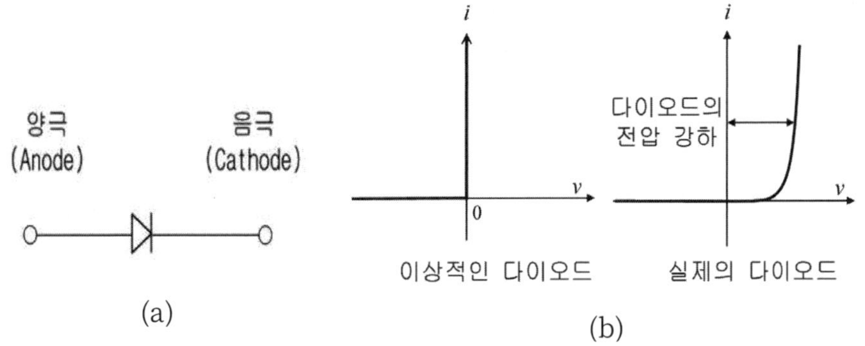

(그림 3.16) 다이오드의 기호(a)와 전류-전압 특성(b)

이상적인 다이오드와 달리 실제의 다이오드는 반도체 pn접합이나 금속-반도체의 쇼트키접합을 이용하여 제작하기 때문에 저항 성분을 가지고 있으며 완벽한 선형적 특성을 갖지는 않는다.

(그림 3.17)은 반도체를 이용한 pn접합 다이오드의 구조를 나타낸 것이다. p형과 n형 반도체는 각각 금속전극과 접촉해 있으며 이들 접촉은 접촉저항을 갖는다. 또 그림과 같이 평면구조로 제작될 경우 반도체의 전도성이 금속과 같이 높지 않아 분포저항이 있으며 이들로 인해 다이오드는 적지 않은 직렬저항(series resistance)을 갖는다.

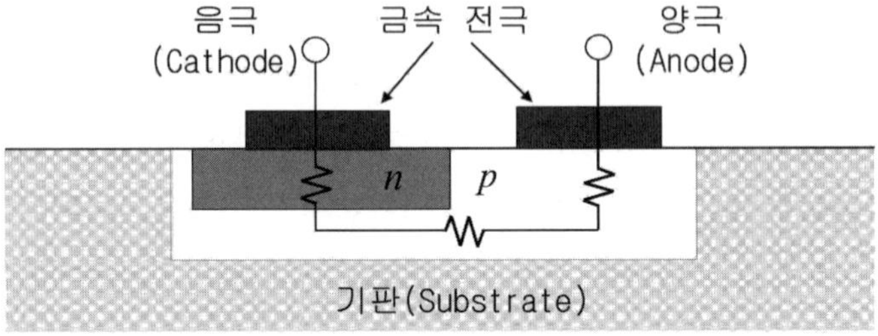

(그림 3.17) 반도체 기판에 제작되는 평면구조의 다이오드

3.3.1 PN 접합 다이오드

p형 반도체와 n형 반도체의 접합은 다이오드 특성을 나타낸다. 두 반도체를 접합하면 접합면 가까이 공핍층과 빌트인 전계가 형성되어 외부에서 전압을 가하지 않으면 전류가 흐르지 않고 캐리어가 접합의 빌트인 전계를 극복하도록 전압을 가하면 전하의 움직임이 가능하여 전류가 흐른다.

pn 접합에 전압을 가할 때 접합에 흐르는 전류는 다음 식으로 나타낼 수 있다.

$$I = I_s(e^{qV/nkT} - 1)$$

이 식에서 V는 다이오드에 가한 전압, k는 볼쯔만 상수, T는 온도이며 n은 다이오드의 특성의 이상적인 정도를 나타내는 이상지수(ideality factor)로 특성이 이상적일 경우 1이며 그렇지 않으면 더 크다. 위 식에서 볼쯔만 상수와 온도의 곱인 kT/q는 전압과 같은 차원을 가져 열전압(thermal voltage)이라 부르고 $20^{o}C$의 온도에서 $25\,mV$ 정도이다.

$$V_T = \frac{KT}{q} \approx 0.0253\,V, \quad T = 20^{o}C$$

다이오드에 역방향 전압을 가하면 다이오드 전류 식에서 지수 항이 1보다 작아 전류가 순방향 전압일 때와 반대 방향으로 흐르며 역방향 전압이 더욱 커지면 전류의 크기가 I_s로 포화된다. 이러한 특성에 따라 I_s를 다이오드의 역(방향)포화전류라고 하는데 I_s는 반도체 접합의 면적에 비례하여 스케일 전류(scale current)라고도 하며 수 fA ~ 수 pA로 매우 작은 값을 갖는다. 다이오드의 역포화전류를 알면 위 식을 이용하여 필요한 다이오드의 전압 또는 전류를 쉽게 구할 수 있다.

다이오드의 전류는 인가된 전압에 지수함수로 비례하는데 보통 0.5 V이하의 전압에서는 매우 작고 0.6 V ~ 0.8 V에서 수 mA ~ 수 A의 전류가 흘러 회로가 동작할 수 있을 정도가 된다. 이에 따라 (그림 3.18)과 같이 다이오드의 턴온전압은 0.5 V로, 동작전압은 0.7 V로 근사해서 나타낸다.

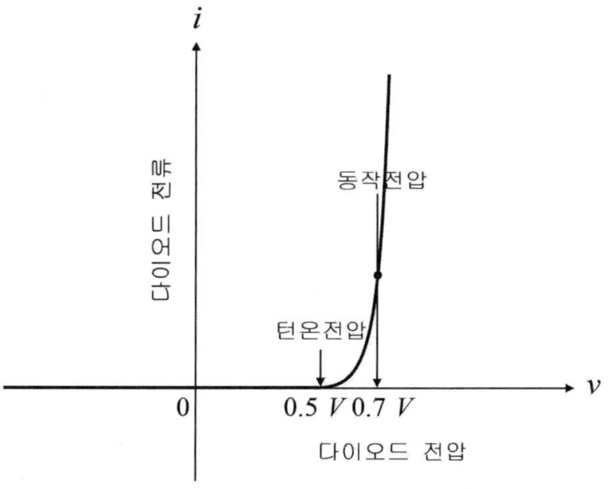

(그림 3.18) 다이오드의 턴온전압과 동작전압

다이오드가 동작할 때 필요한 전류와 전압은 주어진 전류-전압 특성으로부터 얻을 수 있다. 전압 V_1에서 I_1의 전류가 흐르는 다이오드에 V_2의 전압을 가하여 전류 I_2가 흐르면 각 전압에서 전류-전압 관계는 다음과 같다.

$$I_1 = I_s\left(e^{qV_1/nKT} - 1\right)$$

$$I_2 = I_s(e^{qV_2/nKT} - 1)$$

다이오드에 순방향 전압을 가하여 전류가 흐르면 전류 식에서 지수 항이 1보다 매우 크므로 두 전류를 나누어 정리하면

$$\frac{I_2}{I_1} = \frac{e^{qV_2/nKT} - 1}{e^{qV_1/nKT} - 1} \approx e^{q(V_2 - V_1)/nkT}$$

이 식에 ln을 취하여 간략히 나타내면 다음과 같다.

$$\ln\frac{I_2}{I_1} = \frac{q}{nkT}(V_2 - V_1)$$

주어진 다이오드 전류-전압 특성을 이용하면 이 식으로부터 원하는 전류를 얻는데 필요한 전압을 알 수 있다.

$$V_2 = V_1 + \frac{nkT}{q} \bullet \ln\frac{I_2}{I_1}$$

(예제 3.4) 0.7 V의 순방향 전압에서 10 mA의 전류가 흐르는 다이오드가 있다. 이 다이오드의 이상지수가 1이라고 할 때 다이오드에 0.75 V의 전압을 가하면 흐르는 전류는 얼마인가? 또 이 다이오드의 역포화전류를 구하시오.

위의 다이오드 전류식으로부터

$$I_2 \approx I_1 e^{(V_2 - V_1)/nKT}$$
$$= (10m)e^{(0.75 - 0.7)q/nKT}$$

$n = 1,\ kT/q = V_T = 25\,mV$이므로

$$I_2 = (10m)e^{0.05/0.025} = (10m)(7.39) = 73.9\,mA$$

역포화전류는

$$I_s = \frac{I}{e^{V/V_T} - 1} \approx (10m)e^{-0.7/0.025} = (10m)(6.9 \times 10^{-13})$$
$$= 6.9 \times 10^{-15}\,A$$

3.3.2 다이오드의 등가회로 모델

이상적인 다이오드와 달리 실제의 pn 접합 다이오드는 구조에서 파생되는 여러 가지 성분들을 포함한다. 또 반도체는 금속과 달리 적지 않은 저항을 가져 전류가 클수록 저항의 영향으로 지수함수의 특성에서 벗어나 전압에 선형적으로 비례한다.

(그림 3.19)는 이상적인 다이오드 모델과 이러한 특성을 이용해 나타낸 다이오드의 등가회로 모델들이다. (a)의 이상적인 다이오드 모델은 다이오드에 역방향으로 전압이 걸려 차단되거나 순방향 전압에서 도통하는 상태만을 구분하여 나타낸다. 이 경우 순방향으로 전압이 인가된 다이오드에는 전압강하가 없다. 이상적인 모델은 회로의 동작을 대략 판단하는 데 이용할 수 있으나 정량적인 특성을 나타내지는 못한다.

턴온되기 전의 다이오드는 차단상태로 나타내고 빌트인 전압보다 높은 전압을 가해 턴온된 이후의 다이오드를 전류가 흐르는 상태로 나타내면 다이오드의 동작은 (b)와 같이 이상적인 다이오드와 전압원의 연결로 표시할 수 있다. 전압원은 다이오드가 턴온될 때 나타내는 전압강하로 빌트인 전압 V_{D0} 와 같으며 턴온된 이후 다이오드는 전압강하와 함께 도통한 상태를 유지한다.

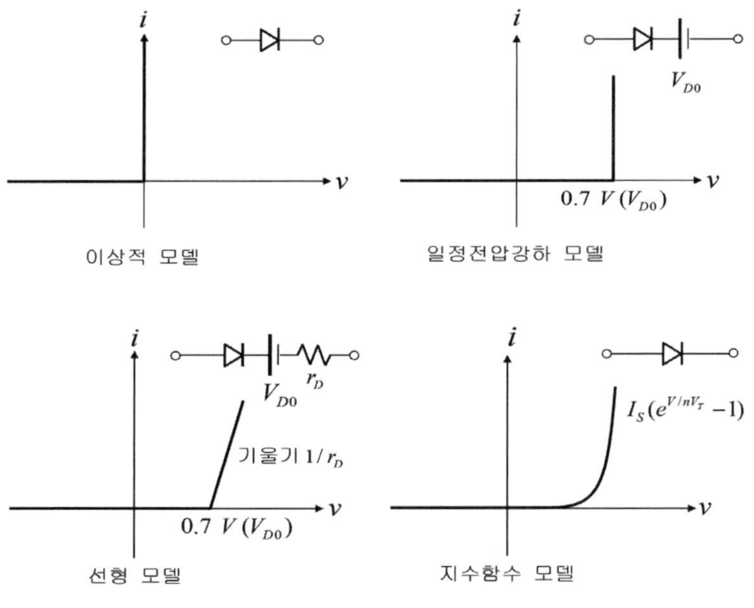

(그림 3.19) 다이오드를 간략히 나타낸 등가회로 모델. (a) 이상적인 모델, (b) 일정 전압강하 모델, (c) 선형적 모델, (d) 지수함수 모델

(c)는 빌트인 전압과 등가 저항을 포함한 모델로 다이오드가 턴온되어 전류가 흐를 때 지수함수인 전류-전압 관계를 간략히 하여 선형적으로 표현한 것이다. 직선이 전압축과 만나는 점은 턴온전압이며 기울기는 저항의 역수와 같다. 이 모델은 선형적인 저항을 포함하고 있으므로 실제의 다이오드에 가까운 특성을 보이며 회로를 간단히 해석할 때 편리하다.

(d)의 지수함수 모델은 다이오드 특성을 잘 나타내기는 하지만 비선형적이어서 회로를 해석할 때 선형적인 모델보다 다소 불편하다.

3.3.3 다이오드의 소신호 특성

다이오드 전류-전압 관계는 지수함수이지만 특정한 전압 근처로 전압의 범위를 줄이면 선형적으로 근사할 수 있다.

신호를 포함한 다이오드의 전압 v_D는 다음과 같이 바이어스 전압 V와 작은 신호전압 v_d의 합이다.

$$v_D = V + v_d$$

다이오드의 전류 i_D는 전압에 의해 결정되며 일정한 직류전압과 변하는 작은 신호전압을 구분하면 다음과 같다.

$$i_D = I_s(e^{q(V_D+v_d)/nKT} - 1) = I_s e^{qV_D/nKT} e^{qv_d/kT} = I_D(1 + \frac{qv_d}{nkT} + \ldots)$$

다이오드 전류도 전압과 마찬가지로 직류전류 I_D와 작은 신호전류 i_d로 구분할 수 있으며 아주 작은 값을 무시하면 작은 신호 성분의 전류만 구분하여 간략히 나타낼 수 있다.

$$i_D = I_D + i_d = I_D + (\frac{qI_D}{nkT}v_d + \ldots)$$

$$i_d = \frac{qI_D}{nkT}v_d$$

이 식에서 신호전류는 신호전압에 선형적으로 비례하므로 신호만 구분하여 전압-전류 관계를 저항으로 나타낼 수 있다. 이것을 다이오드의 동작점에서 증분저항, 또는 다이오드의 소신호저항 r_d이 라고 한다.

$$r_d = \frac{v_d}{i_d} = \frac{nkT}{qI_D} = \frac{nV_T}{I_D}$$

(그림 3.20) (a)는 다이오드의 특성을 다이오드 전압 V_D와 소신호 전류-전압 특성으로 구분하여 도식한 것이다. 이것을 이용하여 순방향으로 동작하는 다이오드의 특성을 간략히 나타내면 (b)와 같이 이상적인 다이오드 전압 V_D, 선형저항 r_d를 포함하며 소신호만 고려하면 이상적인 다이오드와 저항 r_d가 직렬로 연결된 등가회로로 간략히 나타낼 수 있다.

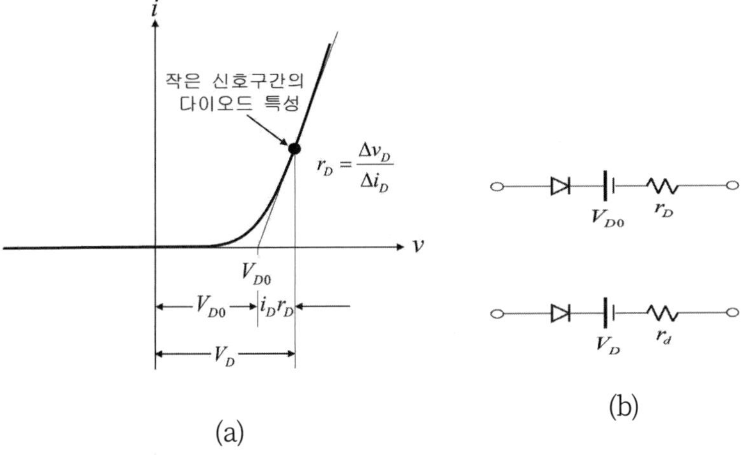

(그림 3.20) 다이오드의 선형저항 모델과 소신호저항을 포함한 모델

(예제 3.5) $0.7\,V$의 순방향 전압에서 $10\,mA$의 전류가 흐르는 다이오드가 있다. 이 다이오드의 이상지수가 1이라고 할 때 다이오드의 소신호저항은 얼마인가? (단, $kT/q = 25\,mV$ 이다.)

소신호저항은 열전압을 다이오드의 전류로 나눈 값과 같다.

$$r_d = \frac{v_d}{i_d} = \frac{nV_T}{I_D} = \frac{25m}{10m} = 2.5\,\Omega$$

3.3.4 제너다이오드

Si의 pn접합에 역방향 전압을 가하면 공핍층이 확장되고 전계가 증가하는데 도핑농도가 높으면 공핍층이 얇아 더 큰 전계가 걸린다. 큰 역방향 전압으로 전계가 커져 공유결합 된 Si의 전자가 구속에서 벗어날 수 있는 조건이 되면 제너항복이 일어나며 전류가 흐른다. 이 때 공유결합에서 벗어난 전자는 캐리어가 되고 전자의 수는 전계에 비례하여 증가한다. 따라서 접합에 흐르는 전류는 역방향 전압에 비례하여 증가하며 전압이 감소하면 전류도 비례하여 감소한다. 제너항복으로 흐르는 전류는 사태항복에 비하여 작아 접합이 손상되지 않으므로 항복이 일어난 후에도 원래의 pn접합 특성을 유지한다.

제너항복을 이용하기 위해 제작된 pn접합은 낮은 역방향 전압에서 전류가 흐르지 않다가 $-5\,V$ 정도의 역방향 전압에서 제너항복이 일어나 전류가 흐르기 시작하는데 이처럼 $-5\,V$ 정도의 큰 역방향 전압에서 턴온되어 전류가 흐르는 다이오드 특성을 갖도록 한 소자를 제너다이오드라 부른다. 역방향의 높은 턴온전압을 나타내는 제너다이오드는 정류기의 전압조정기(regulator)나 과전압 보호회로 등에 유용하다.

제너다이오드는 (그림 3.21) (a)와 같이 여러 가지 측정된 결과를 이용하여 전류-전압 특성을 나타낸다.

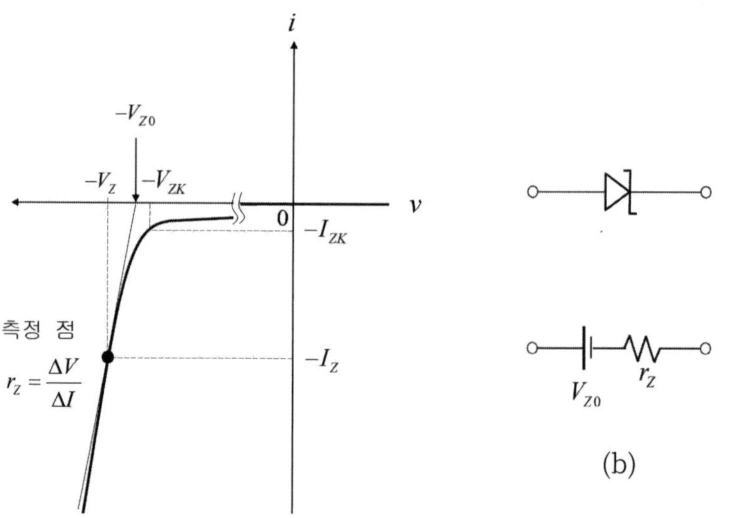

(a)

(b)

(그림 3.21) 제너다이오드의 전류-전압 특성(a), 기호와 등가회로 모델(c)

제너항복이 시작되면 굽어있는 무릎과 같이 전류가 갑자기 증가하기 시작하는데 이때의 전압과 전류를 각각 knee 전압 V_{ZK}, knee 전류 I_{ZK}라고 한다. 제너다이오드의 V_{ZK}와 I_{ZK}는 제너항복의 시작을 나타내는 기준이 되는 전압과 전류이다. I_Z는 선형적인 특성을 보이는 영역 중 특정하여 측정한 전류, V_Z는 전류가 I_Z일 때 전압이며 r_Z는 측정된 전류와 전압의 조건에서 보이는 증분저항($\Delta V/\Delta I$)이다. 또 측정된 전류-전압 특성을 전압 축에 외삽한 전압은 V_{Z0}로 표시한다. 제너항복이 시작되면 역방향 전압에 따라 전류가 선형적으로 증가하는데 전압이 허용된 전압보다 높아지면 사태항복이 시작되어 다이오드로 이용할 수 없다. 따라서 제너항복이 유지되는 최대전류 I_{ZM}으로 제너다이오드의 허용된 동작범위를 나타낸다. 제너항복과 달리 사태항복은 급격히 전류가 증가하여 접합이 파괴되기 때문에 제너다이오드를 이용할 때는 사태항복을 피하도록 과도한 전압을 인가하지 않아야 한다.

제너다이오드는 순방향 전압이나 역방향 전압에서 턴온되어 양방향 모두 전류가 흐를 수 있어서 (b)와 같은 기호로 나타내며 역방향 특성을 이용하기 때문에 정상적으로 동작할 때 전류는 음극에서 양극으로 흐른다. 제너다이오드는 인가된 전압이 $-V_{Z0}$에 이를 때까지 차단상태이며 그 이후 r_Z의 선형적인 저항특성을 보이므로 (b)의 등가회로 모델과 같이 전원 V_{Z0}과 저항 r_Z의 직렬연결로 등가화할 수 있다.

(예제 3.6) 제너다이오드의 측정전류와 전압이 각각 $I_Z = 100\,mA$, $V_Z = 6\ V$ 이다. 이 다이오드의 저항 r_Z가 $10\,\Omega$이라면 V_{Z0}는 얼마인가?

제너다이오드의 등가회로 모델은 측정된 전압과 전류의 점을 지나 V_{Z0}까지 선형적으로 전류가 증가한다.

$$V_Z = V_{Z0} + r_Z I_Z$$

$$V_{Z0} = V_Z - r_Z I_Z = 6 - (10)(100m) = 5\ V$$

3.3.5 쇼트키접합 다이오드

금속과 반도체의 쇼트키접합은 반도체 표면 가까이에 공핍층을 형성하고 전자의 움직임을 제한하는 장벽을 만든다.

금속과 n형 반도체가 접촉된 쇼트키접합에 전압을 가하면 반도체의 pn 접합과 유사한 에너지대 구조를 형성한다. 금속에 $+V_F$의 순방향 전압을 가하면 (그림 3.22)의 (a)와 같이 반도체 표면의 전위장벽이 $V_{bi}-V_F$로 낮아져 전자가 이동하여 전류가 흐를 수 있으나 금속에 $-V_R$의 역방향 전압을 가하면 (b)와 같이 전위장벽이 오히려 $V_{bi}+V_R$로 높아져 전자가 이동할 수 없어 전류가 흐르지 못한다. 따라서 금속과 반도체의 쇼트키접합도 pn 접합과 같이 인가된 전압에 따라 전류가 차단되거나 흐를 수 있는 다이오드의 특성을 나타내며 이러한 특성을 이용하여 금속과 반도체의 쇼트키접합으로 제작한 다이오드를 쇼트키접합 다이오드 또는 쇼트키 다이오드라 한다.

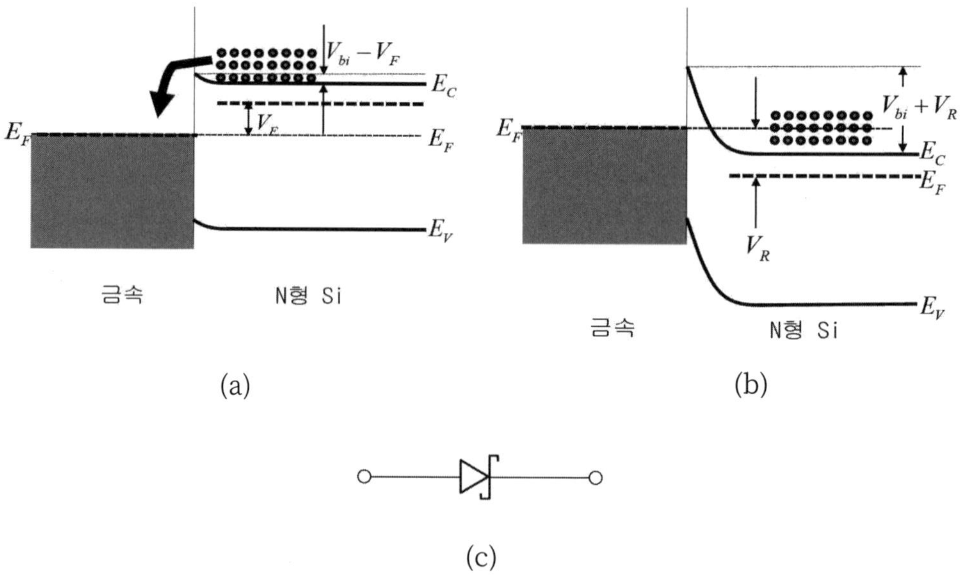

(그림 3.22) 전압을 가한 쇼트키접합의 에너지대 구조, (a)순방향 전압, (b) 역방향 전압. 쇼트키접합 다이오드 심볼(c)

금속과 n형 반도체 쇼트키접합에서는 전자만 캐리어가 될 수 있으며 소수캐리어인 홀이 없으므로 전류의 흐름이 멈추거나 시작될 때 pn 접합과 같이 잔류하는 소수캐리어를 제거할 필요가 없다. 따라서 쇼트키접합 다이오드는 pn 접합 다이오드보다 빠르게 on/off 상태를 바꿀 수 있어 고속의 스위칭특성이 필요한 회로에 적합하다.

(문제 3.6) 쇼트키접합 다이오드에서 캐리어가 하나인 이유는 무엇인가? 또 한 종류의 캐리어를 갖기 때문에 갖는 장점을 설명하시오.

3.3.6 다이오드의 이용

다이오드는 양극에서 음극을 향하는 한 방향으로만 전류가 흐른다. 정류회로는 전류가 한 방향으로만 흐르도록 하여 (+)와 (-) 전압이 교차해서 나타나는 교류전압을 (+) 전압만 나타나도록 하는 장치로 다이오드를 이용하면 쉽게 구현할 수 있다. 또 다이오드의 턴온전압을 이용하여 전압을 조정하는 레귤레이터(regulator)나 크기를 제한하는 리미팅(limiting)회로, 전압 레벨을 조정하는 회로를 만들기도 한다. 이 외에도 다이오드는 디지털 회로의 논리게이트를 만드는 데 이용되기도 한다.

(1) 다이오드 반파정류회로

(그림 3.23) 회로는 최대 전압이 V_P인 사인파의 전압을 갖는 교류전원 v_S에 다이오드와 저항이 직렬로 연결된 회로이다.

$$v_S = V_P \sin\omega t$$

다이오드가 이상적일 경우 (a)와 같이 양극 전압이 음극 전압보다 높으면 전류가 흐르고 다이오드에는 전압이 걸리지 않는다. 교류전원이 (+) 전압을 유지하는 동안 다이오드가 도통하여 단락상태에 있으므로 전원의 모든 전압은 부하저항 R_L에 걸리며 저항 양단의 전압은 전원의 전압과 같이 최대 전압 V_P인 사인파가 된다. 그러나 전원의 전압이 (-)이면 다이오드에 역방향 전압이 걸려 전류가 흐르지 않기 때문에 다이오드는 개방된 회로와 같고 저항에는 전압이 걸리지 않으며 모든 전압이 다이오드에 걸린다. 전원의 전압이 주기적으로 (+)와 (-)로 변할 때 부하저항 R_L에는 전체 파형 중에서 (+) 주기에서만 전압이 출력되어 나타나고 전류도 한 방향으로만 흐른다. 이처럼 전압과 전류가 한 방향으로만 나타나도록 하는 회로를 정류회로라고 하며 한 주기 중 (+) 전압이 유지되는 반주기 동안만 부하에 전압이 걸리고 전류가 흐르도록 하는 회로를 반파정류회로라고 한다.

이상적인 다이오드의 반파정류회로는 (a)와 같이 반주기 동안 부하에 전류가 흐르며 전류가 흐르는 동안에는 저항에 전원의 모든 전압이 나타난다. 그러나 실제의 다이오드는 이상적이지 않고 빌트인 전압 V_{D0}와 저항 r_D를 갖기 때문에 (b)와 같이 전원의 전압이 V_{D0}보다 작으면 전류가 흐르지 않고 크면 턴온되어 전류가 흐른다. 따라서 한 주기 내에서 다이오드에 전류가 흐르는 범위를 각으로 나타내면 다음과 같다.

$$\theta < \omega t < \pi - \theta$$
$$\theta = \sin^{-1}\frac{V_{D0}}{V_P}$$

회로에서 전류가 흐를 때 다이오드의 저항 r_D와 부하저항 R_L이 직렬로 연결되어 있으므로 전체 저항은 R은 두 저항의 합이고 부하저항에는 다음과 같은 전류가 흐른다.

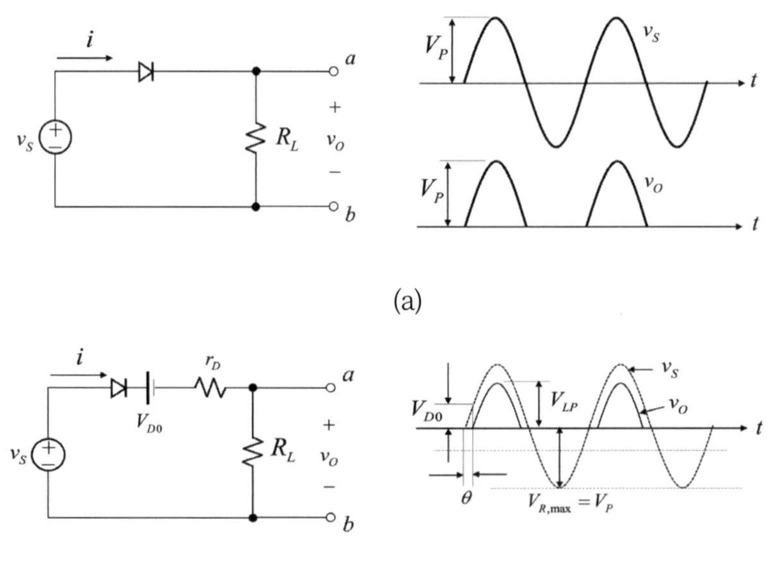

(그림 3.23) 다이오드 반파정류회로와 전압 (a) 이상적인 다이오드, (b) 실제의 다이오드

$$R = r_D + R_L$$

$$i = \frac{(V_P - V_{D0})\sin\omega t}{R} = \frac{V_P - V_{D0}}{r_D + R_L}\sin\omega t \qquad \theta < \omega t < \pi - \theta$$

전압은 부하저항과 다이오드의 저항에 분배되며 부하저항의 전압은 다음과 같다.

$$v_O = \frac{R_L}{r_D + R_L}(V_P - V_{D0})\sin\omega t \qquad \theta < \omega t < \pi - \theta$$

이 회로에서 다이오드의 최대 역방향 전압 $V_{R,\max}$는 전원의 최대 전압과 크기가 같다.

$$V_{R,\max} = V_P$$

정류회로의 다이오드는 전류가 흐르지 않는 동안 역방향 전압이 걸려 있으므로 정류회로를 만들 때는 항복전압이 최대 역방향 전압보다 큰 다이오드를 이용하여야 한다.

(예제 3.7) 내부저항 100 Ω, 최대 전압 24 V인 사인파 전압원이 (그림)과 같이 12 V 전압의 배터리를 충전하기 위해 다이오드와 함께 직렬로 연결되어 있다. 한 주기 중 전류가 흐르는 각도와 최대 전류, 다이오드에 걸리는 최대 역방향 전압을 구하시오. 단, 다이오드의 빌트인 전압은 0.7 V이다.

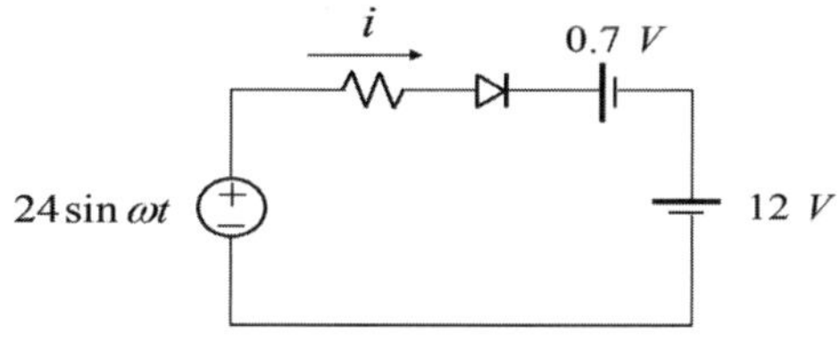

(예제 3.7 그림) 다이오드 정류회로와 전압

전원 전압이 배터리 전압 12 V와 다이오드의 빌트인 전압 0.7 V의 합보다 클 때 충전전류가 흐르게 되므로 한 주기 중 $24\sin\theta \geq 12 + 0.7$인 각에서 전류가 흐른다.

$$\sin\theta \geq \frac{12 + 0.7}{24} \rightarrow 31.95^o \leq \theta \leq 148.05^o$$

다이오드에 최대 전류가 흐를 때 저항의 전압은 최대 전압과 배터리 전압의 차이이므로 다이오드의 최대 전류는

$$I_d = \frac{24 - 12 - 0.7}{100} = 0.113\,A$$

다이오드의 최대 역방향 전압은 전원의 전압이 가장 큰 음의 전압일 때이므로 배터리 전압과 전원 전압의 합이 다이오드에 역방향으로 걸린다.

$$V_{R,\max} = 12 - (-24) = 36\ V$$

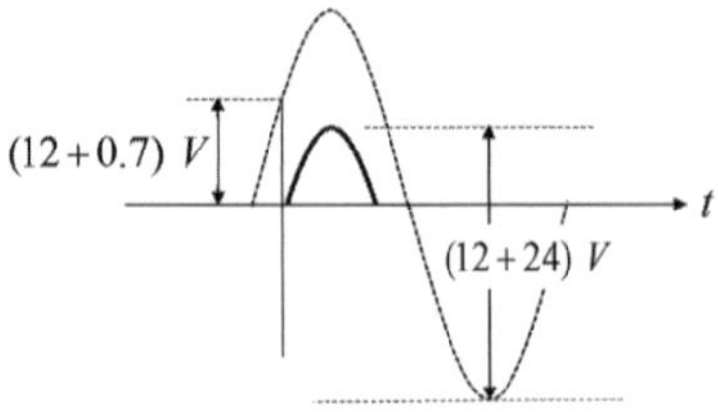

(예제 3.7의 해 그림) 다이오드 정류회로의 전압

(2) 다이오드 브리지 전파정류회로

반파정류는 교류전압에서 한주기 중 (+)전압을 나타내는 반주기만 이용한다. 따라서 (-)전압도 정류하여 전체 주기를 모두 이용하는 것이 더 효율적이며 이처럼 (+)와 (-)전압 모두를 정류하는 회로를 전파정류회로라 한다. (-)전압을 포함한 교류의 전주기 전압은 중간 탭을 갖는 변압기와 다이오드를 이용한 정류회로, 또는 다이오드 브리지 회로를 이용하여 정류할 수 있다.

(그림 3.24)와 같이 4개의 다이오드 $D_1 \sim D_4$가 연결된 브리지 회로는 전류가 흐르는 2개의 경로를 형성한다. (+)전압이 인가되면 네 개의 다이오드 중 순방향으로 접속되는 D_1과 D_2를 포함한 $V_S - D_1 - R_L - D_2$의 경로 1을 통해 전류가 흐른다. 이때 다이오드 D_3와 D_4는 역방향으로 접속되어 차단되어 있다. 이와 반대로 전원 전압이 (-)이면 D_1과 D_2는 역방향, D_3와 D_4가 순방향으로 접속되어 $V_S - D_3 - R_L - D_4$의 경로 2로 전류가 흐른다. 부하 R_L에는 전원 전압의 부호가 바뀌어 경로가 달라지더라도 같은 방향으로 전류가 흘러 전주기 동안 정류된 전압을 나타낸다.

전원의 전압이 하나의 경로에 연결된 두 다이오드의 빌트인 전압의 합보다 높으면 부하 R_L에 출력되는 전압은 다음과 같다.

$$v_L = |v_P| - 2V_{D0} \qquad |v_P| > 2V_{D0}$$

역방향에 놓인 다이오드는 전체 전압에서 다이오드 하나의 순방향 전압만큼 감소한 전압이 걸려 있으므로 최대 역방향 전압은 다음과 같다.

$$V_{R,\max} = V_P - V_{D0}$$

다이오드 브리지 정류기는 4개의 다이오드가 필요하고 출력전압은 전원의 전압 보다 $2V_{D0}$ 작지만 최대 역방향 전압이 반파정류회로와 같이 작은 이점이 있다.

일반적으로 역방향 전압이 높을수록 다이오드가 비싸기 때문에 다이오드 브리지 정류회로는 저비용의 저전압의 정류회로에 주로 이용된다.

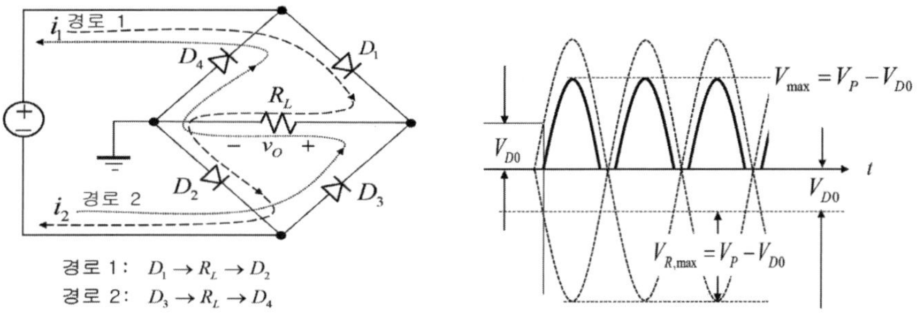

(a) (b)

(그림 3.24) 다이오드 브리지 정류회로(a)와 전압 파형(b)

(예제 3.8) 최대 전압 12 V, 내부저항이 100 Ω인 사인파 전압원이 있다. 이 전압원이 100 Ω의 부하를 갖는 다이오드 브리지 정류회로에 연결되어 있을 때 다이오드의 턴온전압이 0.7 V, 다이오드의 저항이 10 Ω이면 브리지 정류회로의 부하가 갖는 가장 큰 전압은 얼마인가? 또 전원 전압의 한 주기 중 전류가 흐르는 각도와 전류의 최대 크기, 다이오드에 걸리는 최대 역방향 전압을 구하시오.

입력되는 전압의 크기가 최대인 12 V일 때 브리지 정류회로의 두 다이오드가 턴온되어 있으므로 부하에는 두 다이오드의 턴온전압($V_{D0} = 0.7\ V$)을 제외한 전압이 걸린다.

$$v_{L,peak} = 12 - 2V_{D0} = 12 - 2(0.7) = 10.6\ V$$

이때 (전원-다이오드-부하-다이오드)의 회로에 연결된 전체 저항 R은

$$R = r_D + R_L + r_D = 10 + 100 + 10 = 120\,\Omega$$

최대 전류는

$$i_{D,pcak} = \frac{v_{L,peak}}{R} = \frac{10.6}{120} = 88.3\,mA$$

전원의 전압이 0.7 V이상일 때 전류가 흐르므로 전류가 흐르는 각 θ_C는

$$\sin^{-1}\frac{0.7}{12} = 3.34^o, 176.67^o$$
$$3.34^o < \theta_C < 176.67^o, \quad 183.34^o < \theta_C < 356.67^o,$$

최대 역방향 전압은 위 식에서

$$V_{R,\max} = V_P - V_{D0} = 12 - 0.7 = 10.6\ V$$

---

(3) 센터탭 변압기의 전파정류회로

변압기는 1차 측 코일에 교류전압이 인가되어 전류가 흐르면 변화하는 자기장이 형성되고 2차 측 코일에 자속이 쇄교하여 유도전압이 발생한다. 이때 유도되는 전압의 크기는 코일을 쇄교하는 자속에 비례하므로 변압기는 1차와 2차 측 코일의 감긴 수의 비를 이용하여 출력 전압을 높이고 낮춘다. 변압기의 2차 측에 있는 코일 중간 점에서 전압을 취하면 출력되는 전압 중에서 1/2이 윗부분의 코일에, 나머지 1/2이 아랫부분의 코일에 나뉘어 출력되는데 이처럼 전압의 중앙값이 출력되도록 한 변압기를 센터탭 변압기라고 한다.

변압기의 1차와 2차 측 코일은 자기적으로는 결합하고 있지만 서로 연결되어 있지 않으므로 회로를 전기적으로 분리할 때 변압기를 이용하기도 한다.

(그림 3.25) 회로는 센터탭 변압기를 이용한 전파 정류회로를 나타낸 것이다. 변압기는 1차 측과 2차 측 코일의 감긴 권수비를 1:2로 하여 입력전압의 2배가 출력되며 변압기 출력의 중앙점 윗부분에 반파 정류회로가, 아랫부분 출력에도 반파정류회로가 연결되어 있다.

반파정류회로에는 변압기에 입력된 전압과 같은 크기의 전압이 입력되며 (+) 반주기 동안 2차 측 코일의 윗부분에 연결된 반파정류회로에서 입력전압과 같은 파형의 정류된 출력을 얻는다. 이때 변압기 2차 측 코일의 아랫부분에 연결된 반파정류회로에는 변압기 출력이 (-) 전압으로 입력되어 다이오드에 역방향 전압이 걸린다. 입력전압이 (-) 반주기가 되면 출력이

반전되어 2차 측 코일의 아랫부분에 연결된 반파정류회로에 (+) 전압이 입력되기 때문에 아래 반파정류회로가 동작하여 정류된 전압이 출력된다. 이때 윗부분의 정류회로에 있는 다이오드는 (-) 전압이 입력되어 역방향 상태가 되고 전류가 흐르지 않는다.

따라서 출력전압은

$$v_O = |v_I| - V_{D0}, \quad |v_I| > V_{D0}$$

다이오드에 걸리는 최대 역방향 전압은 다음과 같다.

$$V_{R,\max} = 2V_P - V_{D0}$$

센터탭 변압기를 이용한 전파정류회로는 2개의 다이오드를 이용하고 출력전압의 감소도 적지만 다이오드에 걸리는 최대 역방향 전압이 크다.

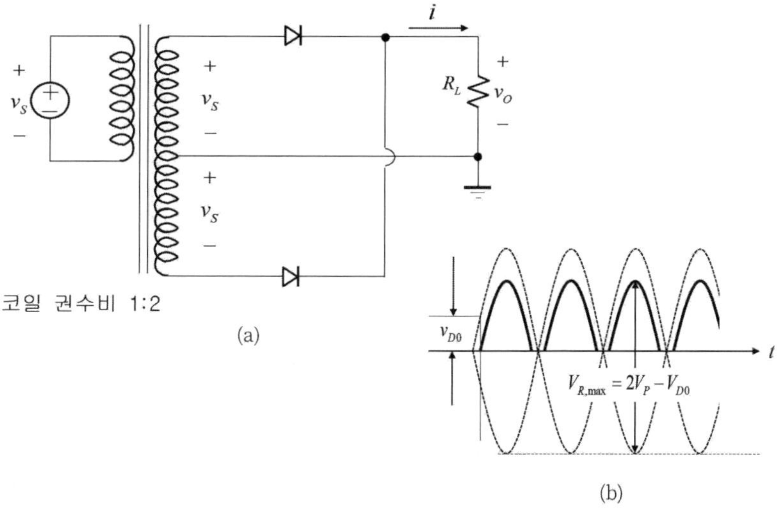

(그림 3.25) 센터탭 변압기를 이용한 (a) 전파정류회로와 (b) 전압 파형

(문제 3.7) 최대 전압 100 V인 사인파 전압원이 센터탭 변압기를 이용한 전파정류회로에 연결되어 있다. 전파정류회로에 10 Ω의 부하가 연결될 때 부하의 가장 큰 전압과 전류는 각각 얼마인가? 또 다이오드에 걸리는 최대 역방향 전압을 구하시오. 단, 변압기의 1차 측과 2차 측 코일의 감긴 비가 1 : 2이며, 다이오드의 턴온전압은 0.7 V, 다이오드의 저항은 10 Ω이다.

---

(4) 평활회로

다이오드 정류회로의 출력은 비록 (+) 전압을 나타내지만 0 V에서 최대 출력전압까지 변하기 때문에 직류전원으로 이용하기 위해서는 전압이 변하지 않도록 바뀌어야 한다. 커패시터의 충전과 방전특성을 이용하면 이러한 전압의 변화를 줄일 수 있으며 인덕터가 갖는 전류변화에 대한 저항성을 이용하여 전압의 변화를 억제할 수도 있다.

(그림 3.26)은 전주기가 정류된 전파정류회로의 출력에 커패시터가 부하와 함께 병렬로 연결된 회로이다. 정류회로의 출력이 최대인 V_P가 될 때까지 커패시터가 충전되며 정류회로의 출력이 감소하면 커패시터는 저항을 통해 방전하면서 전압이 감소한다. 정류회로의 출력이 다시 증가하여 커패시터 전압보다 높게 되면 방전하던 커패시터는 다시 충전되기 시작한다. 커패시터가 방전하는 동안 정류회로는 개방된 상태와 같으므로 회로는 시정수가 RC인 방전 회로와 같다. 회로의 R과 C가 충분히 크거나 주기가 짧아 $RC \gg T/2$이면 커패시터의 전압은 다음과 같다.

$$v_O = v_C = V_P e^{-t/RC} \approx V_P(1 - \frac{t}{RC})$$

방전시간이 충전시간을 무시할 수 있을 정도로 길어 거의 반주기 동안 방전된다면 커패시터가 갖는 가장 낮은 전압은

$$v_{O,\min} \approx V_P(1 - \frac{T}{2RC})$$

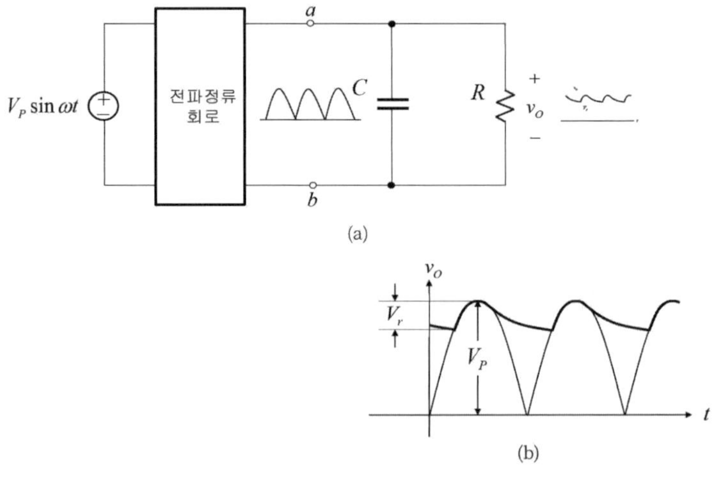

(그림 3.26) 커패시터 평활회로(a)와 출력 특성(b)

따라서 부하에 나타나는 전압의 변화인 리플(ripple) V_r은 최대 전압 V_P와 이 전압의 차이와 같다.

$$V_r = V_P - v_{O,\min} = \frac{V_P T}{2RC} = \frac{V_P}{2fRC}$$

리플은 주파수에 반비례하며 커패시터의 용량이 클수록 줄일 수 있다.

평활회로를 거친 전압은 리플을 나타내므로 직류에 가까운 전압을 얻기 위해서는 리플을 충분히 줄여야 한다. 다음의 다이오드를 이용한 레귤레이터는 리플을 효과적으로 감소한다.

(문제 3.8) 이상적인 다이오드를 이용하여 최대 전압이 100 V이고 주파수가 60 Hz인 사인파 전압을 전파정류하였다. 커패시터와 저항이 각각 10 μF와 100 $k\Omega$인 (그림 3.26)의 평활회로를 이용하여 정류된 출력전압의 변화를 줄였을 때 리플은 얼마인가?

---

(5) 다이오드 레귤레이터

다이오드 정류기의 출력전압은 평활회로를 거치면 변화가 줄기는 하지만 여전히 리플을 갖고 있어 안정된 직류전원으로 이용하려면 리플을 더욱 줄여야 한다. 이처럼 정류된 전압을 직류에 가깝도록 줄이는 회로를 전압조정기 또는 레귤레이터라고 하며 다이오드가 갖는 빌트인 전압과 작은 내부저항을 이용하면 쉽게 레귤레이터를 구성할 수 있다.

(그림 3.27)의 (a) 회로는 전압의 리플을 줄이기 위해 두 개의 다이오드를 이용한 회로이다. 다이오드를 동작전압 V_D와 저항 r_d를 이용하여 등가로 나타내면 회로는 (b)와 같이 다이오드 대신 직류전압과 저항을 포함한 회로로 나타낼 수 있다.

먼저 부하 R_L이 없어 출력이 개방되어 있으면 직렬로 연결된 두 다이오드의 양 끝이 출력이며 출력전압 v_O은 두 다이오드가 동작하는 전압의 합이다.

저항 R에는 입력전압에서 다이오드의 동작전압을 뺀 전압이 걸리며 다음과 같은 전류가 흐른다.

$$I = \frac{v_I - 2V_D}{R}$$

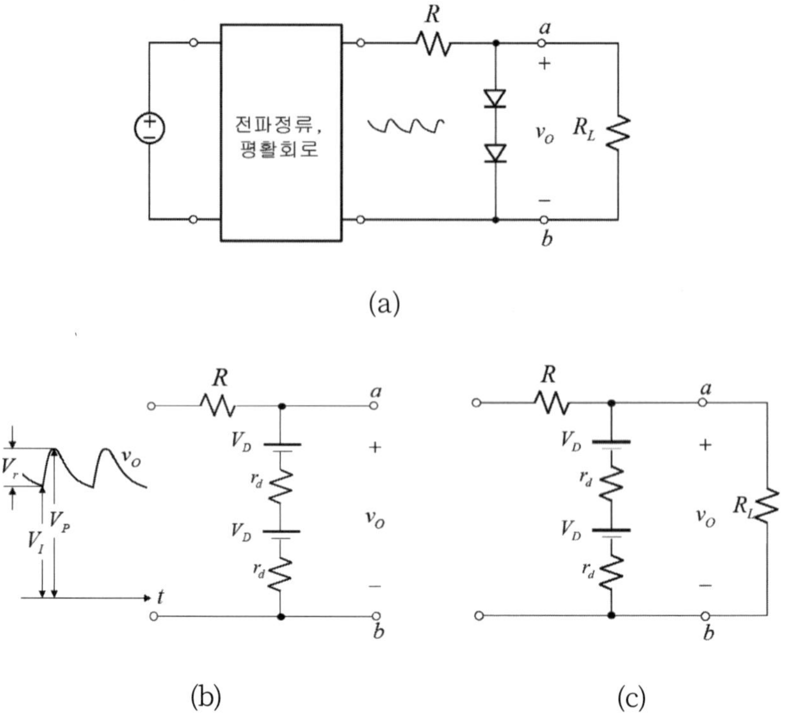

(그림 3.27) 다이오드 레귤레이터 회로(a). 개방된 부하(b)와 부하가 연결된 회로(c)

이 전류는 다이오드에 흐르는 전류와 같다. 따라서 다이오드의 증분저항은

$$r_d = \frac{V_T}{I_D} = \frac{V_T}{(v_I - 2V_D)/R}$$

회로에 입력된 전압은 일정한 전압 V_I와 변하는 전압 v_r을 포함하며 v_r이 R과 두 r_d에 분배되어 출력되기 때문에 출력전압의 변화 v_o은 저항의 비에 영향을 받는다.

$$v_I = V_I + v_r$$

$$v_O = V_O + v_o = 2V_D + v_r \frac{r_d}{R + r_d}$$

이 식에서 전압의 리플이 직렬로 연결된 저항과 다이오드 저항으로 분배되므로 R이 r_d에 비하여 매우 크면 출력전압은 $2V_D$에 가깝게 되고 출력의 리플은 매우 작아진다.

레귤레이터의 출력을 이용하기 위해 부하를 연결하면 부하는 다이오드의 저항과 병렬로 연결된 상태이며 전류가 분배되어 흐른다. (그림)의 (c)와 같이 부하저항 R_L이 연결되면 R_L에

흐르는 전류는

$$i_L = \frac{v_O}{R_L}$$

이 부하전류는 다이오드에 흐르는 전류와 함께 분배된 것이므로 부하에 전류가 흐르면 다이오드의 전류가 감소하고 r_d의 전압강하도 줄어 출력전압이 감소한다.

부하전류에 따른 출력전압의 변화는 허용되는 부하의 크기를 정하는 중요한 요소가 되며 부하전류가 $1\,mA$ 변할 때 출력전압이 변하는 비율을 부하조정값(load regulation)으로 정의하고 다음과 같이 나타낸다.

$$Load\,regulation \equiv \frac{\Delta V_O}{\Delta I_L}\Big|_{\Delta I_L = 1\,mA}$$

부하저항의 크기는 출력전압에 영향을 미친다. 부하저항이 크면 다이오드에 흐르는 전류의 변화가 작지만 부하저항이 작아지면 부하전류가 증가하고 다이오드를 통해 흐르는 전류가 감소하여 출력전압인 다이오드에 걸리는 전압도 감소한다.

전류에 따른 출력전압의 변화율과 함께 입력전압에 대한 출력전압의 변화율도 레귤레이터의 특성을 평가하는데 유용한 지수이며 이는 선조정값(line regulation)으로 다음과 같다.

$$Line\ regulation \equiv \frac{\Delta V_O}{\Delta V_S}\Big|_{\Delta V_S = 1\,V}$$

다이오드 레귤레이터의 출력전압은 동작전압 V_D에 따른다. 다이오드는 동작전압이 $0.7\,V$ 정도로 작기 때문에 레귤레이터의 출력전압을 높이기 위해서는 여러 개의 다이오드를 직렬로 연결하거나 (그림 3.28)과 같이 제너다이오드를 이용한다.

제너다이오드는 $5\,V$ 정도의 V_{Z0}를 가지므로 하나의 제너다이오드로 여러 개의 pn접합 다이오드를 이용한 것과 같이 높은 출력전압을 얻을 수 있다.

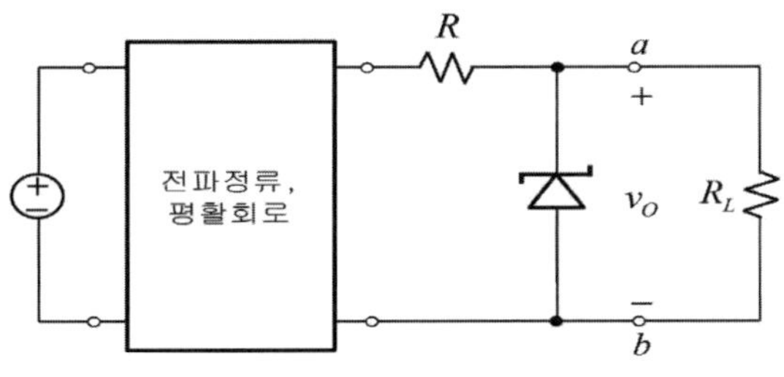

(그림 3.28) 제너다이오드를 이용한 전압 레귤레이터

(예제 3.9) (그림 3.28)의 레귤레이터 회로에서 R이 $1\,k\Omega$, R_L이 $2\,k\Omega$, 평활회로를 거쳐 나온 전압은 $10 \pm 1\ V$이다. 제너다이오드 특성에서 r_Z가 $10\,\Omega$, V_{Z0}가 $5\ V$이면 부하가 없을 때 출력전압과 출력전압의 변화는 얼마인가? 또, linc rcgulation과 load regulation을 구하시오.

부하가 연결되지 않은 회로는 아래 그림 (a)와 같이 회로의 저항 $1\,k\Omega$과 제너다이오드 저항 $10\,\Omega$이 직렬로 연결되어 있고 V_{Z0}가 $5\ V$이므로 $10\ V$ 전압에서 제너다이오드에 흐르는 전류는

$$I_Z = \frac{10-5}{(1k+10)} = 4.95\,mA$$

이때 전압은 다음과 같다.

$$V_O = V_{Z0} + I_Z r_Z = 5 + (4.95m)(10) = 5.0495\ V$$

출력전압의 변화는 제너다이오드 저항에 걸린 전압의 변화와 같으므로 레귤레이터에 입력되는 $\pm 1\ V$의 전압 변화가 다음과 같이 저항값에 비례하여 출력된다.

$$v_r = (2)\frac{10}{1k+10} = 19.8\,m\,V$$

(b)와 같이 부하가 연결되었을 때 위의 출력전압을 적용하면 부하에 흐르는 전류는

$$I_L = \frac{5.0495}{2k} = 2.525\,mA$$

제너다이오드에 흐르는 전류 I_Z'은 부하전류만큼 감소한다.

부하가 있을 때 출력전압은

$$V_{OL} = V_{Z0} + I_Z' r_Z = 5 + (4.95m - 2.525m)(10) = 5.0243\ V$$

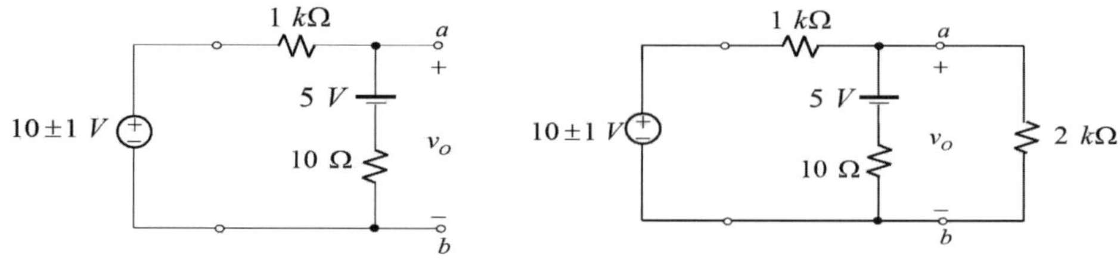

(예제 3.8 그림)

line regulation은 1 V의 입력전압 변화에 대한 출력전압의 변화율이다.

$$line\,regulation = \frac{\Delta V_O}{\Delta V_S}|_{\Delta V_S = 1V} = 1\frac{10}{1k+10}/1 = 9.9\,mV/V$$

$1\,mA$의 부하전류가 흐르면 출력전압의 감소가 $r_Z I_Z^{'}$ 이므로 load regulation은 다음과 같다.

$$Load\,regulation \equiv \frac{\Delta V_O}{\Delta I_L}|_{\Delta I_L = 1mA} = (10)(-1m)/1m = -10\,mV/mA$$

---

(6) 다이오드 논리게이트

다이오드는 정류회로에 많이 이용하지만 역방향 전압의 차단특성을 이용하여 논리게이트에 적용하기도 한다.

(그림 3.29) (a)와 같이 v_A, v_B, v_C 세 개의 입력을 각각 다이오드의 양극에 연결하고 음극을 함께 모아 부하저항에 연결하면 세 입력전압 중 하나만 다이오드의 턴온전압보다 높아도 전류가 흐르며 출력은 높은 상태를 유지한다.

$$i = \frac{v_{A,B,C} - V_{D0}}{R_L}$$
$$v_O = v_{A,B,C} - V_{D0}$$

또, v_A, v_B, v_C가 모두 턴온전압보다 낮으면 전류가 흐르지 않으며 v_O은 접지의 전압과 같다. 따라서 출력전압의 높은 상태 기준을 $v_{A,B,C} - V_{D0}$보다 조금 낮은 전압으로 설정하면 다음과 같은 OR 논리식을 얻을 수 있다.

$$Y = A + B + C$$

(b)와 같이 회로를 구성하면 입력이 다이오드의 음극에 연결되어 있으므로 세 입력전압이 다 같이 높은 상태의 전압을 가져야 다이오드가 모두 차단되어 출력전압이 높은 상태, V_H를 유지한다. 그러나 세 입력 중 어느 하나라도 전압이 낮아 다이오드가 턴온되면 출력은 $v_{A,B,C} + V_{D0}$로 낮아진다. 따라서 입력이 모두 높은 전압일 때 출력이 높게 되므로 AND 논리식의 출력을 나타낸다.

$$Y = A \cdot B \cdot C$$

논리게이트는 이처럼 다이오드만으로도 구현할 수 있으나 저항, 또는 트랜지스터와 같은 부품을 함께 이용한 논리게이트가 더 유용하다.

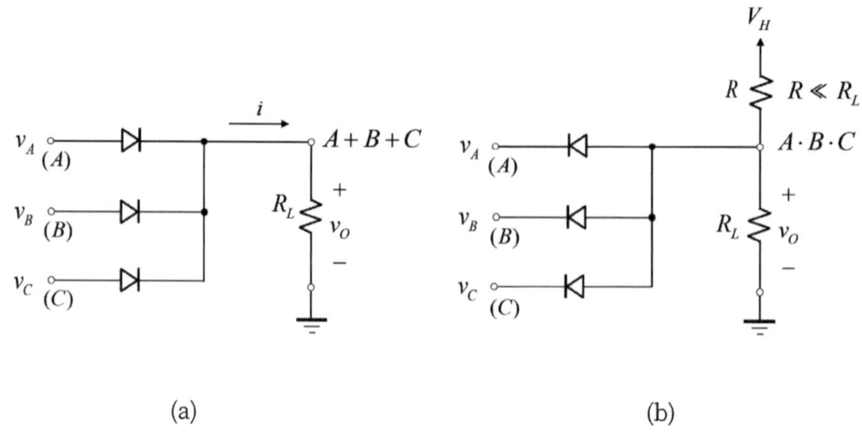

(그림 3.29) 다이오드를 이용한 OR 게이트(a)와 AND 게이트(b)

(문제 3.9) 위의 (그림 3.29) (a) 회로에서 입력전압 $v_A = v_B = 5\,V$, $v_C = 0\,V$이고 다이오드의 V_{D0}는 $0.7\,V$이다. 출력저항 R_L이 $1k\Omega$일 때 전류 i를 구하시오.

3.4 MOS 전계효과 트랜지스터

트랜지스터는 1947년 미국 벨연구소의 존 바든(J. Barden)과 월트 브래튼(W. Brattain), 윌리엄 쇼클리(W. Shockley)가 처음 고안하고 제작하여 반도체 분야에 혁신을 가져왔다.

이 트랜지스터는 (그림 3.30) (a)와 같이 이미터와 베이스, 컬렉터 세 개의 단자로 구성되어 있으며 컬렉터 전류가 이미터-베이스의 전압으로 조절될 수 있음이 실험적으로 증명되었다. 이후 트랜지스터는 전류를 조절하는 방법에 따라 접합(junction) 트랜지스터와 전계효과(field effect transistor) 트랜지스터로 개발되었다. 접합 트랜지스터는 두 개의 pn접합 다이오드가 거꾸로 이어진 것과 같은 형태인 pnp, 또는 npn 구조로 되어있으며 pn접합의 두 전극에 인가된 전압으로 흐르는 전류의 양을 조절한다. 이 전류는 역방향으로 전압을 가한 다른 전극으로 흘러가는데 이로써 세 번째 전극에 흐르는 전류가 pn접합의 두 전극에 가한 전압으로 조절되는 효과를 나타낸다. 이처럼 pn접합의 구조를 갖는 트랜지스터를 바이폴라 접합 트랜지스터, 또는 바이폴라 트랜지스터라고 한다.

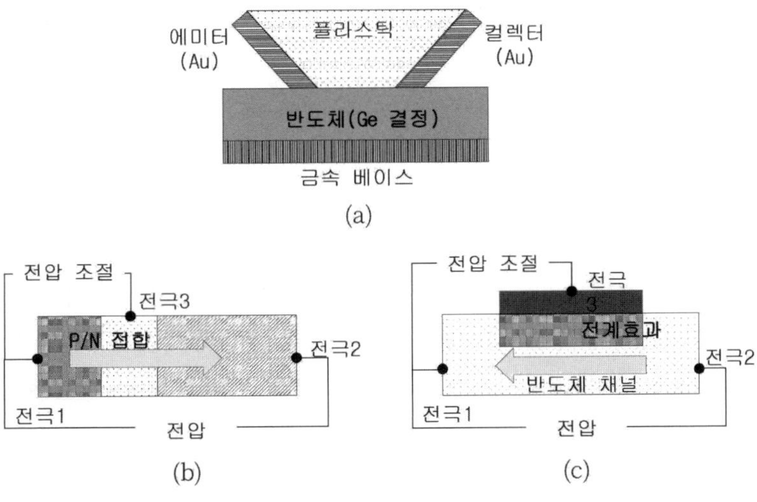

(그림 3.30) 쇼클리의 반도체 트랜지스터(a)와 트랜지스터의 동작 원리. 바이폴라 접합 트랜지스터(b), 전계효과 트랜지스터(c)

이와 달리 전계효과 트랜지스터는 전류가 흐르는 두 전극과 전류가 흐르는 채널을 형성할 때 필요한 전극의 세 개 전극으로 구성된다. p형, 또는 n형 반도체 위에 얇은 실리콘 산화막(SiO_2)과 같은 절연막을 두고 금속전극을 형성하여 전극에 전압을 가하면 전계효과에 의해 절연막과 접촉된 반도체 표면에 전하가 유도되어 전류가 흐를 수 있는 통로인 채널을 만들 수 있으며 금속에 가한 전압에 따라 채닐의 전하량이 달라지므로 전류의 흐름이 금속전극의 전압으로 조절될 수 있다. 이렇게 금속과 산화막, 반도체의 적층 구조를 이용하여 두 전극의 전압을 이용해 다른 전극에 흐르는 전류를 조절할 수 있는 트랜지스터의 특성을 갖도록 한 것을 금속/산화막/반도체 전계효과 트랜지스터(metal oxide semiconductor field effect transistor, MOSFET), 또는 간단히 MOS 트랜지스터라고 부르기도 한다. MOS 트랜지스터의 전류는 전자와 홀 중 한 종류의 캐리어로 이루어져 두 종류의 캐리어 모두가 전류를 구성하는 접합 트랜지스터와 구별된다.

바이폴라 트랜지스터는 극성이 다른 반도체가 세 개의 층으로 적층이 되어야 하지만 MOS 트랜지스터는 한 평면에 채널과 전극이 형성될 수 있어 바이폴라 트랜지스터보다 작고 쉽게 제작할 수 있으며 집적회로의 제작에도 더 유리하다. 또 바이폴라 트랜지스터에서는 전류가 흐르기 위해서 pn접합을 턴온하기 위한 전압이 필요하고 다수캐리어와 소수캐리어가 함께 있으므로 스위칭 시 캐리어의 재결합에 따른 지연이 나타날 수 있으나 MOS 트랜지스터는 캐리어가 한 종류이고 턴온전압이 없으므로 디지털 회로에 더 유리하다.

3.4.1 MOS 트랜지스터의 구조

(그림 3.31)은 전자를 캐리어로 하는 NMOS 트랜지스터의 구조를 개념적으로 나타낸 것이다. (그림)과 같이 Si 반도체 기판에 제작된 MOS 트랜지스터에는 전류가 흐르는 채널이 있으며 채널의 양 끝은 전하가 들어가고 나가는 전극이 연결되어 있다. 전극 사이는 금속/산화막/반도체의 적층 구조로 채널이 형성되며 금속에 가한 전압으로 전계가 달라져 채널의 전하량이 조절된다. MOS 트랜지스터에서 캐리어가 주입되는 전극을 소스(source), 캐리어가 배출되는 전극을 드레인(drain)이라고 하며 채널의 전하량을 조절하는 금속전극은 게이트(gate)라 한다.

MOS 트랜지스터는 전계효과를 이용하는데 전자를 유도하여 채널을 형성하거나 홀을 유도하여 채널을 형성할 수 있으며 채널에 있는 캐리어 종류에 따라 특성도 다르다. 따라서 캐리어의 종류로 트랜지스터를 구분하는데 전자로 이루어진 채널을 갖는 경우 n형 MOSFET, 홀로 이루어진 채널을 갖는 트랜지스터는 p형 MOSFET라고 하며 각각 NMOS, PMOS 트랜지스터로 부르기도 한다.

NMOS 트랜지스터의 기판은 (그림) (a)와 같이 p형 반도체로 되어있다. 게이트 전극 아래에 p형 반도체가 놓여있으며 전극의 가장자리 아래는 n형 반도체가 겹쳐져 있다. NMOS 트랜지스터는 게이트에 (+) 전압을 가해서 반도체의 표면에 전자를 유도하여 채널을 형성하는데 p형 반도체는 전자가 없으므로 전극의 가장자리 아래에 있는 소스와 드레인 영역의 n형 반도체로부터 전자를 끌어온다. 따라서 채널의 길이는 게이트 전극의 길이가 아닌 소스와 드레인 사이 p형 반도체의 거리가 되며 이 채널의 길이를 게이트 길이 L로 나타낸다. 게이트 폭 W는 채널의 횡 방향 너비로 나타내며 W가 클수록 전류가 흐르는 통로가 넓어지므로 W에 비례해서 전류가 증가한다.

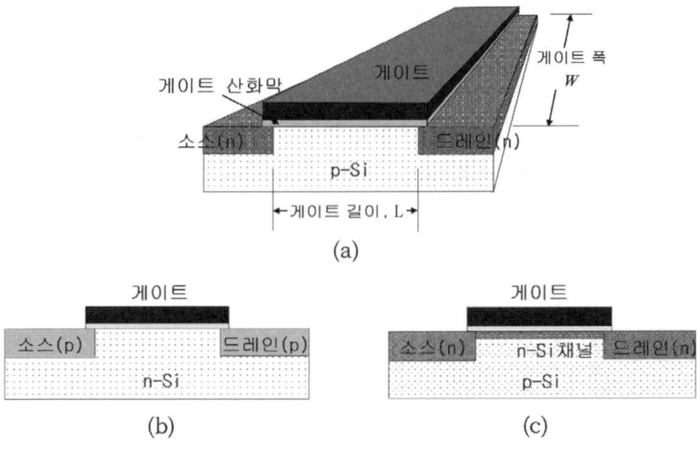

(그림 3.31) MOS 트랜지스터의 구조. NMOS 트랜지스터(a)와 PMOS 트랜지스터(b), 공핍형 NMOS 트랜지스터(c)

NMOS 트랜지스터와 달리 PMOS 트랜지스터는 게이트에 (-)전압을 가해 홀이 유도되어 캐리어가 홀인 채널이 형성된다. PMOS 트랜지스터는 (b)와 같이 소스와 드레인 영역이 p형 반도체, 그 외의 영역은 n형 반도체로 되어있다. MOS 트랜지스터는 또 (c)와 같이 도핑된 채널을 가져 전압을 가하지 않아도 채널에 캐리어가 있는 공핍형 MOS 트랜지스터(depletion MOSFET, D-MOSFET)와 전압을 인가하여야만 채널이 형성되는 증가형의

MOS 트랜지스터(enhancement MOSFET, E-MOSFET)로 나누기도 한다. 위에서 나타낸 것처럼 p형 반도체 기판을 이용한 NMOS 트랜지스터와 n형 반도체 기판을 이용한 PMOS 트랜지스터는 각각 (+)전압과 (-)전압을 인가해야 채널이 형성되어 전류가 흐를 수 있으므로 증가형 MOS 트랜지스터이다.

공핍형 NMOS 트랜지스터는 (그림)과 같이 이온주입(ion implantation)이나 확산공정 등을 이용하여 p형 반도체 기판 위에 얕은 n형의 도전층을 형성하여 제작한다. 소스와 드레인 사이에 도전층이 형성되어 있으면 게이트에 전압을 가하지 않아도 도전층의 채널을 통해 전류가 흐를 수 있다.

MOS 트랜지스터는 소스와 게이트, 드레인의 세 전극 이외에도 기판에 전압을 가하면 게이트와 기판 사이의 전계가 달라진다. 기판 전압의 전계효과는 게이트의 전계효과보다 크지 않지만 기판 전압에 따라 채널 형성 조건이 달라지고 트랜지스터의 특성도 달라지기 때문에 소스와 드레인, 게이트 전극과 함께 기판의 전극을 바디(body) 전극으로 나타낸다. MOS 트랜지스터는 이처럼 소스와 드레인, 게이트, 바디의 네 전극을 가지며 이들 전극과 트랜지스터의 구조를 상징하여 (그림 3.32)와 같은 회로 기호로 나타낸다.

(그림 3.32) (a)는 NMOS 트랜지스터의 기호로 위에서 아래를 향하는 전류의 흐름에 맞추어 위에 드레인, 아래에는 소스가 있다. 바디 전극의 화살표 방향은 p형 반도체를 나타낸다. (a)에 나타낸 트랜지스터의 네 단자 중 기판 단자는 기판 전압을 고정하거나 특정한 전위가 되도록 하며 보통 소스 전압과 같은 크기의 전압을 단자에 가한다. 이 경우 기판 전압은 트랜지스터의 동작 특성에 영향을 주지 않으므로 굳이 표시하지 않고 (b) ~ (d)와 같이 소스와 게이트 드레인 세 개의 단자로 트랜지스터를 나타낸다.

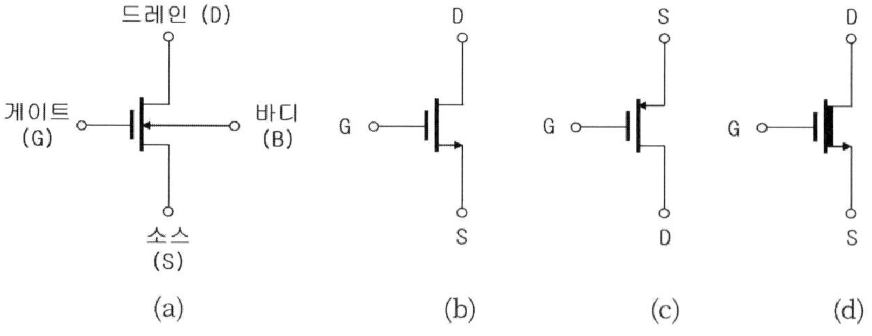

(그림 3.32) MOS 트랜지스터 심볼(a), NMOS 트랜지스터(b), PMOS 트랜지스터(c), 증가형 NMOS 트랜지스터(d)

트랜지스터의 세 개 단자 중 화살표의 촉이 있는 곳은 소스이며 촉의 방향은 전류가 흐르는 방향 (또는 pn 접합의 방향)이다. (c)는 PMOS 트랜지스터로 전류가 위에서 아래를 향하도록 NMOS 트랜지스터와 반대로 소스가 위에, 드레인이 아래에 놓여있다. 공핍형 MOS 트랜지스터는 (d)와 같이 소스와 드레인 사이 도핑된 채널을 굵은 선으로 표시하여 구분한다.

3.4.2 NMOS 채널의 형성

NMOS 트랜지스터에서 게이트와 드레인 전압에 따라 채널이 형성되는 과정은 (그림 3.33)과 같다.

게이트 아래의 소스와 드레인 사이에 있는 p형 반도체는 절연막과 접촉되어 있으므로 게이트에 전압을 가하지 않으면 (a)와 같이 채널이 형성되지 않는다. 게이트에 (+) 전압을 가하면 절연층에 접촉된 p형 반도체의 표면에 음의 전하인 전자가 유도되어야 한다. 그러나 p형 반도체에는 자유로운 전자가 없고 홀이 있으므로 표면 가까이에 있는 홀을 밀어내 표면 가까이 전하가 공핍되게 한다. 이때 (+) 전압이 크지 않으면 p형 반도체의 표면은 (b)와 같이 공핍되어 있을 뿐 전자가 없으나 더 높은 (+) 전압을 가하면 MOS 구조를 이루고 있는 소스와 드레인의 n형 영역으로부터 전자가 유도되어 표면에 늘어선다.

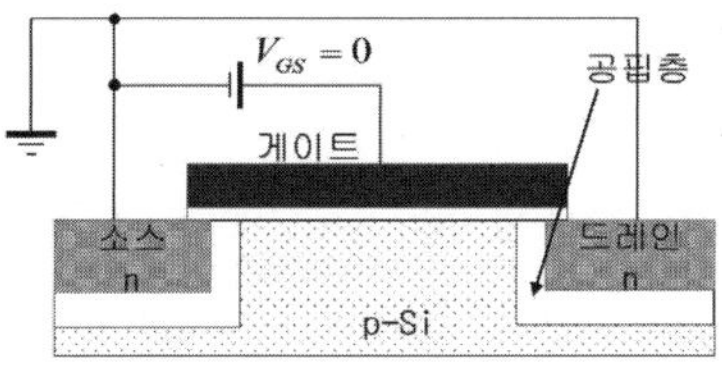

(a)

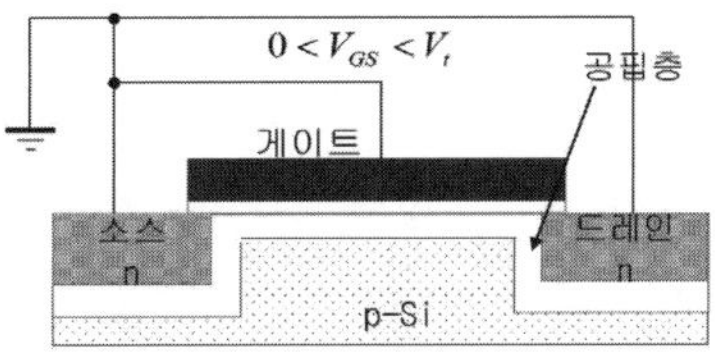

(b)

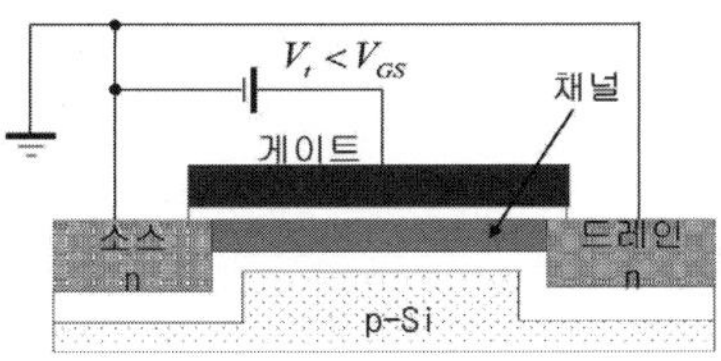

(c)

(그림 3.33) NMOS 트랜지스터의 게이트 전압에 따른 채널의 형성

(c)는 충분한 게이트 전압으로 표면에 전자층이 형성된 것을 나타낸 것이다. 홀이 있던 p형 반도체 표면의 전하는 게이트의 전계로 전자가 유도되어 반전되는데 유도된 전자들로 이루어진 이 표면층을 표면반전층(surface inversion layer)이라 한다. 표면반전층의 전자들은 움직임이 자유로워 전류가 흐를 수 있는 채널을 만든다.

MOS 트랜지스터가 동작하기 위해서는 게이트 전압이 필요하며 이처럼 전류가 흐를 수 있는 채널층을 만드는데 필요한 최소의 게이트 전압을 임계전압(threshold voltage, V_t), 또는 문턱전압이라 한다. MOS 트랜지스터의 소스와 드레인에 전압이 걸려 있을 때 게이트에 문턱전압보다 낮은 전압을 가하면 채널이 형성되지 않아 전류가 흐르지 않으며 문턱전압보다 높은 전압을 가해야 채널이 형성되어 전류가 흐를 수 있다. 또 게이트에 가한 전압이 높을수록 채널의 캐리어가 많이 유도되어 같은 드레인-소스 전압에서 더 큰 전류가 흐른다.

3.4.3 NMOS 트랜지스터의 동작

(1) 동작 영역의 구분

MOS 트랜지스터는 소스와 드레인, 게이트에 가한 전압에 따라 채널의 형상이 달라져 전류가 흐르지 않거나 흐르기도 하고, 드레인-소스 전압에 따라 드레인 전류가 증가하거나 포화하기도 한다. MOS 트랜지스터의 이러한 동작은 차단(cut-off), 트라이오드(triode), 포화(saturation)상태로 나타내고 각각의 동작을 나타내는 게이트-소스 전압과 게이트-드레인 전압의 범위를 차단영역, 트라이오드영역, 포화영역으로 구분한다.

NMOS 트랜지스터는 보통 소스를 기준으로 하여 전극에 전압을 가하는데 게이트-소스 사이의 전압(V_{GS})이 문턱전압보다 낮으면 (그림 3.33) (b)와 같이 채널이 형성되지 않아 드레인-소스 사이에 전압(V_{DS})을 가해도 전류가 흐르지 않는 차단상태가 된다. 차단영역은 게이트-소스 전압이 문턱전압보다 낮은 영역으로 드레인-소스 전압의 크기와 관계없이 드레인 전류(i_D)가 흐르지 못한다.

$$i_D = 0 \qquad V_{GS} < V_t$$

게이트에 문턱전압보다 높은 전압을 가하면 (그림 3.33)의 (c)와 같이 채널이 형성된다. 이때 드레인과 소스 사이에 전압을 가하면 전위차로 인해 드레인에 전류가 흐르며 드레인 전압에 따라 (그림 3.34) (b)와 같이 채널의 형상이 달라진다. 소스 전압이 기준이기 때문에 게이트와 소스 사이의 전압은 드레인 전압이 증가해도 변화가 없으나 게이트와 드레인 사이의 전압(V_{GD})은 차이가 줄어 전계가 약해지며 드레인 쪽 채널의 전하량도 감소한다. 드레인 전압이 높아지면 전류가 계속 증가하지만 드레인 쪽 채널의 저항이 커져 전류가 증가하는 비율이 점차 감소한다. 드레인 전압에 따른 전류의 증가는 게이트-드레인 사이의 전압이 문턱전압에 이를 때까지 계속되는데 이처럼 드레인 전류가 게이트와 소스, 드레인과 소스의 세 전극 사이의 전압에 의해 달라지는 영역을 트라이오드영역이라고 한다.

$$i_D \propto V_{GS}, V_{DS} \qquad \begin{cases} V_{GS} > V_t \\ V_{GD} > V_t \end{cases}$$

드레인 전압이 더욱 증가하여 게이트와 드레인의 전압 차이가 문턱전압과 같아 $V_{GD} = V_t$가 되면 (c)와 같이 드레인 가장자리에서 캐리어가 공핍되어 채널이 끊어지고 드레인 전류는 더 증가하지 않아 포화상태가 되며 드레인 전압을 더 높여도 전류가 증가하지 않는다.

$$i_D = constant \qquad \begin{cases} V_{GS} > V_t \\ V_{GD} < V_t \end{cases}$$

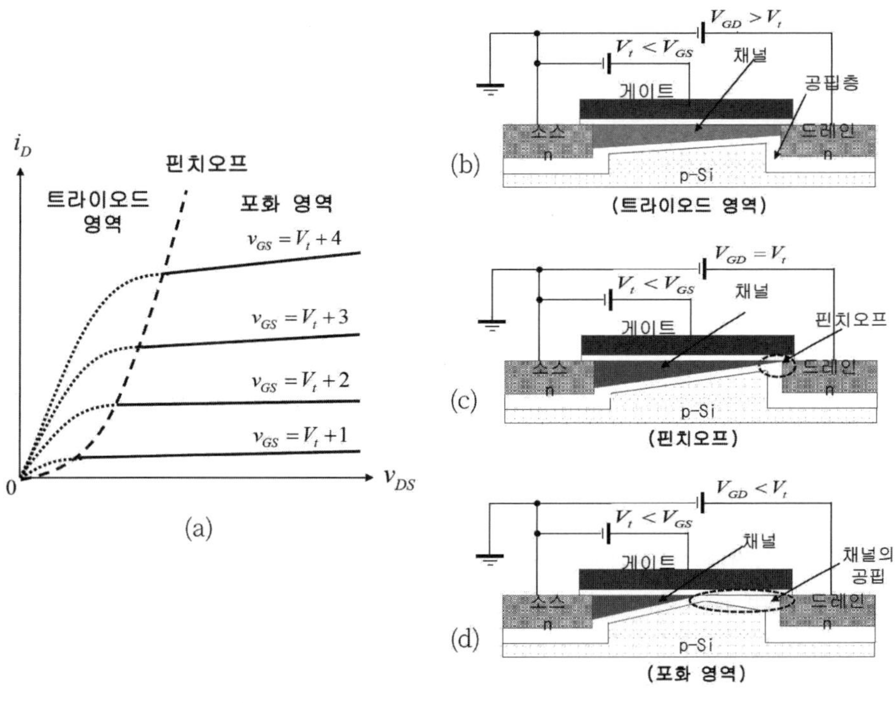

(그림 3.34) 드레인 전압에 따른 전류(a)와 채널 형상의 변화 (b) $V_{GD} > V_t$, (c) $V_{GD} = V_t$, (d) $V_{GD} < V_t$

이처럼 드레인 쪽의 채널이 없어지는 것을 채널이 핀치오프(pinch off) 되었다고 하고 채널의 핀치오프로 인해 전류가 포화되기 시작할 때의 드레인 전압을 포화드레인 전압(drain saturation voltage), 이렇게 동작하는 영역을 포화영역이라고 한다.

포화영역에 이르면 드레인 전압에 따라 전류가 포화되어 더 증가하지 않아야 한다. 그러나 채널이 핀치오프된 상태에서 드레인 전압을 더 높이면 (d)와 같이 캐리어가 공핍된 영역이 소스 쪽으로 확장되며 유효한 채널의 길이가 줄어 드레인 전류가 조금씩 증가한다.

차단상태와 다른 동작은 게이트-소스 전압이 문턱전압보다 낮은지 높은지로 구분하며, 트라이오드영역과 포화영역은 게이트-드레인 전압이 문턱전압보다 높은지 또는 낮은지에 의해 구분할 수 있다.

(예제 3.10) 문턱전압이 1 V인 NMOS 트랜지스터가 있다. 이 트랜지스터의 소스와 게이트가 함께 묶여있고 게이트-소스에 5 V, 드레인-소스에 3 V가 인가되었다면 이 트랜지스터는 어떤 상태로 동작하는가?

트랜지스터 단자 사이의 전압과 문턱전압($V_t = 1\ V$)을 비교하면

$$V_{GS} = 5\ V > V_t$$

$$V_{GD} = V_{GS} - V_{DS} = 5 - 3 = 2\ V > V_t$$

소스 쪽에 채널이 형성되고 드레인 쪽도 채널이 형성되므로 트랜지스터는 트라이오드 상태로 동작한다.

---

(2) 전류-전압 관계식

트랜지스터가 동작하는 영역은 위와 같이 게이트와 소스, 드레인의 전압에 따라 차단영역과 트라이오드영역, 포화영역으로 구분되며 전하분포를 이용하면 각 영역에서 전류와 전압의 관계를 나타낼 수 있다.

채널이 형성되었을 때 드레인 전압을 가하면 전류가 흐르는데 게이트는 도체인 금속으로 되어있어 게이트 전체에 걸쳐 전압이 같지만 드레인과 소스 사이의 반도체 채널에서는 전압 강하가 있으므로 게이트와 반도체 사이의 전계가 소스 가까이에서 가장 크고 드레인 쪽에서

가장 약하다. 게이트에 전압을 가하여 기판 표면에 유도되는 전하는 게이트와 기판 사이의 용량과 전압에 비례하므로 전압이 높아지면 캐리어 수도 증가한다. 따라서 채널의 전하량도 형성된 전계에 비례하여 (그림 3.35)와 같이 분포한다.

전류는 전계에 의한 전하의 흐름과 같으므로 전계에 따른 전하의 분포를 이용하면 드레인 전류를 얻을 수 있다.

드레인 전압이 인가되면 채널의 길이 방향 위치에 따라 전압이 다르므로 위치에 따라 게이트와 채널 사이의 전계가 다르다. 이 경우 (그림)과 같이 길이 방향인 x축으로 채널을 미소한 영역으로 구분하면 소스와 드레인 사이의 구분된 영역에서 유도되는 전하를 거리에 따른 미분 값으로 나타낼 수 있다.

$$dq = -C_{ox}(v_{GS} - v(x) - V_t)Wdx$$

$$\frac{dq}{dx} = -C_{ox}W(v_{GS} - v(x) - V_t)$$

드레인 전류는 채널로 주입된 전자가 드레인에 도달하는 전하의 흐름이므로 전류의 크기는 채널의 한 단면을 지나는 단위시간 당 전하량과 같다. 전하의 속도를 v_e라 하면 전류는 전하량의 거리에 따른 변화와 전하속도와의 곱으로 나타낼 수 있다.

$$i = \frac{dq}{dt} = \frac{dq}{dx}\frac{dx}{dt} = \frac{dq}{dx}v_e$$

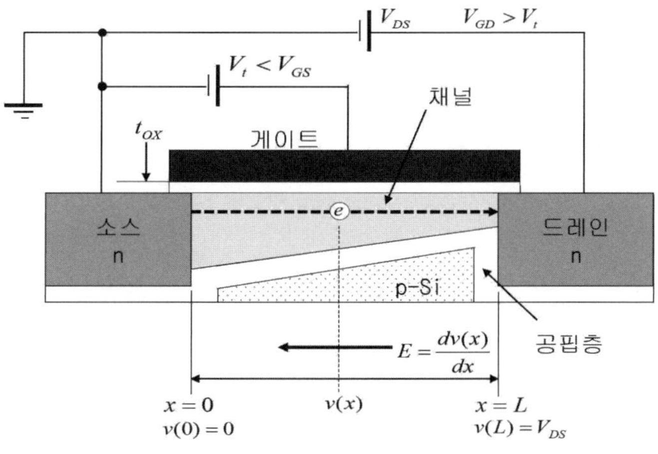

(그림 3.35) 게이트와 드레인 전압이 인가된 NMOS 트랜지스터의 채널 구조

전하의 움직임은 전계에 따르므로 전계를 미세한 구간으로 나누어 표시하면,

$$E(x) = -\frac{dv(x)}{dx}$$

전하의 속도는 전계강도에 비례한다.

$$v_e = \frac{dx}{dt} = -\mu E = \mu\frac{dv(x)}{dx}$$

속도를 전류의 식에 대입하여 전류를 표시하면 dq가 게이트에 인가한 전압으로 유도된 전하량과 같으므로

$$i = \frac{dq}{dx}\mu\frac{dv(x)}{dx} = -\mu C_{ox}W(v_{GS} - v(x) - V_t)\frac{dv(x)}{dx}$$

캐리어가 전자이면 이동도는 μ_n 이고, 드레인 전류는 이 전류와 반대 방향으로 표시되므로 채널 전체에 대해 적분하면 드레인 전류는

$$i_D = \int_0^L (-i)dx = \int_0^{v_{DS}} \mu_n C_{ox}W(v_{GS} - v(x) - V_t)dv(x)$$

$$i_D = \mu_n C_{ox}\frac{W}{L}[(v_{GS} - V_t)v_{DS} - \frac{1}{2}v_{DS}^2]$$

이 식에서 전류는 드레인 전압에 비례해서 증가하는 성분과 제곱에 비례해서 감소하는 성분이 있다. 드레인 전압이 작을 때는 감소하는 성분의 크기가 작아 드레인 전압에 따라 전류가 거의 선형적으로 증가하며 드레인 전압이 증가함에 따라 감소하는 성분이 커져 드레인 전류가 증가하는 비율이 점차 줄어든다. 드레인 전압이 더욱 커져 게이트 전압과 드레인 전압의 차이 v_{GD}가 문턱전압과 같게 되면 드레인 쪽 게이트 가장자리에서 채널이 핀치오프된다. 이때부터는 드레인 전압이 증가해도 채널이 핀치오프 되어 전류가 일정한 포화상태로 동작하는데 이때 드레인 전류를 포화드레인전류(drain saturation current, I_{DSS})라 하며 다음과 같다.

$$i_D = I_{DSS} = \frac{1}{2}\mu_n C_{ox}\frac{W}{L}(v_{GS} - V_t)^2 \qquad \begin{cases} v_{GS} > V_t \\ v_{GD} \le V_t \end{cases}$$

위 식에서 $\mu_n C_{ox}$는 MOS 트랜지스터의 게이트 구조와 기판의 특성에 따라 트랜지스터를 제작하는 공정과정에서 정해지는 값이고 W/L은 게이트 폭과 길이의 비로 모양비(aspect ratio)라고 하며 트랜지스터를 설계할 때 정할 수 있다. 이들은 모두 드레인 전류와 게이트 전압의 비례관계를 나타내는 값으로 다음과 같이 트랜스컨덕턴스(transconductance) 파라미터 k_n으로 정해 나타낸다.

$$k_n = \mu_n C_{ox} \frac{W}{L}$$

또 포화드레인전류는 게이트-소스 전압이 문턱전압보다 클 때부터 흐르기 시작하고 게이트-소스 전압에서 문턱전압을 뺀 값에 비례하므로 이 전압 $v_{GS} - V_t$를 오버드라이브전압(overdrive voltage, V_{OV})이라고 한다.

$$V_{OV} = V_{GS} - V_t$$

드레인 전류는 오버드라이브전압을 이용하여 다음과 같이 간단히 나타낸다.

$$i_D = \frac{1}{2} k_n V_{OV}^2$$

(예제 3.11) W/L의 비가 10인 NMOS 트랜지스터에 게이트-소스 전압이 3 V, 드레인-소스 사이에는 5 V의 전압이 인가되었다. 트랜지스터는 어떤 상태로 동작하는가? 이 때 흐르는 드레인 전류는 얼마인가? 단, NMOS 트랜지스터의 $\mu_n = 400\, cm^2/\, V.s$, $C_{ox} = 5\, fF/\mu m^2$, 문턱전압은 1 V 이다.

NMOS 트랜지스터의 $V_{GS} = 3\ V$이고 문턱전압이 1 V이므로, $V_{GS} > V_t$ 이며 트랜지스터는 트라이오드, 또는 포화상태로 동작한다.

$$V_{GS} = 3\ V > V_t \quad \text{트라이오드 또는 포화상태}$$

트라이오드와 포화상태는 게이트와 드레인 사이의 전압을 이용하여 구분한다.

이 트랜지스터의 게이트와 드레인 사이 전압은

$$V_{GD} = V_{GS} - V_{DS} = 3 - 5 = -2\ V$$

이다. 이 전압은 문턱전압보다 작아 드레인 쪽에 채널이 형성되지 않으므로 트랜지스터는 포화상태에 있다.

$$V_{GD} = -2\ V < V_t \quad \text{포화상태}$$

포화상태의 드레인 전류 식으로부터

$$\begin{aligned} i_D &= \frac{1}{2}\mu_n C_{ox} \frac{W}{L} (V_{GS} - V_t)^2 \\ &= \frac{1}{2}(400 \times 10^8)(5 \times 10^{-15}) \frac{10}{1} (3-1)^2 = (1 \times 10^{-3})(4) = 4\ mA \end{aligned}$$

---

(3) 채널길이변조와 출력저항

앞의 드레인 전류-전압 특성에서 트랜지스터가 포화상태에 이를 때 드레인과 게이트 가장자리의 경계는 전하가 없는 핀치오프 상태가 되며 드레인 전류는 드레인 전압에 무관하게 일정한 것으로 간략히 나타냈다. 그러나 전압에 따른 채널의 변화를 자세히 보면 (그림 3.36)의 (a)와 같이 드레인 전압이 증가함에 따라 핀치오프되는 지점이 소스 쪽으로 이동하여 유효한 게이트 길이가 감소한다. 드레인 전류는 게이트 길이에 반비례하므로 채널이 핀치오프 되어 포화상태가 된 이후에도 (b)와 같이 드레인 전압에 따라 전류가 증가하며 이러한 현상을 채널길이변조(channel length modulation)라 한다.

드레인 전압에 따른 게이트 길이의 변화를 위의 식에 포함하면 포화영역에서 드레인 전류를 더 정확히 나타낼 수 있다.

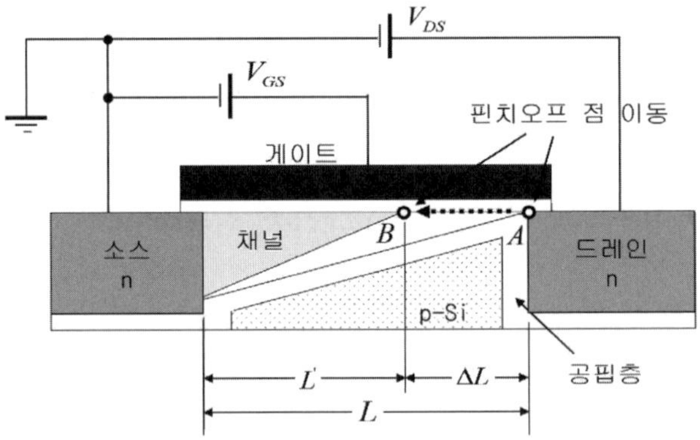

(a)

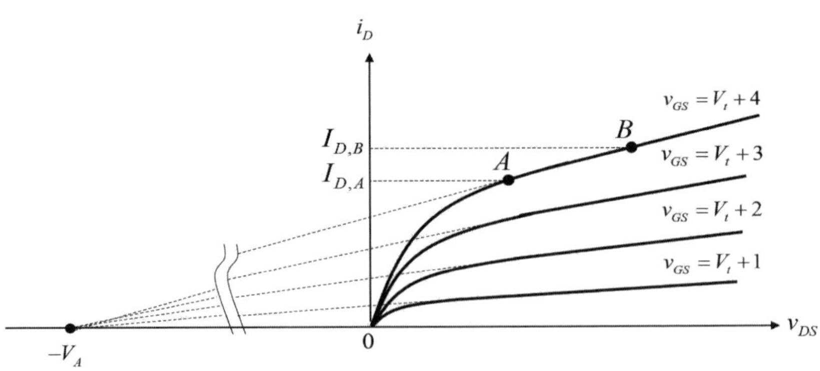

(b)

(그림 3.36) 드레인 전압에 따른 채널의 변화(a)와 드레인 전류-전압 특성(b)

드레인 전압의 증가로 인해 핀치오프 되는 점이 이동하여 변화된 유효한 채널의 길이를 $L^{'}$ 이라 하고 실제의 게이트 길이 L로부터 줄어든 길이를 $\triangle L$이라 하면, 소스와 드레인 사이의 전계가 전압에 비례하므로 포화영역 이후 게이트 길이의 감소분 $\triangle L$도 드레인 전압에 비례한다. 따라서 비례상수를 λ라고 하면 유효한 게이트 길이를 다음과 같이 드레인 전압으로 나타낼 수 있다.

$$L^{'} = L - \Delta L = L(1 - \lambda v_{DS})$$

이식을 이용하면 드레인 전류는 다음과 같다.

$$i_D = \frac{1}{2}\mu_n C_{ox}\frac{W}{L^{'}}(v_{GS} - V_t)^2 = \frac{1}{2}\mu_n C_{ox}\frac{W}{L(1 - \lambda v_{DS})}(v_{GS} - V_t)^2$$

λv_{DS}가 매우 작으면 $(1 \gg \lambda v_{DS})$

$$i_D = \frac{1}{2}\mu_n C_{ox}\frac{W}{L}(v_{GS} - V_t)^2(1 + \lambda v_{DS})$$

이 식은 드레인 전압에 의해 달라진 채널 길이를 고려한 것으로 드레인 전압에 따른 전류의 증가를 포함하며 채널길이변조가 고려되지 않는다면 드레인 전류는 일정하다.

이 식에서 드레인 전압이 $-1/\lambda$이면 드레인 전류가 0이 되는데 이 전압을 얼리전압(Ealrly voltage, V_A)이라고 한다. (그림 3.36) (b)는 유효채널을 고려한 드레인 전류-전압 특성이다. 드레인 전압이 오버드라이브전압과 같을 때(점 A) 채널이 드레인과 맞닿은 곳 A에서 핀치오프 되며 (b)의 $I_{D,A}$와 같은 드레인 전류를 나타낸다. 드레인 전압의 계속된 증가는 유효한 채널을 감소시켜 점 B에서는 드레인 전류가 $I_{D,B}$로 증가한다. 드레인 전류는 핀치오프 이후 드레인 전압에 따라 일정하게 증가하는데 전류를 그래프의 v_{DS} 축에 외삽하면 $-V_A$가 되어 얼리전압과 같다. 드레인 전류는 게이트 전압이 달라도 같은 $-V_A$로 외삽된다.

트랜지스터를 이용한 선형증폭기 회로는 보통 포화영역을 이용하는데 출력을 드레인과 소스 단자로부터 얻는다면 드레인 전류에 대한 드레인 전압의 증분 비는 출력저항과 같고 다음과 같이 얼리전압과 드레인 전류를 이용하여 나타낼 수 있다.

$$r_o = \frac{\Delta v_{DS}}{\Delta i_D} = \frac{1}{\lambda I_D} \approx \frac{V_A}{I_D}$$

일반적으로 MOS 트랜지스터의 얼리전압은 100 V 정도로 크다. 얼리전압이 100 V 일 때 드레인 전류가 $1\,mA$이면 출력저항 r_o은 $100\,k\Omega$의 큰 값이 된다. MOS 트랜지스터는 얼리전압이 높으면 높을수록 출력저항이 더 크고 선형적이다.

(예제 3.12) 앞의 (예제 3.11)에서 NMOS 트랜지스터의 λ가 0.01 일 때 얼리전압은 얼마인가? 또 출력저항 r_o을 구하시오.

얼리전압 V_A는 λ의 역수이므로

$$V_A = \frac{1}{\lambda} = \frac{1}{0.01} = 100\ V$$

출력저항은 얼리전압과 드레인 전류의 비로 근사된다.

$$r_o = \frac{V_A}{I_D} = \frac{100}{4m} = 25\,k\Omega$$

3.4.4 MOS 트랜지스터의 등가회로 모델

포화상태로 동작하는 MOS 트랜지스터는 게이트에 전류가 흐르지 않으므로 게이트와 소스의 두 단자 사이는 개방된 상태이며 드레인 전류는 게이트 전압으로 조절되는 종속전류원과 같다. 또 드레인과 소스 사이의 전압에 따라 전류가 증가하는 채널길이변조 현상은 드레인 소스 사이에 연결되는 저항 r_o로 나타낼 수 있다. MOS 트랜지스터는 이들 단자전압과 종속전원, 저항으로 표시된 등가회로로 나타낼 수 있으며 특히 직류성분을 포함하여 나타낸 등가회로를 MOS 트랜지스터의 대신호 등가회로 모델이라고 한다.

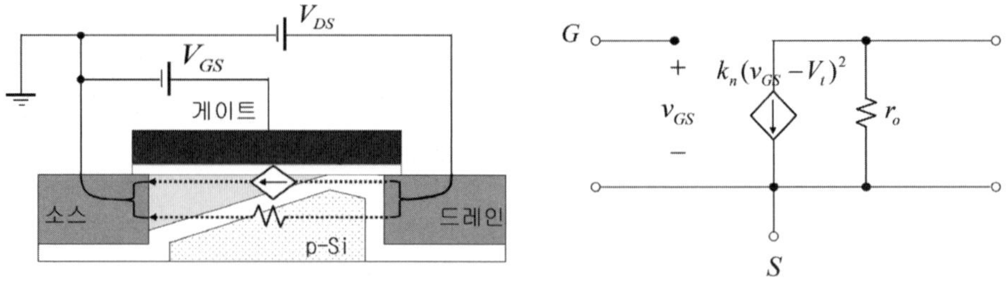

(a) (b)

(그림 3.37) NMOS 트랜지스터의 대신호 등가회로 모델

(그림 3.37) (a)는 NMOS 트랜지스터가 포화상태에 있을 때 인가된 전압과 채널의 형상을 나타낸 것이며 (b)는 대신호 등가회로 모델이다. 등가회로는 전류를 조절하는 조절원 v_{GS}와 종속전원 $k_n(v_{GS} - V_t)^2$을 포함한다.

3.4.5 PMOS 트랜지스터

n형 반도체 기판 위에 p형의 소스와 드레인을 형성하면 NMOS 트랜지스터와 달리 게이트에 (-) 전압을 가할 때 소스와 드레인에서 홀이 유도되어 게이트 아래에 채널을 만든다. 채널의 캐리어가 홀인 트랜지스터는 NMOS 트랜지스터와 반대로 게이트 전압을 소스 전압보다 낮게 인가하여 채널을 형성하며 드레인도 소스보다 낮은 전압으로 인가하여 동작시킨다. 따라서 홀이 소스에서 드레인으로 움직이며 전류도 소스에서 드레인으로 흐른다. 이처럼 NMOS 트랜지스터와 다르게 동작하는 홀을 채널 캐리어로 갖는 MOS 트랜지스터를 PMOS 트랜지스터라 한다.

NMOS와 PMOS 트랜지스터는 (표 3.2)와 같이 여러 가지 반대되는 특성을 갖는다. NMOS 트랜지스터는 채널에 전자를 유도하기 위하여 (+)의 전압을 가해야 하지만 PMOS 트랜지스터는 (-) 전압을 가해 홀을 유도하며 문턱전압이 (-) 전압이다. PMOS 트랜지스터는 캐리어가 홀이기 때문에 캐리어가 전자인 NMOS 트랜지스터와 음으로 대칭된 전류-전압 특성을 갖는다.

(표 3.2) NMOS 트랜지스터와 PMOS 트랜지스터의 상대적인 특성

특성 ＼ 트랜지스터	NMOS	PMOS
반도체 기판	p형 기판	n형 기판
소스, 드레인영역	n형	p형
게이트 전압	(+) 전압	(-) 전압
캐리어	전자	홀
문턱전압	(+)	(-)
전류 방향	드레인 → 소스	소스 → 드레인

(그림 3.38)은 PMOS 트랜지스터의 기호와 전류-전압 특성을 나타낸 것이다. PMOS 트랜지스터의 소스에서 드레인을 향하는 전류는 i_{SD}이며 유도된 채널에서 홀의 이동도가 μ_p 이므로, PMOS 트랜지스터의 전류는 다음과 같다.

$$i_{SD} = \frac{1}{2}\mu_p C_{ox}(\frac{W}{L})(v_{SG} - |V_t|)^2$$

반도체 기판에서 홀의 이동도 μ_p는 $470\,cm^2/Vs$ 정도로 $1400\,cm^2/Vs$인 전자의 이동도보다 작아 PMOS 트랜지스터는 NMOS 트랜지스터보다 동작 속도가 느리다. 또 PMOS 트랜지스터는 이동도 차이로 인해 같은 크기의 W/L을 갖는 NMOS 트랜지스터보다 전류가 작아 NMOS 트랜지스터와 같은 전류를 얻기 위해서는 W/L 비를 넓혀야 한다.

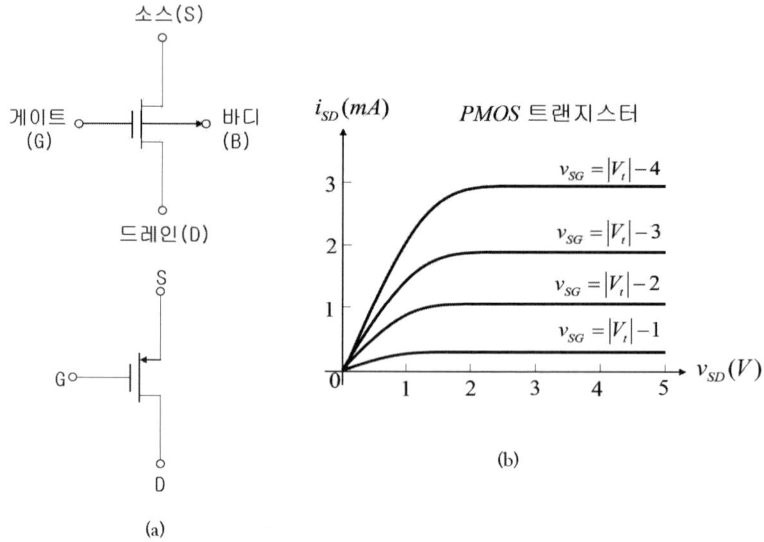

(그림 3.38) PMOS 트랜지스터의 기호(a)와 전류-전압 특성(b)

(문제 3.10) 홀의 이동도가 $400\,cm^2/Vs$, 게이트 산화막의 커패시턴스 $15\,fF/\mu m^2$,게이트 폭과 길이가 각각 $10\,\mu m$, $1\,\mu m$ 인 PMOS 트랜지스터의 문턱전압이 $-1\,V$이다. 게이트-소스 전압이 $-5\,V$, 드레인-소스 전압이 $-5\,V$로 인가되었을 때 소스-드레인 전극을 통해 흐르는 전류는 얼마인가?

3.4.6 CMOS

NMOS와 PMOS 트랜지스터는 문턱전압의 크기가 같아도 홀과 전자의 이동도 차이로 인해 모양과 크기가 같으면 NMOS 트랜지스터의 전류가 PMOS 트랜지스터의 전류보다 더 크다. 그러나 PMOS 트랜지스터의 W/L 비를 NMOS 보다 더 크게 하면 이동도 차이를 상쇄하여 같은 게이트 전압에서 드레인 전류의 크기를 갖게 할 수 있다. 이처럼 NMOS와 PMOS 트랜지스터의 전류-전압 특성을 크기가 같고 부호는 반대가 되도록 할 수 있는데 이 경우 두 트랜지스터가 매칭(matching)되었다고 한다. NMOS와 PMOS 트랜지스터가 매칭되기 위한 W/L의 비는 다음과 같다.

$$\mu_n C_{ox}\left(\frac{W}{L}\right)_n = \mu_p C_{ox}\left(\frac{W}{L}\right)_p$$

$$\frac{(W/L)_n}{(W/L)_p} = \frac{\mu_p}{\mu_n}$$

NMOS 트랜지스터와 PMOS 트랜지스터는 특성이 상대적이어서 매칭된 두 트랜지스터를 이용하면 여러 가지 장점을 갖는 회로를 구성할 수 있다. (그림 3.39)는 매칭된 PMOS와 NMOS 두 트랜지스터의 게이트를 묶어 입력으로 이용하고 드레인을 함께 연결하여 출력되도록 한 회로로 상보형 MOS(complementary MOS, CMOS) 트랜지스터라고 한다. 이 회로는 입력과 반대의 출력을 나타내는 인버터로 동작하며 입력과 출력특성이 대칭적이어서 잡음에 대한 여유가 높아 논리게이트회로의 구성에 적합하다.

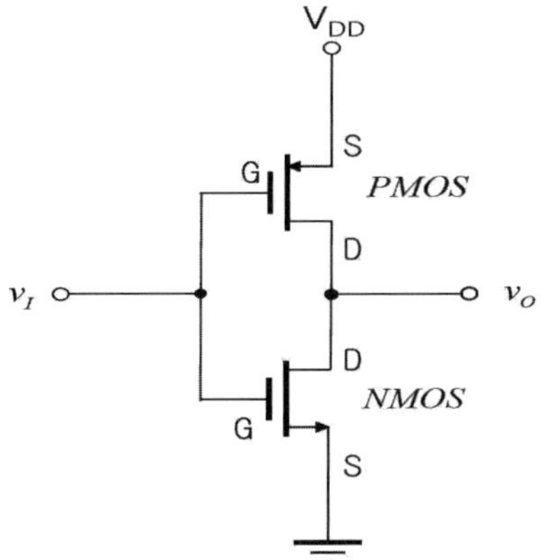

(그림 3.39) CMOS 트랜지스터 회로

CMOS는 입력된 게이트 전압에 따라 두 트랜지스터 중 하나만 턴온되기 때문에 정상상태에서는 전원과 접지가 연결되지 않으므로 전력의 소모가 없으며 입력이 변하여 출력이 달라지는 스위칭하는 동안에만 전력이 소모된다.

NMOS와 PMOS 트랜지스터는 반도체 기판에 함께 집적할 수 있으므로 매칭된 트랜지스터로 만들기 쉬우며 거의 이상적인 CMOS 특성을 가질 수 있어 논리게이트 회로와 스위칭 회로 등에 널리 이용된다.

(예제 3.13) 매칭된 NMOS 트랜지스터와 PMOS 트랜지스터가 있다. NMOS 트랜지스터의 전자이동도는 $1200\,cm^2/V.s$, PMOS 트랜지스터의 홀이동도는 $400\,cm^2/V.s$ 이고 두 트랜지스터의 게이트 길이는 $1\,\mu m$로 같다. NMOS 트랜지스터의 모양비 W/L이 10이면 PMOS 트랜지스터의 게이트 폭은 얼마인가?

위 식에서 모양비와 이동도의 비가 같으므로

$$\frac{(W/L)_n}{(W/L)_p} = \frac{10}{W/1} = \frac{400}{1200} = \frac{1}{3}$$

따라서

$$W = 30\,\mu m$$

3.4.7 MOS 트랜지스터의 항복

MOS 트랜지스터의 각 단자에 지나치게 많은 전압을 가하면 정상상태를 벗어나 큰 전류가 흐르거나 트랜지스터가 손상될 수 있다. 이러한 현상을 트랜지스터의 항복 (breakdown)이라 하며 MOS 트랜지스터에는 다음의 세 종류의 항복 현상이 있다.

1) 사태항복 (Avalanche breakdown)

드레인과 소스 사이에 전압이 증가하면 전계가 커지고 캐리어인 전자의 속도도 전계에 따라 증가하며 이동하는 동안 전자의 에너지가 커진다. 전자의 에너지가 충돌이온화(impact ionization)를 일으킬 만큼 증가하면 (그림 3.40) (a)와 같이 격자의 원자와 전자가 충돌하여 새로운 전자가 발생하며 이 전자는 이동하면서 에너지를 얻어 충돌이온화로 또 다른 전자를 생성한다. 이러한 전자의 생성과정이 되풀이되면 전자의 수가 기하급수적으로 증가하는 사태(avalanche)가 일어나며 이와 같은 사태의 현상으로 캐리어가 많아져 전류가 급격히 증가하고 큰 전류에 의해 트랜지스터가 손상된다. 사태항복은 전류가 매우 크고 제어할 수 없어 트랜지스터에 회복할 수 없는 손상을 가져온다.

2) 펀치스루 (Punch through)

드레인 전압의 증가로 채널이 핀치오프되면 드레인 가까운 곳의 채널이 공핍되는데 전압이 더 증가하면 공핍층이 소스 쪽으로 확장된다. (b)와 같이 유효한 채널이 없어질 정도로 전압이 증가하면 소스와 드레인이 맞닿은 것처럼 전류가 급격히 증가하는 항복현상이 나타난다. 펀치스루(punch through)는 이처럼 높은 드레인 전압에서 소스와 드레인이 공핍층을 두고 맞닿아 강한 전계에 의해 캐리어가 소스에서 드레인으로 터널링으로 이동하여 전류가 급격히 증가하는 현상이다. 채널이 짧은 MOS 트랜지스터는 상대적으로 낮은 20 V 이하의 드레인 전압에서도 펀치스루가 일어난다.

3) 게이트산화막 항복(Gate oxide breakdown)

MOS 트랜지스터에서는 커패시터와 같이 전계효과로 전하가 유도되어 채널이 형성된다. 이와 같은 구조에서 인가된 전압으로 게이트와 드레인, 또는 게이트와 소스 사이에 있는 산화막의 절연이 파괴되면 (c)와 같이 게이트 전극이 소스, 또는 드레인과 단락되어 전류가 급격히 증가하게 된다. 게이트산화막의 손상에 의한 항복이 일어나면 게이트는 채널을 형성할 수 없어 트랜지스터의 특성이 회복되지 않는다.

보통의 SiO_2 박막은 견딜 수 있는 전계의 강도가 ≒수 MV/cm이므로 100 nm의 게이트 산화막은 수십 V의 항복전압을 갖는다. MOS 트랜지스터의 게이트에 인가되는 전압은 수 V 이내로 높지 않으나 생활 환경에서 마찰 등으로 쉽게 발생하는 정전기는 수천 V에 이르는 높은 전위를 갖기 때문에 이러한 정전기의 전하들이 게이트에 유입되면 산화막의 절연이 파괴될 수 있다. 따라서 트랜지스터를 보호하기 위해 정전기가 유입되지 않도록 높은 전위를 갖는 전하를 방전시킬 필요가 있으며 이를 정전기 방전(electro static discharge, ESD)이라 한다.

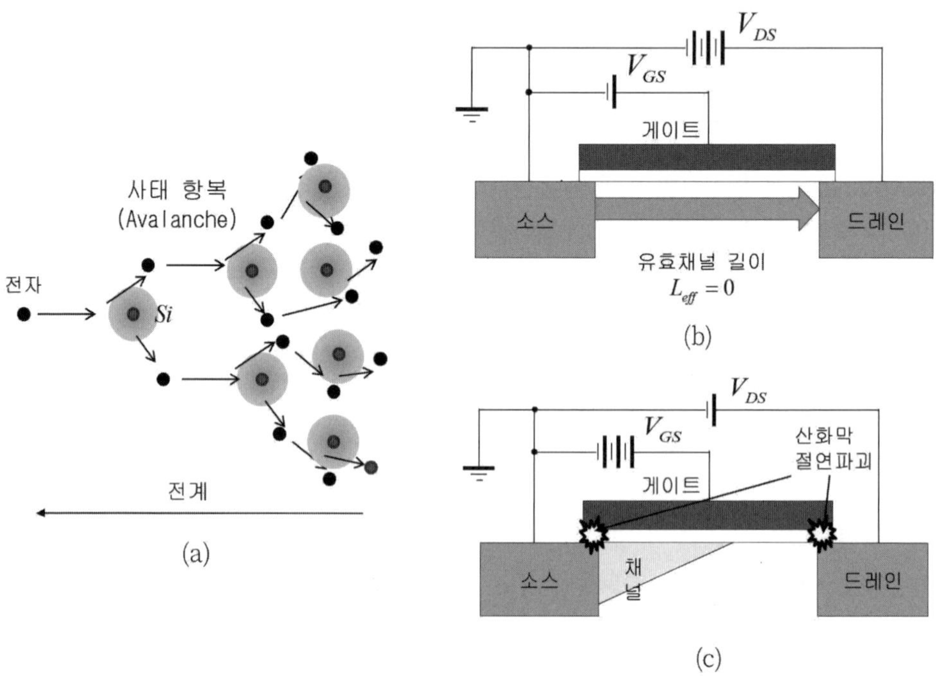

(그림 3.40) MOS 트랜지스터의 항복. (a) 사태항복, (b) 펀치스루,
(c) 게이트 산화막 항복

3.4.8 MOS 트랜지스터 회로의 해석

(1) MOS 트랜지스터 회로의 부하선과 동작점

MOS 트랜지스터에서 게이트 전압을 문턱전압보다 높게 인가하면 채널이 형성되어 트랜지스터는 드레인-소스 전압과 게이트-소스 전압에 따라 트라이오드나 포화상태로 동작하며 전류가 흐른다.

(그림 3.41)과 같이 드레인이 저항을 통해 전원에 연결되어 회로가 구성되면 다른 부하가 없으므로 드레인 저항은 부하와 같이 작용한다. 트랜지스터 회로가 동작하여 전류가 흐르면 출력전압인 드레인 전압은 전원 전압으로부터 저항의 전압을 차감하여 나타낼 수 있다.

$$v_O = v_{DS} = V_{DD} - i_D R_D$$

저항의 전류와 드레인 전류가 같으므로 이 식을 드레인 전류와 전압의 관계로 나타내면

$$i_D = i_R = \frac{V_{DD}}{R_D} - \frac{1}{R_D} v_{DS}$$

드레인 전류는 드레인-소스 전압에 따라 $-1/R_D$의 기울기를 갖는 직선상에 있으며 트랜지스터는 드레인 전류-전압 특성과 이 직선이 만나는 점에서 동작한다. 이 직선의 기울기는 부하로 이용되는 저항값에 의해 정해지기 때문에 부하선(load line)이라고 하며 회로의 동작 범위와 출력특성을 나타낼 때 이용한다.

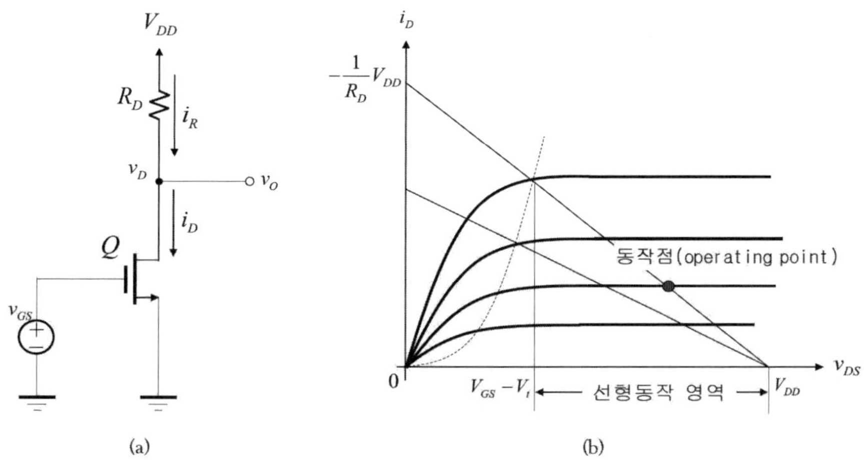

(그림 3.41) MOS 트랜지스터 회로(a)의 부하선과 동작점(b)

(a)의 트랜지스터 회로는 게이트-소스 전압이 변하지 않으면 일정한 전류가 흐르고 같은 동작 상태를 유지한다. 이처럼 트랜지스터 회로에 적당한 dc전압을 가하면 각 단자의 전압과 전류가 정해진 상태를 유지하며 동작하므로 게이트-소스 전압과 드레인 전류, 드레인 전압이 고정되어 있다. 따라서 트랜지스터가 동작하는 상태는 전류-전압 특성에서 고정된 점으로 나타내며 이 점을 동작점(operating point)이라고 한다.

트랜지스터 회로에서 출력을 나타내는 전류-전압 특성의 그래프가 있으면 부하선을 설정하여 동작점을 찾을 수 있고 회로의 각 접점의 전압과 연결선을 흐르는 전류를 알 수 있다. 그러나 특성 그래프가 없을 경우가 많으며 이때 회로의 전압과 전류를 알기 위해서는 트랜지스터가 갖는 특성 파라미터를 이용하여 해석해야 한다.

(예제 3.14) (그림 3.41)(a)의 회로에서 $V_{DD}=10\ V$, $V_{GS}=3\ V$이다. 트랜지스터의 문턱전압이 $1\ V$이고 트랜지스터가 포화상태에서 동작하며 드레인 전류가 $1\,mA$ 이면 드레인 저항 R_D의 가장 큰 값은 얼마인가?

드레인 전압은 저항이 가장 큰 값을 가질 때 가장 낮다. 게이트-드레인 전압이 문턱전압과 같을 때 포화상태에 들어가므로 포화상태를 나타내는 최소의 드레인 전압은

$$V_{DS}=V_{GS}-V_t=3-1=2\ V$$

위 식에서

$$R_D=\frac{V_{DD}-V_{DS}}{I_D}=\frac{10-2}{1m}=5\,k\Omega$$

---

(2) 트랜지스터 회로의 직류 해석

트랜지스터 회로의 해석은 전압이 인가되었을 때 각 접점의 전압과 지로의 전류를 구하는 과정이다. 트랜지스터는 소스와 게이트, 드레인 전압에 따라 차단과 트라이오드, 포화영역에서 동작하므로 이 세 가지 동작 상태 중 하나를 가정하면 트랜지스터의 전압-전류 관계식들로부터 각 접점의 전압과 전류를 계산할 수 있다. 이렇게 계산된 접점의 전압과 지로의 전류는 트랜지스터의 동작 영역을 가정하여 얻은 것이기 때문에 트랜지스터가 가정한 동작 영역에 있는지 확인하여야 한다. 트랜지스터가 다른 동작 영역에 있으면 잘 못 해석된 것이므로 동작 영역을 다시 가정하여 해석해야 한다.

(예제 3.15) (그림)의 NMOS 트랜지스터 회로에 이용된 트랜지스터의 문턱전압은 $1\ V$이고, 트랜스컨덕턴스 파라미터 k_n 은 $2\,mA/V^2$이다. $\lambda = 0$일 때 트랜지스터의 드레인 전류와 각 단자의 전압을 구하시오.

트랜지스터의 동작 상태가 나타나 있지 않으므로 먼저 인가된 전압과 부품의 연결 상태로부터 트랜지스터의 동작과 관계없이 정해지는 접점의 전압을 찾는다.

게이트에 전류가 흐르지 않으므로 $8\ V$ 전압은 $5\,M\Omega$의 두 저항에 분배된다.

$$V_G = 8 \times \frac{5M}{5M + 5M} = 4\ V$$

이때 드레인 전류 I_D가 흐르면 $4\,k\Omega$과 $1\,k\Omega$ 저항이 전압강하를 나타내므로 드레인 전압과 소스 전압은 다음과 같다

$$V_D = 15 - 4kI_D$$

$$V_S = 0 + 1kI_D$$

트랜지스터가 포화영역에서 동작한다고 가정하면 게이트 전압과 소스 전압을 이용하여 드레인 전류를 다음과 같이 나타낼 수 있다.

$$I_D = \frac{1}{2}k_n(V_{GS} - V_t)^2 = \frac{1}{2}(2m)(4 - 1kI_D - 1)^2$$

드레인 전류에 대한 이차방정식으로 나타내면

$$(1kI_D)^2 - 7kI_D + 9 = 0$$

이 방정식은 드레인 전류로 $5.3\,mA$ 와 $1.7\,mA$의 두 해를 갖는다. 그러나 드레인 전류가 $5.3\,mA$일 때 드레인 전압은 다음과 같이 (-)값을 가지므로 $5.3\,mA$는 실제의 드레인 전류로 타당하지 않다.

$$V_D = 15 - (5.3m)(4k) = -6.2\ V$$

드레인 전류가 $1.7\,mA$일 때 드레인 전압과 소스 전압은 다음과 같다.

$$V_D = 15 - (1.7m)(4k) = 8.2\ V$$

$$V_S = (1.7m)(1k) = 1.7\ V$$

게이트와 소스, 게이트와 드레인 사이의 전압을 문턱전압과 비교하면 트랜지스터의 동작 상태를 확인할 수 있다.

$$V_{GS} = 4 - 1.7 = 2.3\ V$$

$$V_{GD} = 4 - 8.2 = -4.2\ V$$

$V_{GS} > V_t$, $V_{GD} < V_t$ 이므로 트랜지스터는 포화영역에서 동작한다. 포화상태의 동작은 가정한 동작 상태와 같으므로 위의 계산은 타당하며 게이트와 소스, 드레인의 전압과 전류는 다음과 같이 나타낼 수 있다.

$$V_G = 4\,V,\ \ V_S = 1.7\,V,\ \ V_D = 8.2\ V$$

$$I_D = 1.7\,mA$$

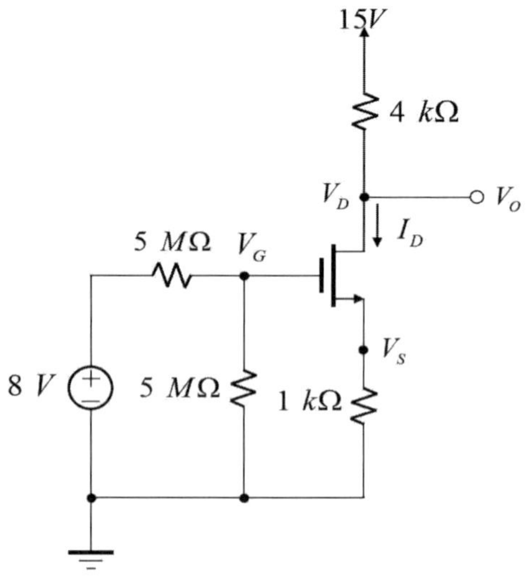

(예제 3.15 그림) NMOS 트랜지스터 회로

회로의 동작 상태가 나타나 있지 않으면 (예제 3.15)와 같이 먼저 동작하는 상태를 가정하여야 한다. 증폭기 회로의 트랜지스터는 포화상태에서 동작해야 하므로 넓은 범위에서 동작하도록 드레인 전압이 전원 전압이나, 게이트 전압의 하나에 치우쳐 있지 않아야 한다.

다음 예제의 회로는 게이트가 접지되어 있고 두 개의 전원이 각각 드레인과 소스에 저항을 통해 연결된 회로이다.

(예제 3.16) 아래 회로는 $\mu_n = 400\,cm^2/\,V.s,\ C_{ox} = 10\,fF/\mu m^2,\ \ V_t = 1\,V$의 특성을 갖는 NMOS 트랜지스터로 구성되어 있다. $W = 5\,\mu m, L = 1\,\mu m$일 때 $\lambda = 0$으로 가정하고 회로를 해석하시오.

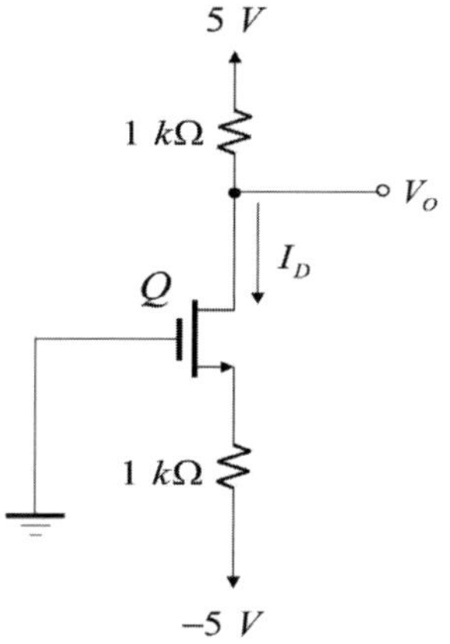

(예제 3.16 그림) NMOS 트랜지스터 회로

먼저 주어진 값을 확인하고 트랜지스터의 동작 영역을 가정한다. (그림)의 회로에서 게이트가 접지되어 있으므로 $V_G = 0\ V$이다. 드레인 전류 I_D가 저항을 통해 흘러 전압강하가 있으므로 드레인과 소스의 전압은 각각 다음과 같다.

$$V_D = 5 - 1kI_D$$

$$V_S = -5 + 1kI_D$$

트랜지스터가 포화영역에 있다고 가정하면

$$I_D = \frac{1}{2}(400)(10f \times 10^8)\left(\frac{5}{1}\right)(5 - 1kI_D - 1)^2 = (1m)(4 - 1kI_D)^2$$

식을 정리하면 다음 방정식을 얻는다.

$$(1kI_D)^2 - 9kI_D + 16 = 0$$

방정식의 해를 구하면 I_D는 $6.56\,mA$와 $2.44\,mA$의 두 값을 갖는다. 이를 이용하여 소스 전압을 구하면 $-2.56\ V$와 $1.56\ V$가 되는데 $1.56\ V$일 경우 $V_{GS} = -1.56\ V$이며 문턱전압보다 낮아 트랜지스터가 차단영역에 있어 가정한 회로의 동작 영역과 맞지 않는다. 따라서 드레인 전류는 $2.44\,mA$이며 소스 전압은 다음과 같다.

$$I_D = 2.44\,mA,\ \ V_S = -2.56\ V$$

드레인 전압은 위 식에 대입하여 얻는다.

$$V_D = 5 - (1k)(2.44m) = 2.56\ V$$

트랜지스터의 동작 영역은 게이트-드레인 전압 V_{GD}로 확인한다.

$$V_{GD} = 0 - 2.56 = -2.56\ V < V_t$$

게이트-드레인 전압 $-2.56\ V$는 문턱전압보다 낮으므로 트랜지스터는 가정한 것과 같이 포화영역에서 동작한다.

(문제 3.11) 다음 회로의 트랜지스터는 $V_t = 1\,V,\ k_n^{'} = \mu_n C_{ox} = 100\,\mu A/\,V^2$의 특성을 갖는다. $W/L = 2,\ \lambda = 0$일 때 트랜지스터는 어떤 상태로 동작하는가? 또 각 저항과 트랜지스터의 접점에서 나타나는 전압과 지로에 흐르는 전류를 구하시오.

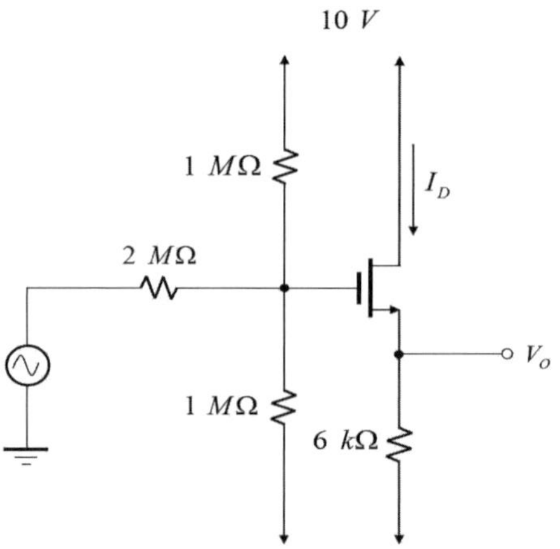

(문제 3.11 그림) NMOS 트랜지스터 회로

3.4.9 MOS 전류미러

앞에 나타낸 MOS 트랜지스터 회로들은 모두 트랜지스터가 동작하는 상태와 게이트-소스 전압에 의해 전류가 정해지지만 부품의 불균일이나 발열 등으로 인해 트랜지스터의 특성이 달라질 수 있으며 이에 따라 전류도 변할 수 있다. 그러나 전류가 일정한 정전류원을 이용하면 회로에 흐르는 전류가 변하지 않아 안정된 동작을 유지할 수 있다. 또 트랜지스터에 정전류원을 접속하면 전압과 저항값을 이용하여 동작하는 전류를 설정하지 않아도 되기 때문에 쉽게 회로를 구성할 수 있다.

정전류원은 특성이 같은 두 트랜지스터의 게이트와 소스를 (그림 3.42)와 같이 함께 접속하고 포화영역에서 동작하도록 회로를 구성하여 만든다. 회로의 두 트랜지스터는 게이트-소스 전압이 같아서 드레인 전류도 같다. 이처럼 대칭적인 트랜지스터의 접속을 통해 필요한 전류를 얻을 수 있도록 한 회로를 전류미러(current mirror)라고 한다. 전류미러는 매칭된 트랜지스터의 특성을 이용하기 때문에 반도체의 집적회로를 이용하면 더욱 정확하고 안정적인 전류원을 만들 수 있다.

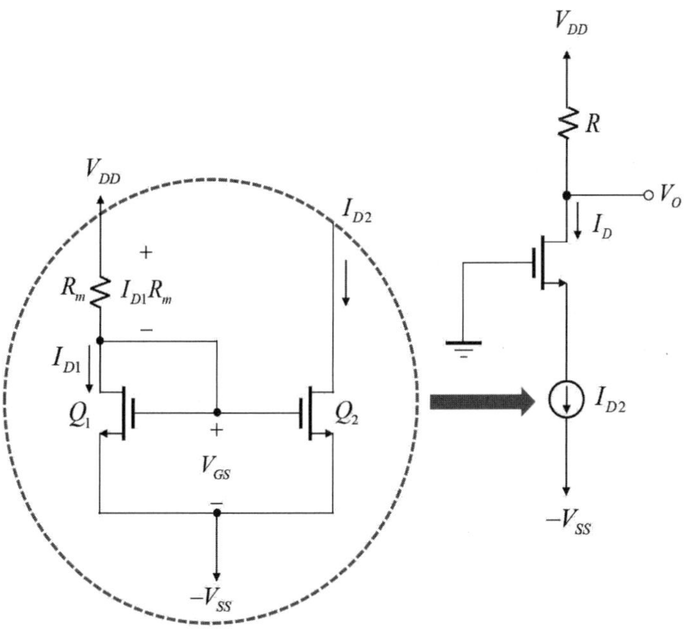

(그림 3.42) 전류미러 회로

기본적인 전류미러를 나타낸 (그림)의 회로에서 두 NMOS 트랜지스터는 게이트와 소스가 함께 연결되어 게이트-소스 전압이 같고 Q_1의 드레인과 게이트가 연결되어 있으므로 포화영역에서 동작한다. 드레인은 모니터저항, R_m을 통해 전원에 접속되고 소스는 접지되거나 소스 전원에 연결된다.

회로의 두 트랜지스터가 매칭되어 특성이 같다면 게이트-소스 전압이 드레인에 연결된 저항으로 결정되므로 트랜지스터 Q_1과 Q_2의 드레인 전류는 다음과 같다.

$$V_{GS} = V_{DD} - I_{D1}R_m - (-V_{SS})$$

$$I_{D1} = I_{D2} = \frac{V_{DD} + V_{SS} - V_{GS}}{R_m}$$

저항이 연결되지 않은 Q_2의 드레인에 다른 회로가 연결되어도 Q_1의 드레인 전류 I_{D1}과 같은 크기의 전류가 흐른다. 따라서 이 회로는 I_{D1}의 일정한 전류가 흐르는 정류원이 된다.

MOS 트랜지스터의 드레인 전류는 W/L에 비례하므로 회로에서 두 트랜지스터의 W/L 비만 다르고 다른 특성이 매칭되어 있다면 I_{D2}는 다음과 같다.

$$I_{D2} = I_{D1}\frac{(W/L)_2}{(W/L)_1}$$

반도체의 집적회로 공정으로 하나의 반도체 기판에 제작되는 트랜지스터의 특성은 구조와 크기가 같으면 거의 변화가 없다. 따라서 이 정전류원 회로는 단순히 W/L비의 변화만으로도 원하는 전류를 얻을 수 있다.

(문제 3.12) (그림 3.39) 전류미러 회로에서 $V_{DD} = V_{SS} = 5\ V$ 이고, $R_m = 1\,k\Omega$이다. 두 트랜지스터 모두 $V_t = 1\ V$, $\mu_n C_{ox} = 100\,\mu A/V^2$의 특성을 가지며 $W/L = 10$, $\lambda = 0$일 때 드레인 전류를 구하시오. 또 Q_2의 드레인 전류가 Q_1의 2배가 되도록 하려면 어떻게 해야 하는가?

3.5 바이폴라 접합 트랜지스터

3.5.1 바이폴라 접합 트랜지스터의 구조

바이폴라 접합 트랜지스터는 1947년 벨 연구소에서 존 바든과 월터 브레튼, 윌리엄 쇼클리에 의해 발명된 이래 1980년대까지 중요한 반도체 소자로 활용되었다.

바이폴라 접합 트랜지스터는 (그림 3.43)과 같이 이미터(emitter)와 베이스(base), 컬렉터(collector)의 세 개 전극을 가지며 pn접합 두 개를 서로 반대로 붙인 것($pn-np$, 또는 $np-pn$)과 같은 구조로 되어있다. 바이폴라 접합 트랜지스터는 금속과 반도체 사이의 전계를 이용하는 MOS 트랜지스터와 달리 pn접합의 순방향 전류를 이용한다. pn접합에 순방향 전압을 가하면 캐리어가 주입되는데 pn접합에 가한 순방향 전압으로 캐리어 양이 조절되며, 주입된 캐리어는 반대편에 있는 np접합에 형성된 전계에 이끌려 이동하여 전류가 흐른다.

이와 같은 구조의 바이폴라 접합 트랜지스터는 MOS 트랜지스터에서 게이트-소스 전압으로 드레인 전류가 조절되는 것과 유사하게 베이스와 이미터 사이의 전압으로 컬렉터에 흐르는 전류를 조절할 수 있어 다양한 특성을 갖는 회로를 만들 수 있다. npn 또는 pnp 구조의 이 트랜지스터는 동작할 때 전자와 홀이 모두 나타나며 인가한 전압에 따라 두 종류의 캐리어가 움직여 특성을 나타내 양극성, 또는 바이폴라 트랜지스터라고도 부른다.

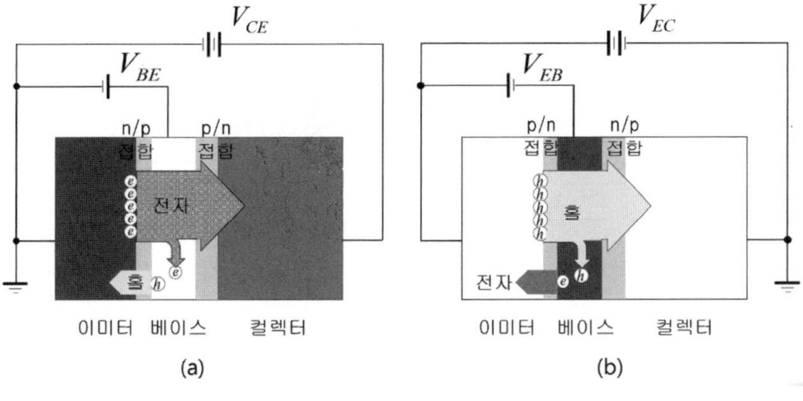

(그림 3.43) npn 트랜지스터(a)와 pnp 트랜지스터의 구조(b)

바이폴라 트랜지스터는 p형과 n형 두 타입의 반도체가 모두 필요하고 구조적으로 복잡하여 집적회로로 제작할 때 MOS 트랜지스터보다 공정이 복잡하기 때문에 많이 사용되지 않는다. 그러나 속도가 빠르고 선형성이 좋아 빠른 동작 특성이 필요한 회로에 자주 이용되며 MOS 트랜지스터와 결합하여 이용되기도 한다.

3.5.2 바이폴라 트랜지스터의 동작

(1) 바이폴라 트랜지스터의 동작

npn 구조의 바이폴라 트랜지스터는 이미터와 컬렉터가 n형, 베이스는 p형으로 되어있으며 pnp 구조는 이와 반대로 이미터와 컬렉터가 p형으로, 베이스는 n형으로 되어있다. 바이폴라 트랜지스터의 이미터와 베이스 컬렉터는 각각 MOS 트랜지스터의 소스와 게이트, 드레인에 대응된다. MOS 트랜지스터는 게이트에 전압을 가해 전계효과로 채널의 캐리어 양과 분포를 바꿔 전류를 조절하는데 바이폴라 트랜지스터는 이미터와 베이스 사이의 접합전압으로 베이스로 주입되는 캐리어의 양을 변화시켜 전류를 조절한다.

(그림 3.44) (a)는 이미터와 베이스, 컬렉터의 각 단자에 전압을 가하지 않은 npn 트랜지스터의 에너지대 구조이며 (b)는 전압을 가하여 전류가 흐를 때의 에너지대 구조이다. (a)의 에너지대 구조는 전압을 가하지 않으면 접합의 전위장벽 V_{bi}로 인해 이미터와 베이스, 컬렉터 각각의 영역에서 다른 영역으로 전자와 홀이 넘어갈 수 없다.

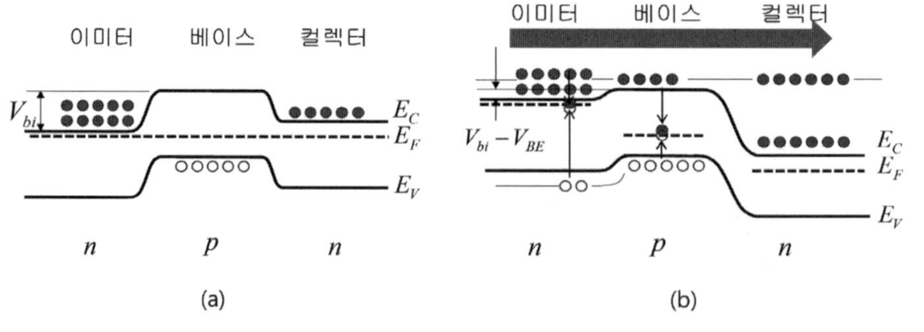

(그림 3.44) 바이폴라 트랜지스터의 에너지대 구조. (a) 전압을 가하기 전, (b) 순방향의 이미터-베이스와 역방향의 베이스-컬렉터 전압

그러나 (b)에 나타낸 것처럼 베이스-이미터 접합에 순방향 전압(V_{BE})을 가하면 전위장벽이 $V_{bi}-V_{BE}$로 낮아지며 n형 반도체 쪽으로는 홀이, p형 반도체 쪽으로는 전자가 주입되어 접합부에 다이오드의 순방향 전류에 해당하는 전류가 흐른다. 이때 주입되는 캐리어의 양은 인가된 전압에 비례하며 전압을 높이면 캐리어 양을 크게 높일 수 있다.

이처럼 베이스-이미터 접합에 순방향 전압을 가한 상태에서 베이스-컬렉터 접합에 역방향 전압을 가하면 역방향인 베이스-컬렉터 접합은 공핍층이 확장되고 강한 역방향 전계가 걸린다. n형 이미터에서 p형 베이스로 주입된 전자는 이미터 접합으로부터 컬렉터 쪽으로 확산해 움직이는데 베이스 폭이 얇으면 일부는 베이스의 홀과 재결합 되지만 대부분은 베이스-컬렉터 접합의 공핍층에 이른다. 공핍층에 다다른 전자들은 베이스-컬렉터 접합에 형성된 강한 전계에 의해 공핍층을 지나쳐 컬렉터로 이끌려 이동하여 컬렉터에 역방향 전압이 걸려 있음에도 불구하고 전류가 흐른다.

npn 트랜지스터는 이미터에서 컬렉터로 전자가 이동하기 때문에 전류는 컬렉터에서 이미터로 흐르며 NMOS 트랜지스터에서 게이트-소스 전압으로 드레인 전류가 조절되는 것과 유사하게 베이스-이미터의 순방향 전압으로 컬렉터 전류가 조절된다.

npn 트랜지스터는 이미터에서 주입되는 전자의 수가 많고, 또 베이스에서 손실되는 전자가 적을수록 컬렉터에 많은 전자가 도달하여 더 큰 전류가 흐른다. 이미터-베이스의 *np*접합에서 이미터인 n형 반도체의 불순물농도를 높이면 전자의 주입효율을 높일 수 있고 베이스 영역인 p형 반도체의 두께가 얇을수록 주입된 전자가 재결합할 확률이 낮아져 컬렉터 쪽으로 이동하는 전자가 많게 되므로 컬렉터 전류를 더 크게 할 수 있다. 이처럼 바이폴라 트랜지스터는 많은 전자가 베이스에 주입되어 컬렉터에 도달할 수 있도록 제작되며 보통 이미터에서 주입된 전자의 98% 이상이 컬렉터에 도달한다.

pnp 트랜지스터는 이미터가 p형이고 베이스는 n형인 *pn*접합으로 되어있어 트랜지스터가 정상적으로 동작하기 위해서는 *npn* 트랜지스터와 반대의 전압을 가해야 한다. 이미터-베이스 접합에 순방향 전압을 가하면 이미터에서 베이스로 홀이 주입되고 베이스-컬렉터 접합에 역방향 전압을 가하면 홀이 컬렉터로 모아져 전류가 흐른다. 이때 전류의 방향은 홀의 움직임과 같으므로 *npn* 트랜지스터와 반대 방향인 이미터에서 컬렉터로 흐른다. *pnp* 트랜지스터의 주된 캐리어는 전자보다 이동도가 작은 홀이다. 따라서 *pnp* 구조의 트랜지스터는 *npn* 트랜지스터보다 속도가 느리며 속도가 빠른 *npn* 트랜지스터가 더 많이 이용된다.

바이폴라 트랜지스터는 (그림 3.45)와 같이 세 개의 단자와 함께 구조를 상징하는 간단한 기호로 나타내는데 이미터-베이스의 접합이 다이오드의 접합과 같아 이미터와 베이스 접합부를 화살표의 촉으로, 촉의 방향은 전류가 흐르는 방향(*pn*접합의 방향)으로 표시한다.

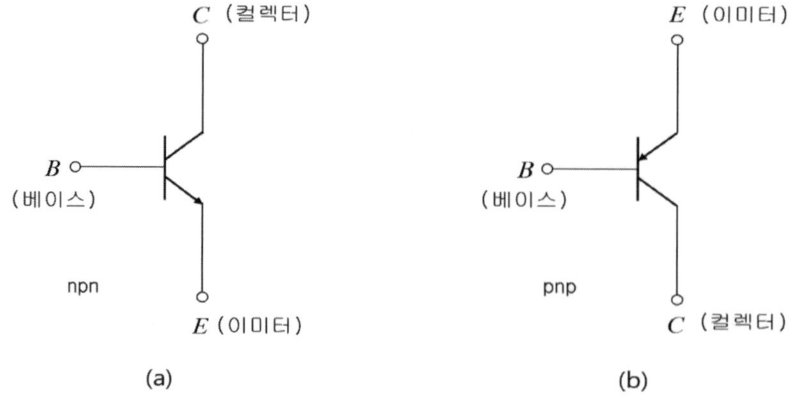

(그림 3.45) 바이폴라 트랜지스터의 기호 (a) npn 트랜지스터 (b) pnp 트랜지스터

(문제 3.13) npn 트랜지스터에 베이스-이미터 접합은 역방향, 컬렉터-베이스 접합은 순방향이 되도록 전압을 가하면 주된 전류는 어느 전극을 향해 흐르는가? 이때 트랜지스터의 컬렉터에 흐르는 전류와 이미터에 흐르는 전류 중 어느 것이 더 큰가?

---

(2) 전류의 상호 관계

npn 트랜지스터의 베이스-이미터 접합에 순방향, 베이스-컬렉터 접합에 역방향 전압을 가하면 각 전극에 (그림 3.46)과 같이 전류가 서로 비례하며 흐른다.

트랜지스터의 이미터 전류는 순방향의 베이스-이미터 전압에 의해 이미터에서 베이스로 주입된 전자에 의한 전류($i_{e,n}$)과 베이스에서 이미터로 주입된 홀에 의한 전류($i_{e,p}$)로 이루어져 있으며 컬렉터 전류는 이미터에서 주입된 뒤 확산으로 컬렉터에 다다른 전자가 전계에 이끌려 컬렉터로 넘어온 전자의 흐름이 주된 성분이다.

홀의 주입과 전자의 주입으로 이루어진 이미터 전류 중 전자의 주입이 차지하는 비율은 이미터 주입효율 γ로 나타낸다.

$$\gamma = \frac{i_{e,n}}{i_{e,p} + i_{e,n}}$$

바이폴라 트랜지스터는 이미터 주입효율이 클수록 베이스 전류가 작고 컬렉터 전류와 이미터 전류의 차이가 줄어 효율적이다. 따라서 이미터 주입효율이 1에 가까운 값을 갖도록 베이스 보다 이미터의 도핑농도를 높여 제작한다.

컬렉터 전류는 접합의 역방향 누설전류도 포함하지만 무시할 수 있을 정도로 작아 이미터에서 주입된 전자가 전류의 주성분이므로 컬렉터 전류는 이미터 전류에 비례한다고 볼 수 있다. 이미터에서 주입된 전자의 일부는 컬렉터에 도달하기 전에 베이스에서 재결합으로 손실되기 때문에 컬렉터 전류는 이미터 전류보다 작다. 또 이미터 전류는 접합에서 주입된 홀과 전자에 의한 전류를 모두 포함하지만 컬렉터 전류는 컬렉터에 도달한 전자에 의한 것이므로 컬렉터 전류는 이미터 전류보다 적다.

컬렉터 전류와 이미터 전류의 비는 전류전달률 α로 나타낸다.

$$\alpha = \frac{i_C}{i_E} = \frac{i_{c,n}}{i_{e,p} + i_{e,n}}$$

바이폴라 트랜지스터의 α는 1보다 작으며 보통 0.98 정도의 값을 나타내는데 1에 가까울수록 베이스 전류와 컬렉터 전류의 비가 커 트랜지스터의 이득을 더 높일 수 있어 효과적이다. α는 베이스 폭을 줄이거나 베이스의 도핑농도를 낮추어 개선할 수 있다. 베이스 폭이 짧으면 전자가 홀과 재결합할 기회가 줄어 α를 높일 수 있으며 이미터에서 주입된 전자가 빨리 컬렉터에 도달할 수 있으므로 바이폴라 트랜지스터의 베이스 폭은 짧게 하는 것이 좋다.

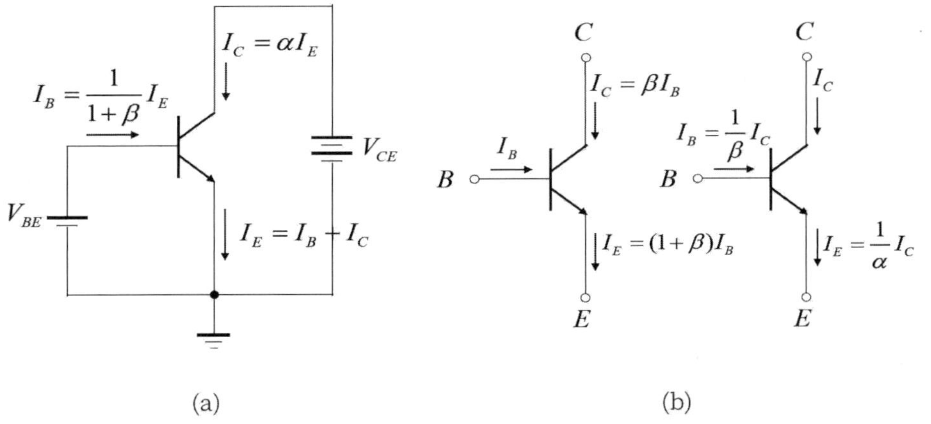

(그림 3.46) 공통이미터로 접속된 npn 트랜지스터(a)와 전류의 상호 관계(b)

컬렉터에 도달하는 전자의 수는 이미터에 주입된 전자의 수에 비례하기도 하지만 베이스에서 재결합으로 손실된 양과도 비례하여 이들로 이루어진 컬렉터 전류와 베이스 전류도 일정한 비율을 갖는다. 컬렉터와 이미터 사이의 전압이 일정할 때 컬렉터 전류와 베이스 전류는 비는 β로 나타낸다.

$$\beta = \frac{i_C}{i_B}|_{V_{CE=const}}$$

활성영역에서 동작하는 바이폴라 트랜지스터의 β는 보통 100 정도로 매우 크며 β가 클수록 증폭기 회로는 높은 이득을 기대할 수 있다.

정상상태로 동작하는 트랜지스터의 이미터 전류는 다음 식과 같이 베이스 전류와 컬렉터 전류의 합이다.

$$i_E = i_B + i_C$$

컬렉터 전류는 α와 β를 이용하여 다음과 같이 이미터 전류로, 또는 베이스 전류로 나타낼 수 있다. 베이스 전류와 컬렉터 전류의 합이 이미터 전류와 같으므로 이미터 전류는 베이스 전류의 (1+β)배이다.

$$i_C = \beta i_B = \alpha i_E$$

$$i_E = i_B + \beta i_B = (1+\beta) i_B$$

이 식들로부터 α와 β는 다음 관계로 나타낼 수 있다.

$$\alpha = \frac{\beta}{1+\beta}$$

이미터 전류를 입력으로 하고 컬렉터 전류를 출력으로 한 증폭기 회로(공통베이스 증폭기)에서 보면 α는 입력전류와 출력전류의 비와 같다. 따라서 α를 공통베이스 전류이득이라고도 하며, β는 베이스 전류가 입력이고 컬렉터 전류가 출력인 증폭기 회로(공통이미터 증폭기)의 입력전류와 출력전류의 비와 같아서 공통이미터 전류이득이라고도 한다.

α와 β는 바이폴라 트랜지스터의 특성을 나타내는 중요한 파라미터로 증폭기 회로의 해석과 설계에 이용한다.

(예제 3.17) 활성영역에서 동작하는 npn 트랜지스터의 베이스 전류가 $100\mu A$이다. $\beta = 100$이라고 하면 이미터 전류와 컬렉터 전류는 얼마인가?

α와 β의 관계로부터

$$\alpha = \frac{\beta}{1+\beta} = \frac{100}{1+100} = 0.99$$

컬렉터 전류는 베이스 전류의 β배이므로

$$I_C = \beta I_B = (100)(100\mu) = 10\,mA$$

이미터 전류는 컬렉터 전류와 베이스 전류의 합과 같다.

$$I_E = I_B + I_C = 100\mu + 10m = 10.1\,mA$$

---

(3) 동작 영역의 구분

바이폴라 트랜지스터는 베이스와 이미터의 접합, 베이스와 컬렉터의 접합이 인가된 전압에 따라서 순방향-역방향, 순방향-순방향, 역방향-순방향, 역방향-역방향의 네 가지 상태에 놓일 수 있으며 이러한 상태에서 동작하는 트랜지스터의 동작 영역은 활성(active)영역, 포화(saturation)영역, 역활성(reverse active)영역, 차단(cutoff)영역으로 (그림 3.47)과 같이 구분한다.

바이폴라 트랜지스터의 차단영역은 MOS 트랜지스터의 차단영역과 같이 전류가 흐르지 않는 상태이지만 활성영역과 포화영역은 트라이오드영역, 포화영역과 다소 차이가 있다.

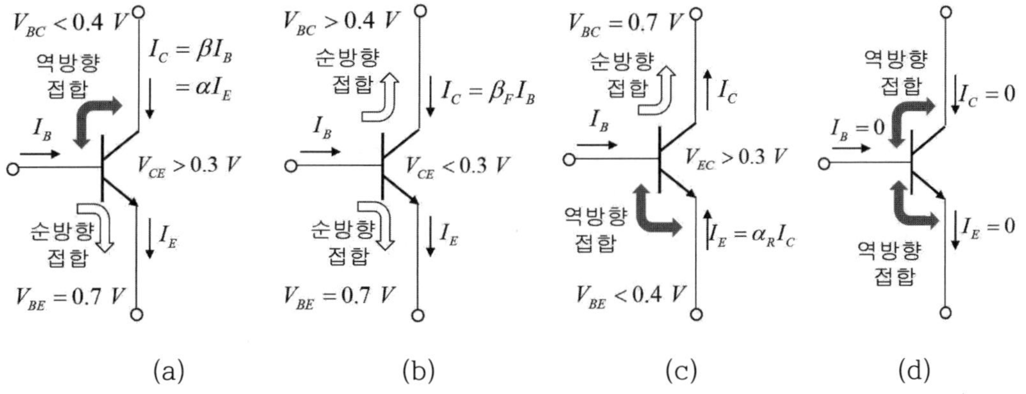

(그림 3.47) 접합에 인가된 전압의 방향에 따른 바이폴라 트랜지스터 동작 영역의 구분 (a) 활성영역, (b) 역활성영역, (c) 포화영역, (d) 차단영역

지금까지 바이폴라 트랜지스터는 특성을 설명하기 위해 (a)와 같이 베이스-이미터 접합은 순방향, 베이스-컬렉터 접합은 역방향으로 접속하였다. 이처럼 순방향-역방향으로 접합된 상태는 트랜지스터가 활성영역에서 동작하도록 하여 증폭기 회로에서 가장 많이 이용한다. 활성영역에서는 베이스-이미터의 순방향 전압으로 전위장벽이 낮아져 전자가 이미터에서 베이스로 주입되고 컬렉터의 역방향 전압으로 주입된 전자가 컬렉터로 이동하면서 전류의 흐름을 나타내 베이스-이미터 접합의 전압으로 컬렉터 전류의 양이 조절된다.

입력전압을 활성영역에서 동작하는 트랜지스터의 베이스-이미터 단자에 연결하면 컬렉터 전류가 입력전압에 비례한다. 이때 컬렉터-이미터 단자에 부하저항을 연결하면 입력전압에 비례하는 출력전압을 얻을 수 있으며 증폭기 회로는 출력이 입력보다 큰 값이 되도록 회로를 구성한 것이다.

(b)는 포화상태의 접속으로 두 접합 모두 순방향으로 전압이 인가되어 있다. 이렇게 접합된 상태에서는 베이스-이미터의 pn 접합과 같이 베이스-컬렉터의 pn 접합도 순방향이어서 컬렉터에서 이미터를 향해 흐르는 컬렉터 전류에 베이스에서 컬렉터를 향하는 전류가 컬렉터 전류에 더해져 흐르는데 이 두 컬렉터 전류의 성분들은 서로 방향이 반대이다. 따라서 베이스-컬렉터의 순방향 전압이 높아질수록 컬렉터 전류가 감소하며 베이스-이미터 전압에 따른 컬렉터 전류의 비율도 활성영역보다 작아진다. 이처럼 두 접합이 순방향으로 접속되어 동작하는 것을 포화영역 동작이라고 하며 포화영역에서는 컬렉터 전류가 베이스-이미터 전압에 비례하기도 하지만 컬렉터-이미터 전압과도 비례한다.

바이폴라 트랜지스터의 포화영역은 드레인 전류의 포화를 나타내는 MOS 트랜지스터의 포화영역과는 동작 특성이 전혀 다르다.

(c)와 같이 베이스-이미터가 역방향, 베이스-컬렉터가 순방향이 되도록 트랜지스터에 전압을 가하면 (a)의 활성영역과 반대의 접합을 이룬다. 따라서 이미터가 컬렉터로, 컬렉터는 이미터로 바뀐 활성영역의 동작을 나타내므로 역활성영역 동작이라고 한다. 역활성영역에서는 이미터 전류가 베이스-컬렉터 전압에 비례하여 흐르고 베이스 전류와 이미터 전류의 합이 컬렉터 전류와 같다. 이들 전류 사이의 비례관계는 α_R와 β_R로 나타내 활성영역의 α, β와 구분한다. 바이폴라 트랜지스터의 구조를 보면 컬렉터보다 이미터의 면적이 작고 도핑이 많이 되어있으므로 이들의 크기는 활성영역의 α와 β보다 작다.

(d)는 두 접합이 모두 역방향으로 전압이 가해져 차단상태에 있다. 역방향으로 접속된 pn 접합에서는 전류가 흐르지 않으므로 이미터, 베이스, 컬렉터 모두 차단된 스위치처럼 전류가 흐르지 않는다.

(표 3.3)은 바이폴라 트랜지스터 접합의 방향과 동작 영역을 구분하여 나타낸 것이다.

(표 3.3) 바이폴라 트랜지스터의 동작 영역과 접합의 구분

트랜지스터 구조 / 동작 영역	npn	
	V_{BE}	V_{BC}
활성영역	순방향 접합	역방향 접합
포화영역	순방향 접합	순방향 접합($>0.4\,V$)
차단영역	역방향 접합	역방향 접합
역활성영역	역방향 접합	순방향 접합

(문제 3.14) NMOS 트랜지스터와 npn 바이폴라 트랜지스터의 동작 영역을 나열하고 특성이 유사한 동작 영역들을 함께 묶어 나타내시오.

3.5.3 바이폴라 트랜지스터의 전류-전압 특성

(1) 바이폴라 트랜지스터의 전류-전압 특성

npn 트랜지스터는 주로 (그림 3.48)과 같이 베이스-이미터 접합은 순방향으로, 베이스-컬렉터의 접합은 역방향으로 접속하여 이용한다. 이렇게 순방향-역방향으로 접속되면 이미터에서 베이스로 전자가 주입되어 컬렉터로 이동하여 컬렉터 전류가 흐르며 이 전류는 베이스-이미터의 순방향 전압으로 조절된다. npn 구조의 트랜지스터에서는 전자가 전류의 주요한 성분이므로 전자를 다수캐리어라 하며 홀은 소수캐리어라 한다.

트랜지스터는 전압을 이용해 전류를 조절하기 때문에 작은 전압으로 큰 전류가 흐르는 것이 좋다. npn 트랜지스터에서 전류가 많이 흐르도록 하기 위해서는 이미터에서 베이스로 다수캐리어인 전자를 더 많이 주입해야 하는데 pn 접합의 접합면에서 주입되는 캐리어의 양은 도핑농도에 비례하므로 베이스와 컬렉터보다 이미터의 도핑을 더 많이 한다. 이미터에서 베이스로 주입되는 전자는 접합의 공핍층 가장자리에서 베이스-이미터의 순방향 전압 V_{BE}에 따라 다음과 같이 지수함수로 증가한다.

$$n_p(0) = n_{p0}e^{V_{BE}/V_T}$$

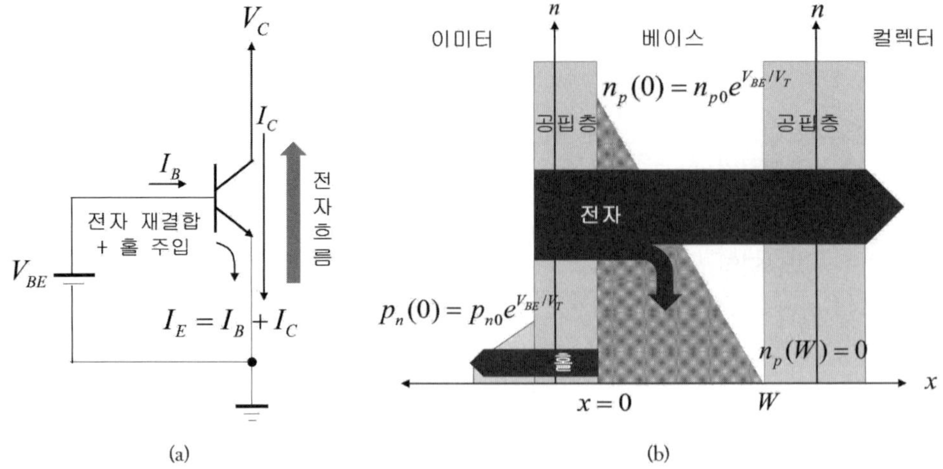

(그림 3.48) 순방향의 베이스-이미터, 역방향의 베이스-컬렉터 접합으로 전압을 인가한 바이폴라 트랜지스터 회로(a)와 캐리어의 분포(b)

공핍층을 지나 베이스로 주입된 전자는 컬렉터 쪽으로 확산하여 이동한다. 확산에 따른 캐리어의 이동은 전자의 확산계수 D_n을 이용하여 다음과 같이 x축 방향의 확산방정식으로 나타낼 수 있다.

$$J = -D_n \frac{dn(x)}{dx}$$

여기에서 $n(x)$는 이미터-베이스 공핍층 가장자리에서 $n_p(0)$이며 공핍층으로부터 멀어지는 위치에서 전자의 농도이다.

$n_p(0)$의 농도로 주입된 전자는 베이스를 확산해 베이스-컬렉터 접합의 공핍층에 이르고 공핍층에 이른 전자는 모두 전계에 이끌려 컬렉터로 넘어가므로 베이스의 폭을 W라 하면 W 위치에서 전자의 농도는 '0'이다.

$$n_p(W) = 0$$

베이스에서는 전자의 농도가 급격히 변하는데 베이스의 폭이 확산거리보다 매우 작으면 베이스에서 재결합으로 사라지는 전자의 수도 작아서 전자농도가 다음의 기울기를 가지고 선형적으로 감소한다고 볼 수 있다.

$$\frac{dn}{dx} = -\frac{n_p(0)}{W}$$

이미터 면적 A_E와 전하량 q를 고려하면 이미터에서 주입되어 컬렉터로 이동한 전자에 의한 전류는 다음 식과 같다.

$$I_n = -A_E q D_n \frac{dn_p(x)}{dx} = A_E q D_n \frac{n_p(0)}{W}$$

컬렉터와 베이스의 접합은 역방향 접합이므로 컬렉터의 전류는 이 전자의 움직임에 의한 전류가 대부분이며 다음과 같이 나타낼 수 있다.

$$i_C = \frac{A_E q D_n n_{p0}}{W} e^{v_{BE}/V_T} = I_S e^{v_{BE}/V_T}$$

여기에서 I_S는 바이폴라 트랜지스터의 구조와 물리적인 특성에 따른 값으로 다이오드의 스케일전류에 대응되는 값이다. 또 V_T는 상온에서 $26mV$정도로 고정된 값이므로 컬렉터 전류 i_C는 베이스-이미터 접합의 전압 v_{BE}로 조절될 수 있다. (그림 3.49)는 베이스-이미터의 순방향 전압 v_{BE}에 따라 지수함수로 증가하는 컬렉터 전류 i_C를 나타낸 것이다.

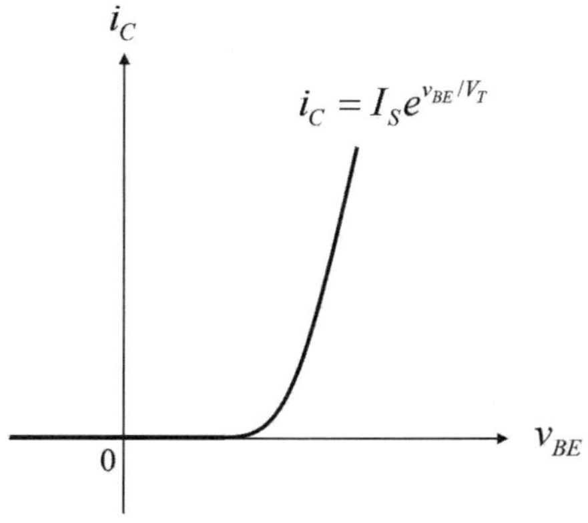

(그림 3.49) 베이스-이미터 전압에 따른 컬렉터 전류

베이스에서 이미터로 주입된 홀은 n형의 이미터 영역에서 소수캐리어이며 이미터에서 베이스로 주입된 전자와 같은 방식으로 확산하며 홀에 의한 전류를 만든다.

$$I_p = -A_E q D_p \frac{dp_n(-x)}{dx} = A_E q D_p \frac{p_n(0)}{L_p}$$

이미터-베이스 접합에서 전자와 홀의 이동 방향은 반대이며 전하의 극성이 반대이므로 베이스로 주입되는 전자의 전류에 이미터로 주입되는 홀 전류가 더해져 이미터 전류가 된다.

이것은 이미터 영역에서 홀과 재결합하는 전자와 베이스로 주입되는 전자 모두 이미터 전극을 통해 공급되기 때문에 이들의 합이 이미터 전류인 것과 같다.

$$I_E = I_n + I_p$$

또 순방향의 베이스-이미터 접합에서 홀의 움직임을 보면 베이스에서 이미터로 홀이 주입되기도 하지만 이미터에서 주입된 전자 중 일부가 베이스에서 홀과 재결합하는데 이 홀들은 모두 베이스 전극을 통해 외부에서 공급되며 이들의 흐름이 베이스 전류이다.

$$I_B = I_p + I_r$$

홀에 의한 전류가 많으면 베이스 전류가 증가할 뿐 아니라 이미터 전류와 컬렉터 전류의 차이가 크게 되고 증폭기와 같은 회로에서 전력손실이 증가하는 등 특성의 저하를 초래한다. 베이스의 폭이 길면 이미터에서 주입된 캐리어가 재결합할 기회가 많아져 컬렉터에 도달하는 전자가 감소하여 컬렉터 전류가 작아지고 이미터와 컬렉터 전류의 차가 커진다. 또 트랜지스터가 차단될 때 베이스 폭이 길면 전자가 모두 소거되는데 시간이 더 필요하므로 전류가 흐르지 않는 상태로 천이될 때까지 시간이 길어진다. 따라서 트랜지스터가 좋은 특성을 나타내기 위해서는 베이스 폭을 가능한 한 줄여야 한다.

이미터에서 베이스로 전자가 잘 주입되려면 전위장벽을 낮추어야 하지만 베이스에서 이미터로 주입되는 홀을 줄이기 위해서는 베이스-이미터의 전위장벽이 높은 것이 유리하다. Si과 $SiGe$, 또는 $AlGaAs$와 $GaAs$처럼 에너지갭이 서로 다른 반도체를 접합하면 홀의 전위장벽을 선택적으로 높일 수 있어 많은 전자를 주입하고 홀은 주입은 줄일 수 있다. 바이폴라 트랜지스터의 특성을 개선하기 위해 이와 같은 이종접합을 이미터와 베이스 접합에 이용하기도 하는데 이러한 구조의 트랜지스터를 이종접합 바이폴라 트랜지스터(hetero junction bipolar transistor, HBT)라고 한다.

(예제 3.18) npn 바이폴라 트랜지스터의 스케일전류가 $10\,pA$, 베이스-이미터 접합의 순방향 전압이 0.7 V일 때 컬렉터 전류는 얼마가 흐르는가?

컬렉터 전류에 관한 식으로부터

$$i_C = I_S e^{v_{BE}/V_T} = (10f)(e^{0.7/0.025}) = (10 \times 10^{-15})(1.45 \times 10^{12}) = 14.5\,mA$$

---

(2) 컬렉터-베이스 전압에 따른 특성 변화

이미터와 베이스, 베이스와 컬렉터 접합이 각각 순방향과 역방향 상태로 일정한 전압이 유지되고 있으면 이미터에서 베이스로 주입된 전자와 이미터 영역에서 홀과 재결합된 전자가 이미터 전극으로부터 보충되며, 베이스 전극으로부터는 이미터로 주입된 홀과 베이스 영역에서 전자와 재결합한 홀이 보충되어 전자와 홀의 확산분포를 계속 유지한다. 역방향으로 바이어스된 베이스-컬렉터의 접합에는 역방향 누설전류가 흐르지만 무시해도 될 만큼 작아 순방향-역방향의 활성영역에서 컬렉터 전류는 이미터에서 베이스로 주입된 전자 중 컬렉터에 도달한 전자에 의한 전류와 같다고 볼 수 있다. 이 전자의 양은 베이스-이미터 접합상태에 따라 정해지며 컬렉터-베이스의 역방향 전압과 관계없이 베이스-이미터 접합에 인가된 전압으로 정해진 전류의 흐름을 유지한다.

그러나 베이스 영역을 좀 더 자세히 살펴보면 역방향 전압이 높아짐에 따라 (그림 3.50)(a)와 같이 공핍층이 확장되며 실질적인 베이스 폭이 감소한다. 컬렉터 전류의 스케일전류 I_S는 다음 식과 같이 베이스 폭에 반비례하므로 컬렉터 전류는 컬렉터-베이스의 역방향 전압에 비례하여 증가한다.

$$I_S = \frac{A_E q D_n n_{p0}}{N_A} \frac{1}{W}$$

이렇게 컬렉터 역방향 전압의 증가로 유효한 베이스 폭이 감소하여 컬렉터 전류가 증가하는 현상을 얼리효과(Early effect)라 한다.

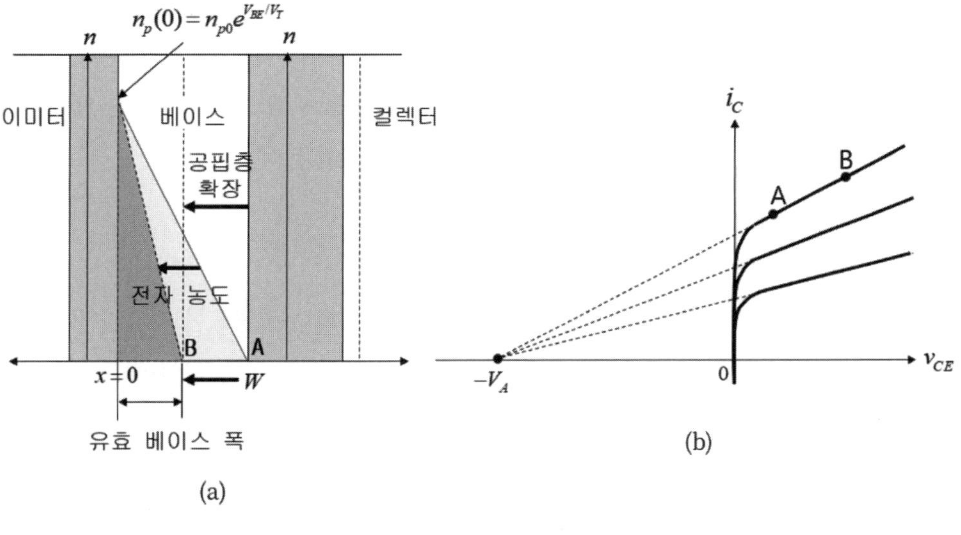

(그림 3.50) 유효한 베이스 폭 감소(a)와 얼리효과에 따른 전류-전압 특성(b)

얼리효과는 베이스-이미터 접합에 순방향 전압이 인가되어 전류가 흐를 때 컬렉터에 가하는 역방향 전압에 따라 전류가 일정하게 증가하는 현상이므로 (b)와 같이 컬렉터-이미터의 전압 v_{CE}에 따른 컬렉터 전류 i_C의 관계를 그래프로 나타낼 수 있다. (그림)에서 전압 v_{CE}에 비례하여 전류 i_C가 선형적으로 증가하는 구간을 연장하여 전압축에 외삽하면 음의 전압이 되는데 이 전압을 얼리전압(Early voltage, V_A)이라 한다. 얼리전압은 가상적으로 컬렉터 전류가 '0'이 되는데 필요한 컬렉터-이미터 전압과 같다. 따라서 얼리효과가 없으면 얼리전압이 무한한 값을 갖는 것과 같다.

컬렉터 전류를 얼리효과를 고려하여 나타내면 베이스-이미터 전압과 함께 컬렉터-이미터전압의 항을 포함하여 다음 식으로 나타낼 수 있다.

$$i_C = I_S e^{v_{BE}/V_T}(1 + \frac{v_{CE}}{V_A}) = I_C(1 + \frac{v_{CE}}{V_A})$$

얼리효과가 없으면 컬렉터 전압에 따른 전류의 증가가 나타나지 않아 전류가 베이스-이미터 전압에만 의존한다.

바이폴라 트랜지스터의 컬렉터 전류는 이 식과 같이 베이스-이미터 전압에 따라 지수함수로 증가하는 성분에 컬렉터-이미터 전압에 따라 선형적으로 증가하는 성분이 더해져 흐른다. 얼리효과로 인해 나타나는 컬렉터-이미터 전압에 따른 전류의 변화는 크지 않으나 증폭기 회로의 특성에는 큰 영향을 미친다.

얼리효과에 따른 전압과 전류의 비는 컬렉터와 이미터 사이의 전압 V_{CE}를 출력으로 하는 개방된 공통이미터 증폭기 회로의 출력저항과 같아서 개방회로 출력저항 r_o으로도 나타낸다. r_o은 얼리전압과 컬렉터-이미터 사이에 인가된 전압의 합 $V_A + V_{CE}$를 컬렉터 전류로 나눈 것인데 보통 얼리전압이 트랜지스터에 인가하는 전압보다 매우 크기($V_A \gg V_{CE}$) 때문에 r_o은 얼리전압을 컬렉터 전류로 나눈 값으로 근사해 나타내기도 한다.

$$r_o = \frac{\Delta V_{CE}}{\Delta I_C} = \frac{V_A + V_{CE}}{I_C} \approx \frac{V_A}{I_C}$$

이 저항은 β와 함께 바이폴라 트랜지스터의 특성을 나타내는 중요한 파라미터이다.

컬렉터의 역방향 전압이 증가함에 따라 컬렉터 전류가 조금씩 증가하는데 역방향 전압이 매우 커지면 컬렉터 접합의 공핍층이 확장되어 이미터 접합의 공핍층과 맞닿아 유효한 베이스 영역이 사라지고 이미터와 컬렉터가 단락된 것과 같이 전류가 급격히 증가하는 현상을 나타낸다. 이러한 현상은 펀치스루(punch through)라고 하며 펀치스루는 바이폴라 트랜지스터에서 나타나는 항복 중 하나이다.

(예제 3.19) npn 바이폴라 트랜지스터의 베이스-이미터 접합이 순방향으로 0.7 V, 베이스-컬렉터 접합에 역방향으로 5 V의 전압이 인가되었을 때 $1\,mA$의 컬렉터 전류가 흐른다. 얼리전압이 100 V이면 이 트랜지스터의 출력 저항 r_o은 얼마인가?

출력저항 r_o은 얼리전압과 컬렉터 전류의 비로 근사할 수 있다.

$$r_o = \frac{100+5}{1m} = 105\,k\Omega$$

(3) 포화상태의 동작 특성

포화상태의 바이폴라 트랜지스터는 스위치에 적용되기 때문에 활성영역과 마찬가지로 포화영역의 동작도 잘 이해할 필요가 있다. 활성영역에서는 컬렉터 전류가 베이스-이미터 접합 전압으로 정해지지만 베이스-컬렉터 접합의 전압이 0.4 V 이상으로 순방향 전압에 가까워지면 컬렉터 전류의 감소가 나타나기 시작한다. 따라서 순방향으로 0.4 V인 베이스-컬렉터 접합 전압을 활성영역에서 포화영역으로 동작 상태가 바뀌는 전압으로 본다. 이때 베이스-이미터 접합 전압은 0.7 V의 순방향 전압이므로 컬렉터-이미터 사이의 전압은 0.3 V이며 트랜지스터가 포화영역의 가장자리(edge of saturation, EOS)에 있다고 한다. (그림 3.51) (a)에 포화영역 가장자리에서 각 접합의 전압을, (b)에는 컬렉터 전압과 컬렉터 전류, β, 그리고 컬렉터 저항 사이의 관계를 나타냈다.

포화상태에서 베이스-이미터 전압이 순방향으로 일정할 때 컬렉터 전압의 변화로 베이스-컬렉터 전압이 증가하면 컬렉터 전류가 감소하고 컬렉터-이미터 전압도 감소한다. 컬렉터-이미터 전압과 컬렉터 전류의 비는 저항과 같으므로 포화영역에서 컬렉터와 이미터 사이의 저항, $R_{CE,\,sat}$로 나타낸다.

$$R_{CE,\,sat} = \frac{\Delta V_{CE}}{\Delta I_C}\Big|_{sat}$$

이 저항은 매우 작은 값으로 트랜지스터가 스위치로 이용되었을 때 턴온 저항과 같다.

포화영역에서는 두 접합이 모두 순방향으로 접속되어 있으므로 컬렉터 전류가 베이스-이미터 전압에 비례하기는 하지만 베이스에서 컬렉터로 주입되는 전류가 컬렉터 전류를 일부 상쇄하기 때문에 전류의 비인 α와 β가 활성영역에서 동작할 때 보다 작다. 따라서 이를 구분하기 위하여 포화영역의 α와 β는 α_{forced}와 β_{forced}로 나타낸다.

$$\beta_{\text{forced}} = \frac{I_{Csat}}{I_B} < \beta$$

활성영역과 포화영역의 동작은 베이스-컬렉터 접합이 순방향 상태에 있는지 또는 역방향 상태에 있는지에 따라 구분할 수 있다. 그러나 트랜지스터의 선형적인 동작 특성을 고려하여 베이스-컬렉터 전압이 0.4 V보다 크거나 작은 것으로 두 동작을 구분한다.

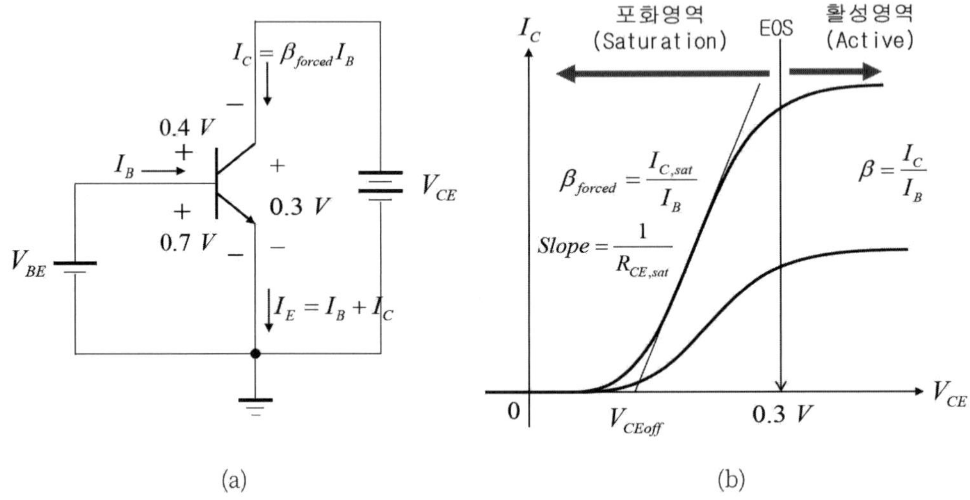

(그림 3.51) 포화영역 가장자리에서 접합 전압(a)과 컬렉터-이미터 전압에 대한 컬렉터 전류 특성(b)

포화영역에서 베이스-컬렉터의 순방향 전압이 높아지면 (그림) (b)와 같이 v_{CE}가 감소하고 컬렉터 전류도 크게 줄어들어 거의 흐르지 않게 되는데 이와 같은 상태를 트랜지스터가 깊게 포화(deep saturation)되었다고 한다. 이 상태는 컬렉터 전류가 전압 축에 외삽된 값 $V_{CE,off}$로 나타내 구분하는데 바이폴라 트랜지스터의 $V_{CE,off}$는 보통 0.1 V정도이며 MOS 트랜지스터에서는 나타나지 않는 값이다.

3.5.4 바이폴라 트랜지스터의 등가회로 모델

바이폴라 트랜지스터의 등가회로는 이미터와 베이스, 컬렉터 단자 사이의 전압과 흐르는 전류를 고려하여 (그림 3.52)와 같이 π자 형태의 모델, 또는 T자 형태의 모델로 나타내며 회로를 해석할 때 이용한다.

π형 모델은 (a), (b)와 같이 이미터를 공통으로, 베이스와 컬렉터를 각각 입력과 출력의 위치에 두고 이상적인 다이오드와 종속전원이 접속되어 있다. 트랜지스터의 베이스-이미터 접합은 다이오드와 같은 pn 접합이므로 다이오드(D)로 나타내며 컬렉터에서 이미터로 흘러가는 전류는 베이스 전류에 비례하므로 베이스 전류로 조절되는 전류조절 전류원 βi_B나 베이스-이미터 사이의 전압으로 조절되는 전압조절 전류원으로 나타낸다. 이때 조절 전원으로는 i_B, 또는 v_{BE}가 함께 표시되며 (a)와 같이 베이스-이미터 접합의 전압강하를 $0.7\ V$ 전압원으로 나타내기도 한다.

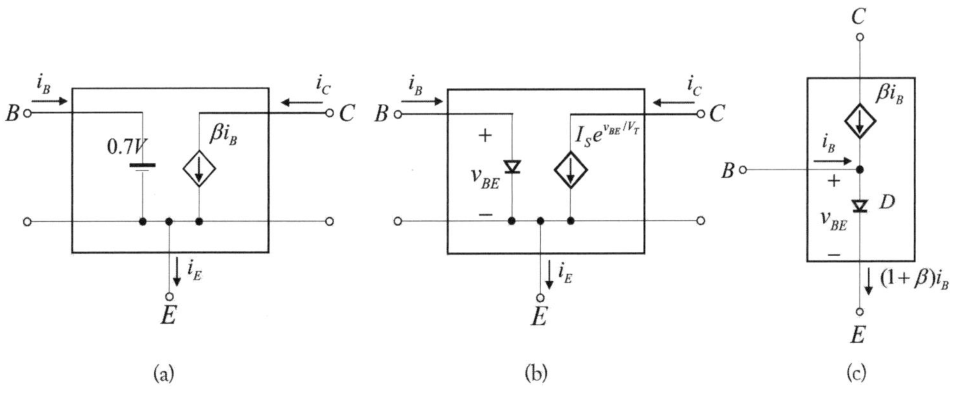

(그림 3.52) 바이폴라 트랜지스터의 π형 등가회로 모델(a),(b)과 T형 등가회로 모델 (c)

T형 모델에서도 베이스-이미터 접합은 다이오드로, 컬렉터 전류는 종속전류원 βi_B 또는 $I_S e^{v_{BE}/V_T}$로 나타내는데 조절 전원인 i_B, 또는 v_{BE}가 함께 표시된다.

이들 모델은 직류전류와 전압, 또는 작은 신호를 포함한 대신호 전류와 전압을 적용한 것이며 다음 장에서 소개하는 작은 신호만을 고려한 소신호 모델로도 나타낼 때도 있다.

이미터-베이스, 또는 베이스-컬렉터의 접합상태가 바뀌면 전류가 흐르는 양상도 달라지므로 모든 동작 영역이 포함될 수 있도록 위의 모델도 달라져야 한다.

(그림 3.53)의 에버스-몰(Ebers-Moll) 모델은 순방향과 역방향 동작을 모두 포함한다. 활성영역에서 동작하는 바이폴라 트랜지스터는 이미터-베이스의 다이오드 접합과 컬렉터 전류를 나타내는 전류원으로 동작하며 트랜지스터가 역활성영역는 베이스-컬렉터의 다이오드 접합과 이미터 전류로 동작한다. 에버스-몰 모델은 이들 두 다이오드 접합과 전류원이 함께 표시되어 있다. 에버스-몰 모델에서 α는 활성영역에서 α_F, 역활성영역에서 α_R로 구분하며 이미터 전류의 방향도 다르게 나타낸다.

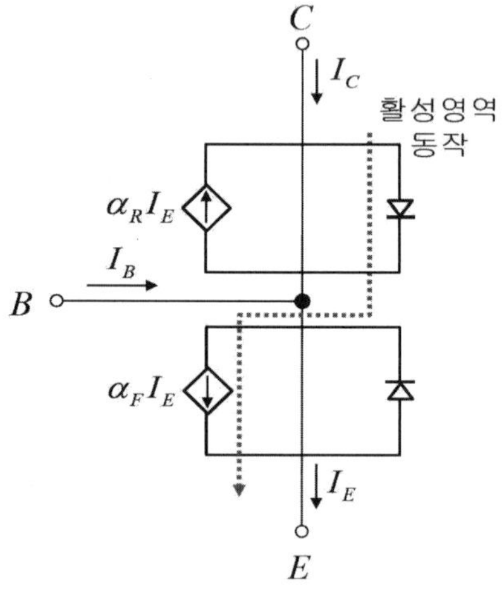

(그림 3.53) 바이폴라 트랜지스터 에버스-몰 모델

3.5.5 바이폴라 트랜지스터 회로의 직류 해석

트랜지스터 회로에 전원이 연결되면 바이폴라 트랜지스터는 활성영역이나 포화영역, 또는 차단영역에서 동작하며 각 부품에 전압이 걸리고 그에 따른 전류가 흐른다. 따라서 어떤 상태로 동작하는가에 따라서 전압과 전류가 달라 회로를 해석하기 위해서는 먼저 트랜지스터의 동작 상태를 정해야 한다. 트랜지스터가 활성영역에 있으면 베이스-이미터 접합은 순방향 접합이고 베이스-컬렉터의 접합은 역방향 접합이므로 이미터와 베이스의 사이의 전압을

0.7 V로 정하고 주어진 β, V_A 와 같은 트랜지스터의 특성을 이용하면 각 단자를 흐르는 전류를 구할 수 있고 트랜지스터와 연결된 저항의 전류와 전압강하를 알 수 있다.

(그림 3.54)는 β가 100인 npn 바이폴라 트랜지스터가 연결된 회로이다. 회로에서 각 단자와 접점, 지로의 전류를 구하기 위해 먼저 트랜지스터가 어떤 영역에서 동작하는지 정해야 하므로 활성영역에 있다고 가정한다.

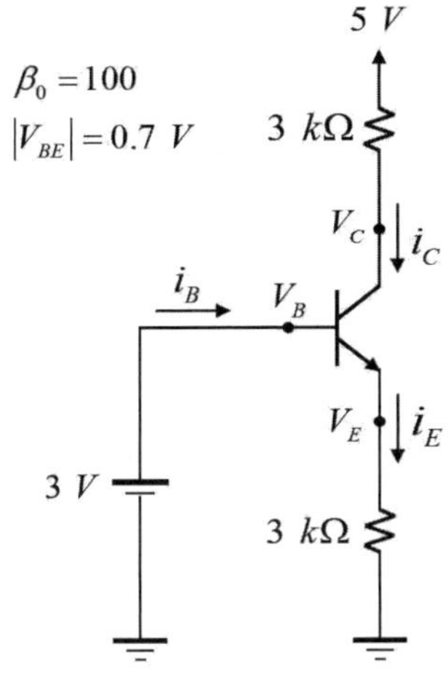

(그림 3.54) 바이폴라 트랜지스터 회로

트랜지스터의 베이스가 3 V 전원에 직접 연결되어 있어 베이스 전압은 전원의 전압과 같다. 활성영역에 있는 트랜지스터의 베이스-이미터 접합 전압은 0.7 V이므로 베이스 전압과 이미터 전압은

$$V_B = 3\ V$$

$$V_E = 3 - 0.7 = 2.3\ V$$

이미터에 연결된 $3k\Omega$ 저항에는 전류 I_E가 흐른다. 이 저항의 한쪽은 이미터 전압 2.3 V에 연결되고 다른 쪽은 접지되어 있으므로 저항에 흐르는 전류는

$$I_{R_E} = I_E = \frac{2.3 - 0}{3k} = 0.77\,mA$$

이미터 전류와 β를 이용하면 베이스 전류와 컬렉터 전류를 구할 수 있다.

$$I_B = \frac{I_E}{1+\beta} = \frac{0.77m}{1+100} = 7.6\,\mu A$$

$$I_C = \beta I_B = 100 \times 7.6\mu = 0.76\,mA$$

컬렉터에 연결된 저항에 전류 I_C가 흐르므로 저항의 전압강하를 알 수 있으며 이로부터 컬렉터 전압을 구할 수 있다.

$$V_{R_C} = I_C R_C = 0.76m \times 3k = 2.28\ V$$

$$V_C = 5 - 2.28 = 2.72\ V$$

트랜지스터가 활성영역에서 동작한다고 가정하여 이미터와 베이스, 컬렉터 전압을 구했으므로 이들 전압을 이용하여 트랜지스터가 활성영역에서 동작하는지 확인해야 한다.

$$V_{BE} = 3 - 2.3 = 0.7\ V$$

$$V_{BC} = 3 - 2.72 = 0.28\ V < 0.4\ V$$

0.7 V의 베이스-이미터 전압은 순방향 전압이고 0.28 V의 베이스-컬렉터 전압은 0.4 V보다 작다. 따라서 트랜지스터는 활성영역에 있으며 가정한 동작 영역인 활성영역과 일치하므로 계산된 지로의 전류와 단자의 전압은 타당하다고 볼 수 있다.

이와 달리 검증한 결과가 가정한 동작 영역과 다를 경우 바른 해석을 위해서는 다른 동작 영역으로 가정하고 전류와 전압을 다시 구해야 한다.

(예제 3.20) 활성영역에서 β가 100인 트랜지스터가 (그림)과 같이 연결되어 있다. 트랜지스터의 동작 상태를 정하고 각 단자의 전압과 지로의 전류를 구하시오. 활성영역에서 동작하지 않을 경우 β는 얼마인가?

회로에서 먼저 활성영역의 동작을 가정하면 베이스와 이미터 사이의 전압이 0.7 V인 것을 안다. 또 베이스에 연결된 저항에는 베이스 전류 I_B가 흐르고 이미터에 연결된 저항에는 이미터 전류 I_E가 흐르는데 이미터 전류는 베이스 전류의 $(1+\beta)$배이다. 베이스-이미터를 포함하는 경로에 키르히호프의 전압법칙을 적용하면 베이스 전류와 이미터 전류를 구할 수 있다.

$$-3 + (100k)I_B + 0.7 + 3k(1+\beta)I_B - 3 = 0$$

$$(403k)I_B = 5.3$$

$$I_B = 13.2\,\mu A, \qquad I_E = (1+\beta)I_B = 1.33\,mA$$

컬렉터 전류는 베이스 전류의 β배이므로

$$I_C = \beta I_B = 1.32\,mA$$

이 전류를 이용하여 이미터와 베이스, 컬렉터에 연결된 저항의 전압강하를 구한다.

$$V_{R_B} = I_B R_B = 13.2\mu \times 100k = 1.3\ V$$

$$V_{R_C} = I_C R_C \equiv 1.32m \times 3k = 3.96\ V, \quad V_{R_E} = I_E R_E = 3.99\ V$$

전원의 전압에서 저항이 갖는 전압강하를 차감하여 트랜지스터 단자의 전압을 구할 수 있다.

$$V_E = -3 + V_{R_E} = -3 + 3.99 = 0.99\ V$$

$$V_B = 3 - V_{R_B} = 1.7\ V, \quad V_C = 5 - V_{R_C} = 1.04\ V$$

위 결과는 가정한 트랜지스터의 동작 영역을 만족하는지 검증해야 한다. 위의 단자전압을 이용하면 베이스-이미터 접합과 베이스-컬렉터 접합의 전압은 다음과 같다.

$$V_{BE} = V_B - V_E = 1.7 - 0.99 = 0.71\ V$$

$$V_{BC} = V_B - V_C = 1.7 - 1.04 = 0.66\ V > 0.4\ V$$

베이스-이미터 접합과 베이스-컬렉터 접합이 순방향 전압이므로 트랜지스터는 활성영역에 있지 않다. 따라서 활성영역을 가정한 위의 계산은 잘못되었으며 트랜지스터가 포화영역에 있다고 가정하고 다시 계산해야 한다.

트랜지스터가 포화영역 중앙에 있다고 가정하면 베이스-이미터 접합은 순방향이고 전압이 $0.7\ V$이며 컬렉터-이미터 사이의 전압은 $0.2\ V$이다.

앞과 같이 이미터-베이스 접합을 포함한 경로에 키르히호프의 전압법칙을 적용하면

$$-3 + (100k)I_B + 0.7 + 3k(1 + \beta_{\text{forced}})I_B - 3 = 0$$

$$103kI_B + 3k\beta_{\text{forced}} I_B = 5.3$$

컬렉터-이미터를 포함한 경로에 키르히호프의 전압법칙을 적용하면

$$-5 + 5k\beta_{\text{forced}} I_B + 0.2 + 3k(1 + \beta_{\text{forced}})I_B - 3 = 0$$

$$3kI_B + 8k\beta_{\text{forced}} I_B = 7.8$$

위 식들로부터 I_B와 β_{forced}를 구하면 다음과 같다.

$$I_B = 23.3\,\mu A, \quad \beta_{\text{forced}} = 41.5$$

컬렉터 전류와 이미터 전류는 각각 I_B의 β_{forced}배와 $(1 + \beta_{\text{forced}})$배이다.

$$I_C = \beta_{\text{forced}} I_B = (41.5)(23.3\,\mu) = 0.966\,mA$$

$$I_E = (1+\beta_{\text{forced}}) I_B = (42.5)(23.3\,\mu) = 0.99\,mA$$

각 단자의 전압은 저항의 전압강하를 이용하여 구한다.

$$V_E = -3 + 3kI_E = -0.03\ V$$

$$V_B = 3 - 100kI_B = 0.67\ V$$

$$V_C = 5 - 5kI_C = 0.17$$

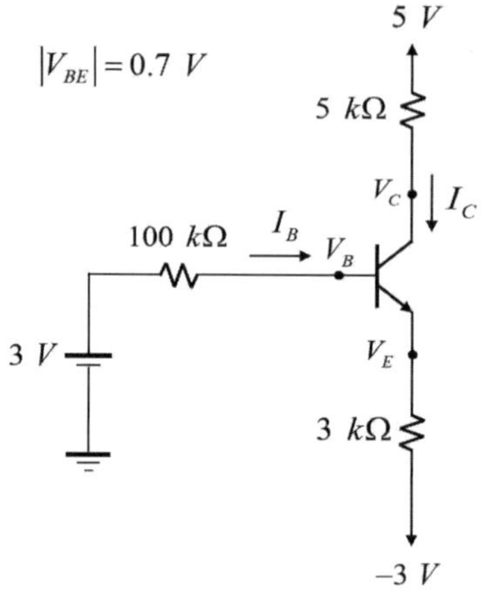

(예제 3.16 그림) 바이폴라 트랜지스터 회로

(문제 3.15) 다음 회로의 바이폴라 트랜지스터는 β가 100이다. $V_{BE} = 0.7\ V$에서 $1\,mA$의 컬렉터 전류가 흐를 때 각 단자의 전압과 지로의 전류를 구하시오.

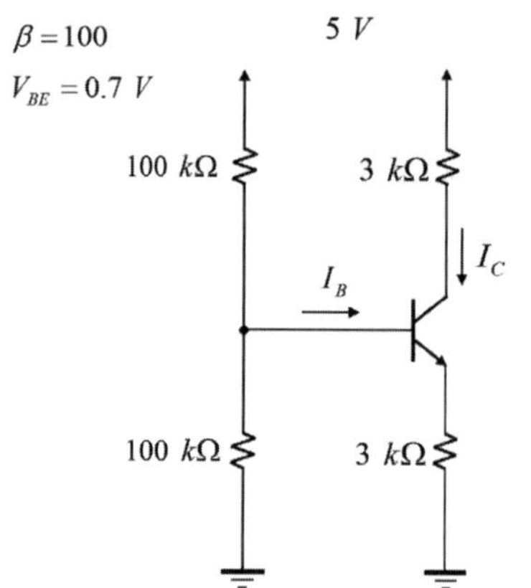

(문제 3.15 그림) 바이폴라 트랜지스터 회로

3.5.6 바이폴라 트랜지스터의 전류미러

집적회로에서 전류미러를 이용하면 트랜지스터와 저항의 간단한 조합으로도 많은 트랜지스터를 안정된 상태로 동작시킬 수 있다. 바이폴라 트랜지스터도 MOS 트랜지스터와 같이 전류미러 회로를 구성할 수 있으며 이 전류미러는 집적회로의 구성에 매우 유용하다. 그러나 바이폴라 트랜지스터의 전류미러는 특성의 변화가 거의 없는 MOS 트랜지스터와 달리 β의 변화를 무시할 수 없어 이에 대한 개선이 필요하다.

(그림 3.55)의 (a)는 바이폴라 트랜지스터를 이용한 전류미러 회로를 나타낸 것이다. 두 트랜지스터의 특성이 같으면 베이스와 이미터가 함께 연결되어 있으므로 베이스-이미터 전압이 같고 컬렉터 전류의 크기도 같다. 이때 MOS 전류미러와 달리 모니터저항 R_m 을 통해서 두 트랜지스터의 베이스에 전류가 공급되므로 MOS 전류미러와 달리 저항에는 컬렉터 전류보다 더 많은 전류가 흐른다.

$$I = I_C + \frac{2I_C}{\beta} = (1 + \frac{2}{\beta})I_C$$

모니터저항에 흐르는 전류인 I는 두 트랜지스터의 베이스 전류와 컬렉터 전류를 포함하기 때문에 β가 100이라면 출력전류인 I_C와 기준전류 I의 비는

$$\frac{I_C}{I} = \frac{1}{1+2/\beta} \approx 0.98$$

이 되며 β가 50이면 이 비는 0.96이 되어 모니터전류와 더 큰 차이를 보인다. 이처럼 바이폴라 트랜지스터의 전류미러는 같은 트랜지스터일지라도 β에 따라 전류가 변하기 때문에 일정한 전류가 필요한 회로의 특성도 달라질 수 있다. 또 바이폴라 트랜지스터의 β는 온도에 따른 변화가 있어 전류미러는 β의 변화에 대한 민감도를 줄일 필요가 있다.

(그림) (b)의 윌슨 전류미러(Wilson current mirror)는 바이폴라 트랜지스터를 통해 베이스 전류를 공급하여 β에 따른 변화를 경감시킨 회로이다. 회로에서 트랜지스터 쌍의 베이스 전류는 출력 트랜지스터의 이미터로부터 공급받는다.

$$I_{C1} = \frac{\beta+1}{\beta+2} I_C$$

I_C와 기준전류 I의 비는

$$\frac{I_C}{I} = 1/(\frac{\beta+1}{\beta+2} + \frac{1}{\beta}) = \frac{1+2/\beta}{1+2/\beta+2/\beta^2}$$

β가 100일 때 0.9998, 50일 때는 0.9992로 이전의 회로에 비해 β에 따른 변화가 크게 준다. 이처럼 일반적인 바이폴라 트랜지스터의 전류미러와 달리 윌슨 전류미러의 경우 컬렉터 전류로부터 베이스 전류를 공급받으므로 β의 변화에 둔감하며 캐스코드 효과에 의해 출력저항이 증가하는 장점도 있다.

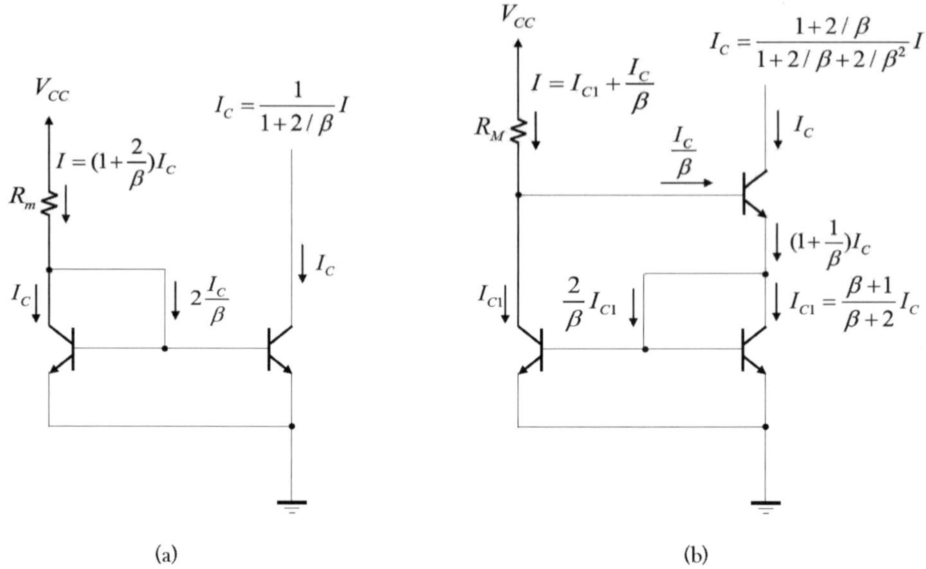

(그림 3.55) 바이폴라 트랜지스터의 전류미러 회로(a)와 윌슨 전류미러(b)

3.5.7 바이폴라 트랜지스터의 항복

활성영역에서 바이폴라 트랜지스터의 베이스-컬렉터 접합은 전압이 역방향으로 가해지며 (그림 3.56)과 같은 에너지대 구조를 갖는다. npn 바이폴라 트랜지스터의 베이스-컬렉터 접합의 역방향 전압이 V_{CE1}에서 V_{CE2}로 매우 증가하면 컬렉터-베이스 접합에 형성된 공핍층이 확장되어 이미터에 가까워지며 이미터와 베이스의 전위장벽이 낮아져 이미터에서 주입되는 전자가 증가하며 베이스 영역이 공핍되어 있으므로 컬렉터로 전자가 직접 주입되어 전류가 급격히 증가한다. 또 공핍층의 확장으로 유효한 베이스가 사라지면 이미터와 컬렉터가 맞닿은 것과 같이 큰 전류가 흐르게 되는데 이러한 현상을 펀치스루라 한다.

바이폴라 트랜지스터에서 전류가 급격히 증가하는 항복 특성은 이와 같은 펀치스루나 과도한 순방향 전압으로 인한 베이스-이미터, 베이스-컬렉터 두 pn 접합의 손상, 또는 지나친 역방향 전압에 의한 사태항복으로 나타날 수 있다.

컬렉터의 역방향 전압이 커지면 강한 전계로 인해 이동하는 전자의 에너지가 높아진다. 에너지가 높아진 전자는 원자와 충돌하여 에너지를 전달하고 구속된 전자를 들뜨게 하여 새로운 전자를 발생시키며 이 전자는 또 다른 전자를 발생하는 등 이러한 과정이 되풀이되는 사태(avalanche) 현상을 일으킨다.

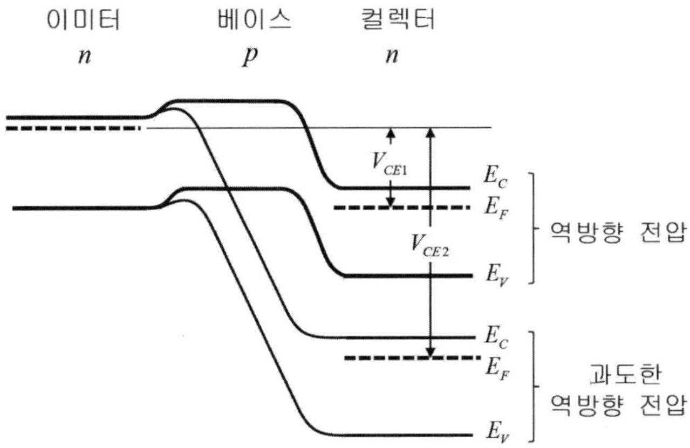

(그림 3.56) 과도한 컬렉터 역방향 전압을 가한 바이폴라 트랜지스터의 에너지대 구조

(그림 3.57) (a)는 베이스를 접지에 두고 베이스-이미터에는 순방향 전압을 컬렉터-베이스 사이에 역방향 전압을 가하여 전류가 흐르도록 한 회로이다. 컬렉터에 높은 전압을 가하면 접합에서 사태항복이 일어나 전류가 급격히 증가하는데 이때의 항복전압을 BV_{CBO}라고 한다. 이와 달리 (b)와 같이 이미터를 접지한 상태에서 컬렉터와 이미터에 과도한 전압을 가해도 접합에 항복을 일으키며 전류가 급격히 증가하는데 이 항복전압은 BV_{CEO}로 나타내며 BV_{CBO}의 절반 정도로 낮다. (c)의 위와 아래는 각각의 항복을 나타낸 전류-전압 특성이다.

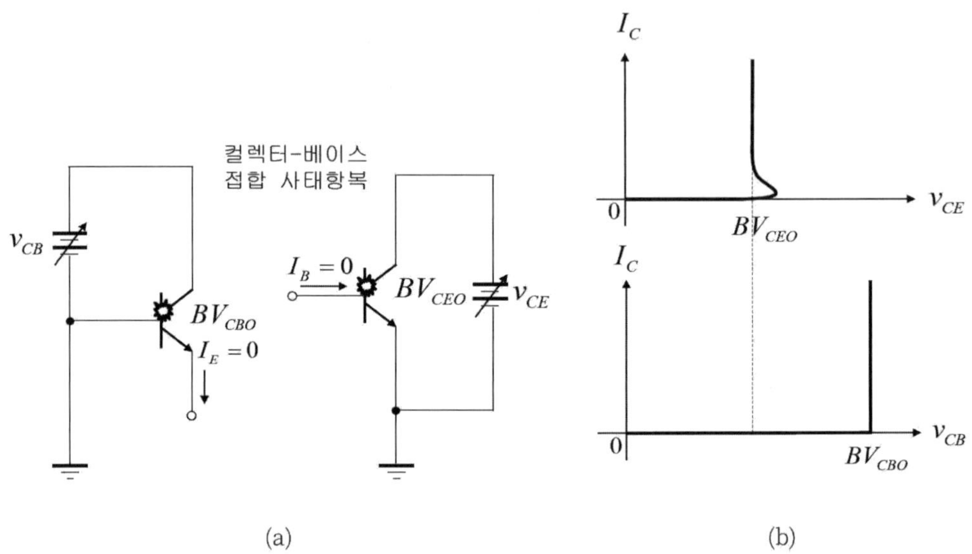

(그림 3.57) 항복 특성을 나타내는 회로(a)(b)와 전류-전압 특성(c)

참고문헌

1. C. Kittel, Introduction to Solid State Physics, 8th ed. John Wiley & Sons, Inc., 2004
2. S. M. Sze, Physics of Semiconductor Devices, 2nd ed. John Wiley & Sons, Inc., 1981
3. B, G. Streetman, and S. Banerjee, Solid State Electronic Devices, 5th ed. Prentice Hall, Inc., 2000
4. A. S. Sedra, and K. C. Smith. Microelectronic Circuits, 6th ed. Oxford University Press, Inc., 2011
5. B. Razavi, Fundamentals of Microelectronics, John Wiley & Sons, Inc., 2008

Chapter 4

트랜지스터 증폭기

Transistor Amplifiers

4.1 증폭기 회로의 구성

소리와 영상, 온도 등과 같은 물리적인 신호를 감지하여 전기신호로 변환하면 대부분 매우 작은 크기의 신호가 된다. 작은 전기신호는 큰 신호로 바꾸어 필요한 형태로 변환하여 이용하는데 이렇게 작은 신호를 큰 신호로 변환하는 과정을 증폭이라고 하며 트랜지스터를 이용하여 신호를 증폭하는 회로를 만든다.

증폭기 회로는 (그림 4.1)과 같이 입력된 신호를 키워 출력하는데 신호는 대부분 많은 주파수 성분의 사인파를 포함하고 있으며 크기도 다양하다. 증폭기 회로는 이들 모든 주파수와 크기의 성분에 대해 같은 비율로 증폭해야 신호가 왜곡되지 않으며 증폭기는 이러한 선형적인 특성을 가져야 한다.(예외로 비선형 증폭기도 있다.) 증폭기의 입력신호는 기준 전압을 중심으로 크기의 변화를 나타내고, 출력신호도 신호의 기준 전압을 중심으로 증폭된 크기의 변화를 나타낸다. 포화영역에서 동작하는 MOS 트랜지스터의 드레인 전류는 게이트-소스 전압에 비례하고, 활성영역에서 동작하는 바이폴라 트랜지스터의 컬렉터 전류는 베이스-이미터 전압에 비례하므로 이들 트랜지스터는 게이트 전압, 또는 베이스-이미터 전압에 종속된 전류원이 되어 부하를 구동할 수 있다. 따라서 입력에 비례하는 출력을 얻을 수 있어 트랜지스터를 이용하면 증폭기를 구성할 수 있다.

여기에서는 먼저 가장 많이 활용되는 MOS 트랜지스터를 이용한 공통소스로 접속된 증폭기를 통해 증폭기의 전반적인 구성과 동작을 공부한다.

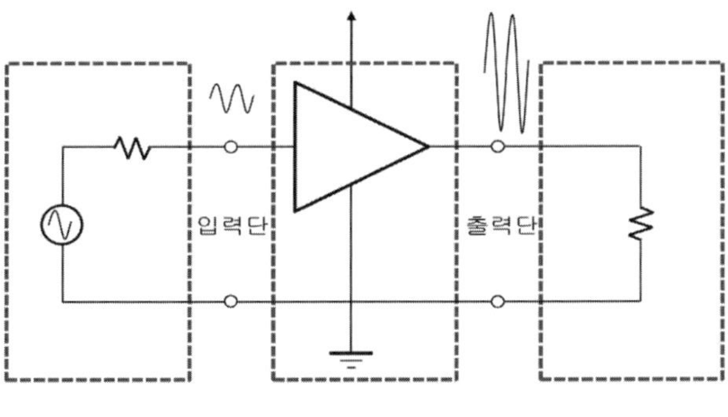

(그림 4.1) 증폭기의 연결

4.1.1 증폭기의 전달특성

MOS 트랜지스터는 게이트 전압의 변화를 드레인 전류로 변환하기 때문에 (그림 4.2) (a)와 같이 입력과 출력에 소스가 공통으로 접속된 회로가 증폭기에 가장 많이 이용된다. 이 증폭기 회로는 신호원이 게이트와 소스 단자에 연결되어 신호가 입력되며 출력은 드레인 전류에 의한 부하의 전압강하로 나타난다.

증폭기는 입력된 신호를 증폭하여 출력하는데 입력전압과 출력전압의 관계를 전압전달특성이라 하며 특성곡선의 기울기는 전압이득과 같다. (그림) (b)는 공통소스로 접속된 MOS 트랜지스터의 전압전달특성이다. MOS 트랜지스터는 게이트-소스 전압 v_{GS}에 따라 차단, 포화, 트라이오드상태로 구분되며 포화상태에서 입력전압에 따른 출력전류의 변화가 크고 선형적이기 때문에 증폭기는 포화상태의 동작을 이용한다.

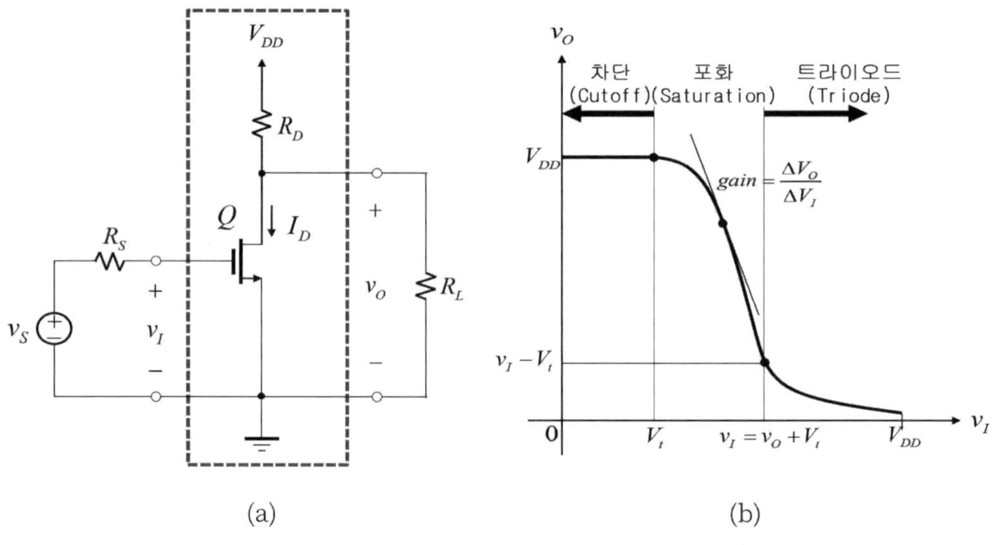

(그림 4.2) MOS 트랜지스터 기본 증폭기 회로(a)와 전압전달특성(b)

트랜지스터의 동작 영역은 게이트-소스 전압과 게이트-드레인 전압이 문턱전압보다 큰지, 또는 작은지에 따라 세 영역으로 구분되어 입력과 출력의 관계가 달라진다. 공통소스로 접속된 MOS 트랜지스터의 각 동작 영역에서 입력과 출력의 관계는 다음과 같다.

1) $v_{GS} < V_t$ (차단영역)

게이트에 입력되는 전압이 낮아 게이트-소스 전압이 문턱전압보다 낮으면 트랜지스터는 차단상태에 있고 전류가 흐르지 않으므로 저항 R_D에 전압강하가 없고 (그림)과 같이 출력전압은 V_{DD}를 유지한다.

$$v_O = V_{DD}$$

2) $v_{GS} > V_t$, $v_{GD} < V_t$ (포화영역)

입력전압이 증가하여 게이트-소스 전압이 문턱전압보다 크면 드레인에 전류가 흐르기 시작하는데 게이트-드레인 전압이 문턱전압보다 작으면 트랜지스터는 포화상태에서 동작한다. 입력되는 게이트 전압에 따라 드레인에 전류가 흐르고 저항에서 전압강하가 나타나 전원전압 V_{DD}에서 저항 R_D의 전압을 차감한 전압이 출력되며 저항의 전압강하가 크지 않으면 게이트와 드레인 사이의 전압이 문턱전압보다 낮아 트랜지스터가 포화영역에서 동작한다. 부하저항 R_L이 아주 크다고 가정하면 출력전압은 다음과 같다.

$$v_O = V_{DD} - \frac{1}{2}k_n(v_{GS} - V_t)^2 R_D$$

게이트 전압이 증가하면 드레인 전류가 커지고 저항에 많은 전압이 걸려 출력전압이 낮아진다. 증폭기의 출력은 입력되는 전압에 의해 오버드라이브전압($v_{GS} - V_t$)의 제곱과 저항의 곱에 비례하여 감소한다.

3) $v_{GS} > V_t$, $v_{GD} > V_t$ (트라이오드영역)

입력전압 증가하여 게이트-소스 전압이 문턱전압보다 크고 드레인 전압이 감소하여 게이트-드레인 전압이 문턱전압에 이르면 트랜지스터는 포화영역을 벗어나 트라이오드영역으로 진입한다. 트라이오드영역에서는 전류가 드레인 전압에도 영향을 받아 더 이상 출력이 입력에만 비례하지 않는다.

$$v_O = V_{DD} - k_n[(v_{GS} - V_t)v_{DS} - \frac{1}{2}v_{DS}^2]R_D$$

증폭기의 출력은 입력에 비례하여 출력되어야 하는데 트랜지스터가 트라이오드상태로 동작하면 전류가 입력인 게이트와 출력인 드레인 전압에 모두 영향을 받아 비선형적인 특성을 나타내 적합하지 않다. 따라서 증폭기는 위의 두 번째 구간인 포화상태에 있어야 하며 신호가 입력되었을 때에도 포화상태를 유지하여야 한다. 신호의 크면 포화상태를 벗어날 수 있으므로 신호의 기준점인 동작점이 포화영역의 중앙에 있을 때 입력신호의 허용범위가 가장 넓다.

(예제 4.1) (그림 4.2)의 공통소스로 접속된 증폭기에서 V_{DD}는 $10\ V$, R_D는 $1\,k\Omega$이다. 부하가 개방되어 있을 때 트랜지스터의 문턱전압이 $1\ V$, 트랜스컨덕턴스 파라미터 $k_n = 2\,mA/V^2$일 때 회로가 포화상태에서 동작할 수 있는 입력전압 v_I의 최대와 최소는 얼마인가?

최대의 입력전압은 핀치오프 될 때 게이트 전압과 같다.

$$v_{GD} = V_t = 1\ V$$

$$v_G - (10 - (1k)I_D) = 1$$

포화상태의 드레인 전류

$$I_D = \frac{1}{2}(2m)(V_G - 1)^2$$

두 식에서 드레인 전류 I_D를 소거하면 게이트 전압 v_G를 얻을 수 있다.

$$v_G^2 - v_G - 10 = 0$$

이 식으로부터 v_G는 $3.7\ V$와 $-2.7\ V$의 두 해를 얻을 수 있으나 $-2.7\ V$는 동작에 필요한 조건에 맞지 않으므로 입력전압의 최대는

$$v_{I,\max} = v_{G,\max} = 3.7\ V$$

게이트 전압의 최소는 트랜지스터가 턴온되기 위한 전압과 같다.

$$v_{I,\min} = v_{G,\min} = V_t = 1\ V$$

4.1.2 신호의 중첩과 바이어스

트랜지스터를 이용한 증폭기는 신호가 없으면 dc 회로와 같이 포화상태에서 동작점의 일정한 전류와 전압을 유지하는데 이처럼 회로가 정해진 동작 상태를 유지하도록 전압을 가하거나 전류가 흐르도록 하는 것을 바이어스를 가한다고 한다. 이와 같은 상태는 MOS 트랜지스터에 적절한 전압을 가하여 포화상태에서 동작하도록 하거나 정전류원을 연결하여 일정한 전류가 흐르도록 하여 만들 수 있다.

(그림 4.3)의 (a)와 같이 MOS 트랜지스터의 게이트와 드레인, 소스의 각 단자에 각각 적절한 전압을 가하여 트랜지스터가 포화상태에 있도록 하면 증폭기로 동작하는 바이어스 상태를 쉽게 얻을 수 있다. 그러나 이 경우 3개의 전원이 필요하여 비효율적이다. 따라서 (b)와 같이 전압을 분배하여 필요한 전압을 만들어 인가하거나 (c)처럼 전압을 분배하지 않고 두 개의 전원으로 게이트-소스 전압을 고정하여 필요한 증폭기의 바이어스 상태를 얻을 수도 있다. 또 (d)와 같이 드레인과 게이트를 연결하면 게이트와 드레인은 전압이 같아 게이트에 직접 고정된 전압을 연결하지 않아도 드레인 전압에 따라 게이트 전압이 정해지며 트랜지스터를 포화상태에 있게 할 수 있다.

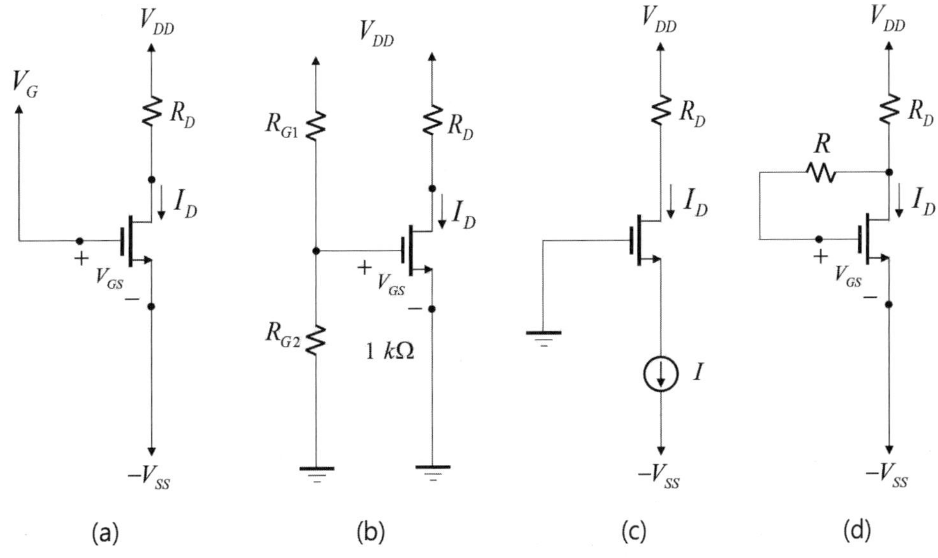

(그림 4.3) MOS 트랜지스터의 바이어스

이처럼 트랜지스터에 전압을 분배하여 연결하거나 전원을 직접 연결하는 것은 바이어스를 가하는 편리한 방법이지만 저항에 의한 전력손실이 있으며 저항값이 다르거나 불균일한 특성의 부품이 사용되면 전압이 달라지고 드레인 전류도 일정하지 않을 수 있다.

트랜지스터에 정전류원을 연결하면 저항이나 부품의 특성에 영향을 받지 않고 일정한 전류가 흐르므로 증폭기를 안정하게 동작시킬 수 있다. 전류미러는 매칭된 트랜지스터를 이용하여 정해진 전류가 흐르도록 하는 회로이며 집적회로로 제작되면 안정되고 균일한 전류를 얻을 수 있다. 따라서 증폭기에 연결되는 정전류원으로 전류미러를 이용하면 효과적이며 (그림 4.4)와 같이 트랜지스터를 연결하여 여러 개의 전류원으로도 이용할 수 있어 효율적이다.

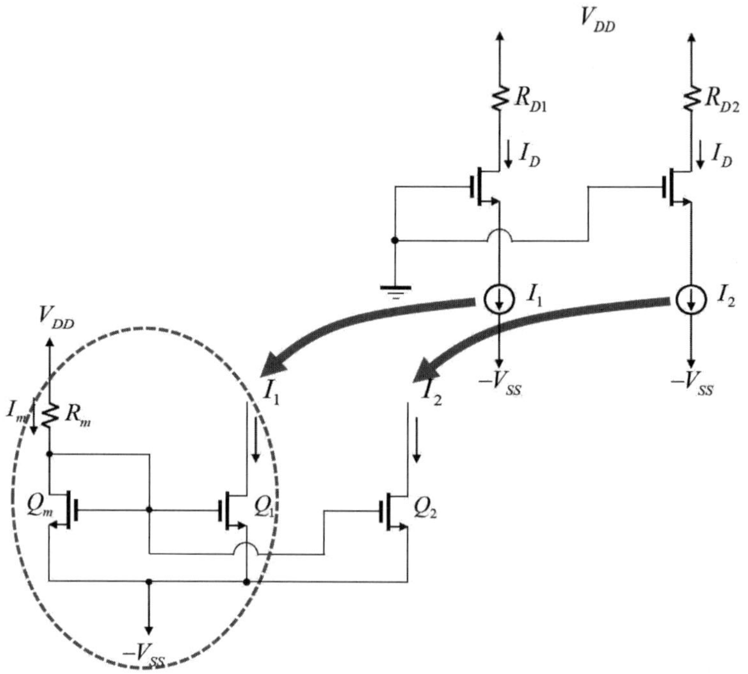

(그림 4.4) 전류미러의 사용

(예제 4.2) (그림 4.4) 회로에서 Q_m과 Q_1, Q_2는 모두 매칭된 트랜지스터이다. Q_m의 게이트 폭과 길이가 각각 $10\,\mu m, 1\,\mu m$이고 I_m은 $10\,mA$이다. 트랜지스터의 게이트 길이가 모두 $1\,\mu m$일 때 $I_1 = 20\,mA$, $I_2 = 40\,mA$가 되도록 하려면 필요한 Q_1, Q_2의 게이트 폭은 얼마가 되어야 하는가?

세 트랜지스터의 게이트-소스 전압이 같으므로 드레인 전류는 W/L의 비와 같다.

$$\frac{I_1}{I_m} = \frac{20m}{10m} = \frac{(W/L)_1}{(W/L)_m} = \frac{W_1/1}{10/1}$$

$$W_1 = 20\,\mu m$$

I_2는 I_m의 4배 이므로

$$W_2 = 40\,\mu m$$

---

(1) 신호의 중첩

증폭기의 트랜지스터에 신호가 입력되면 신호가 동작점에 중첩되어 출력된다. 증폭기의 트랜지스터는 포화상태로 동작하므로 게이트에 입력되는 신호가 작으면 포화상태를 유지하지만 신호가 커지면 게이트-드레인의 역방향 전압이 감소하여 포화상태에서 트라이오드상태로 동작이 바뀔 수 있으며 게이트-소스 전압이 문턱전압 이하로 감소하여 트랜지스터가 차단될 수도 있다. 따라서 증폭기의 동작 상태가 달라지지 않도록 신호의 범위를 제한할 필요가 있다.

(그림 4.5) (a) 회로에서 증폭기에 입력되는 전압은 v_{GS}이며 드레인과 전원 사이에 저항이 있으므로 출력전압은 다음과 같다.

$$v_O = v_{DS} = V_{DD} - i_D R_D = 15 - 2k i_D$$

$$i_D = \frac{1}{R_D}(V_{DD} - v_O)$$

입력전압인 게이트-소스 전압이 트랜지스터의 문턱전압보다 작으면 트랜지스터가 차단상태에 있고 전류가 흐르지 않으므로 출력전압인 드레인 전압은 V_{DD}를 유지한다. 입력전압이 문턱전압을 넘어서면 트랜지스터는 포화상태로 동작하며 드레인 전류가 흘러 출력전압이 입력전압에 따라 달라진다. 포화상태의 트랜스컨덕턴스 파라미터 k_n 이 $1\,mA/V^2$이면

$$i_D = \frac{1}{2}k_n(v_{GS} - V_t)^2 = \frac{1}{2}(1m)(v_{GS} - 1)^2$$

드레인 전류는 게이트 전압에 따라 증가하고 저항의 전압도 전류에 비례하여 커진다. 따라서 입력전압이 증가하면 V_{DD}에서 차감되는 전압이 커져 출력전압이 감소한다.

$$v_O = V_{DD} - \frac{1}{2}k_n(v_{GS} - V_t)^2 R_D = 15 - \frac{1}{2}(1m)(2k)(v_{GS} - 1)^2$$

$$= 15 - (v_{GS} - 1)^2$$

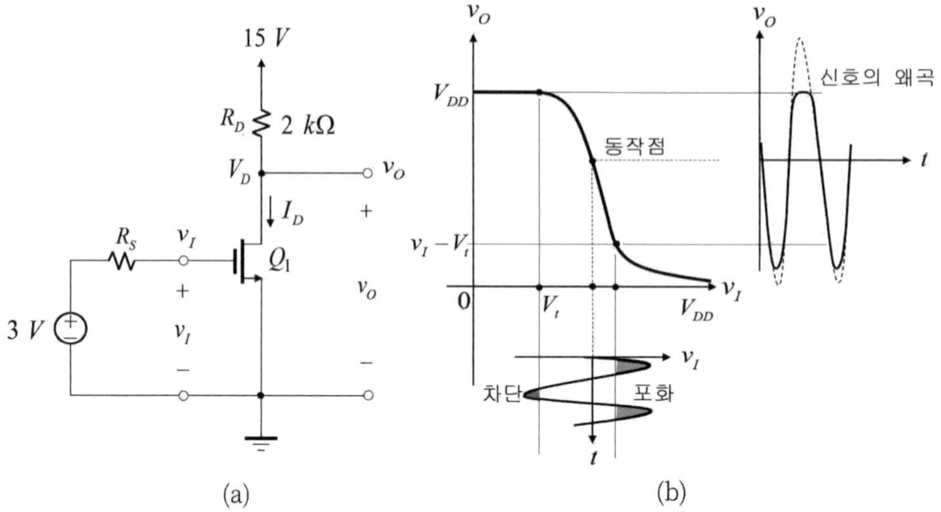

(그림 4.5) 증폭기 회로와 신호의 중첩

증폭기는 입력에 따라 출력이 급격히 변하는 포화영역에서 동작하며 (b)와 같이 포화영역의 중앙을 중심으로 입력이 변하면 이에 대응하는 전압이 출력된다. 게이트 전압이 커지면 출력전압이 감소하는데 출력이 감소하여 게이트-드레인 전압이 문턱전압과 같게 되면 ($v_{GD} = V_t$, $v_{GS} = v_{DS} + V_t$) 트랜지스터는 포화상태에서 트라이오드상태로 바뀌어 동작한다.

선형증폭기는 포화영역에서 동작하는 특성을 이용하기 때문에 턴온된 뒤 트라이오드상태에 이를 때까지가 증폭기가 정상적으로 동작할 수 있는 범위가 된다. 따라서 어디에 동작점을 정하는가에 따라 허용되는 신호의 크기가 다르며 동작점을 핀치오프 전압과 V_{DD}의 중앙에 둘 때 허용되는 신호가 가장 크다.

(문제 4.1) (그림 4.5) (a)의 회로에서 트랜지스터의 문턱전압이 1 V일 때 왜곡되지 않는 증폭기의 출력을 얻을 수 있는 최대신호전압의 크기는 얼마인가?

4.1.3 소신호 등가회로

증폭기에 입력되는 신호는 직류전압인 동작점의 전압에 중첩되어 있으므로 신호전압과 직류전압으로 구분하여 나타낼 수 있다.

(그림 4.6) (a)와 같이 입력전압을 직류전압 성분 V_{GS}와 신호전압 성분 v_{gs}로 구분하고 중첩의 원리를 적용하여 신호만 고려하면 드레인 저항에 연결된 직류전압원의 전압을 '0'으로 하면 단락된 것과 같으므로 저항 끝점의 전압은 접지의 전압과 같다. 따라서 R_D는 접지에 연결되며 이와 마찬가지로 신호원의 직류전압도 '0'으로 하면 신호성분만 접지에 연결된다.

트랜지스터의 드레인 전류 i_D를 직류전류 성분 I_D와 신호전류 성분 i_d로 구분하면 포화상태의 드레인 전류는

$$i_D = I_D + i_d = \frac{1}{2}k_n(V_{GS} + v_{gs} - V_t)^2$$

$$= \frac{1}{2}k_n((V_{GS} - V_t)^2 + 2v_{gs}(V_{GS} - V_t) + v_{gs}^2)$$

이 식에서 신호전류 성분만 구분하면 다음과 같다.

$$i_d = \frac{1}{2}k_n(2v_{gs}(V_{GS} - V_t) + v_{gs}^2) \approx k_n v_{gs} V_{OV}$$

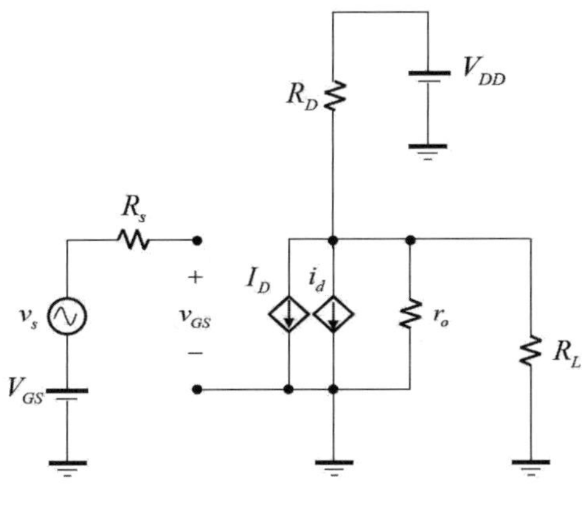

(a)

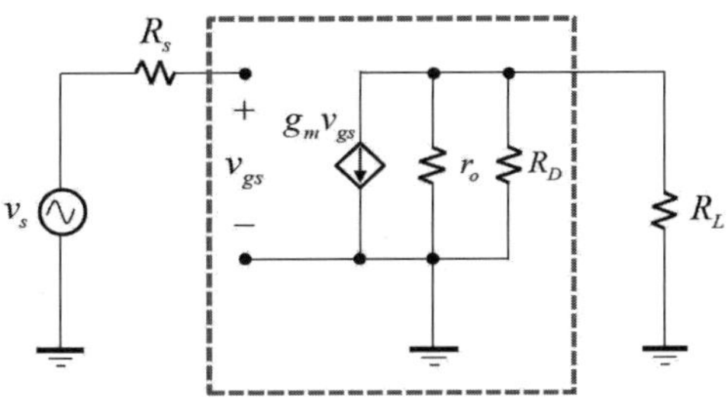

(b)

(그림 4.6) 공통소스로 접속된 증폭기의 대신호 등가회로(a)와 소신호 등가회로(b)

트랜스컨덕턴스 g_m은 입력된 신호전압에 대한 출력 신호전류의 비이므로 매우 작은 신호 성분의 제곱은 크기가 작아 무시하면 다음과 같이 드레인의 dc 전류와 오버드라이브전압의 비로 나타낼 수 있다.

$$g_m \equiv \frac{i_d}{v_{gs}} = k_n V_{OV} = \frac{2I_D}{V_{OV}}$$

대신호 등가회로에서 입력과 출력의 신호성분만 구분하고 전류를 $g_m v_{gs}$로 대체하면 회로는 (b)와 같이 전류로 나타낸 π형 소신호 등가회로가 된다. 이 회로에서 트랜지스터만 구분하여 나타내면 (그림 4.7) (a)의 등가회로와 같다. 소신호 등가회로는 v_{gs}, g_m, v_{ds}, i_d 와 같이 신호만의 성분들로 나타낸다.

π형 소신호 등가회로는 공통소스로 접합된 회로를 해석할 때 편하지만 소스에 신호가 입력될 때는 입력전류가 있으므로 소스 전류와 소스-게이트 전압을 고려하여 (b)와 같이 T형의 모델로 나타내는 것이 유리하다.

트랜지스터의 게이트와 소스 사이에는 전압 v_{gs}가 걸려 있으며 게이트에 전류가 흐르지 않지만 소스로는 $g_m v_{gs}$의 전류가 흐른다. 이러한 전압-전류 관계는 소스와 게이트 사이에 $1/g_m$의 저항이 있을 때와 같다. 따라서 게이트와 소스 사이의 전압-전류 관계를 (b)와 같이 $1/g_m$로 대체하여 나타낼 수 있으며 이때 게이트로 전류가 흐르지 않으므로 $i_g = 0$이다.

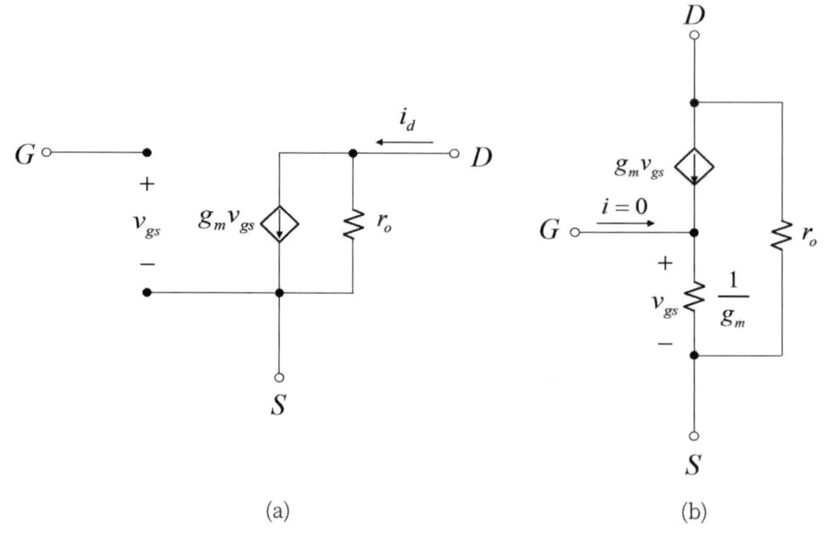

(그림 4.7) NMOS 트랜지스터의 소신호 모델. π형 등가회로(a), T형 등가회로(b)

(예제 4.3) 공통소스로 접속된 NMOS 트랜지스터가 있다. k_n 이 $1\,mA/V^2$이고, 문턱전압은 1 V이면 동작점의 게이트-소스 전압이 3 V일 때 트랜스컨덕턴스는 얼마인가? 또 이 트랜지스터의 얼리전압이 100 V이면 때 r_o은 얼마인가?

동작하는 트랜지스터의 오버드라이브전압

$$V_{OV} = V_{GS} - V_t = 3 - 1 = 2\,V$$

트랜스컨덕턴스는 k_n 과 오버드라이브전압의 곱과 같다.

$$g_m = k_n V_{OV} = (1)(2)^2 = 4\,mS$$

출력저항은 드레인 전류를 구하고 얼리전압을 전류로 나누면 얻을 수 있다.

$$I_D = \frac{1}{2}k_n V_{OV}^2 = \frac{1}{2}(1m)(2)^2 = 2\,mA$$

$$r_o = \frac{V_A}{I_D} = \frac{100}{2m} = 50\,k\Omega$$

4.1.4 증폭기의 이득과 부하, 신호의 연결

(1) 증폭기의 이득

앞의 (그림 4.5) (a)는 입력신호와 부하가 연결된 기본적인 MOS 증폭기 회로이다. 이 회로는 입력이 게이트에, 출력은 드레인에 연결되고 소스가 입력과 출력에 공통으로 접속되어 있어 공통소스 증폭기 회로라고 한다. 트랜지스터의 드레인 전류는 게이트에 입력되는 전압에 따라 변하며 출력전압의 변화를 보기 위해 공통소스 회로는 드레인과 전원 사이에 저항이 있다. 공통소스 회로에 신호원과 부하가 연결되면 그림과 같이 입력과 출력을 갖춘 증폭기의 전체 회로가 구성된다.

모든 전자회로의 기능은 전원과 부하로 구분할 수 있다. 신호원의 회로도 복잡한 회로로 구성될 수 있으나 신호원과 저항을 포함한 테브난 등가회로로 등가화할 수 있으며 부하는 등가의 부하저항으로 표시할 수 있다. 또 신호원 회로에서 볼 때 증폭기 회로는 (그림 4.8) (a)와 같이 부하로 보일 것이고 부하가 증폭기 회로를 보면 (b)와 같이 저항이 신호원과 직렬로 연결된 테브난 등가회로와 같다.

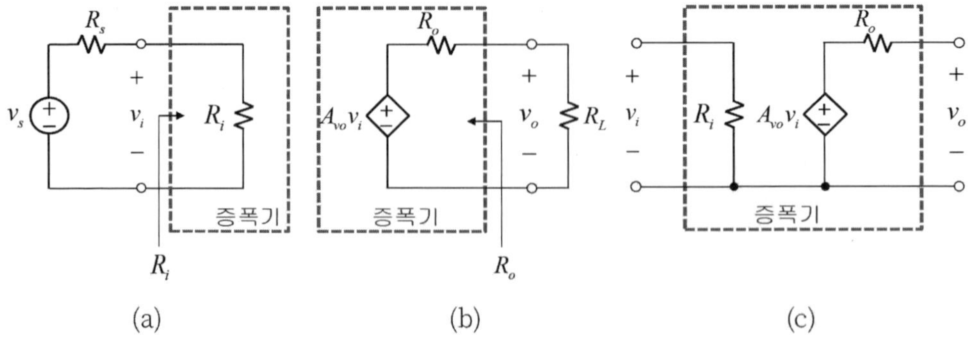

(그림 4.8) 신호원 회로에서 본 증폭기 회로(a)와 부하에서 본 증폭기 회로(b), 증폭기의 등가회로(c)

이처럼 신호원에서 본 증폭기 회로는 저항으로 나타낼 수 있으며 이 저항을 입력저항 R_i 라고 한다. 출력에서 본 증폭기는 저항을 가진 전원이며 이 저항은 출력저항 R_o이다. 증폭기의 출력전압은 출력저항과 부하저항에 분배되므로 부하가 개방되어 있을 때 가장 큰 출력전압을 나타낸다. 이때의 이득을 개방회로이득 A_{vo}로 나타내며 증폭기가 갖는 고유한 이득이다.

$$A_{vo} \equiv \frac{v_o}{v_i}|_{R_L = \infty}$$

개방된 증폭기 회로의 출력은 입력된 신호에 이 개방회로이득을 곱한 것이므로 부하가 바라본 증폭기는 크기가 $A_{vo}v_i$인 신호원과 같다. 따라서 신호원과 부하에서 본 증폭기는 (c)와 같은 등가회로로 나타낼 수 있다. (c)는 입력저항과 출력저항, 증폭된 개방회로 전압을 포함한다.

등가회로를 이용하면 신호가 전달되는 과정을 통해 증폭기를 쉽게 해석할 수 있다. (그림 4.9)와 같이 저항을 포함한 회로에서 신호원으로부터 부하로 신호가 전달되는 과정은 저항들에 의한 전압의 분배와 같다.

신호원의 전압은 신호원의 내부저항과 증폭기의 입력저항에 분배되어 증폭기에는 다음과 같이 입력저항의 전압만 입력된다.

$$v_i = v_s \frac{R_i}{R_s + R_i} = (1m)\frac{1k}{1k + 1k} = 0.5\,m\,V$$

입력된 신호전압은 트랜지스터에서 증폭되어 신호전압에 개방회로의 전압이득을 곱한 전압이 출력되는데 부하가 있으면 트랜지스터의 출력저항과 부하저항에 이 전압이 분배되므로 부하에 나타나는 출력전압은 다음과 같다.

$$v_o = A_{vo}v_i\frac{R_L}{R_o+R_L} = (-100)(0.5m)\frac{10k}{10k+10k} = -25\,mV$$

이 식으로부터 증폭기에 입력된 신호와 부하에 출력된 신호의 비인 이득을 다음과 같이 얻을 수 있다.

$$A_v \equiv \frac{v_o}{v_i} = A_{vo}\frac{R_L}{R_o+R_L} = (-100)\frac{10k}{10k+10k} = -50\ V/V$$

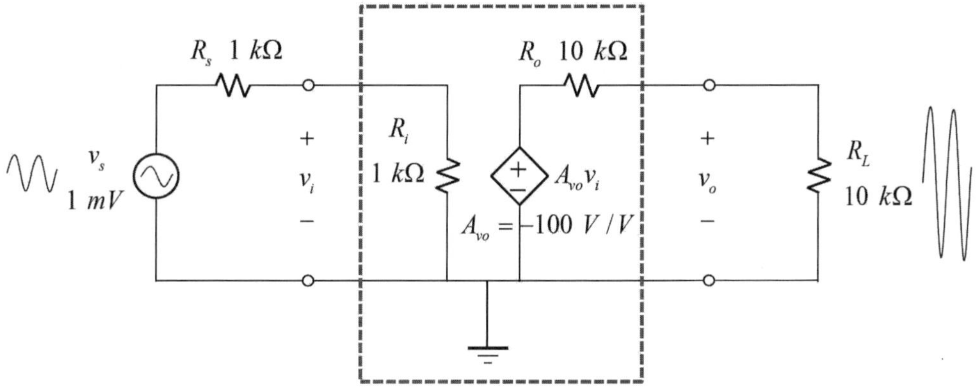

(그림 4.9) 증폭기의 소신호 등가회로 예

전체 회로의 전압이득(overall voltage gain, G_v)은 처음 신호원의 전압과 마지막 부하가 갖는 출력전압의 비이다. 신호원의 전압이 증폭기의 저항에 분배되어 입력되므로 이를 고려하면 전체전압이득은 다음과 같다.

$$G_v = \frac{v_o}{v_s} = \frac{R_i}{R_s+R_i}A_{vo}\frac{R_L}{R_o+R_L}$$
$$= \frac{1k}{1k+1k}(-100)\frac{10k}{10k+10k} = -25\ V/V$$

증폭기 회로의 이득은 위 식에서 계산된 것과 같이 증폭기가 갖는 고유이득과 전압이 저항에 분배되는 비율을 곱한 것이다.

(2) 증폭기의 부하

증폭기의 출력에는 부하가 연결되는데 부하는 단순한 저항일 수도 있고 커패시턴스를 포함한 임피던스일 수도 있다. 또 트랜지스터가 연결될 수도 있는데 이처럼 부하로 저항이 아닌 트랜지스터가 연결된 경우 능동부하라고 한다.

1) 저항이 부하인 회로

소스가 공통으로 접속된 NMOS 트랜지스터 증폭기는 전원과 드레인 사이에 저항 R_D를 접속하여 출력전압을 정한다. 증폭기의 출력은 R_D의 전압강하로 정해지는데 트랜지스터의 출력저항 r_o이 R_D와 병렬로 연결되어 있으므로 $r_o//R_D$의 전압강하가 출력전압이다.

이 회로에 (그림 4.10) (a)와 같이 부하 R_L이 연결되어 부하에서 증폭기를 바라보면 트랜지스터의 출력저항 r_o과 드레인 저항 R_D가 병렬로 연결된 것으로 보인다. 전류원이 볼 때 부하 R_L이 이 두 저항과 병렬로 접속되어 있으므로 이들의 등가저항, R_L'은 다음과 같다.

$$R_L' = r_o//R_D//R_L$$

R_D는 트랜지스터의 r_o에 비하여 작아 등가저항은 R_D에 의해 낮아지며 부하 R_L이 드레인 저항과 함께 접속될 경우 회로의 이득이 감소한다.

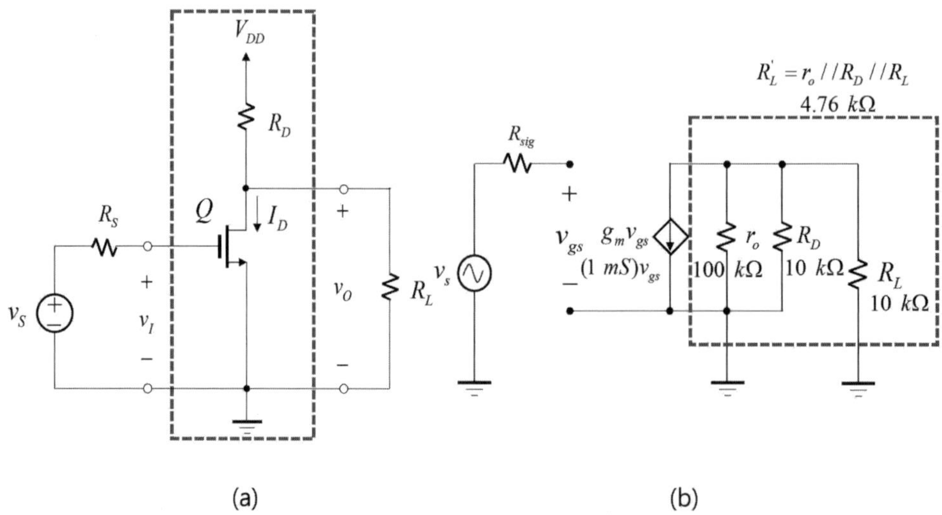

(그림 4.10) 부하를 갖는 증폭기 회로

(b)와 같이 트랜스컨덕턴스가 $1\,mS$, 출력저항이 $100\,k\Omega$일 경우 공통소스로 접속된 트랜지스터 회로의 개방회로 전압이득은

$$A_{vo} = -g_m r_o = -(1m)(100k) = -100\ V/V$$

드레인 저항과 부하저항을 고려하면 다음과 같다.

$$A_v = -g_m R_L'$$
$$= -(1m)(100k//10k//10k) = -(1m)(4.76k) = -4.76\ V/V$$

공통소스로 접속된 증폭기에서 드레인에 연결된 저항은 이처럼 이득을 줄이는 부하효과를 나타낸다.

2) 능동부하 회로

공통소스 증폭기의 드레인에 연결된 저항은 작을수록 이득이 감소하기 때문에 큰 값의 저항을 이용하는 것이 좋다. 트랜지스터는 출력저항이 크기 때문에 드레인 저항을 효과적으로 대체할 수 있으며 이처럼 트랜지스터의 출력저항을 부하로 이용한 회로를 능동부하 회로라고 한다.

(그림 4.11)은 드레인에 PMOS 트랜지스터로 구성된 전류미러를 정전류원으로 연결한 회로이다. 드레인에 연결된 전류미러의 출력저항은 PMOS 트랜지스터의 출력저항과 같고 드레인 저항 R_D를 대체한다. 트랜지스터의 출력저항은 매우 커서 저항 R_D에 의해 나타나는 이득감소를 줄일 수 있다.

(그림)의 회로에서 증폭기 트랜지스터의 출력저항 r_{o_1}은 $100\,k\Omega$, PMOS 전류미러의 출력저항 r_{o2}는 $100\,k\Omega$이며 부하에서 볼 때 이들 두 저항은 병렬로 접속된 것과 같다. 따라서 부하저항 R_L이 $10\,k\Omega$일 때 트랜지스터의 출력 전류원 $g_m v_i$에 병렬로 연결되는 세 저항의 등가저항은

$$R_L' = r_{o1}//r_{o2}//R_L = 100k//100k//10k = 8.33\,k\Omega$$

트랜스컨덕턴스가 $1\,mS$ 이면 증폭기의 전압이득은

$$A_v = -g_m R_L' = -(1m)(8.33k) = -8.33\ V/V$$

이 이득은 $10\,k\Omega$의 드레인 저항 R_D가 연결되었을 때의 이득인 $-4.76\ V/V$보다 크다.

이처럼 트랜지스터의 출력저항을 이용하면 작은 면적으로도 안정적인 큰 저항을 얻을 수 있고 이득의 감소를 줄일 수 있어서 회로를 구성할 때 효과적이다.

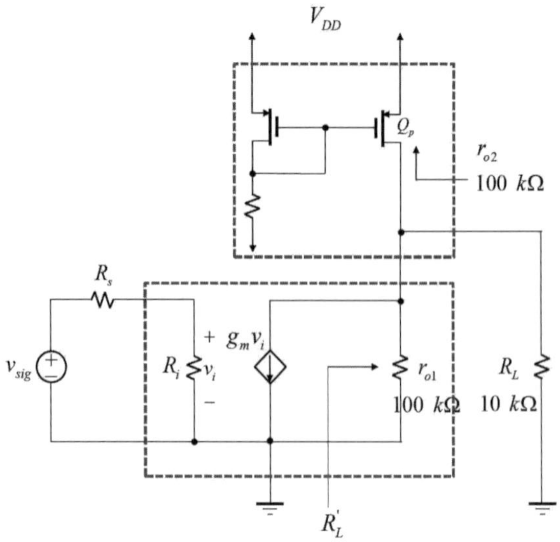

(그림 4.11) 능동부하를 갖는 증폭기 회로

(3) 신호의 연결과 커패시터

증폭기는 센서나 다른 회로에서 얻은 작은 신호를 증폭하기 때문에 입력신호의 기준전압과 증폭기가 필요로 하는 입력의 기준전압이 대부분 일치하지 않는다. 이 경우 신호를 직접 연결하면 바이어스 조건이 맞지 않아서 적절히 증폭되지 않기 때문에 신호와 증폭기의 기준전압을 맞추거나 신호원과 증폭기 사이에 커패시터를 연결하여 dc 전압은 차단하고 신호성분만 연결되도록 한다.

(그림 4.12) 회로에서 신호원은 V_S의 직류성분과 v_s의 신호성분을 가지며 증폭기에 필요한 입력의 바이어스 전압은 동작전압인 V_{GS}이다. 또, 증폭기의 출력신호는 직류성분인 동작전압 V_{DS}와 v_{ds}의 작은 신호전압을 갖기 때문에 출력의 직류 동작전압과 부하에 필요한 직류전압이 다르면 부하가 필요한 신호를 제대로 전달받지 못한다. 이때 (그림)의 회로와 같이 커패시터를 연결하면 입력의 신호성분은 연결되지만 직류성분이 차단되어 전압의 차이를 극복할 수 있다. 커패시터의 임피던스는 $1/j\omega C$로 주파수에 반비례하기 때문에 주파수가 없는 직류전압에 대해 커패시터는 무한한 크기의 임피던스를 가져 개방된 회로와 같고, 높은 주파수에서는 낮은 임피던스 특성을 나타내 커패시터를 이용하면 신호만 연결할 수 있다. 이처럼 신호의 연결을 위한 커패시터를 연결 커패시터(coupling capacitor)라 한다.

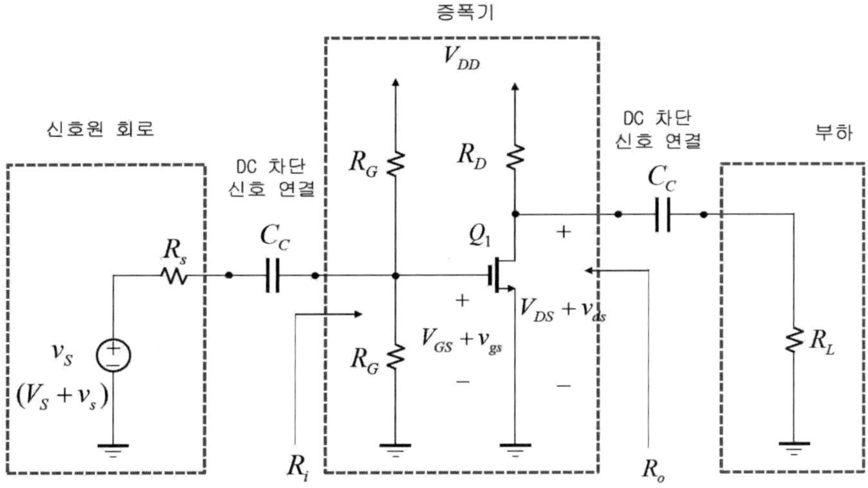

(그림 4.12) 신호원과 증폭기, 부하의 커패시터에 의한 신호 연결

신호는 증폭기에 입력될 때 신호원의 저항 R_s와 커패시터의 임피던스 $1/j\omega C$, 입력저항 R_i에 분배되기 때문에 증폭기에는 입력저항에 분배된 신호만 입력된다.

$$v_i = \frac{R_i}{R_s + R_i + 1/j\omega C} v_{sig}$$

신호원의 저항을 무시하면($R_s = 0$) 신호의 비는 다음과 같이 주파수에 반비례한다.

$$\frac{v_i}{v_s} = \frac{R_i}{R_i + 1/j\omega C} = \frac{1}{1 + 1/j\omega CR_i}$$

신호에 포함된 dc성분은 주파수가 없어 ω가 '0'과 같으므로 커패시터가 갖는 임피던스가 무한히 커 dc성분은 개방된 상태와 같이 차단되어 입력되지 않는다.

이와 달리 신호의 주파수가 아주 높으면 커패시터는 임피던스가 '0'에 가까워 단락된 것과 같아서 증폭기에 신호가 대부분 입력되고 주파수가 낮으면 신호가 커패시터에 분배되므로 감쇄되어 입력된다. 주파수에 따른 신호의 비는 커패시터의 임피던스와 입력저항의 곱에 의해 결정되므로 신호의 주파수가 낮으면 커패시터의 용량이 커야 입력되는 신호의 감소를 줄일 수 있다.

입력신호와 마찬가지로 증폭기에서 출력되는 신호의 기준 전압이 부하의 직류전압과 같지 않으면 출력도 정상적으로 전달되지 않는다. 따라서 증폭기의 출력에도 입력과 같이 커패시터를 연결하여 직류전압 성분을 차단하고 전압의 차이가 허용되도록 한다. 커패시터와 부하가 연결되지 않은 개방상태의 출력전압을 v_o'이라 하면 커패시터의 용량에 따라 부하전압은 다음과 같이 변한다.

$$\frac{v_L}{v_o'} = \frac{R_L}{R_o + R_L + 1/j\omega C} = \frac{R_L}{R_o + R_L}\frac{1}{1 + 1/j\omega C(R_o + R_L)}$$

출력에서도 입력과 같이 커패시터에 의한 신호의 감소를 큰 용량의 커패시터를 이용하여 줄일 수 있다. 그러나 커패시터의 용량이 크면 면적을 많이 차지하기 때문에 집적회로에서는 사용하는 주파수를 고려하여 가능하면 작은 값으로 정해야 한다.

주파수에 따른 보다 상세한 특성은 뒤에서 알아보고 여기에서는 커패시터가 dc는 차단하고 신호는 손실 없이 연결한다고 보고 해석한다.

(문제 4.2) 저항이 없는 신호원을 연결 커패시터를 통해 입력저항이 $1\,M\Omega$인 증폭기에 연결하려고 한다. 신호의 주파수가 $100\,kHz$일 때 99%의 신호가 입력되도록 하려면 커패시터의 용량은 얼마가 되어야 하는가?

(4) 증폭기의 소신호 이득

증폭기를 사용하는 주된 목적은 신호의 증폭이며 출력신호와 입력신호 크기의 비인 이득은 증폭기의 특성을 나타내는 가장 중요한 지표이다. 증폭기는 신호를 선형적으로 증폭해야 하므로 선형성을 유지하는 범위 이내의 작은 신호만이 허용되는데 dc와 작은 신호를 포함한 전체 신호 중 신호 성분만 고려하여 나타낸 이득을 소신호 이득이라고 하며 이것은 소신호 등가회로를 적용하여 구할 수 있다.

(그림 4.12)의 공통소스로 접속된 증폭기 회로에서 신호원의 저항 R_s가 $100\,k\Omega$, 게이트 바이어스를 위한 저항 R_{G1}과 R_{G2}는 $1\,M\Omega$, 드레인 저항 R_D와 부하저항 R_L이 $10\,k\Omega$일 때 소신호 등가회로는 (그림 4.13)과 같다. 증폭기는 트랜지스터의 게이트와 소스에 사이에 입력된 전압으로 드레인 전류가 조절되며 이 전류로 드레인에 연결된 부하저항의 전압이 달라져 신호가 출력된다.

트랜지스터의 게이트 저항은 무한히 크지만 증폭기 회로는 게이트에 바이어스를 가하기 위한 저항 R_{G1}, R_{G2}가 연결되어 있어 입력저항이 $R_{G1}//R_{G2}$로 유한한 값을 가지며 신호원 전압은 신호원이 갖는 저항과 입력저항에 분배되어 트랜지스터에 입력된다.

$$R_i = R_{G1}//R_{G2} = 1M//1M = 500\,k\Omega$$

$$v_i = v_s \frac{R_i}{R_s + R_i} = v_s \frac{500k}{100k + 500k} = 0.833 v_s$$

부하에서 보는 트랜지스터 접속은 입력전압에 종속되어있는 전류원 $g_m v_{gs}$가 트랜지스터의 출력저항 r_o, 드레인저항 R_D와 함께 병렬로 연결된 전원과 같다. 따라서 부하에서 본 증폭기의 출력저항은 R_o은 $r_o//R_D$가 된다. r_o이 $100\,k\Omega$이라면 증폭기의 출력저항은 다음과 같이 R_D에 가깝다.

$$R_o = r_o//R_D = 100k//10k = 9.09\,k\Omega$$

트랜스컨덕턴스 g_m이 $10\,mS$이면 드레인 전류가 $g_m v_i$ 이므로 부하가 연결되지 않은 개방된 상태에서 출력전압 v_o'은

$$v_o' = -g_m v_i R_o = -(10m) v_i (9.09k) = -90.9 v_i$$

저항에 흐르는 전류는 출력전압과 방향이 반대이므로 출력전압의 위상이 입력전압으로부터 반전되어 이 증폭기는 반전증폭기가 된다. 개방회로 전압이득 A_{vo}는 부하가 연결되지 않았을 때 출력전압 v_o'과 입력전압 v_i의 비이다.

$$A_{vo} = \frac{v_o'}{v_i} = -g_m R_o = -(10m)(9.09k) = -90.9\ V/V$$

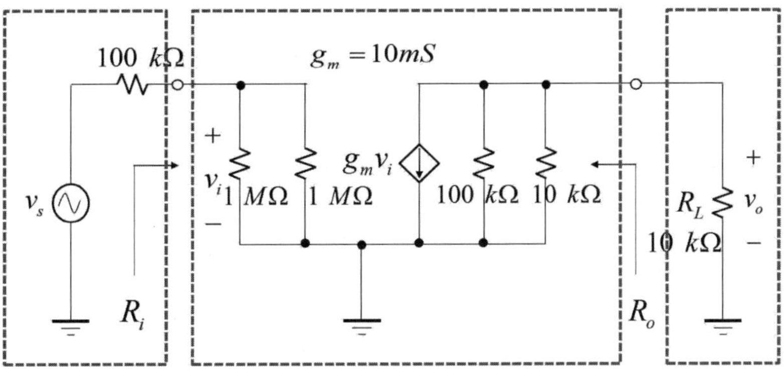

(그림 4.13) 증폭기 회로(그림 4.12)의 소신호 등가회로

부하 R_L이 연결되면 트랜지스터의 드레인에 저항이 모두 병렬로 연결된 상태이며 출력전압은 개방회로 출력전압보다 감소한다.

$$\begin{aligned} v_o &= -g_m v_i (r_o // R_D // R_L) \\ &= -(10m) v_i (100k // 10k // 10k) = -(10m) v_i (4.76k) = -47.6 v_i \end{aligned}$$

출력전압 v_o과 입력전압 v_i의 비는 증폭기의 전압이득이다.

$$\begin{aligned} A_v &= \frac{v_o}{v_i} = \frac{-g_m v_i (r_o // R_D // R_L)}{v_i} = -g_m (r_o // R_D // R_L) \\ &= -(10m)(4.76k) = -47.6\ V/V \end{aligned}$$

신호전압이 분배되어 증폭기의 게이트에 입력되므로 신호에서부터 부하에 이르기까지 회로의 전체전압이득 G_v 는 다음과 같다.

$$\begin{aligned} G_v &= \frac{v_o}{v_s} = \frac{v_i}{v_s}\frac{v_o}{v_i} = -\frac{R_i}{R_s + R_i} g_m (r_o // R_D // R_L) \\ &= -\frac{500k}{100k + 500k}(-47.6) = -39.7\ V/V \end{aligned}$$

4.1.5 트랜지스터 증폭기의 접속

증폭기는 대부분 신호가 들어오는 입력과 신호가 나가는 출력의 두 포트가 있으며 MOS 트랜지스터를 이용한 증폭기는 입력과 출력 사이에 소스와 게이트, 드레인의 세 개 단자를 갖는 MOS 트랜지스터가 위치한다. 이때 세 개 단자 중 하나는 입력, 다른 하나는 출력으로 연결되고 나머지는 입력과 출력에 공통으로 연결되는데 MOS 트랜지스터의 소스와 드레인이 대칭적으로 이루어졌다고 보면 입력과 출력 사이에 MOS 트랜지스터를 연결하는 방법은 소스를 공통으로 연결하거나 게이트, 또는 드레인을 공통으로 연결하는 세 가지 방법이 있다.

(1) 공통소스 접속

공통소스(common source, CS) 접속은 입력의 두 단자 중 하나를 트랜지스터의 게이트에 드레인은 부하에 연결하고, 입력과 출력의 나머지 단자는 소스에 공통으로 연결한 접속 형태로 드레인에서 출력된 신호가 부하에 전달된다. 이 회로는 트랜지스터의 여러 가지 특성을 정의하면서 앞에서 예를 든 회로의 접속과 같다.

(그림 4.14) (a)의 공통소스 회로는 정전류원으로 구동되고 입력신호가 연결되는 게이트에 전류가 흐르지 않도록 구성되어 있어 입력저항이 무한히 크다. 트랜지스터의 채널길이변조에 따른 출력저항 r_o은 드레인 저항 R_D와 병렬로 연결되어 함께 증폭기의 출력저항이 된다.

$$R_i = \infty$$

$$R_o = r_o // R_D$$

r_o은 보통 $100\,k\Omega$ 정도로 매우 큰 저항값을 가지므로 출력저항은 주로 R_D에 의해 정해진다. r_o이 $100\,k\Omega$이고 R_D가 $10\,k\Omega$이면 증폭기의 출력저항 R_o은 $9.09\,k\Omega$ 정도로 R_D에 가까운 저항값을 갖는다.

출력전압은 드레인 전류에 의한 출력저항의 전압강하이며 공통소스 회로의 입력전압이 v_{gs}이므로 부하 R_L을 고려하면 증폭기의 전압이득은 다음과 같다.

$$v_o = -g_m v_{gs} (r_o // R_D // R_L)$$

$$A_v = -g_m (r_o // R_D // R_L)$$

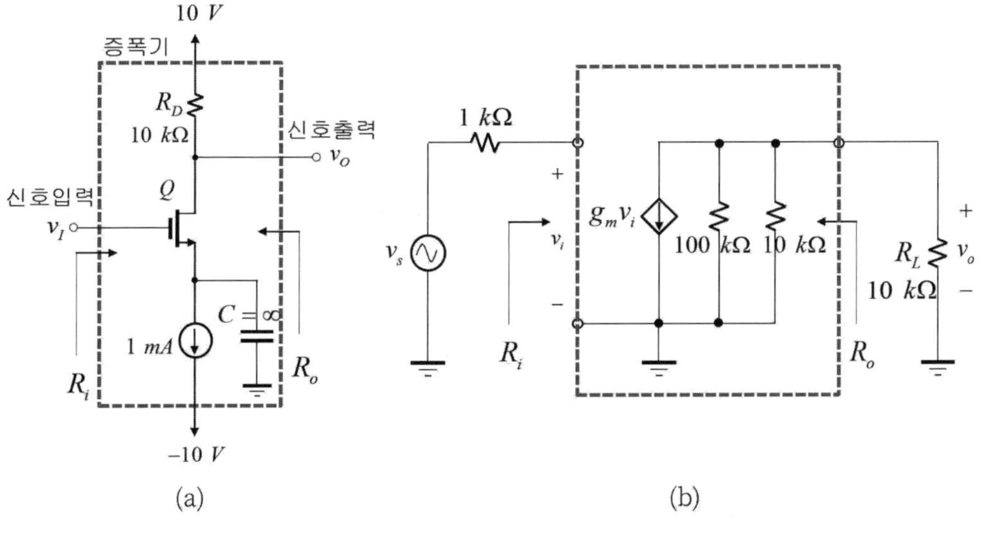

(그림 4.14) 공통소스 회로(a)와 소신호 등가회로(b)

(예제 4.4) (그림 4.14)의 공통소스 회로의 트랜지스터가 $1\,mA$의 전류원으로 구동되고 있으며 오버드라이브 전압은 $1\,V$이다. 증폭기의 입력저항 R_i, 출력저항 R_o, 전압이득 A_v를 구하시오. 단, 트랜지스터의 λ는 0.01이다.

게이트에 신호가 입력되지만 전류가 흐르지 않으므로 입력저항은 ∞이다.

$$R_i = \infty$$

얼리전압은 λ를 이용하여 구할 수 있으며 트랜지스터의 출력저항은

$$r_o = \frac{V_A}{I_D} = \frac{1/\lambda}{I_D} = \frac{1/0.01}{1m} = 100\,k\Omega$$

증폭기의 출력저항은 r_o과 R_D가 병렬로 연결된 것과 같다.

$$R_o = r_o // R_D = 100k // 10k = 9.09\,k\Omega$$

드레인 전류가 $1mA$, 오버드라이브 전압 V_{OV}가 $1\,V$이므로 트랜스컨덕턴스는

$$g_m = \frac{I_D}{V_{OV}/2} = \frac{1m}{1/2} = 2\,mS$$

부하를 고려하면 증폭기의 이득은 다음과 같다.

$$A_v = -g_m(r_o // R_D // R_L) = -(2m)(9.09k // 10k) = -9.52\,V/V$$

(2) 공통소스로 접속된 회로에서 소스 저항의 효과

공통소스로 접속된 트랜지스터의 소스에 저항이 직렬로 연결되면 저항에 의해 입력된 신호원의 전압이 차감되어 이득이 감소한다.

(그림 4.15)는 소스 저항 R_S가 연결된 공통소스 회로와 신호만 고려하여 트랜지스터를 T형 등가회로로 바꾸어 나타낸 것이다. 회로에서 소스 전류와 소스-게이트 전압과의 관계는 게이트와 접지 사이에 보이는 저항 $1/g_m$을 이용하여 등가로 표현되어 있다.

공통소스로 접속된 회로는 게이트에 신호가 입력되며 게이트에 전류가 흐르지 않으므로 R_S와 관계없이 입력저항이 무한히 크다.

$$R_i = \infty$$

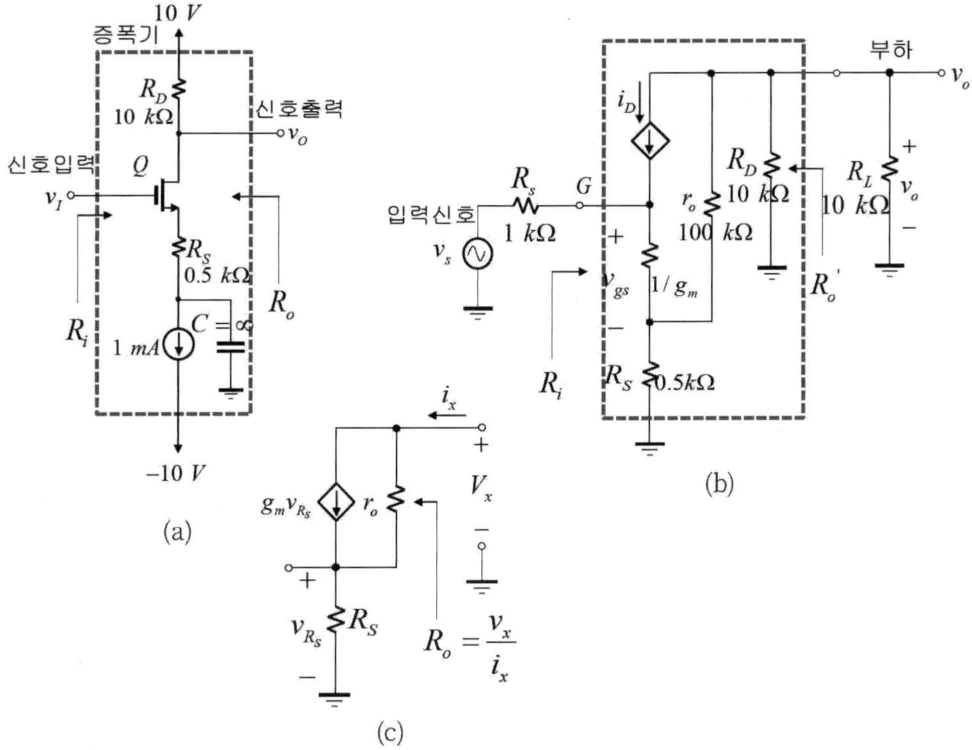

(그림 4.15) 소스에 저항이 연결된 공통소스 회로(b)와 등가회로(b), 출력 저항을 얻기 위한 테스트 회로(c)

출력단자에서 트랜지스터를 본 등가 저항 R_o'은 출력단자에 $1A$의 테스트 전류를 주입했을 때 전압과 같다. (c)회로의 출력단자에서 회로에 $1A$의 전류를 공급할 때 나타나는 전압을 v_x라면 등가의 저항은 $v_x/1$이며 v_x는 r_o과 R_s에 걸린 전압의 합이므로

$$R_s(1)+(1+g_m(1)R_s)r_o=v_x$$

$$R_o'=v_x/1=R_s+r_o+g_m r_o R_s=R_s+(1+g_m R_s)r_o$$

$$\approx(1+g_m R_s)r_o=(1+(2m)(0.5k))(100k)=200\,k\Omega$$

R_o'은 보통 R_D에 비해 매우 크기 때문에 출력저항은 R_D에 가까운 값을 갖는다.

$$R_o=R_o'//R_D=200k//10k=9.52\,k\Omega\approx R_D$$

증폭기의 트랜지스터에 입력되는 신호는 게이트와 접지 사이의 전압이다. r_o이 매우 크므로 무시하면 게이트와 소스 사이에 등가로 표시된 저항은 직렬로 연결된 $1/g_m$과 R_S이며 이들 저항에는 같은 드레인 전류가 흐른다.

증폭기에 입력된 전압 중 트랜지스터의 게이트-소스 전압 v_{gs}가 차지하는 비율은 g_m이 $2mS$이고 R_S가 $0.5\,k\Omega$라면 다음과 같다.

$$\frac{v_{gs}}{v_i}=\frac{1/g_m}{1/g_m+R_S}=\frac{1}{1+g_m R_S}=\frac{1}{1+(2m)(0.5k)}=0.5\ V/V$$

R_S가 연결되면 이처럼 전압이 분배되어 트랜지스터에 입력되는 신호가 작아지고 증폭기의 이득도 감소한다. 회로의 저항값이 그림과 같을 때 출력전압과 전압이득은 다음과 같이 계산된다.

$$v_o=-g_m v_{gs}(r_o//R_D//R_L)=-(2m)(100k//10k//10k)v_{gs}=-9.52v_{gs}$$

$$A_v=\frac{v_o}{v_i}=\frac{v_{gs}}{v_i}\frac{v_o}{v_{gs}}=(0.5)(-9.52)=-4.76\ V/V$$

R_S가 $1\,k\Omega$이면 출력저항은 $300\,k\Omega$으로 더 크고 이득은 $-3.33\ V/V$로 더 작다. 이처럼 소스 저항을 삽입하면 이득이 감소하기 때문에 출력전압이 커지면 소스 저항에 걸리는 전압이 증가하고 트랜지스터에 입력되는 전압이 더 많이 차감되어 출력을 감소시키는 부궤환 특성을 나타내 회로를 안정시킨다. 또 이득의 감소와 함께 개선된 주파수 특성을 나타내기도 한다.

(3) 공통게이트 접속

공통게이트(common gate, CG) 접속은 게이트가 입력과 출력에 함께 연결되는 회로의 구성으로 (그림 4.16) (a)와 같이 소스에 입력이, 출력은 드레인에 연결된다. 신호가 소스에 입력되므로 입력전압은 소스-게이트 전압이며 드레인-소스 전압이 출력전압이다. 공통소스 회로와 같이 공통게이트 회로도 드레인에서 출력전압을 얻으며 드레인 저항 R_D를 통해 전원을 연결한다.

공통게이트 회로를 해석할 때는 π모델 보다 T모델의 등가회로가 유용하다. 신호원과 부하가 연결된 (a)의 공통게이트 회로는 (b)처럼 소신호 등가회로로 나타낼 수 있다. 입력전압이 게이트와 소스 사이의 전압이고 입력전류가 드레인 전류와 크기가 같고 방향이 반대이므로

$$v_i=-v_{gs}$$

$$i_i=-i_d=-g_m v_{gs}$$

입력저항은 트랜스컨덕턴스의 역수와 같아서 g_m이 $10\,mS$이면 $100\,\Omega$ 정도로 매우 작다.

$$R_i = \frac{v_i}{i_i} = \frac{1}{g_m} = \frac{1}{10m} = 100\,\Omega$$

신호원을 고려한 트랜지스터의 출력저항은 다음 (예제 4.5)에 나타낸 것과 같이 신호원의 저항에 이득을 곱해 얻은 저항을 포함하기 때문에 매우 크다. (그림)에 나타낸 것처럼 신호원 저항 R_s가 $1\,k\Omega$, r_o이 $100\,k\Omega$이면 공통게이트 회로의 출력저항은

$$r_o' = r_o + R_s(1 + g_m r_o)$$

$$= 100k + (1k)(1 + (10m)(100k)) = 100k + (1k)(1001) = 1.101\,M\Omega$$

트랜지스터의 출력저항이 매우 크고 드레인 저항이 병렬로 연결되어 있으므로 공통게이트 회로의 출력저항은 드레인 저항 R_D에 가까운 값을 갖는다.

$$R_o = r_o' // R_D = 1.101M // 10k = 9.91\,k\Omega \approx R_D$$

공통게이트로 접속된 트랜지스터의 입력전류와 출력전류는 방향이 같고 단락회로의 전류이득은 '1'이다.

$$A_{is} = \frac{i_o}{i_i}\Big|_{R_L=0} = 1$$

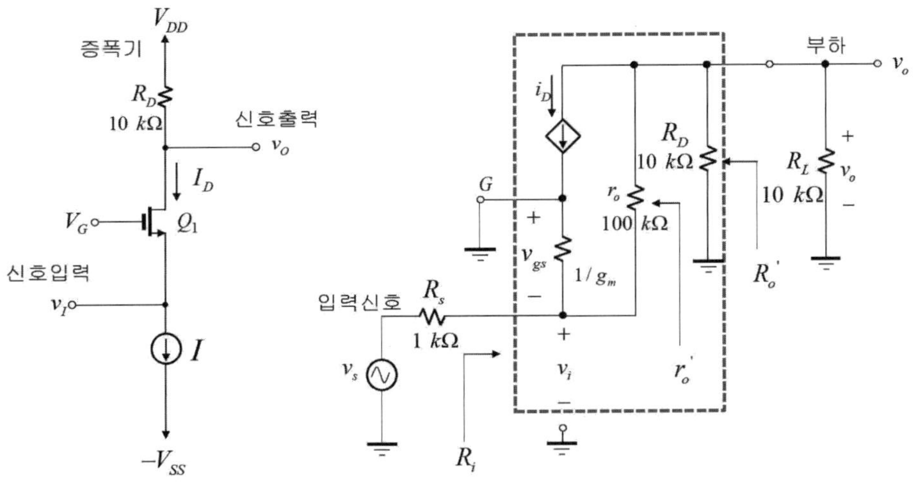

(그림 4.16) 공통게이트 회로(a)와 등가회로(b)

증폭기의 입력전압과 출력전압은 부호가 같고 다음과 같이 $g_m v_i R_D$의 출력전압을 나타낸다. 따라서 트랜지스터의 게이트가 공통으로 접속된 증폭기는 (+)의 전압이득을 갖는 비반전 증폭기이며 개방회로의 전압이득은 $g_m R_D$이다.

$$v_o^{'} = i_o R_D = g_m v_i R_D = (10m)(10k)v_i = 100 v_i$$

$$A_{vo} = \frac{v_o^{'}}{v_i} = g_m R_D = (10m)(10k) = 100\ V/V$$

공통게이트 회로에 신호원이 연결되면 신호원의 저항 R_s와 입력저항 $1/g_m$에 분배된 신호가 입력되는데 $1/g_m$이 작아 다음과 같이 신호의 손실이 크다.

$$v_i = \frac{1/g_m}{R_s + 1/g_m} v_{sig} = \frac{1/(10m)}{1k + 1/(10m)} v_{sig} = 0.0909 v_s$$

부하저항 R_L을 고려하면 출력전압은

$$v_o = i_o (R_o // R_L) = g_m v_i (R_o // R_L) = (10m)(9.91k // 10k) v_i = 49.8 v_i$$

따라서 전체전압이득은

$$G_v = \frac{1/g_m}{R_s + 1/g_m} g_m (R_D // R_L) = \frac{1}{1 + g_m R_s} g_m (R_D // R_L)$$
$$= \frac{v_i}{v_s} \frac{v_o}{v_i} = (0.0909)(49.8) = 4.53\ V/V$$

$g_m R_s \gg 1$이면

$$G_v \approx \frac{R_D // R_L}{R_s} = \frac{4.98k}{1k} = 4.98\ V/V$$

위 회로의 경우 $g_m R_s$가 100으로 매우 커서 신호저항과 부하저항의 비가 4.98이며 이것은 해석된 전체 회로의 이득 4.53 V/V에 가까운 값을 갖는다.

(예제 4.5) 회로의 출력저항은 출력단자에 $1A$의 테스트 전류를 인가하여 출력단자의 전압을 구한 뒤 테스트 전류로 나누어 등가저항을 구할 수 있다. 이와 같은 방법으로 (그림 4.16) 회로의 출력단자에서 본 출력저항을 구하시오.

등가회로의 출력단자에 테스트 전류 $1A$를 가하면 $(1-(-g_m v_i) - v_{test}/R_D)$의 전류가, r_o에 R_s에는 $1A$의 전류가 흐른다.

저항 R_s와 r_o에 걸린 전압은 각각

$$v_{R_s} = 1 \cdot R_s$$

$$v_{r_o} = (1 + g_m R_s - \frac{v_{test}}{R_D})r_o$$

따라서 테스트 전압 V_{test}는

$$v_{test} = v_{r_o} + v_{R_s} = (1 + g_m R_s - \frac{v_{test}}{R_D})r_o + R_s$$

회로의 출력저항은 테스트 전압을 $1\,A$의 전류로 나눈 값과 같다.

$$R_{oT} = \frac{v_{test}}{i_{test}} = \frac{r_o + R_s(1 + g_m r_o)}{1 + r_o / R_D}$$

이것은 신호원 저항에 이득을 곱한 값이 더해져 매우 크다. 그러나 신호원의 저항이 무시할 정도로 작으면 드레인에서 본 출력저항은

$$R_o \approx \frac{r_o}{1 + r_o / R_D} = r_o // R_D$$

따라서 신호원 저항이 작고($R_s \approx 0$) r_o에 비해 R_D가 매우 작으면($r_o \gg R_D$) 공통게이트로 접속된 회로의 출력저항은 드레인 저항에 근접한 값을 갖는다.

$$R_o \approx R_D$$

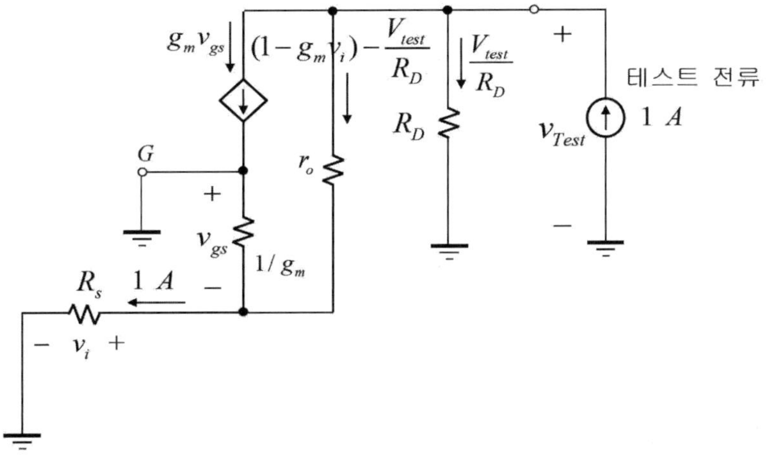

(예제 4.5 그림) 공통게이트로 접속된 트랜지스터의 테스트 등가회로

(4) 공통드레인 접속

공통드레인(common drain, CD) 접속은 (그림 4.17)과 같이 입력과 출력에 공통으로 드레인을 연결하고 게이트에 신호를 입력하여 소스에서 출력을 얻는 접속이다.

공통드레인 접속은 소스에 부하가 연결되므로 입력전압은 게이트-소스 전압과 출력전압의 합이다. 공통드레인 회로는 보통 출력전압이 게이트-소스 전압보다 매우 커서 전압이득이 '1'에 가까우며 이 경우 출력전압이 입력전압을 따라가므로 소스펄로워(source follower)라고도 한다.

(그림 4.17)의 (a)는 g_m이 $100\,mS$, r_o이 $100\,k\Omega$인 NMOS 트랜지스터의 드레인을 공통으로 접속한 증폭기 회로이며 (b)는 증폭기의 입력에 $1\,k\Omega$ 저항의 신호원을, 출력에는 $1\,k\Omega$의 부하저항을 접속한 회로의 소신호 등가회로이다. 공통드레인으로 접속된 이 회로는 입력이 게이트에 연결되어 전류가 흐르지 않으므로 입력저항이 무한히 크다.

$$R_i = \infty$$

신호전압이 없으면 R_s의 전압강하가 없어 게이트 전압이 접지 전압과 같으므로 출력에서 입력을 본 등가의 출력저항은 다음과 같다.

$$R_o = \frac{1}{g_m} // r_o = \frac{1}{100m} // 100k = 10 // 100k \approx 10\Omega = \frac{1}{g_m}$$

이처럼 공통드레인 회로의 출력저항은 $1/g_m$에 가까운 값으로 매우 작아 저항값이 작은 부하를 구동할 때 유리하다.

공통드레인 회로는 앞에 나타낸 것처럼 게이트-소스 사이의 전압($1/g_m$의 전압)과 출력전압($r_o//R_L$의 전압)이 나누어 가진다. 그러나 일반적으로 $r_o//R_L$이 $1/g_m$보다 매우 커서 $r_o//R_L$의 전압인 출력전압은 입력전압과 거의 같다.

$$v_o = \frac{R_L//r_o}{1/g_m + R_L//r_o} v_i = \frac{1k//100k}{1/100m + 1k//100k} v_i = \frac{0.99k}{10 + 0.99k} v_i = 0.99 v_i$$

따라서 공통드레인 회로의 전압이득은 '1'에 가까워 출력전압이 입력전압을 따른다.

$$G_v = A_v = \frac{R_L//r_o}{1/g_m + R_L//r_o} \approx 1$$

소스펄로워는 입력저항이 크고(∞) 출력저항이 $1/g_m$로 낮아서 다음 예제와 같이 내부저항이 큰 신호원이 작은 값의 부하저항을 구동할 때 신호가 잘 전달되도록 신호원과 부하 사이에 삽입하는 버퍼로 적합하다.

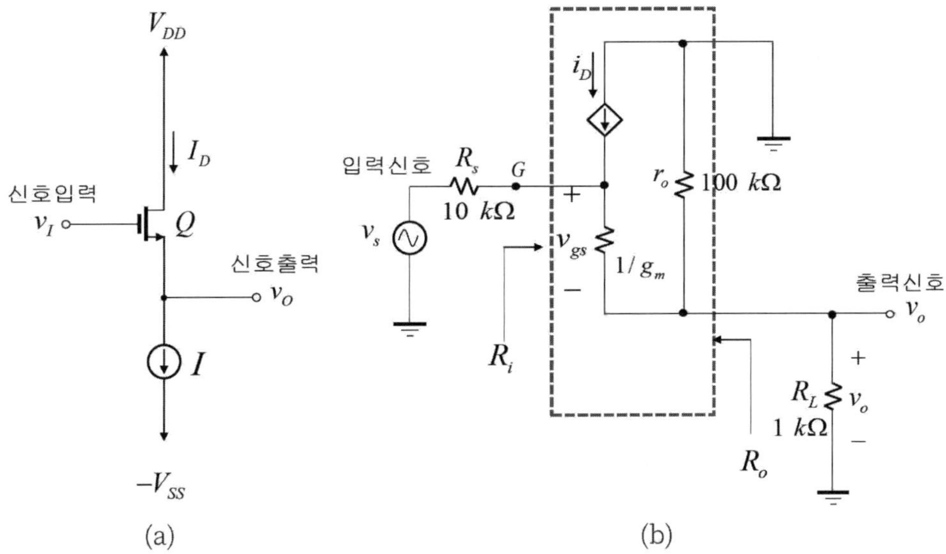

(그림 4.17) NMOS 트랜지스터의 공통드레인 접속(a)과 신호원과 부하가 연결된 소신호 등가회로(b)

(예제 4.6) 위 회로에서 신호원이 부하에 직접 연결되었을 때 부하에 출력되는 신호와 신호원 크기의 비를 나타내고 공통드레인으로 접속된 출력과 비교하시오.

신호원이 부하에 직접 연결되면 신호원의 전압이 (그림)과 같이 두 저항에 분배되어 저항 R_L에는 다음의 전압이 걸려 출력된다.

$$v_o = \frac{R_L}{R_s + R_L} v_s = \frac{1k}{10k + 1k} v_s = 0.091 v_s$$

전체전압이득은

$$G_v = \frac{v_o}{v_s} = 0.091\ V/V$$

위 회로의 결과를 이용하면 공통드레인 접속을 통한 회로와 직접 연결한 회로가 갖는 전압이득의 비는

$$\frac{G_{v,\text{공통드레인접속}}}{G_{v,\text{직접연결}}} = \frac{0.99}{0.091} \approx 10.9$$

위의 공통드레인 접속은 직접 접속된 회로에 비해 10.9배의 전압이득을 갖는다.

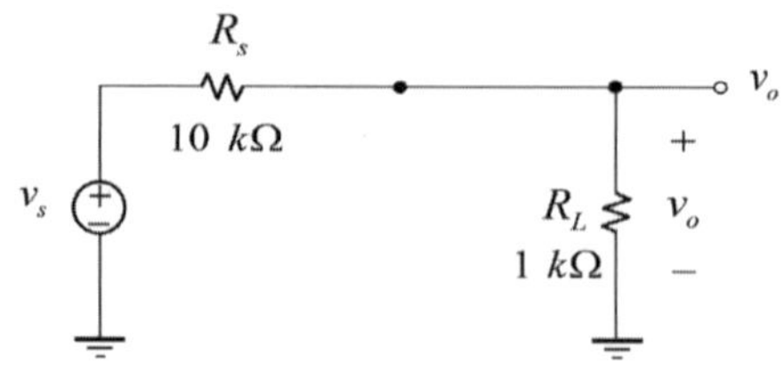

(예제 4.6 그림)

(5) 트랜지스터의 다단 접속을 통한 회로의 구성

MOS 트랜지스터 회로는 어느 단자를 공통으로 하는가에 따라 입력저항과 출력저항, 이득에 있어서 서로 다른 장단점을 가지고 있다. 그러나 이들을 연결하여 회로를 구성하면 단점이 보완되고 장점이 더 커질 수 있는데 예를 들어 공통소스 회로에 공통게이트 접속이 이어지면 이득과 출력저항이 크게 개선되는 효과가 있으며 공통드레인과 공통소스 접속이 이어지면 큰 입력저항과 넓은 주파수 특성을 가질 수 있다.

회로를 조합하면 증폭기 특성을 이처럼 효율적으로 개선할 수 있어 다양한 회로의 조합이 이용된다.

1) 캐스코드(CASCODE) 회로

공통소스 회로에 이어서 공통게이트 회로를 연결하여 전류 버퍼(current buffer) 작용을 하도록 한 회로의 구성을 캐스코드(cascode) 회로라 한다. 캐스코드 회로는 전압이득이 원래 이득의 제곱으로 증가하고, 출력저항은 이득을 곱한 만큼 커진다.

(그림 4.18)은 MOS 트랜지스터의 캐스코드 접속과 등가회로를 나타낸 것이다. 회로에서 신호가 공통소스로 접속된 트랜지스터의 게이트에 입력되므로 입력저항은 아주 커서 ∞에 가깝다.

$$R_i = \infty$$

공통소스 회로의 출력은 이어진 공통게이트 회로의 소스에 입력되므로 공통소스 회로의 출력저항 r_o이 공통게이트 회로의 신호원 저항과 같다. 따라서 캐스코드 회로의 드레인에서 본 출력저항은 다음과 같이 공통소스 회로의 출력저항인 r_o과 r_o에 이득 $g_m r_o$을 곱한 저항을 포함하여 매우 큰 저항값으로 증가한다. 회로에 사용된 두 트랜지스터 모두 g_m이 $10\,mS$, r_o이 $100\,k\Omega$이라면 캐스코드 회로의 출력저항은

$$R_o = r_o + r_o(1 + g_m r_o) \approx (g_m r_o) r_o = A_o r_o$$

$$= (10m)(100k)(100k) = 100\,M\Omega$$

공통게이트 회로에 입력되는 신호전압 v_{i2}는 다음과 같다.

$$v_{i2} = g_m v_s (r_o // \frac{1}{g_m}) = (10m)(100k//100) v_s = (10m)(99.9) v_s \approx v_s$$

공통게이트 회로의 이득은 트랜스컨덕턴스와 출력저항의 곱이므로

$$v_o = v_s \cdot g_m (r_o // \frac{1}{g_m})(g_m R_o) \approx v_s (g_m r_o)^2$$
$$= ((10m)(100k))^2 v_s = 1000^2 v_s = 10^6 v_s$$

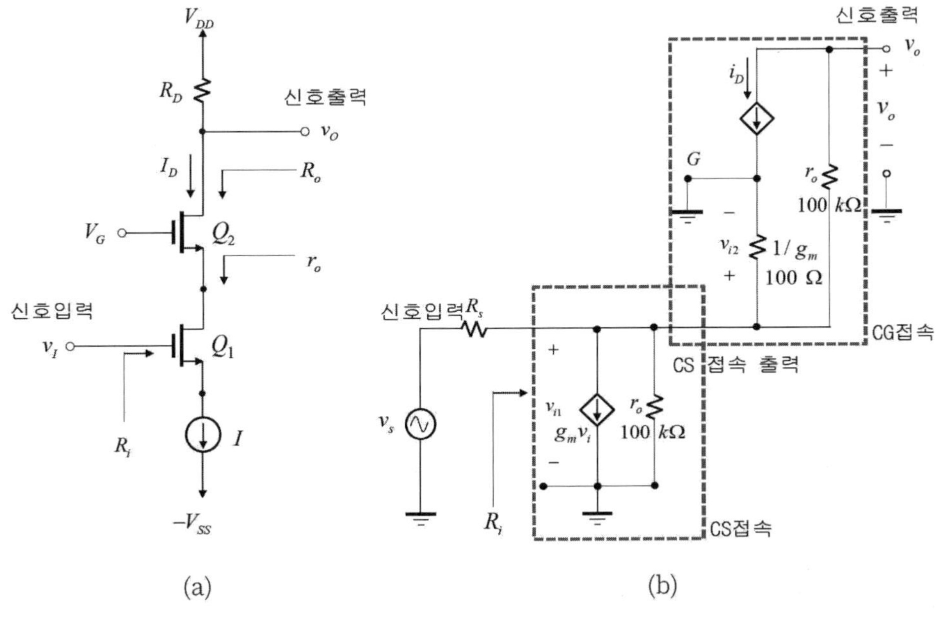

(그림 4.18) 캐스코드 회로와 등가회로

캐스코드 회로는 매우 큰 출력을 얻을 수 있으며 전체 회로의 이득은 공통소스 회로가 갖는 이득의 제곱과 같다.

$$G_v = \frac{v_o}{v_s} = -(g_m r_o)^2 = -A_o^2 = -10^6\ V/V$$

트랜스컨덕턴스가 $10\,mS$, r_o이 $100\,k\Omega$인 트랜지스터를 캐스코드로 접속할 경우 입력저항이 무한히 크고(∞) $g_m r_o$이 1000이므로 출력저항은 $100\,M\Omega$, 전압이득은 $10^6\ V/V$으로 출력저항과 이득이 공통소스 회로보다 매우 증가한다.

캐스코드 회로는 출력저항의 증가에 따라 전압이득이 높아지므로 출력저항과 병렬로 연결되는 부하의 저항값이 낮으면 이득이 증가하는 효과가 나타나지 않는다. 따라서 캐스코드 회로는 출력에 연결되는 저항도 캐스코드 회로의 출력저항에 상당하는 큰 저항값을 가져야 하므로 R_D 대신 캐스코드된 능동부하를 이용하는 것이 좋다. 캐스코드 회로는 또 MOS 트랜지스터의 게이트와 같이 입력저항이 큰 부하가 연결될 때 유용하다.

캐스코드 회로의 출력을 다시 공통게이트 회로에 입력하여 캐스코드로 접속하면 출력저항과 이득을 더욱 높일 수 있다. (그림 4.19)는 두 번 캐스코드된 회로를 나타낸 것이다.

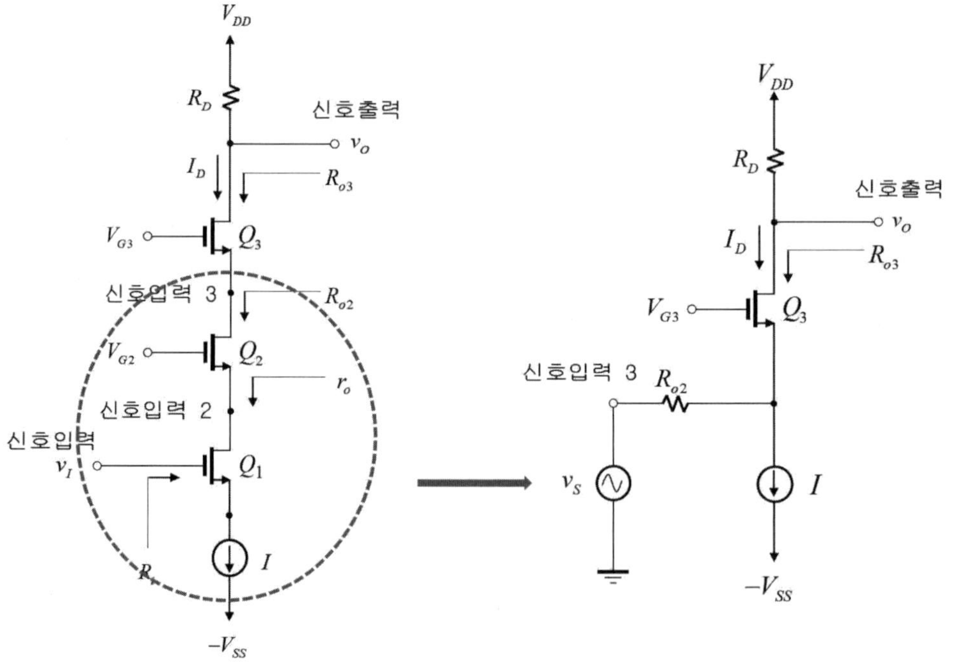

(그림 4.19) 두 번 캐스코드된 회로

공통소스에 이어 트랜지스터가 공통게이트로 접속된 첫 번째 캐스코드 회로의 출력저항 R_{o2}는 공통소스 회로의 출력저항에서 이득만큼 증배되어 $A_0 r_o$이 되며 이 저항은 이어서 연결된 공통게이트 접속의 신호원 저항으로 작용한다. 두 번째의 캐스코드 접속으로 이득이 A_0^2로 증가하고 출력저항 R_{o3}도 이득만큼 증가하므로 두 번 캐스코드된 회로의 출력저항은 $A_0^2 r_o$가 된다.

두 번 캐스코드 된 회로의 높은 전압이득과 출력저항을 효과적으로 이용하기 위해서는 부하도 이에 상당하는 높은 크기의 저항이 필요하므로 부하도 두 번 캐스코드 된 회로의 출력저항을 이용하면 효과적이다. 그러나 캐스코드 회로는 공통소스와 공통게이트 회로가 직렬로 연결된 구조로 전체 바이어스 전압을 각 회로가 나누어 가져 캐스코드 출력단에서 신호가 변할 수 있는 허용범위인 스윙폭이 좁아지는 단점이 있다.

캐스코드 회로의 출력저항과 이득의 증가는 회로가 정상적으로 동작하는 주파수 범위가 좁아지는 것에 대한 보상 효과이다. 캐스코드 회로는 이득이 증가한 만큼 대역폭이 감소한다.

2) 버퍼 접속

공통소스 회로는 입력저항이 매우 크고 출력저항도 크며 개방회로 전압이득도 높다. 따라서 증폭기에서 가장 많이 이용되는데 연결되는 부하의 저항이 작으면 출력된 신호가 증폭기의 높은 출력저항과 낮은 부하저항에 분배되어 전압이득이 감소한다.

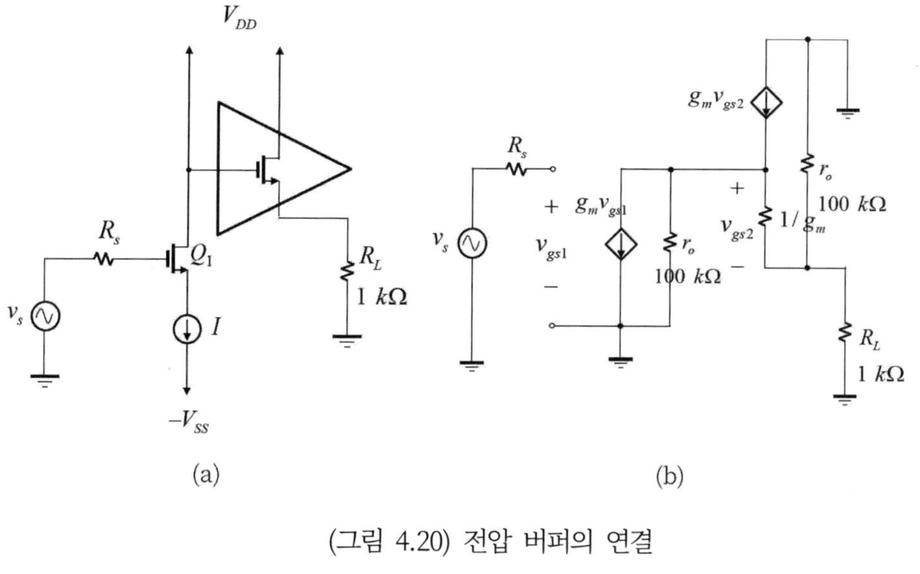

(그림 4.20) 전압 버퍼의 연결

이 경우 부하와 공통소스 회로 사이에 입력저항이 크고 출력저항이 작은 공통드레인으로 접속된 회로를 연결하면 큰 출력저항과 낮은 부하저항 사이에서 저항의 차이에 따른 이득의 손실을 줄일 수 있다. 이렇게 회로의 연결에서 완충작용을 하도록 연결하는 회로를 버퍼라고 한다.

(그림 4.20)은 공통소스 회로에 공통드레인 회로가 이어진 이단 증폭기 회로이다. g_m이 $10\,mS$이고, r_o이 $100\,k\Omega$인 트랜지스터를 이용했을 때 공통소스 회로의 개방회로 전압이득은 $1000\,V/V$이지만 회로에 $1\,k\Omega$의 부하가 직접 연결되면 이득이 $9.9\,V/V$로 줄어든다. 그러나 (그림)과 같이 입력저항이 '∞'이고 이득이 '1'에 가까운 공통드레인 회로를 버퍼로 이용하여 연결하면 이득의 손실 없이 신호가 전달된다.

(6) 다단 증폭기 회로의 구분

트랜지스터 증폭기는 보통 앞에 있는 회로(신호원 회로)와 뒤에 연결되는 부하 사이에 위치하는데 사용하는 증폭기의 임피던스가 이들 회로와 맞지 않거나 아주 큰 신호의 증폭이 필요할 때가 있다. 이 경우 앞의 신호원과 연결되는 입력단, 주로 증폭특성을 나타내는 중간단, 부하에 연결되는 출력단과 같이 여러 개의 특화된 트랜지스터 단을 이어서 사용하면 편리하다.

이와 같이 연속적으로 이어지는 여러 개의 증폭기를 갖는 회로를 다단 증폭기 회로라 하며 증폭기 하나하나를 단으로 구분하여 말한다. 여러 단으로 구성된 회로의 특성은 각 단의 이득과 입출력 저항을 고려하여 정해야 한다. (그림)과 같이 신호원에 증폭기를 연결할 때는 보다 큰 신호가 증폭기에 입력되도록 하고, 출력을 부하에 연결할 때는 출력된 신호가 부하에 잘 전달되도록 적절한 증폭기 회로를 배치하는데, 선행되는 증폭기를 전단 증폭기(pre amp)라고 하며 부하와 연결되는 증폭기는 버퍼 증폭기(buffer amp)라고 한다. 주로 신호의 증폭 기능을 담당하는 중간 부분에 위치하는 증폭기는 주 증폭기(main amp)가 된다.

(그림 4.21)은 3개의 증폭기가 이어진 3단 증폭기의 연결을 나타낸 것이다. (그림)의 3단 증폭기 회로에서 첫 번째 단은 입력신호를 증폭기에 많이 전달하도록 입력저항이 높아야 하며 두 번째의 주 증폭기는 높은 이득 특성을, 세 번째의 버퍼 증폭기는 낮은 저항값의 부하를 잘 구동할 수 있도록 소스 펄로워와 같이 낮은 출력저항의 트랜지스터 접속을 이용하는 것이 일반적이다.

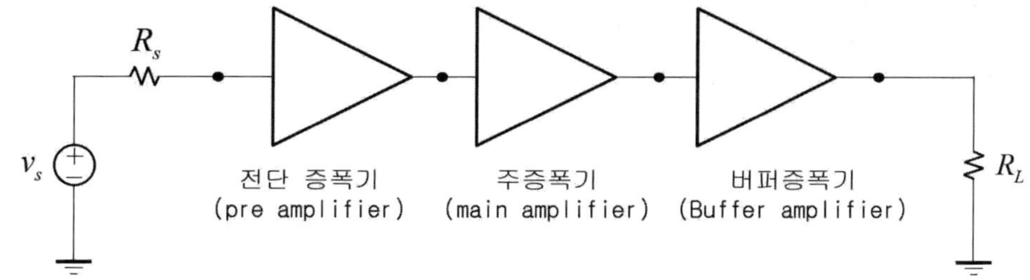

(a)

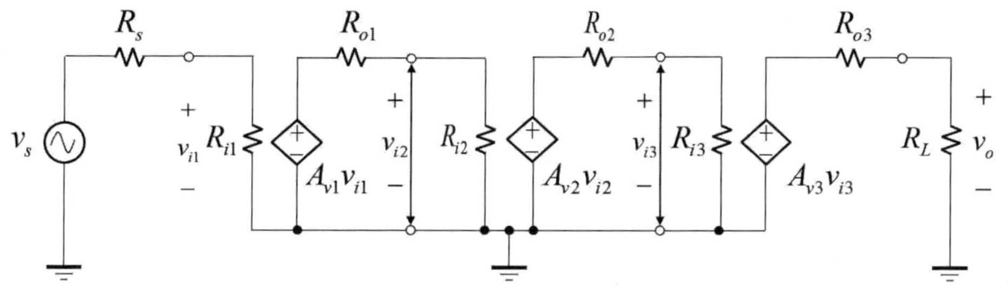

(b)

(그림 4.21) 3단 증폭기의 구성

(문제 4.3) (그림 4.21) (b) 회로에서 각 부품이 다음과 같은 값을 가질 때 회로의 전체 이득을 구하시오.

$R_s = 10\,k\Omega,\ R_{i1} = 100\,k\Omega,\ R_{i2} = 100\,k\Omega,\ R_{i3} = 100\,k\Omega,\ R_{o1} = 50\,k\Omega,$

$R_{o2} = 10\,k\Omega,\ R_{o3} = 50\,\Omega,\ R_L = 500\,\Omega,\ A_{v1} = 50\ V/V,\ A_{v2} = -100\ V/V,$

$A_{v3} = 1\ V/V$

4.2 차동증폭기와 연산증폭기

신호전압은 두 신호선이 나타내는 전압의 시간에 따른 변화를 말하며 일반적으로 (그림 4.22) (a)와 같이 접지상태의 전압 0 *V*에 대한 전압의 상대적인 변화로 표현된다. 그러나 기준전압이 0 *V*가 아니면 신호는 두 신호선이 나타내는 전압 차이의 시간에 따른 변화이며 이처럼 두 선 사이의 전압 차이로 나타내는 신호를 차동신호라 한다.

자연계의 물리적인 신호는 대부분 센서를 통해 전압이나 전류의 상대적인 크기 변화로 바꾸어 이용한다. 물체의 온도를 측정하는 열전대(thermocouple)는 두 금속의 접점에서 발생하는 미세한 크기의 전위차를 이용하는데 이 전위차를 표시장치에 적용하기 위해서는 신호전압의 증폭이 필요하다. 지금까지 공부한 증폭기들은 모두 하나의 신호선으로 신호를 입력했지만 열전대와 같이 신호가 두 선간의 전압 차이로 나타나면 하나의 선에 직접 입력할 수 없다. 차동증폭기는 이처럼 하나가 아닌 두 선간의 전압 차이인 차동신호를 입력하여 증폭하는 회로로 연산증폭기에 이용되며 ECL(emitter coupled logic) 회로와 같은 논리회로에 적용되기도 한다.

차동신호는 (b)와 같이 두 신호의 차이인 $v_2 - v_1$로 얻은 신호이며 두 신호의 중간값이 나타내는 신호를 공통신호라 한다. 차동신호는 공통신호를 기준으로 같은 크기의 (+)와 (-) 값을 갖는다.

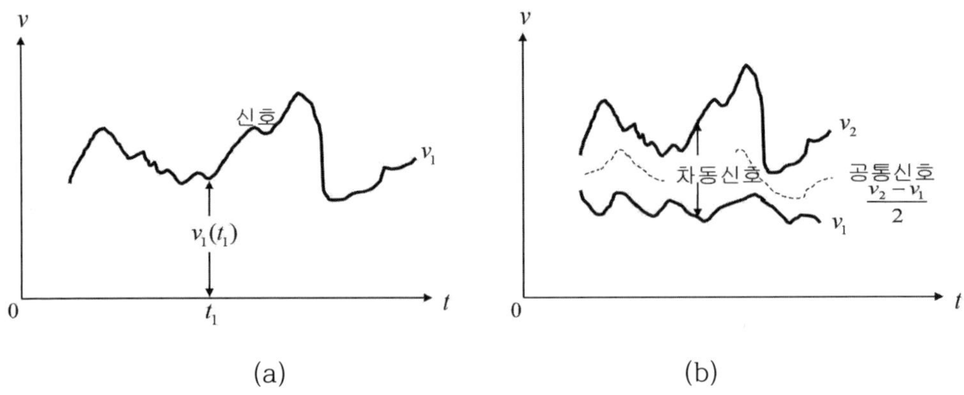

(그림 4.22) 접지를 기준전위로 하는 신호(a), 차동신호와 공통신호(b)

차동증폭기는 두 개의 입력 단자로 들어온 신호에서 공통신호를 제거하고 차동신호만을 증폭하여 두 개의 출력단자를 통해 증폭된 차동신호를 출력하거나 하나의 단자를 이용하여 접지 전압과의 차이로 신호를 출력한다. (그림 4.23)은 두 개의 출력단자와 하나의 출력단자를 갖는 차동증폭기의 기호이다.

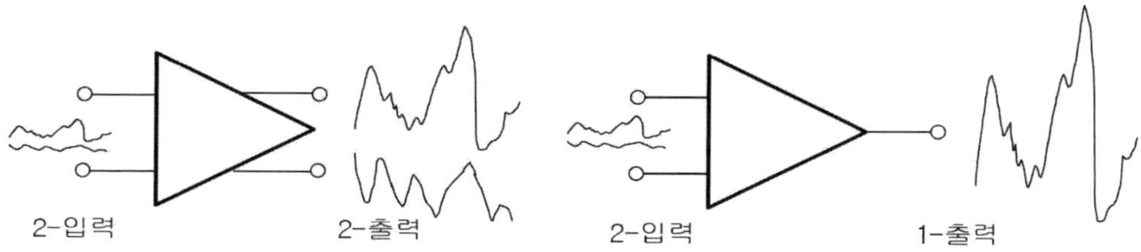

(a) (b)

(그림 4.23) 차동증폭기의 기호. (a) 차동출력, (b) 단출력 차동증폭기

4.2.1 차동증폭기 회로

(그림 4.24)의 (a)와 같이 증폭기에 두 개의 신호가 입력되어 증폭된 뒤 두 개의 출력으로 나오면 입력의 차이도 증폭되어 출력된다. 이때 (b)와 같이 특성이 같은 두 개의 NMOS 트랜지스터가 같은 크기의 드레인 저항에 연결되고 하나의 전류원을 이용하여 공통소스로 접속되어 있으면 회로가 대칭이기 때문에 두 게이트에 같은 크기의 신호가 입력될 경우 트랜지스터의 출력도 같다. 그러나 입력된 신호의 크기가 다르면 출력도 다르며 두 출력의 차이를 결과로 취하면 신호의 차이를 증폭하는 차동증폭기의 특성을 얻을 수 있다.

트랜스컨덕턴스가 $1\,mS$인 두 NMOS 트랜지스터의 소스를 (그림) (c)와 같이 함께 접속하여 연결하였을 때 트랜지스터가 포화영역에서 동작하면 두 트랜지스터의 출력전압은 각각 다음과 같다.

$$v_{O1} = V_{DD} - i_{D1}R = 15 - (10k)i_{D1}$$

$$v_{O2} = V_{DD} - i_{D2}R = 15 - (10k)i_{D2}$$

회로에서 두 입력 단자에 들어온 신호는 중앙값인 v_{GS}를 기준으로 해서 각각 더하고 빼면 다음과 같이 공통된 신호 v_{CM}과 차동신호 v_d를 구분하여 나타낼 수 있다.

$$v_{CM} = v_{GS}$$

$$v_d = v_2 - v_1 = (v_{GS} + \frac{v_d}{2}) - (v_{GS} - \frac{v_d}{2})$$

두 트랜지스터의 입력전압은 공통된 신호에 더하여 차동신호를 나누어 가졌으므로 소스를 공통으로 하면 하나의 트랜지스터에는 $+v_d/2$의 전압이, 다른 하나에는 $-v_d/2$의 전압이 공통된 게이트-소스 전압 v_{GS}에 더해져 입력되는데 두 입력에 차이가 있으면 출력은 다음과 같이 신호성분만 나타나며 두 출력의 차이는 입력의 차이를 $g_m R$배 증폭한 전압이다.

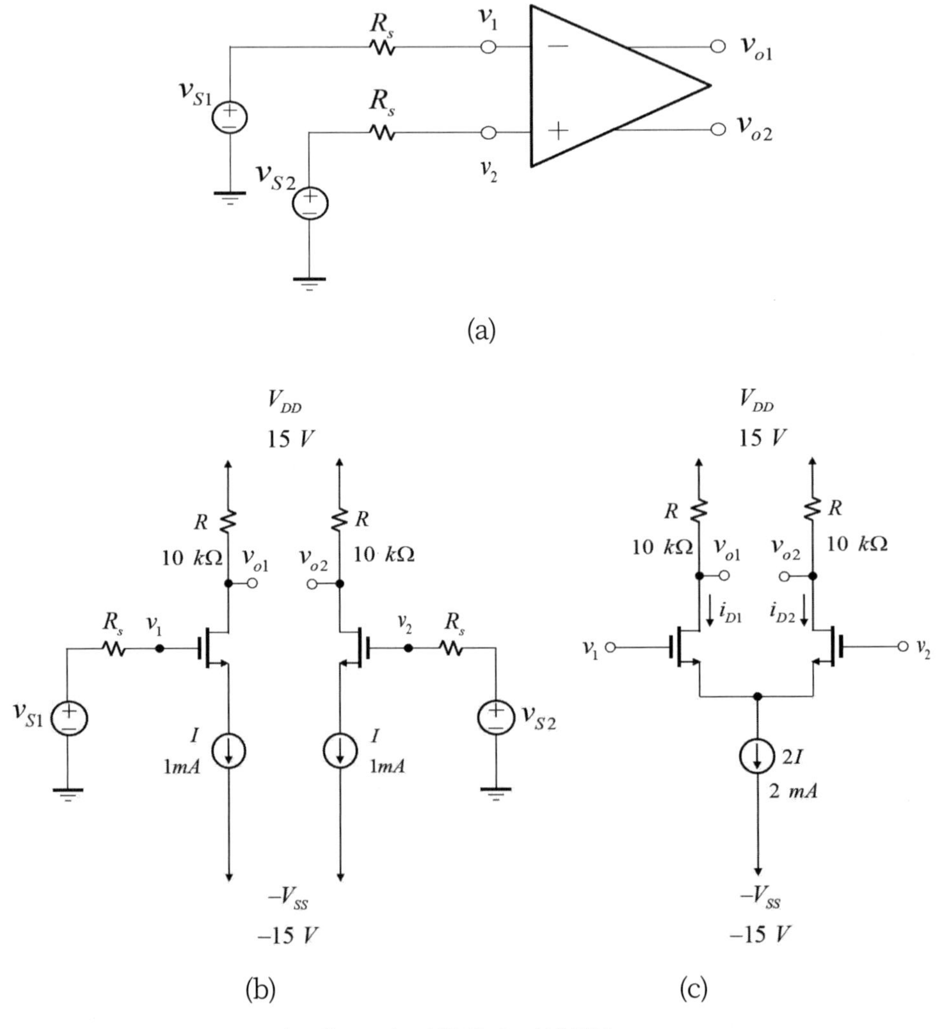

(그림 4.24) 차동쌍의 기본회로

$$v_{o1} = -g_m \frac{v_d}{2}R, \qquad v_{o2} = g_m \frac{v_d}{2}R$$

$$v_{od} = v_{o2} - v_{o1} = g_m \frac{v_d}{2}R - (-g_m \frac{v_d}{2}R) = g_m R(v_2 - v_1) = g_m R v_d$$

$$= (1m)(10k)(v_2 - v_1) = 10(v_2 - v_1)$$

따라서 트랜스컨덕턴스가 $1\,mS$이고 드레인에 연결된 저항이 $10\,k\Omega$이면 증폭기의 차동입력에 대한 차동출력의 비인 차동이득은 다음과 같다.

$$A_d = \frac{v_{od}}{v_{id}} = g_m R = (1m)(10k) = 10\ V/V$$

그러나 두 입력전압이 차이가 없고 공통신호 v_{GS}로 되어있다면 드레인 전류가 서로 같고 출력전압도 같다.

$$i_{D1} = i_{D2} = g_m v_{GS}$$

$$v_{od,cm} = v_{o2} - v_{o1} = -g_m v_{GS}R + g_m v_{GS}R = 0$$

차동이득은 입력된 신호에 대한 두 출력전압의 차이이므로 이 회로의 공통신호에 대한 차동이득은 ‘0’이다.

$$A_{d,cm} = \frac{v_{od,cm}}{v_{icm}} = 0$$

이와 같이 특성이 같은 트랜지스터를 공통소스로 접속하고 소스를 함께 묶어 전류가 흐르도록 바이어스를 가하면 두 출력의 차이는 차동출력만을 나타내게 되며 이렇게 구성된 회로를 MOS 차동쌍이라고 한다.

MOS 차동쌍은 소스가 공통으로 정전류원에 연결되고 트랜지스터가 활성영역에서 동작한다. 두 트랜지스터의 게이트에는 서로 다른 신호가 입력되며 드레인에 출력단자를 연결하여 증폭된 신호의 차이를 얻는다.

차동쌍은 두 트랜지스터의 특성이 다르거나 드레인에 연결된 저항의 크기가 다르면 왜곡되어 출력의 파형이 입력된 신호와 달라지므로 트랜지스터와 저항 모두 같은 특성과 크기를 가져 대칭된 형태를 갖추어야 한다.

(문제 4.4) 차동쌍의 두 차동출력 중 하나의 출력을 이용하면 이득은 차동출력이득의 몇 배인가?

4.2.2 차동쌍의 바이어스와 신호전압의 범위

MOS 차동쌍은 (그림 4.25)와 같이 특성이 같은 두 개의 공통소스 증폭기가 대칭으로 배치되며 트랜지스터가 포화영역에서 동작하도록 정전류원을 이용하여 바이어스를 가한다. 차동쌍의 두 게이트에 신호가 입력되면 신호의 차이가 증폭되어 출력되는데 신호가 지나치게 크면 트랜지스터가 포화 또는 차단되어 왜곡된 출력을 나타낼 수 있다. 또 바이어스 전류가 크면 작은 신호가 입력되어도 트랜지스터가 쉽게 포화상태를 벗어날 수 있으므로 신호와 바이어스 전류의 크기는 차동쌍이 정상적으로 동작하는 범위 안에 있도록 제한되어야 한다.

(그림)의 MOS 차동쌍에서 두 트랜지스터가 포화영역에서 동작하고 두 입력전압이 같으면 두 트랜지스터에 같은 크기로 전류가 나뉘어 흐른다.

$$i_{D1} = i_{D2} = I_D = I = 1\,mA$$

공통의 게이트 전압이 증가하면 드레인 전류가 커지고 드레인 전압이 감소한다. 공통전압이 지나치게 증가하여 트랜지스터가 포화상태에서 동작하다가 트라이오드로 상태가 달라지면 차동쌍은 더 이상의 정상적으로 동작하지 않는다. 따라서 공통전압의 크기는 게이트-드레인 전압이 문턱전압과 같을 때까지 허용되며 이때 게이트 전압이 허용된 최대의 공통입력전압이다.

$$v_{CM,_{\max}} - V_D < V_T$$

(그림)의 회로에 나타낸 것과 같이 트랜지스터의 문턱전압이 $1\,V$, 트랜스컨덕턴스가 $1\,mS$이고 드레인 저항이 $10\,k\Omega$인 차동쌍 회로에 $\pm 15\,V$의 전원과 $2\,mA$의 정전류원이 연결되면 최대의 공통입력전압 $v_{CM,\max}$는 다음과 같이 허용된 $6\,V$를 넘지 않아야 한다.

$$v_{CM,_{\max}} < V_{DD} - IR + V_T = 15 - (1m)(10k) + 1 = 6\,V$$

이 식에서 바이어스 전류가 클수록 드레인 저항의 전압강하도 커지므로 허용되는 공통신호전압의 크기가 작아짐을 알 수 있다.

차동쌍의 트랜지스터는 높은 공통입력전압으로 트라이오드영역에 있거나 공통입력전압이 너무 낮아 차단되어도 안된다. 따라서 게이트 전압이 문턱전압보다 높아야 하며 정전류원이 동작할 때 필요한 전압 V_C를 고려하면 최소의 공통입력전압 $v_{CM,\min}$은 다음과 같다.

$$v_{CM,\min} > V_S + V_T = -V_{SS} + V_C + V_{GS} + V_T$$

따라서 허용되는 공통신호전압의 범위는 다음과 같다.

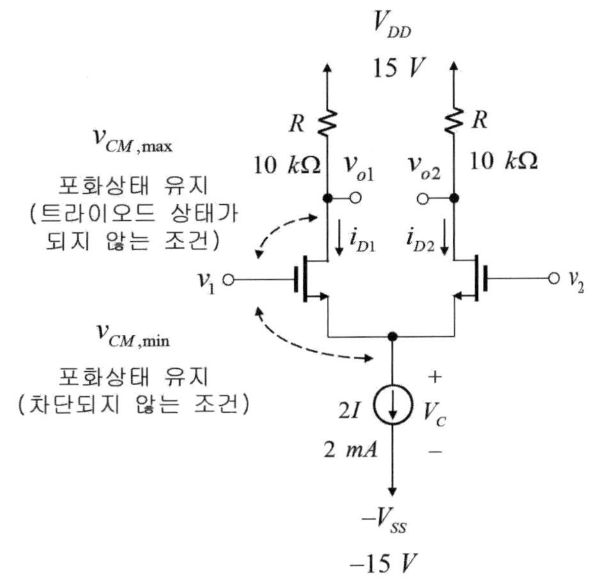

(그림 4.25) 공통신호전압의 범위

$$-V_{SS}-V_C+V_{GS}+V_T<v_{CM}<V_{DD}-IR+V_T$$

위 회로에서 각 트랜지스터에 $1\,mA$의 전류가 흐르는데 필요한 게이트-소스 전압은 다음과 같이 3 V이다.

$$V_{OV}=\frac{2I}{g_m}=\frac{2(1m)}{(1m)}=2\ V$$

$$V_{GS}=V_{OV}+V_t=2+1=3\ V$$

$2\,mA$의 정전류원이 동작할 때 필요한 전압 V_C가 4 V로 주어진다면 공통신호의 범위는 다음과 같다.

$$-15+4+3+1<v_{CM}<15-(1m)(10k)+1$$

$$-7\,V<v_{CM}<6\ V$$

차동신호는 공통신호와 함께 입력된다. 신호가 클수록 트랜지스터가 쉽게 트라이오드영역에 있거나 차단될 수 있으므로 신호전압도 허용되는 범위 이내로 제한되어야 한다.

입력신호가 서로 다르면 두 게이트 사이에서 신호의 차이가 소스를 중심으로 분배되어 (+)와 (-)로 입력된다. 포화상태로 동작하는 두 트랜지스터 중 하나의 전류가 신호전압에 따라 증가하면 다른 하나는 감소하며 신호전압이 매우 크면 전류가 하나의 트랜지스터에 집중되어 흐른다.

$$2I = \frac{1}{2}k_n\left(\frac{W}{L}\right)(V_{GS1} - V_T)^2, \quad v_{GS2} = V_T,$$

이 식을 게이트-소스 전압과 오버드라이브전압으로 나타내면 다음과 같다.

$$V_{GS1} = V_T + 2\sqrt{\frac{I}{k_n(W/L)}}, \quad V_{GS2} = V_T,$$

$$v_{id,\max} = V_{GS1} - V_{GS2} = 2\sqrt{\frac{I}{k_n(W/L)}} = \sqrt{2}\,V_{OV}$$

이로부터 차동출력을 나타낼 수 있는 가장 큰 두 입력의 차이는 오버드라이브전압의 $\sqrt{2}$ 배가 됨을 알 수 있다. 이와 반대로 다른 쪽의 트랜지스터에 전류가 집중되면 드레인 전압이 최소가 된다.

$$v_{id,\min} = V_{GS1} - V_{GS2} = -\sqrt{2}\,V_{OV}$$

따라서 허용되는 차동신호의 범위는 다음과 같다.

$$-\sqrt{2}\,V_{OV} < v_{id} < \sqrt{2}\,V_{OV}$$

트랜지스터의 트랜스컨덕턴스가 $1\,mS$이고 드레인 전류가 $1\,mA$이면 오버드라이브전압이 $2\,V$ 이므로 차동신호는 $\pm 2\sqrt{2}\,V$ 이내에 있어야 한다.

$$-2\sqrt{2}\,V < V_d < 2\sqrt{2}\,V$$

차동신호가 $\pm\sqrt{2}\,V_{OV}$의 범위를 넘으면 전류가 하나의 트랜지스터에 집중되어 흐르며 신호전압이 더 커지더라도 드레인 전류는 더 증가하지 않고 신호가 왜곡되어 출력된다. 따라서 차동증폭기는 드레인 전류가 하나의 트랜지스터에 집중되지 않도록 $\pm\sqrt{2}\,V_{OV}$보다 작은 크기의 입력신호에서 사용하여야 하며 증폭기의 선형성을 고려하면 신호전압은 이보다 더 작아야 한다.

(그림 4.26)은 신호전압과 바이어스 전류의 전달특성이다. $\pm\sqrt{2}\,V_{OV}$ 이내의 차동입력에서 선형적인 출력을 나타내며 이보다 큰 입력에서는 전류가 하나의 트랜지스터에 집중되어 왜곡된 출력을 나타낸다.

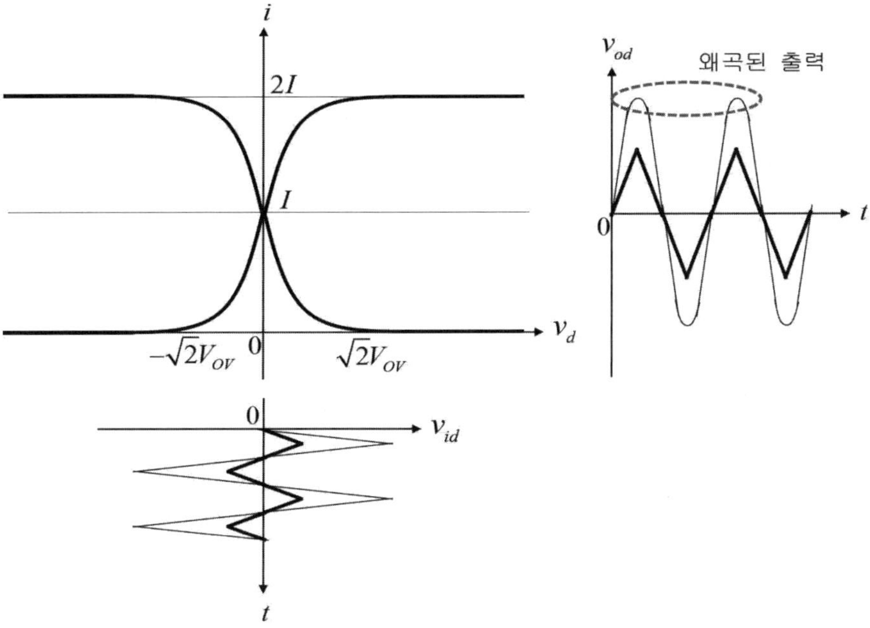

(그림 4.26) 차동입력신호의 크기와 전류, 큰 차동신호에 의한 출력의 왜곡

(문제 4.5) 문턱전압이 $1\,V$, k_n은 $2\,mA/V^2$인 두 개의 NMOS 트랜지스터를 이용하여 만든 차동쌍이 $1\,A$의 정전류원으로 구동되고 있다. 이 차동쌍에 허용되는 차동신호의 범위는 얼마인가?

4.2.3 차동신호이득

차동쌍의 이득은 트랜스컨덕턴스와 드레인에 연결된 저항의 곱이므로 큰 저항을 이용하면 이득을 높일 수 있다. 트랜지스터는 높은 출력저항을 가지므로 (그림 4.26) (a)와 같이 드레인의 저항 대신 능동부하를 이용하면 차동쌍의 이득을 더욱 높일 수 있다. 차동쌍을 구성하는 트랜지스터의 트랜스컨덕턴스가 $1\,mS$이고 출력저항 r_{o1}과 능동부하 트랜지스터의 출력저항 r_{o2}가 모두 $100\,k\Omega$이라면 출력전압은

$$v_{o1} = -\frac{v_{od}}{2} = -g_m\frac{v_d}{2}(r_{o1}//r_{o2}) = -(1m)\frac{v_d}{2}(100k//100k) = -25v_d$$

$$v_{o2} = \frac{v_{od}}{2} = g_m\frac{v_d}{2}(r_{o1}//r_{o2}) = (1m)\frac{v_d}{2}(100k//100k) = 25v_d$$

차동출력과 차동신호이득은 다음과 같다.

$$v_{od} = v_{o2} - v_{o1} = 25v_d - (-25v_d) = 50v_d$$

$$A_d = \frac{v_{od}}{v_d} = 50\ V/V$$

$$= g_m(r_{o1}//r_{o2}) = (1m)(100k//100k) = 50\ V/V$$

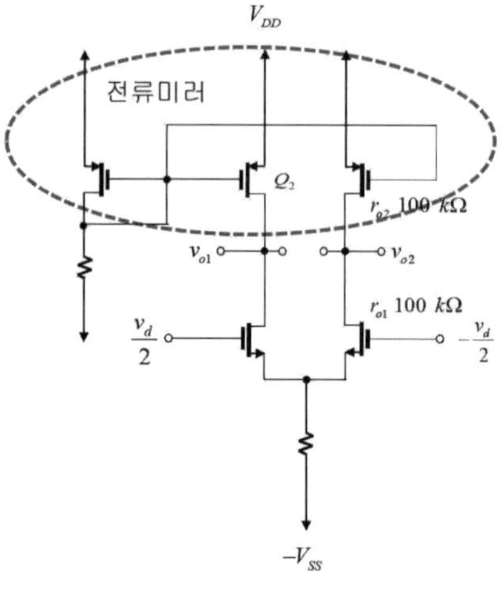

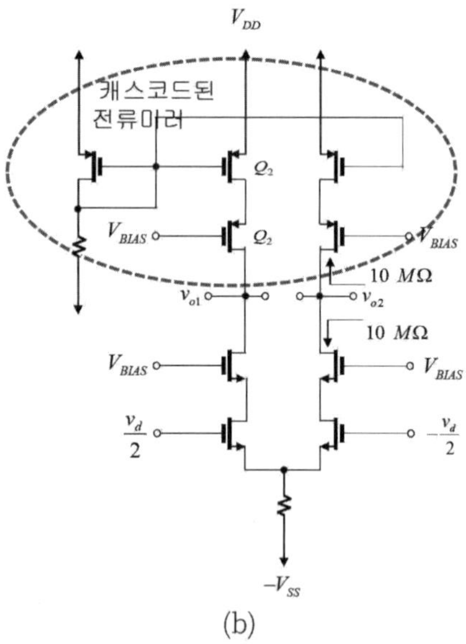

(그림 4.27) 전류미러 부하의 차동쌍(a)과 캐스코드된 차동쌍과 전류미러 부하를 갖는 회로(b)

출력저항이 클수록 이득이 높아지므로 차동쌍의 트랜지스터와 전류미러에 모두 캐스코드 회로를 적용하면 이득을 더욱 높일 수 있다.

(b)는 캐스코드로 접속된 차동쌍이다. 캐스코드 접속으로 차동쌍의 출력저항이 증가하므로 드레인의 부하도 캐스코드 접속된 능동부하를 이용해야 한다. 매칭된 트랜지스터를 이용하면 능동부하와 차동쌍의 출력저항은 모두 다음과 같이 증가한다.

$$R_o = r_o + (1 + g_m r_o) r_o \approx g_m r_o^2 = (1m)(100k)^2 = 10\,M\Omega$$

이에 따라 두 출력단자의 신호전압과 이득도 증가한다.

$$v_{o1} = -\frac{v_{od}}{2} = -g_m \frac{v_d}{2}(g_m r_o^2 // g_m r_o^2) = -(1m)\frac{v_d}{2}(10M//10M) = -2500 v_d$$

$$v_{o2} = \frac{v_{od}}{2} = g_m \frac{v_d}{2}(g_m r_o^2 // g_m r_o^2) = (1m)\frac{v_d}{2}(10M//10M) = 2500 v_d$$

$$A_d = g_m (g_m r_o^2 // g_m r_o^2) = \frac{1}{2}(g_m r_o)^2 = \frac{1}{2}((1m)(100k))^2 = 5000\,V/V$$

차동신호와 달리 공통신호가 입력되면 차동쌍의 두 트랜지스터는 전류원을 통해 같은 크기의 전류가 흐르므로 소스를 접지된 상태로 나타낼 수 없으며 전류원의 출력저항이 트랜지스터의 소스에 접속되는 소스 저항의 효과를 나타낸다.

이 경우 차동쌍은 (그림 4.24) (a)와 같이 특성이 같은 두 트랜지스터 회로로 구분하여 나타낼 수 있으며 반으로 나누어진 이 회로를 이용하면 공통신호의 출력을 쉽게 나타낼 수 있다. 둘로 나누어진 회로의 트랜지스터에는 전류원의 전류가 각각 $1/2$씩 나뉘어 흐르기 때문에 전류원의 출력저항을 두 배의 저항값을 갖는 등가저항으로 두 트랜지스터에 구분하여 나타낼 수 있으며 이 저항은 공통소스 회로의 소스 저항과 같다. 이 저항을 R_S로 나타내고 공통신호 $v_{i,cm}$에 대해 각각의 출력전압과 이득을 구하면 다음과 같다.

$$v_{o1,cm} = v_{o2,cm} = i_d R = \frac{v_{i,cm}}{1/g_m + 2R_S} R$$

매칭된 차동쌍일 때 둘로 나눈 각 회로의 출력이 같으므로 공통신호에서는 차동이득이 없다.

$$v_{od,cm} = v_{o1,cm} - v_{o2,cm} = 0$$

$$A_{d,cm} = \frac{v_{o,cm}}{v_{i,cm}} = 0$$

4.2.4 공통신호이득과 공통신호제거비

차동쌍의 두 입력 단자에는 차동신호, 공통신호와 함께 원하지 않는 잡음과 같은 신호가 입력될 수 있다. 잘 매칭된 차동증폭기에 공통신호만 입력되면 앞에서 나타낸 것과 같이 두 출력단자의 출력에는 차이가 없다. 그러나 트랜지스터의 특성과 저항값이 다르면 출력전압이 달라져 공통된 신호가 입력되어도 출력에 차이를 나타내 공통신호에 대해서도 이득을 갖는다.

차동쌍은 드레인에 연결된 저항과 트랜지스터의 특성이 비대칭적일 수 있으며 이들의 차이가 공통신호에 대한 이득의 원인이 된다. 앞에서 나타낸 것처럼 회로가 매칭되어 있으면 공통신호에서 차동출력이 없어 이득이 없으나 회로의 성분이 비대칭적이면 반으로 나눈 두 회로의 출력이 서로 달라 차이가 있으며 그 차이가 공통신호의 차동출력이다. 차동쌍에서 두 트랜지스터의 트랜스컨덕턴스나 문턱전압이 서로 다르면 드레인 전류에 차이가 있으며 이로 인해 출력전압이 달라지고 드레인에 연결된 저항이 다를 경우에도 출력전압이 달라진다. 따라서 공통신호이득을 구하기 위해서는 이들 각각의 영향이 모두 고려되어야 한다.

(그림 4.28)과 같이 반으로 구분된 차동쌍 등가회로의 출력은 드레인에 연결된 저항 R의 전압강하와 같고 공통입력은 전류미러의 출력저항 $2R_S$와 $1/g_m$이 갖는 전압의 합과 같다.

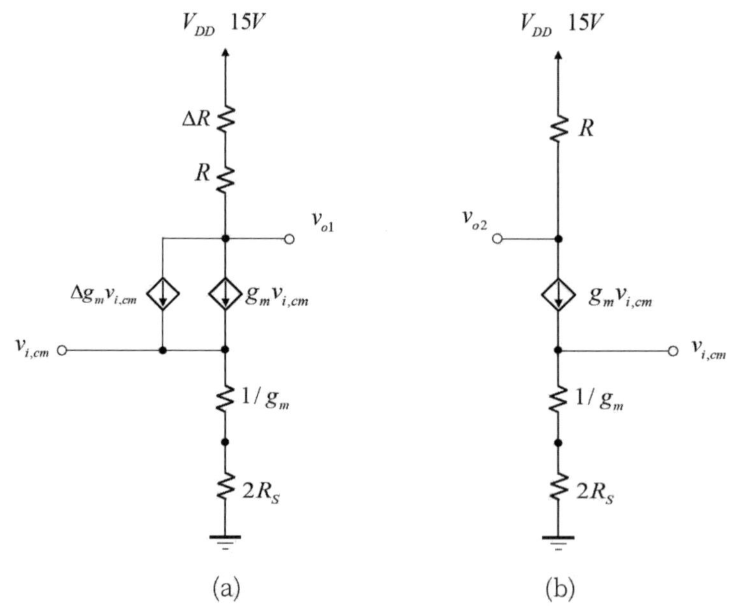

(그림 4.28) 차동쌍 비대칭에 의한 성분들의 구분

이 저항들에 같은 크기의 전류가 흐르므로 공통신호에 대한 이득은 저항의 비와 같고 전류 미러의 출력저항 $2R_S$가 $1/g_m$에 비해 매우 크므로 다음과 같이 근사해서 나타낼 수 있다.

$$\frac{v_{o1}}{v_{i,cm}} = \frac{v_{o2}}{v_{i,cm}} = -\frac{R}{2R_S + 1/g_m} \approx -\frac{R}{2R_S}$$

둘로 구분된 차동쌍의 드레인에 연결된 저항이 같으면 두 회로의 출력전압이 같아서 앞에 나타낸 것과 같이 공통신호에 대한 차동이득이 없다. 그러나 드레인에 연결된 저항이 R, $R + \Delta R$과 같이 서로 다르면 출력은 다음과 같은 차이를 보인다.

$$v_{o2} - v_{o1} = -\frac{\Delta R}{2R_S} v_{i,cm}$$

따라서 공통신호 이득은 드레인 저항 R과 차동쌍 트랜지스터의 소스 저항인 $2R_S$과의 비에 드레인 저항의 변화율을 곱한 것과 같다.

$$A_{cm} = \frac{v_{o2} - v_{o1}}{v_{i,cm}} = -\frac{\Delta R}{2R_S} = \frac{R}{2R_S}\left(\frac{\Delta R}{R}\right)$$

트랜지스터의 전류는 트랜스컨덕턴스와 V_t에 따라 달라진다. 두 트랜지스터의 트랜스컨덕턴스가 각각 g_m, $g_m + \Delta g_m$으로 서로 다르면 차이 Δg_m으로 인해 트랜지스터에 서로 다른 전류가 흐른다.

$$i_1 = \frac{(g_m + \Delta g_m) v_{icm}}{1 + (g_m + \Delta g_m)(2R_S)}, \quad i_2 = \frac{g_m v_{icm}}{1 + (g_m + g_m) 2R_S}$$

공통신호전압은 트랜지스터의 게이트-소스 전압과 전류원에 걸린 전압의 합이므로 트랜스컨덕턴스의 차이로 인한 출력전압은 다음과 같이 나타낼 수 있다.

$$\begin{aligned} v_{od} &= v_{o2} - v_{o1} = -i_2 R - (-i_1 R) \\ &= \frac{\Delta g_m R}{1 + (2g_m + \Delta g_m) R_S} v_{i,cm} \approx \frac{\Delta g_m R}{1 + 2g_m R_S} v_{i,cm} \end{aligned}$$

여기에서 $2g_m R_S$는 '1'보다 매우 크므로 공통신호이득을 간략히 나타내면 드레인 저항과 소스 저항의 비에 g_m의 변화량을 곱한 것과 같다.

$$A_{cm} = \left(\frac{R}{2R_S}\right)\left(\frac{\Delta g_m}{g_m}\right)$$

트랜지스터는 문턱전압이 달라지면 드레인 전류가 달라지므로 두 트랜지스터의 문턱전압 변화(ΔV_t)도 공통신호에 대한 차동출력을 나타낸다. 또 트랜지스터의 특성은 게이트 폭과 길이의 비인 W/L에 의해서도 영향을 받기 때문에 W/L의 불일치도 차동출력을 가져온다.

위와 같이 차동쌍을 구성하는 부품들의 특성에 차이가 있으면 이들의 효과가 중첩되어 공통신호가 입력되었을 때에도 무시할 수 없는 차동출력을 나타내 차동쌍이 공통신호에 대해서도 이득을 갖는다. 차동쌍에서 차동신호이득과 달리 공통신호이득은 나타나지 않아야 할 이득이므로 차동신호이득과 공통신호이득의 비는 클수록 좋다. 따라서 두 이득의 비를 차동쌍의 성능을 나타내는 여러 가지 지표 중 하나로 이용하는데 이를 공통신호제거비(common mode rejection ratio, CMRR)라 한다.

공통신호제거비는 차동신호이득을 공통신호이득으로 나눈 것이다.

$$CMRR = \left| \frac{A_d}{A_{cm}} \right|$$

차동신호이득은 공통신호이득에 비하여 매우 크며 다음과 같이 dB로 나타내기도 한다

$$CMRR(dB) = 20\log \left| \frac{A_d}{A_{cm}} \right| (dB)$$

(문제 4.6) 트랜스컨덕턴스가 $10\,mS$인 트랜지스터를 이용한 차동쌍의 드레인 저항이 $10\,k\Omega$이고 트랜지스터의 소스에 출력저항이 $100\,k\Omega$인 전류미러를 연결하여 정전류원으로 이용하였다. 이 차동쌍의 차동이득은 얼마인가? 드레인 저항중 하나가 $10.1\,k\Omega$이라면 공통신호이득은 얼마인가? 또 공통신호제거비를 dB로 나타내시오.

4.2.5 이상적인 연산증폭기

차동입력과 하나의 출력을 갖는 증폭기의 차동이득이 무한히 크면 여러 가지 유용한 기능을 가질 수 있다.

(그림 4.29)의 차동증폭기 회로는 출력이 하나이며 다음과 같은 출력전압을 갖는다.

$$v_o = A(v_2 - v_1)$$

이 증폭기는 차동이득이 무한히 크고($A = \infty$) 입력저항이 무한히 커서 두 입력단자에 전

압을 가해도 증폭기로 흐르는 전류가 없다($i = 0$). 또 출력저항이 없어서($R_o = 0$) 출력을 이상적인 전원으로 이용할 수도 있다. 이뿐 아니라 모든 주파수의 신호에 대해서도 같은 응답특성을 가져 무한히 넓은 대역폭을 갖는다.

출력이 하나이고 이와 같은 이상적인 특성을 갖는 차동증폭기는 이득이 무한히 크기 때문에 출력이 유한하다면 두 입력에 차이가 없다.

$$v_2 - v_1 = \frac{v_o}{A} \approx 0$$

회로 구성상 두 단자가 단락되어 있지는 않지만 이처럼 단자 사이의 전압에 차이가 없는 것을 가상적인 단락(virtual short)라고 하며 이 증폭기의 두 입력단자는 가상적인 단락상태이다.

두 입력과 하나의 출력을 갖는 차동증폭기를 이용하면 이상적이지는 않지만 아주 큰 입력저항과 차동이득을 갖는 증폭기를 만들 수 있으며 이 증폭기는 몇 개의 저항과 커패시터를 연결하면 다양한 수학적 연산이 가능한 회로를 구현할 수 있어서 연산증폭기라고 한다. 연산증폭기를 이용하면 이 외에도 버퍼, 필터 등과 같은 회로도 쉽게 만들 수 있다.

연산증폭기가 무한히 큰 차동이득과 입력저항과 같은 이상적인 특성을 가진 경우 이상적인 연산증폭기라고 하는데 실제 제작할 수 있는 연산증폭기는 이상적인 특성을 갖지는 않는다.

MOS 트랜지스터로 구성한 차동증폭기는 신호가 게이트에 입력되므로 전류가 거의 흐르지 않아 입력저항이 무한대에 가까워 신호의 손실이 거의 없다. 또 여러 개의 증폭단을 이용하여 큰 이득을 얻을 수 있으며 버퍼를 이용하면 출력저항도 줄일 수 있다. 이처럼 차동증폭기와 필요한 부품들을 이용하여 위의 두 차동입력 단자와 하나의 출력단자를 갖는 이상적인 연산증폭기에 가깝도록 구성한 것이 실제의 연산증폭기이다.

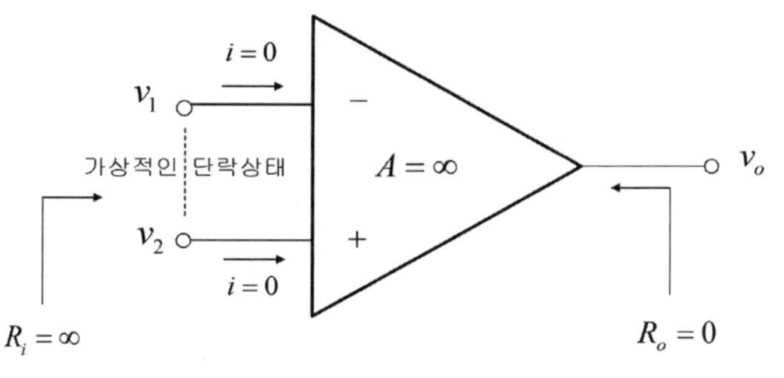

(그림 4.29) 이상적인 연산증폭기

현재의 기술로 구현되는 연산증폭기는 반도체의 집적회로로 제작되기 때문에 이상적인 특성에 가깝게 제작되기는 하지만 이득은 ~10^6배 정도로 크지만 유한하고, 입력단자에 ~pA 정도의 전류가 흐를 뿐 아니라 출력저항도 $0\,\Omega$이 아니어서 연산증폭기를 이용한 회로의 특성은 이상적인 연산증폭기를 이용한 결과와 다소의 차이를 보일 수 있다. 이뿐 아니라 보통 $\pm 15\,V$의 전원을 이용하기 때문에 $\pm 13\,V$정도의 출력전압이 허용되며 전류의 크기도 제한되어 있다.

연산증폭기는 여러 개의 증폭 단과 버퍼들로 이루어져 있지만 하나의 블록과 같은 특성을 가지므로 (그림)과 같이 증폭기 기호로 나타내고 다양한 기능의 회로를 구성하거나 해석할 때 이용한다.

(문제 4.7) 이상적인 연산증폭기의 특징을 나열하고 실제 연산증폭기가 갖는 특성과의 차이점을 나타내시오.

4.2.6 반전증폭기

증폭기 회로의 이득은 트랜지스터의 고유이득과 저항값, 접속방법 등에 의해 정해지기 때문에 원하는 이득을 얻으려면 회로의 저항을 비롯하여 바이어스의 변화, 스윙의 제한 등 고려해야 할 사항들이 많다. 그러나 연산증폭기를 이용하면 단순히 저항의 비로 회로의 이득이 결정되기 때문에 원하는 이득을 쉽게 얻을 수 있다.

(그림 4.30) (a)는 연산증폭기와 두 개의 저항을 연결하여 구성한 반전증폭기 회로이다. 연산증폭기의 (+)단자는 접지되어 있으며, (-)단자가 저항 R_1을 통해 입력에, 저항 R_2를 통해 출력에 연결되어 있다. 이 회로에서 연산증폭기의 두 입력은 가상적인 단락상태이며 (+)단자가 접지되어 있으므로 (-)단자의 전압 v^- 도 $0\,V$이다. 따라서 입력되는 전류 i_i는 R_1에 흐르는 전류와 같고 이 전류는 입력전압을 저항 R_1으로 나눈 값이다.

$$i_i = i_1 = \frac{v_i - v^-}{R_1} = \frac{v_i}{R_1}$$

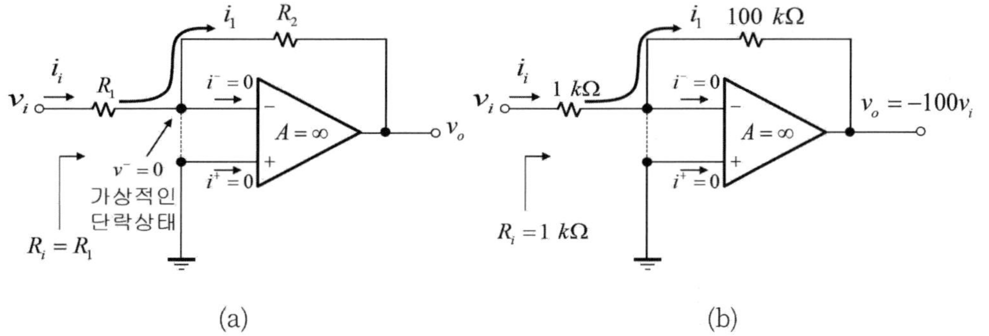

(그림 4.30) 연산증폭기를 이용한 반전증폭기 회로

연산증폭기의 단자에는 전류가 흐르지 않기 때문에 이 전류는 R_2를 통해 출력단자 쪽으로 흐르며 R_2에 전압강하를 나타낸다. (-)단자의 전압이 $0\,V$이므로 R_2의 전압강하는 출력전압과 크기가 같고 전류의 방향이 출력을 향하므로 R_2의 전압강하와 출력전압의 방향은 반대이다. 출력전압과 이득은 다음과 같다.

$$v_o = -i_1 R_2 = -\frac{R_2}{R_1} v_i$$

$$A_v = \frac{v_o}{v_i} = -\frac{R_2}{R_1}$$

이 회로의 이득은 (-) 값을 가지며 이것은 입력과 반대의 위상을 갖는 것을 의미하므로 이 증폭기 회로를 반전증폭기라 한다. 또 (-)단자에 입력된 신호가 반전되어 출력되기 때문에 (-)단자를 반전단자라고도 하며 이에 대응하여 (+)단자는 비반전단자라고 한다.

입력단자와 연산증폭기의 반전단자 사이에는 저항 R_1 있고 반전단자가 접지상태이므로 입력전압 v_i가 이 저항에 모두 걸려 있고 입력전류 i_i가 흐른다. 따라서 증폭기의 입력저항은 R_1이다.

$$R_i = \frac{v_i}{i_i} = R_1$$

연산증폭기로 구성한 이 반전증폭기는 저항 R_1과 R_2의 비율로 쉽게 이득을 정할 수 있어 편하게 이용할 수 있다.

(그림) (b)의 반전증폭기와 같이 R_1을 $1k\Omega$, R_2를 $100k\Omega$으로 정하면 증폭기의 이득은

$-R_2/R_1$ 이므로 $-100V/V$, 입력저항은 $1k\Omega$이다. 이때 허용되는 전압과 전류의 범위 안에서 연산증폭기가 동작하도록 입력되는 신호원의 크기와 저항, 또 출력되는 신호의 크기를 고려하여 저항값을 정해야 한다.

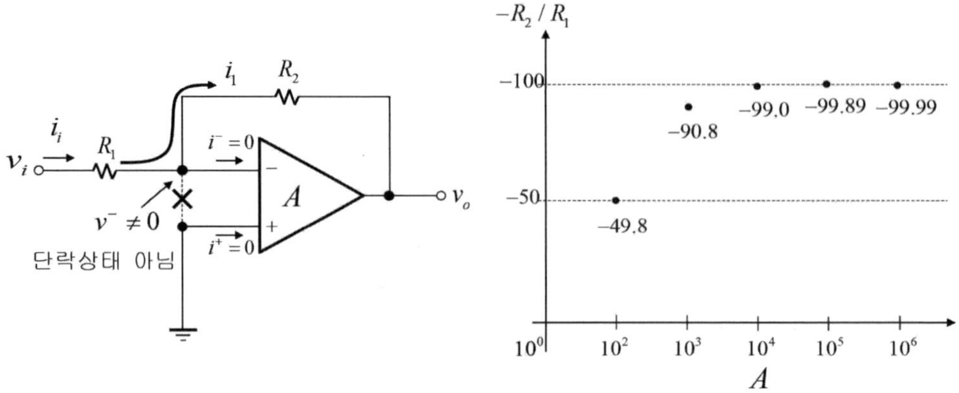

(a) (b)

(그림 4.31) 유한한 이득을 갖는 반전증폭기 회로

이득이 무한히 큰 이상적인 연산증폭기를 가정하면 반전증폭기의 이득은 단순한 저항의 비가 된다. 그러나 실제 연산증폭기의 고유한 이득은 무한히 크지 않으며 (그림 4.31) (a)와 같이 (+)와 (-) 두 단자의 전압은 정확히 같은 전압이 아니다. 따라서 연산증폭기의 고유한 이득이 A이면 출력전압 v_o은 다음과 같이 출력되고 (-)단자의 전압은 출력전압을 이득으로 나눈 값이다.

$$v_o = A(v^+ - v^-) = A(0 - v^-) = -Av^-$$

$$v^- = -v_o/A$$

저항에 흐르는 전류는 입력전압과 (-)단자 전압의 차이를 R_1으로 나누어 얻을 수 있고 출력전압은 (-)단자 전압과 저항이 나타내는 전압강하의 합이므로 다음과 같다.

$$i_1 = \frac{(v_i + v_o/A)}{R_1}$$

$$v_o = v^- + (-i_1 R_2) = -\frac{v_o}{A} + (-\frac{v_i + v_o/A}{R_1} R_2) = -v_i \frac{R_2}{R_1} - \frac{v_o}{A}(1 + \frac{R_2}{R_1})$$

이 식을 출력전압과 입력전압으로 구분하여 정리하면 고유이득 A인 연산증폭기로 구성된 반전증폭기의 이득은 다음과 같다.

$$\frac{v_o}{v_i} = \frac{-R_2/R_1}{1 + \frac{1}{A}(1 + \frac{R_2}{R_1})}$$

이 식에서 고유이득 A가 분모에 역수로 포함되어 고유이득이 작을수록 반전증폭기 회로의 이득이 감소하는 것을 알 수 있다.

(b)는 이상적인 연산증폭기로 구성한 $-100\ V/V$의 반전증폭기 이득이 고유이득 A에 따라 얼마나 달라지는지 나타낸 그래프이다. $10^5\ V/V$이상 큰 고유이득에서는 반전증폭기의 이득이 R_2/R_1의 99.89% 이상으로 차이가 거의 없지만 $10^3\ V/V$에서는 90.8%로, $10^2\ V/V$에서는 49.75%로 감소하여 차이가 크다. 실제의 연산증폭기는 고유이득이 $10^6\ V/V$정도로 커 이러한 효과를 무시할 수 있으나 때에 따라 작은 크기의 이득을 갖는 연산증폭기도 이용되므로 이때는 연산증폭기의 고유이득을 고려할 필요가 있다.

(문제 4.8) 고유이득이 $10^4\ V/V$인 연산증폭기를 이용하여 이득이 $-100\ V/V$인 반전증폭기 회로를 구성하시오.

4.2.7 비반전증폭기

(그림 4.32)와 같이 입력을 비반전 단자인 (+)단자에 연결하고 (-)단자는 저항 R_1을 통해 접지에, R_2를 통해 출력에 연결하면 위상이 반전되지 않는 증폭기가 된다.

연산증폭기는 두 단자가 가상적인 단락상태이므로 (-)단자의 전압도 입력전압과 같이 v_i이며 이 입력전압과 접지 사이에 R_1이 놓여있으므로 크기가 v_i/R_1인 전류가 R_1을 통해서 접지로 흐른다. 연산증폭기의 두 단자에는 전류가 입력되지 않기 때문에 이 전류는 R_2를 통해 출력단자로부터 공급된다. 따라서 R_2의 전압강하는 i_1R_2 이며 (-)단자의 전압인 v_i과 R_2가 가진 전압의 합이 출력전압이다.

$$v_o = v_i + \frac{v_i}{R_1}R_2 = (1 + \frac{R_2}{R_1})v_i$$

증폭기의 이득은 이 식으로부터 구할 수 있다.

$$A_v = \frac{v_o}{v_i} = 1 + \frac{R_2}{R_1}$$

이 증폭기의 이득은 (+) 값으로 입력과 위상이 같아 비반전증폭기라 한다.

비반전증폭기는 전류가 흐르지 않는 (+)단자에 신호가 직접 입력되기 때문에 입력전류가 흐르지 않는다. 따라서 입력저항이 무한히 크다.

$$R_i = \infty$$

비반전증폭기에 필요한 두 저항의 비는 이득보다 1이 작다. 이득이 100 V/V인 비반전증폭기의 저항 비는 99이며 R_1이 $1\,k\Omega$이라면 R_2는 $99\,k\Omega$으로 정해야 한다.

연산증폭기의 고유이득이 유한할 때 반전증폭기에서 보였던 이득의 감소는 비반전증폭기에서도 나타난다. 고유이득 A인 연산증폭기의 출력전압 v_o은 차동입력의 A배인 $A(v_i - v^-)$이므로 (-)단자의 전압은 다음과 같다.

$$v^- = -\frac{v_o}{A} + v_i$$

R_1을 통해 접지로 흐르는 전류 i_1은 고유이득을 포함한 다음 식으로 나타낼 수 있으며 이로부터 출력전압과 이득 A_v를 구할 수 있다.

$$i_1 = \frac{-v_o/A + v_i}{R_1}$$

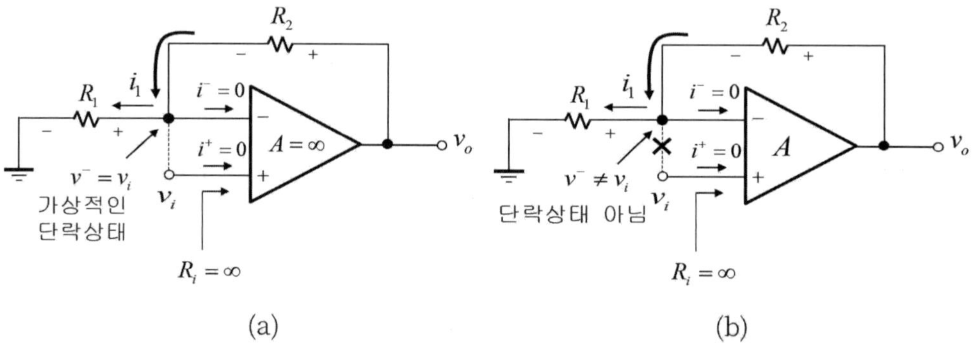

(그림 4.32) 무한한 이득의 연산증폭기를 사용한 비반전증폭기(a)와 유한한 이득의 연산증폭기를 사용한 비반전증폭기(b)

$$v_o = v^- + (i_1 R_2) = -\frac{v_o}{A} + v_i + (\frac{(-v_o/A + v_i)}{R_1} R_2) = v_i(1 + \frac{R_2}{R_1}) - \frac{v_o}{A}(1 + \frac{R_2}{R_1})$$

$$A_v = \frac{v_o}{v_i} = \frac{(1 + R_2/R_1)}{1 + \frac{1}{A}(1 + \frac{R_2}{R_1})}$$

연산증폭기의 유한한 고유이득을 고려하여 얻은 비반전증폭기의 이득은 반전증폭기의 이득과 같이 고유이득이 작으면 증폭기의 이득이 감소한다. 따라서 저항비 만으로 증폭기의 이득을 정하고자 하면 충분히 큰 고유이득의 연산증폭기를 이용하는 것이 좋다.

(문제 4.9) (그림 4.32)의 회로에서 $R_1 = 1\,k\Omega$, $R_2 = 50\,k\Omega$ 이고 연산증폭기의 고유이득이 $5 \times 10^4\ V/V$이면 비반전증폭기 회로의 이득은 얼마인가?

4.2.8 합산기

연산증폭기를 이용하면 다양한 수학적 연산을 수행하는 회로를 구성할 수 있다.

(그림 4.33)과 같이 반전증폭기의 저항 R_1에 다른 저항을 병렬로 연결하여 여러 개의 입력단자를 갖는 회로를 구성하면 병렬로 연결된 각 저항에 흐르는 전류가 모두 합해져 저항 R_s를 통해 흐른다. 회로에서 연산증폭기의 반전단자가 가상적인 접지상태이므로 입력단자에 연결된 저항에 흐르는 전류는 각각 v_{i1}/R_1, v_{i2}/R_2, v_{i3}/R_3이며 이들의 합이 R_s를 지나는 전류이다.

$$i_s = i_1 + i_2 + i_3 = \frac{v_{i1}}{R_1} + \frac{v_{i2}}{R_2} + \frac{v_{i3}}{R_3}$$

R_s의 전압강하는 전류에 비례하고 전류의 방향이 반전증폭기와 같이 출력을 향하므로 출력전압은 반전된 입력의 합이며 R_s와 각 저항의 비는 입력되는 전압들에 대한 이득이다.

$$v_o = -(\frac{v_{i1}}{R_1} + \frac{v_{i2}}{R_2} + \frac{v_{i3}}{R_3})R_s = -(\frac{R_s}{R_1}v_{i1} + \frac{R_s}{R_2}v_{i2} + \frac{R_s}{R_3}v_{i3})$$

그림과 같이 3개의 입력전압이 저항 $1\,k\Omega, 3\,k\Omega, 4\,k\Omega$을 통해 연산증폭기의 (-) 단자와 접속되고 $6\,k\Omega$의 저항이 (-)단자와 출력에 연결되어 있으면 다음과 같이 입력전압의 합이 증폭기에서 출력된다.

$$v_o = -\left(\frac{6k}{1k}v_{i1} + \frac{6k}{2k}v_{i2} + \frac{6k}{4k}v_{i3}\right) = -\left(6v_{i1} + 3v_{i2} + 1.5v_{i3}\right)$$

이 회로는 입력을 합하여 (-)전압으로 출력하기 때문에 반전합산기라고 한다.

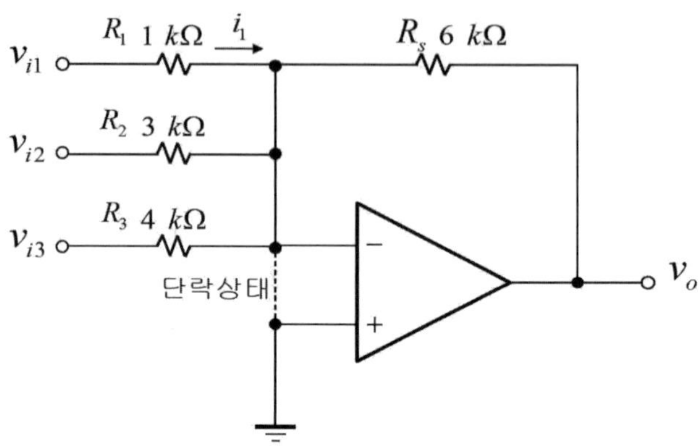

(그림 4.33) 반전합산기

(예제 4.7) 이상적인 연산증폭기를 이용하여 다음 식을 계산할 수 있는 회로를 구성하시오.

$$v_o = 3(v_1 + v_2) - 5v_3$$

반전합산기와 반전증폭기가 연결되면 비반전 출력을 얻는다.

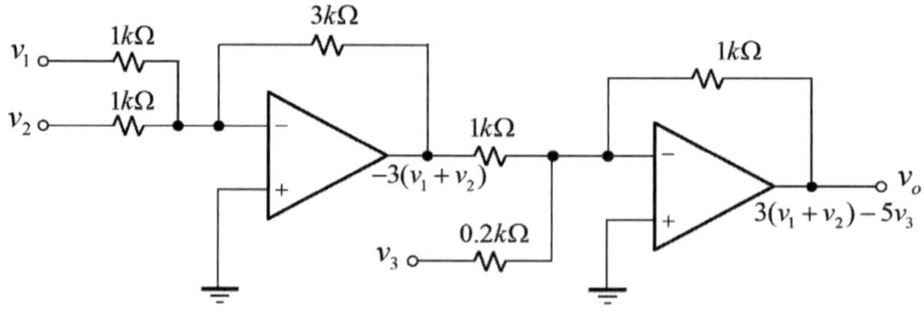

(예제 4.6 그림)

4.2.9 미분기와 적분기

커패시터에 흐르는 전류는 전하의 흐름이며 축적된 전하는 양 극판 사이에 전계를 형성한다. 전계의 변화와 전하의 축적은 미분과 적분으로 표시되며 커패시터와 연산증폭기를 이용하여 미분기 회로와 적분기 회로를 구현할 수 있다.

(1) 미분기 회로

반전증폭기에서 저항 R_1 대신 커패시터를 연결하여 (그림 4.34) (a)와 같이 회로를 구성하면 커패시터의 한쪽 단자에는 입력전압이 연결되고, 다른 쪽 단자는 가상적인 접지상태가 된다. 이 회로에 입력이 들어오면 커패시터에는 다음과 같은 전류가 흐른다.

$$i = C\frac{dv_i}{dt}$$

이 전류는 출력과 (-)단자 사이에 연결된 저항 R을 흘러 전압강하를 나타낸다. 따라서 출력전압은 반전된 R의 전압강하와 같고 다음과 같이 입력전압의 미분이며 저항과 커패시터의 곱은 미분계수와 같다.

$$v_o = -Ri = -RC\frac{dv_i}{dt}$$

이처럼 연산증폭기의 입력단자와 반전단자 사이에 커패시터를 연결하면 입력전압을 시간에 대해 미분한 결과를 얻을 수 있으며 이러한 회로의 구성을 미분기라 한다. 그림의 미분기는 입력과 반전된 출력을 나타내며 입력에 대하여 커패시터와 같이 -90^o의 위상을 갖는다.

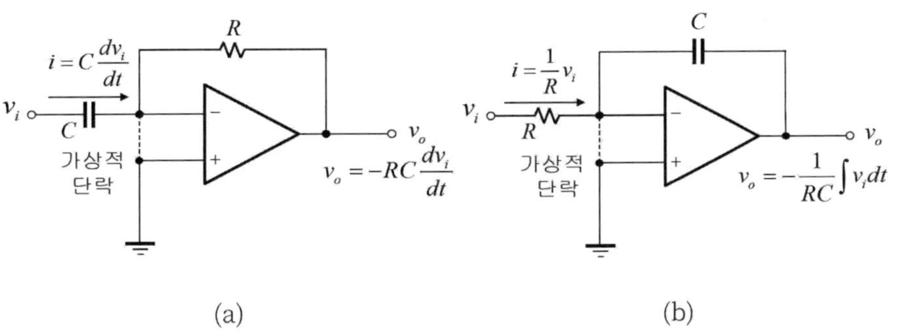

(그림 4.34) 연산증폭기를 이용한 미분기(a)와 적분기 회로(b)

(2) 적분기 회로

연산증폭기를 이용한 미분기 회로에서 (b)와 같이 커패시터와 저항의 위치를 서로 바꾸면 입력으로부터 저항 R을 통해 전류가 흘러 커패시터를 충전한다. 전류는 입력전압을 저항 R로 나눈 것이고 커패시터의 전압은 전류의 적분이므로 출력전압은 다음과 같이 입력전압을 적분하여 나타낼 수 있다.

$$i = \frac{v_i}{R}$$

$$v_o = -v_C = -\frac{1}{C}\int i dt = -\frac{1}{RC}\int v_i dt$$

회로 (b)의 출력전압은 이 식과 같이 입력전압의 적분이며 적분상수는 저항과 커패시터 용량을 곱한 값의 역수인 $-1/RC$이다. 이처럼 반전증폭기에서 연산증폭기의 반전단자와 출력 사이에 커패시터를 연결하면 출력으로 입력전압을 시간에 대해 적분한 것과 같은 결과를 얻을 수 있으며 이러한 회로의 구성을 적분기라 한다.

적분기의 출력이 갖는 위상은 반전된 커패시터의 위상인 90^o와 같다.

(문제 4.10) 위의 연산증폭기를 이용한 적분기에서 $R = 1\,M\Omega$, $C = 1\,\mu F$이며 (-)단자로 $10\,nA$의 누설전류가 흐른다. $t = 0$에서 $1\ V$크기를 갖는 계단형의 신호가 입력되었다면 10초 후 출력전압은 얼마인가?

4.3 바이폴라 트랜지스터 증폭기

4.3.1 바이폴라 트랜지스터 증폭기의 전달특성

MOS 트랜지스터는 게이트에 가한 전압으로 전계를 형성하여 채널의 전하를 조절하지만 바이폴라 트랜지스터는 베이스와 이미터의 pn접합에 전압을 인가해 주입되는 전하량을 직접 조절한다. 바이폴라 트랜지스터는 이미터-베이스와 베이스-컬렉터의 접합상태에 따라 동작이 달라지며 증폭기는 활성영역의 동작 특성을 이용한다.

바이폴라 트랜지스터 증폭기는 (그림 4.35) (a)와 같이 이미터가 입력과 출력에 공통으로 접속된 회로를 가장 많이 이용한다. 활성영역의 바이폴라 트랜지스터는 베이스-이미터 접합에 가한 순방향 전압으로 컬렉터 전류가 조절되기 때문에 베이스-이미터 접합의 전압을 증폭기의 입력전압, 컬렉터와 이미터 사이의 전압을 출력전압으로 하면 컬렉터 전류가 입력전압에 비례하고 이에 따라 부하의 전압도 변하여 증폭된 출력을 얻을 수 있다.

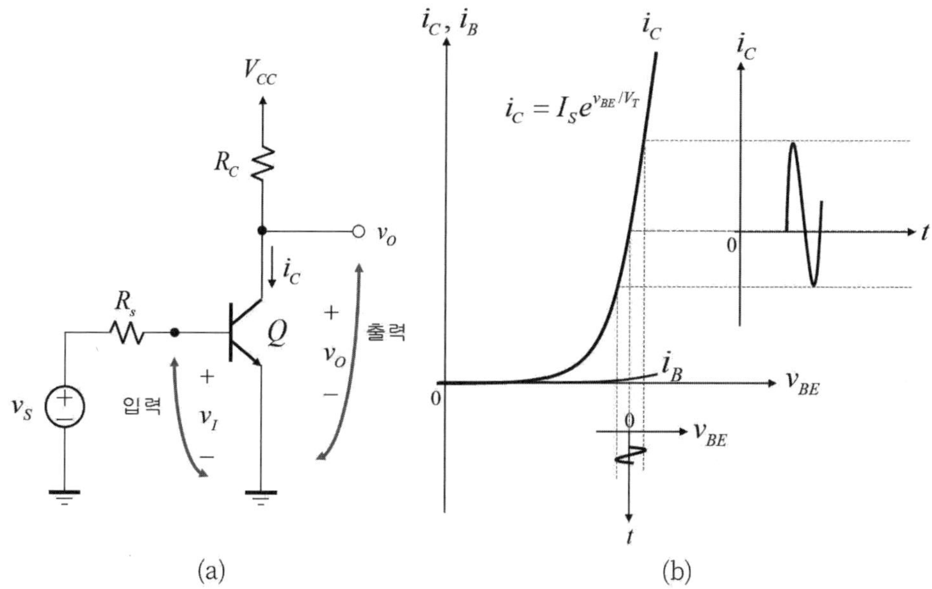

(그림 4.35) 바이폴라 트랜지스터 증폭기 회로(a)와 전류-전압 특성(b)

그림의 회로에서 입력전압인 베이스-이미터 전압이 증가하면 컬렉터 전류가 증가하고 저항 R_C의 전압강하가 커져 컬렉터 전압이 감소한다. 이처럼 이미터가 입력과 출력에 공통으로 접속된 증폭기 회로는 입력이 증가할 때 출력인 컬렉터 전압이 감소하는 반전된 출력 특성을 나타내는데 입력전압이 지나치게 증가하여 컬렉터와 이미터 사이의 전압이 $0.3\ V$ 이하가 되면 트랜지스터가 포화영역에 접어들면서 이득이 줄고 출력이 왜곡된다. 따라서 바이폴라 트랜지스터를 이용한 증폭기는 트랜지스터가 활성영역에서 동작하도록 신호의 크기와 바이어스 조건이 허용되는 범위 안에 있어야 한다.

위의 이미터가 공통으로 접속된 증폭기는 트랜지스터가 동작하는 영역이 베이스-이미터 전압과 베이스-컬렉터의 전압으로 정해지기 때문에 인가된 전압에 따른 출력특성을 보면 다음과 같다.

1) $v_{BE} < 0.7\ V$ (차단영역)

pn 접합에 흐르는 전류가 지수함수로 비례하기 때문에 낮은 베이스-이미터 전압에서는 전류가 매우 작고 선형적인 트랜지스터의 동작도 기대하기 어렵다. 증폭기의 트랜지스터는 선형성이 유지되어야 이용할 수 있으므로 신호의 크기를 고려하여 보통 $0.7\ V$의 베이스-이미터 전압을 트랜지스터가 증폭기로 동작하는 기준전압으로 보며 그 이하는 선형성이 유지되지 않는 차단상태로 구분한다. 이에 따라 베이스-이미터 전압이 $0.7\ V$보다 작으면 트랜지스터에 전류가 흐르지 않는 것으로 보고 이때 증폭기 회로의 출력전압은 V_{CC}를 유지한다.

$$i_C = 0$$

$$v_O = V_{CC}$$

2) $v_{BE} > 0.7\ V,\ v_{BC} < 0.4\ V$ (활성영역)

베이스-이미터 전압이 $0.7\ V$보다 크면 베이스-이미터의 pn접합이 순방향으로 접속되어 이미터에는 회로 부품이 이용할 수 있을 정도의 전류가 흐른다. 이때 베이스-컬렉터의 pn접합이 역방향 상태이면 트랜지스터가 활성영역에서 동작하여 컬렉터에 입력에 비례하는 전류가 흐른다. 신호는 (그림 4.35) (b)와 같이 일정한 베이스-이미터 전압에 더해져 입력되며 컬렉터 전류를 변화시키고 이에 따라 컬렉터에 연결된 저항의 전압이 달라져 신호전압이 출력된다. 회로의 출력전류와 출력전압은 MOS 증폭기 회로와 같이 $-1/R_C$의 부하선 안에 있다.

$$i_C = I_S e^{v_{BE}/V_T} = I_S e^{(V_{BE} + v_{be})/V_T}$$

$$v_O = V_{CC} - I_S e^{(V_{BE} + v_{be})/V_T} R_C$$

트랜지스터의 베이스-컬렉터 접합이 순방향으로 바뀌면 베이스에서 컬렉터로 전류가 주입되는데 이로 인해 0.4 V의 낮은 순방향 전압에서도 컬렉터 전류가 감소하며 트랜지스터의 선형성이 크게 나빠진다. 따라서 활성영역의 범위를 베이스와 컬렉터 사이의 전압 0.4 V 이하로 제한하며 이때 컬렉터와 이미터 사이의 전압은 0.3 V이다.

3) $v_{BE} > 0.7\ V,\ v_{BC} > 0.4\ V$ (포화영역)

베이스-컬렉터 전압이 0.4 V 정도에 이르면 베이스에서 컬렉터로 주입되는 전류가 지수함수로 증가하여 컬렉터 전류가 감소하고 트랜지스터의 동작 영역도 활성영역에서 포화영역으로 바뀌어 증폭기는 선형성을 갖지 못한다. 이때 컬렉터와 이미터 사이의 전압은 0.3 V 정도이며 포화영역의 가장자리(saturation edge)에 있다고 한다. 베이스-컬렉터 전압이 더 증가하면 컬렉터 전류는 급격히 감소하는데 컬렉터와 이미터 사이의 전압이 0.1 V정도에 이르면 전류는 거의 흐르지 않는 상태에 이른다. 이때를 트랜지스터가 심하게 포화되어 있는 상태로 본다.

(문제 4.11) (그림 4.35) (a)는 $I_S = 1\,pF$인 트랜지스터를 사용한 회로이다. 이 회로에서 $V_{CC} = 15\ V$, $V_{BE} = 0.7\ V$이고 신호원의 dc 전압은 3 V이다. 컬렉터 저항 R_C가 $5\,k\Omega$, 신호원의 저항 R_s가 $100\,k\Omega$일 때 트랜지스터가 활성영역에서 동작하고 있다면 β는 얼마인가? 또 출력전압은 얼마인지 구하시오.

4.3.2 바이폴라 트랜지스터의 바이어스

바이폴라 트랜지스터를 증폭기로 이용하기 위해서는 MOS 트랜지스터와 같이 바이어스를 가하여 일정한 전류가 흐르도록 해야 한다. 바이폴라 트랜지스터는 베이스-이미터 사이의 전압에 비례하여 컬렉터 전류가 흐르므로 전원을 직접 연결하거나 전압분배를 이용하여 베이스-이미터 사이에 고정된 전압의 바이어스를 가할 수 있다. 바이어스를 가한 트랜지스터에 신호가 입력되면 전류가 증가하거나 감소하는데 신호의 스윙 폭이 크면 활성영역에서 동작하는 트랜지스터가 차단되거나 베이스와 컬렉터의 접합이 순방향으로 바뀌어 포화상태로 바뀔 수 있으므로 신호의 스윙에 충분한 여유가 있도록 동작점을 잘 설정하여야 한다.

(그림 4.36)은 컬렉터 저항 R_C를 부하로 이용했을 때 부하저항의 크기에 따른 부하선과 최대의 스윙을 나타낸 것이다. 저항이 기울기의 역수이므로 선형적인 동작을 나타내는 입력의 스윙 범위는 R_C가 크면 좁아진다. 동작점이 A와 같이 선형적으로 동작하는 영역의 중앙에 있을 때 가장 큰 스윙 폭을 가질 수 있으며 B와 같이 가장자리에 치우쳐 있으면 스윙 폭이 줄어든다.

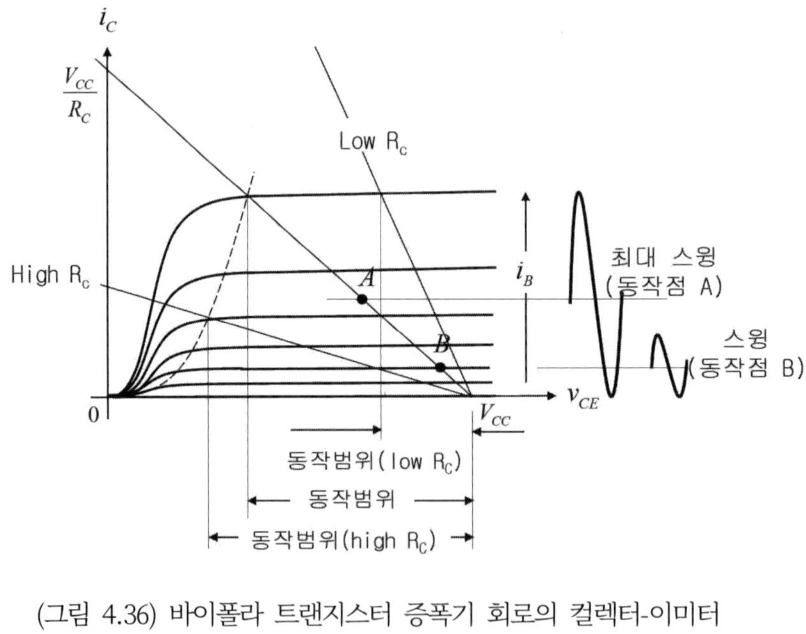

(그림 4.36) 바이폴라 트랜지스터 증폭기 회로의 컬렉터-이미터 전류-전압 특성

4.3.3 소신호 등가회로

트랜지스터를 이용한 증폭기 회로는 대부분 작은 신호를 증폭한다. 바이폴라 트랜지스터의 베이스-이미터 전압과 컬렉터 전류는 지수함수로 비례하여 비선형적이지만 전압의 크기가 작으면 선형으로 근사할 수 있다. 베이스-이미터 전압은 다음과 같이 직류성분 V_{BE}와 작은 신호성분 v_{be}의 합으로 나타낼 수 있다.

$$v_{BE} = V_{BE} + v_{be}$$

컬렉터 전류도 베이스-이미터 전압을 이용하여 직류와 신호성분으로 구분할 수 있으며 전압과 전류 사이의 관계를 선형관계식으로 근사할 수 있다. 신호의 지수함수를 테일러급수로 전개하여 간략히 나타내면

$$\begin{aligned} i_C &= I_C + i_c = I_S e^{(V_{BE}+v_{be})/V_T} = I_S e^{V_{BE}/V_T}\left(1 + \frac{v_{be}}{V_T}\right) \\ &= I_S e^{V_{BE}/V_T} + I_S e^{V_{BE}/V_T}\frac{v_{be}}{V_T} \end{aligned}$$

직류성분과 신호성분을 구분하면 다음과 같다.

$$I_C = I_S e^{V_{BE}/V_T}$$

$$i_c = I_S e^{V_{BE}/V_T}\frac{v_{be}}{V_T} = \frac{I_C}{V_T}v_{be}$$

베이스-이미터 신호전압과 컬렉터 신호전류의 관계는 이미터를 공통으로 한 증폭기 회로의 입력전압과 출력전류 사이의 관계이므로 트랜스컨덕턴스 g_m으로 나타내며 이것은 컬렉터의 직류성분전류 I_C를 열전압 V_T로 나눈 것과 같다.

$$g_m = \frac{v_{be}}{i_c} = \frac{I_C}{V_T}$$

상온에서 열전압을 $25\,mV$라고 하면 컬렉터 전류가 $1\,mA$일 때 바이폴라 트랜지스터는 $40\,mS$의 트랜스컨덕턴스를 나타내 MOS 트랜지스터보다 크다.

입력단자인 게이트에 전류가 흐르지 않는 MOS 트랜지스터와 달리 바이폴라 트랜지스터는 베이스와 이미터 사이에 전압이 걸리면 전압에 비례하여 베이스에 전류가 흐른다. 베이스-이미터 전압과 베이스 전류의 비례관계는 저항 r_π로 나타내며 이것은 MOS 트랜지스터에서는 보이지 않는 저항이다.

$$r_\pi = \frac{v_{be}}{i_b} = \frac{v_{be}}{i_c/\beta} = \beta\frac{V_T}{I_C} = \frac{\beta}{g_m}$$

바이폴라 트랜지스터에서 컬렉터 전류가 $1\,mA$일 때 g_m은 $40\,mS$이며 β가 100이면 r_π는 $2.5\,k\Omega$의 저항값을 갖는다.

이미터 전류는 베이스 전류의 $(1+\beta)$배이므로 이미터에서 본 베이스-이미터 전압과 이미터 전류 사이의 관계는 베이스에서 들여다본 것과 달리 r_π의 $1/(1+\beta)$로 작다. 이미터에서 본 저항은 r_e로 나타내며 다음과 같이 여러 값으로 표시할 수 있다.

$$r_e = \frac{v_{be}}{i_e} = \frac{v_{be}}{i_c/\alpha} = \alpha\frac{V_T}{I_C} = \frac{\alpha}{g_m} = \frac{r_\pi}{1+\beta}$$

r_π가 $2.5\,k\Omega$일 때 β가 100이면 r_e는 $24.8\,\Omega$으로 매우 작다.

바이폴라 트랜지스터의 베이스폭변조 현상을 나타내는 컬렉터-이미터 전압과 컬렉터 전류의 비인 저항 r_o은 큰 신호에서도 선형적인 관계를 잘 유지한다.

이들 저항과 트랜스컨덕턴스를 이용하여 바이폴라 트랜지스터의 작은 신호에 따른 전류-전압 특성은 (그림 4.37)의 π형, 또는 T형의 등가회로로 나타낼 수 있다. 이 등가회로는 MOS 트랜지스터와 비슷하지만 베이스에 분포하는 저항과 베이스-이미터 사이에 저항이 있어 MOS 트랜지스터와 구분된다.

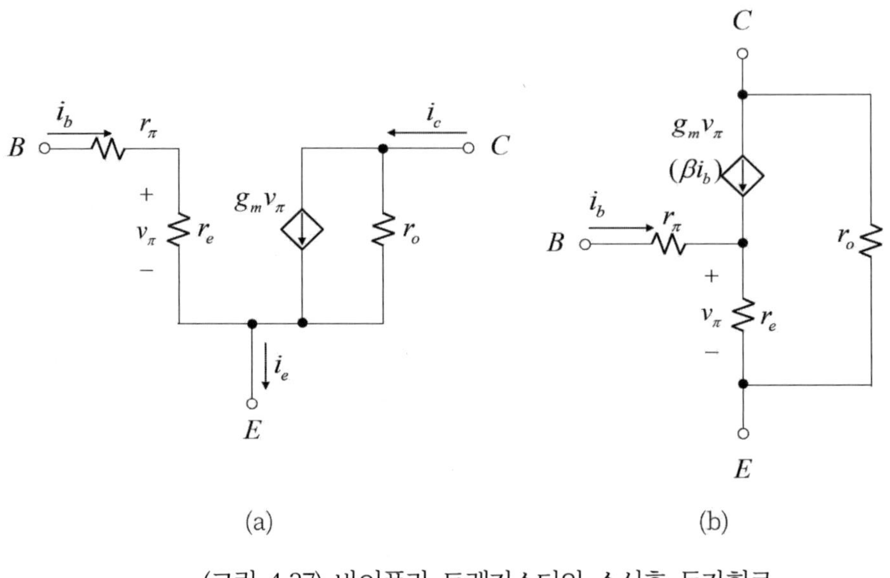

(그림 4.37) 바이폴라 트랜지스터의 소신호 등가회로,

(a)하이브리드π- 모델, (b) T 모델

(a)는 π 형태로 나타낸 바이폴라 트랜지스터의 소신호 등가회로로 베이스와 이미터 사이에는 v_{be}의 전압이 걸려 있고 베이스 단자를 통해 i_b의 전류가 흐른다. 베이스-이미터 전압과 베이스 전류의 비가 r_π이므로 베이스와 이미터 사이에 r_π를 놓아 단자 사이의 전압-전류 관계를 나타낸다. 이때 컬렉터로부터 $g_m v_{be}$의 전류가 흘러들어오고, 컬렉터-이미터의 전압과 컬렉터 전류의 관계는 r_o이므로 이미터와 베이스, 컬렉터의 세 단자 사이에 이들 부품을 놓으면 (a)의 하이브리드-π 모델이 된다.

베이스와 이미터 사이의 전압과 전류 관계를 이미터 전류를 이용하면 저항 r_e로 나타낼 수 있다. 이 경우 (b)와 같이 T자 형태의 회로로 표현되므로 T-모델이라고 한다.

바이폴라 트랜지스터는 공핍층의 변화와 캐리어의 확산에 따른 커패시터 성분을 갖는다. 커패시터 성분의 임피던스는 주파수에 따라 변하여 낮은 주파수에서는 임피던스가 커서 회로의 특성에 영향을 미치지 않지만 주파수가 높아지면 임피던스가 작아져 이득이 감소하는 등의 효과를 나타낸다. 이 때문에 고주파 영역의 동작을 고려할 때는 커패시터 성분을 포함한 고주파 등가회로를 이용해야 한다.

(문제 4.12) 트랜지스터의 β가 100이고 컬렉터 전류 I_C는 $10\,mA$이다. r_π와 r_e, g_m을 구하시오.

4.3.4 바이폴라 트랜지스터의 접속 방법

바이폴라 트랜지스터의 이미터와 베이스, 컬렉터 세 단자는 MOS 트랜지스터의 소스와 게이트, 드레인에 대응되며 접속하는 방법도 MOS 트랜지스터와 같이 세 가지가 있다. 이미터를 공통으로 하는 공통이미터 회로는 MOS 트랜지스터의 공통소스 회로와 유사한 동작 특성을 가지며 베이스를 공통으로 한 공통베이스 회로는 공통게이트 회로에, 컬렉터를 공통으로 하는 공통컬렉터 회로는 공통드레인 회로에 대응되는 특성을 갖는다.

바이폴라 트랜지스터는 회로가 동작할 때 활성영역에 있어야 하므로 세 가지 접속 방법 모두 $0.7\,V$의 베이스-이미터 바이어스 전압을 유지해야 하고 입력신호가 포함되었을 때 트랜지스터가 포화영역에 들어가지 않도록 베이스-컬렉터 전압은 $0.4\,V$를 넘지 않아야 한다.

(1) 공통이미터 회로

공통이미터로 접속된 회로는 입력이 베이스에, 출력은 컬렉터에 연결되며 베이스-이미터 단자가 입력, 컬렉터-이미터 단자는 출력단자가 된다. 컬렉터와 전원 사이에는 컬렉터 저항 R_C가 연결되어 출력전압을 나타내는데 컬렉터에는 부하가 함께 연결된다.

(그림 4.38)은 공통이미터 회로와 소신호 등가회로이다. 베이스-이미터의 입력단자에 전압 v_{be}가 걸리고 베이스 전류 i_b가 흐르므로 입력단자에서 바라본 저항 R_i는 r_π와 같다.

$$R_i = r_\pi$$

β가 100이고 $1\,mA$의 컬렉터 전류가 흐르는 트랜지스터의 r_π는 $2.5\,k\Omega$이므로 공통이미터 회로는 MOS의 공통소스 회로와 달리 입력저항이 크지 않다.

R_C는 드레인과 신호접지 상태인 V_{CC}에 연결되어 있어 출력단자에서 증폭기를 보면 트랜지스터의 저항 r_o과 저항 R_C가 컬렉터에 병렬로 연결된 것과 같다.

$$R_o = r_o // R_C$$

r_o은 베이스폭변조 현상을 나타내는 저항으로 $100\,k\Omega$ 정도로 크고 R_C도 수 $k\Omega$ 정도의 크기이지만 r_o에 비해 상대적으로 작아 출력저항은 R_C에 의해 정해진다.

부하 R_L을 고려하면 공통이미터 회로에서 출력되는 전압과 전압이득은 다음과 같다.

$$v_o = -g_m v_i (r_o // R_C // R_L)$$

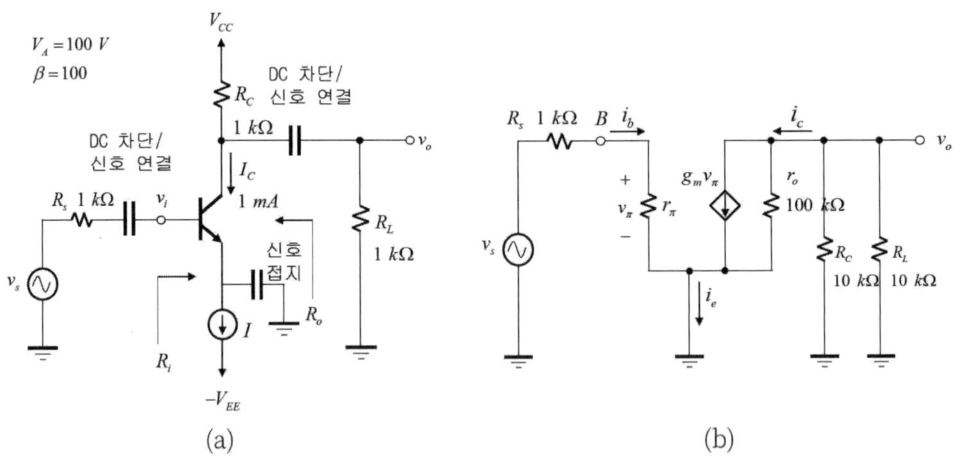

(그림 4.38) 공통이미터 회로(a)와 소신호 등가회로(b)

$$A_v = \frac{v_o}{v_i} = -g_m(r_o//R_C//R_L)$$

(그림)과 같이 β가 100이고 r_o이 $100k\Omega$인 바이폴라 트랜지스터의 공통이미터 회로에서 $1mA$의 컬렉터 전류가 흐르고 $1k\Omega$의 컬렉터 저항과 $1k\Omega$의 부하가 연결되면 전압이득은 $-19.9\ V/V$이다.

$$A_v = -g_m(r_o//R_C//R_L)$$

$$= -\frac{1m}{25m}(100k//1k//1k) = -(0.04)(498) = -19.9\ V/V$$

신호원과 부하가 연결되면 신호원전압 v_s는 신호원이 갖는 저항 R_s와 입력저항 r_π로 분배되어 입력되며 이를 고려하면 입력전압과 전체 회로의 전압이득은 다음과 같다.

$$v_i = \frac{r_\pi}{R_s + r_\pi}v_s$$

$$G_v = \frac{v_o}{v_s} = \frac{v_i}{v_s}\frac{v_o}{v_i} = -\frac{r_\pi}{R_s + r_\pi}g_m(r_o//R_C//R_L)$$

이식을 β로 변환하여 나타내면 전체전압이득은 출력 쪽의 저항 $r_o//R_C//R_L$과 입력 쪽의 저항 $R_s + r_\pi$의 비를 β배 한 것과 같다.

$$G_v = -\frac{r_\pi}{R_s + r_\pi}\frac{\beta}{r_\pi}(r_o//R_C//R_L) = -\beta\frac{r_o//R_C//R_L}{R_s + r_\pi}$$

β가 100이고 r_o이 $100k\Omega$, R_C와 R_L, 신호원 저항 R_s가 모두 $1k\Omega$이라면 전체전압이득은 다음과 같다.

$$G_v = -100\frac{100k//1k//1k}{1k + 2.5k} = -100\frac{0.498k}{3.5k} = -14.2\ V/V$$

입력전류가 베이스 전류이며 출력전류는 컬렉터 전류이므로 공통이미터 회로의 전류이득은 β와 같다.

$$A_i = \frac{i_o}{i_i} = -\beta$$

바이폴라 트랜지스터의 공통이미터 회로는 전류이득인 β가 매우 커서 전류이득이 없는 공통소스 회로와 비교된다.

(문제 4.13) 위의 (그림 4.38) (a) 회로에서 트랜지스터의 β가 100 이고 컬렉터 전류 I_C가 $10\,mA$ 일 때 공통이미터 회로의 전압이득과 회로의 전체전압이득을 구하시오.

(2) 공통이미터 회로에서 이미터 저항의 효과

공통이미터로 접속된 트랜지스터의 이미터에 저항이 직렬로 연결되면 입력된 신호원의 전압이 저항으로 인해 차감되어 이득이 감소한다.

이미터 저항 R_e가 연결된 공통이미터 회로와 소신호 등가회로는 (그림 4.39)와 같다. 이 회로는 입력전압이 저항 r_e와 R_e에 분배되어 트랜지스터에 입력되는 전압이 입력전압보다 작다. 입력전류인 베이스 전류 i_b는 이미터 전류의 $1/(1+\beta)$이므로 입력저항은 R_e에 의해 크게 달라져 이미터 저항이 없을 때 보다 $(1+\beta)R_e$배 만큼 크다. 따라서 이미터 저항을 이용하면 입력저항을 조절할 수 있다.

$$R_i = \frac{v_i}{i_b} = \frac{i_e(r_e + R_e)}{i_e/(1+\beta)} = (1+\beta)(r_e + R_e)$$

위의 공통이미터 회로에 $100\,\Omega$의 이미터 저항을 연결하면 r_e가 $24.8\,\Omega$이므로 트랜지스터의 입력저항은 다음과 같이 현저히 증가한다.

$$R_i = (1+\beta)(r_e + R_e) = (1+100)(24.8+100) = 12.6\,k\Omega$$

출력저항은 R_e에 크게 영향을 받지 않으며 컬렉터 저항 R_C가 r_o에 비해 작아서 R_C와 비슷한 값을 갖는다.

$$R_o \approx R_C$$

입력전압은 이미터 전류 i_e가 r_π와 R_e를 통해 흘러 생기는 전압강하와 같고 출력전압은 저항 R_C에 컬렉터 전류 i_c가 흘러서 나타나는 전압이다.

$$v_i = i_e(r_\pi + R_e)$$

$$v_o = i_c(R_C // R_L) = -\alpha i_e(R_C // R_L)$$

따라서 전압이득은 다음과 같이 컬렉터에 연결된 저항과 이미터에 연결된 저항들의 비에 가까운 값을 가지며 이미터 저항이 없는 이득과 비교하면 $(1+g_m R_e)$배 작다.

$$A_v = \frac{v_o}{v_i} = \frac{-\alpha i_e (R_C//R_L)}{i_e(r_e + R_e)} = -\alpha \frac{R_C//R_L}{r_e + R_e}$$

회로 전체를 보면 신호가 신호원의 저항과 입력저항, 출력저항과 부하저항에 분배되기 때문에 신호원과 부하를 고려한 회로 전체의 전압이득은 다음과 같다.

$$G_v = \frac{v_o}{v_s} = \frac{v_i}{v_s}\frac{v_o}{v_i} = -\frac{(1+\beta)(r_e + R_e)}{R_s + (1+\beta)(r_e + R_e)} \frac{\alpha(R_C//R_L)}{R_C + R_e}$$

$$= -\beta \frac{R_C//R_L}{R_s + (1+\beta)(r_e + R_e)}$$

공통이미터 회로에 연결되는 이미터 저항은 전압이득을 감소시키지만 출력저항을 높이고 주파수 특성을 개선한다. 또 이미터 저항의 전압은 입력과 출력에 연동되어있어 출력전류가 증가하면 저항의 전압이 커지고 베이스-이미터 전압이 감소한다. 따라서 출력전류가 감소하는 부궤환 특성을 나타내 회로를 안정화하는 효과가 있다.

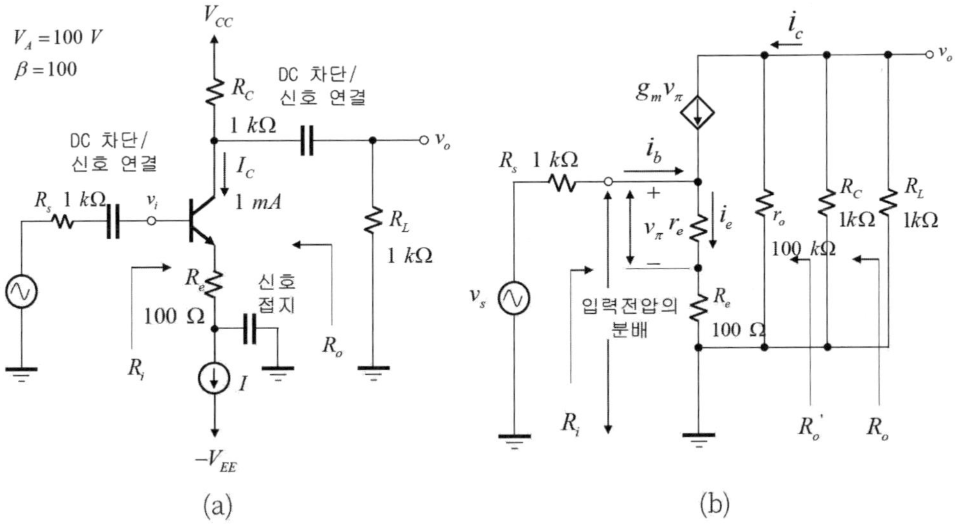

(그림 4.39) 이미터 저항 R_e가 연결된 공통이미터 회로(a)와 등가회로(b)

(문제 4.14) (그림 4.39) (a) 회로에서 트랜지스터의 β가 100일 때 주어진 값을 이용하여 전압이득과 전체전압이득을 구하시오.

---

(3) 공통베이스 회로

베이스가 공통으로 접속된 회로는 (그림 4.40) (a)와 같이 신호가 이미터로 입력되기 때문에 이미터-베이스 전압이 입력전압이 되고 컬렉터와 베이스 사이의 전압이 출력전압이다. 소신호 동작만 고려하면 트랜지스터의 T형 모델을 이용하여 공통베이스 회로를 (b)의 소신호 등가회로로 나타낼 수 있다.

입력단자인 이미터와 베이스 사이에는 입력전압 v_{eb}가 있고 이미터 전류 i_e가 흐른다. 따라서 공통베이스 회로의 입력저항은 이미터-베이스 사이의 저항 r_e와 같다. 출력단자인 컬렉터와 신호에 대하여 접지상태인 전원과의 사이에는 저항 R_C가 있으며 r_o이 매우 크기 때문에 출력단자에서 입력을 바라본 출력저항은 R_C에 가까운 값이 된다.

$$R_i = \frac{v_i}{i_i} = \frac{-v_{be}}{-i_e} = r_e$$

$$R_o \approx R_C$$

r_e는 r_π의 $1/(1+\beta)$로 매우 작다. 컬렉터 전류가 $1mA$이고 β가 100이면 r_e는 $24.8\,\Omega$에 지나지 않아 공통이미터 회로의 입력저항보다 매우 작다.

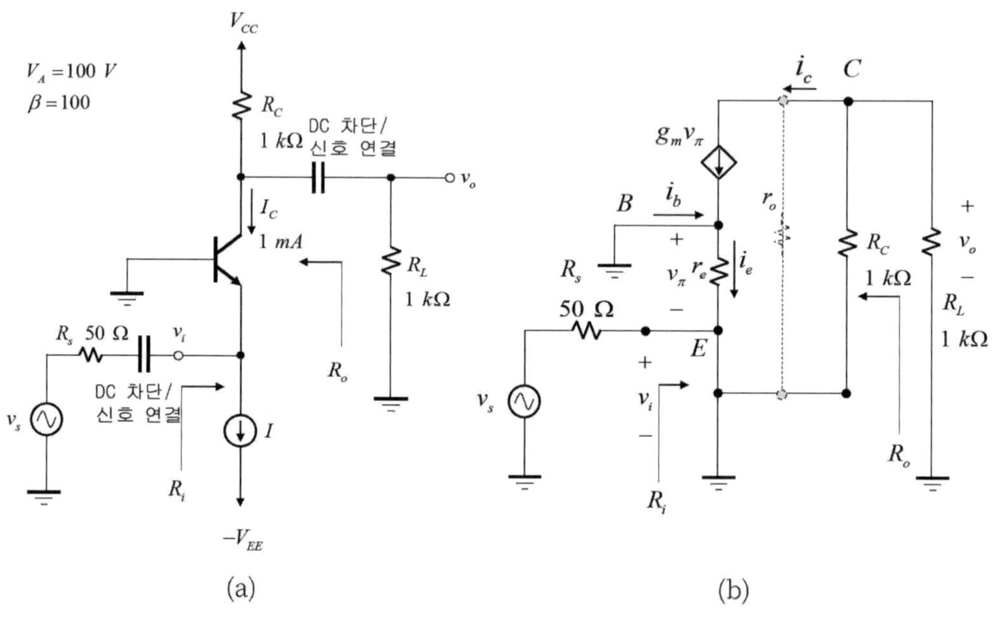

(그림 4.40) 공통베이스 회로(a)와 소신호 등가회로(b)

공통베이스 회로의 출력전압은 컬렉터 전류가 병렬로 연결된 컬렉터 저항 R_C와 부하저항 R_L을 흘러서 나타나는 전압강하이므로 다음과 같다.

$$v_o = -\alpha i_e (R_C // R_L) = \alpha \frac{v_i}{r_e}(R_C // R_L) = g_m v_i (R_C // R_L)$$

공통베이스 회로의 전압이득은 이 식에서 출력전압을 입력전압으로 나누어 구할 수 있으며 공통이미터 회로의 이득과 크기가 같다. 그러나 공통이미터 회로와 다르게 입력과 출력전압의 부호가 같아 (+)의 전압이득을 갖는다. R_C와 R_L이 각각 $1\,k\Omega$이면 전압이득은 $20\ V/V$인 (+) 값이다.

$$A_v = \frac{v_o}{v_i} = g_m (R_C // R_L) = (40m)(1k // 1k) = 20\ V/V$$

전체전압이득은 신호원의 전압이 분배되어 입력되므로 다음과 같다.

$$\begin{aligned} G_v &= \frac{v_o}{v_s} = \frac{v_i}{v_s}\frac{v_o}{v_i} = \frac{r_e}{R_s + r_e} g_m (R_C // R_L) \\ &= \frac{24.8}{50 + 24.8}(40m)(1k // 1k) = 6.63\ V/V \end{aligned}$$

공통베이스 회로는 이미터에 입력이 연결되기 때문에 이미터 전류가 입력전류이며 출력전류는 컬렉터 전류이다. 따라서 전류이득이 α이며 1에 가깝다. 공통베이스 회로는 입력과 출력단자가 직접 접속되지 않으므로 공통이미터 회로보다 주파수 특성이 우수하다.

(문제 4.15) 공통이미터 회로와 공통베이스 회로가 갖는 특성을 비교하고 차이점을 나타내시오.

---

(4) 공통컬렉터 회로

공통컬렉터 회로는 (그림 4.41) (a)와 같이 컬렉터가 입력과 출력에 공통으로 접속되며 입력전압은 베이스-컬렉터 전압, 출력전압은 이미터-컬렉터 사이의 전압이다. 베이스에 신호가 입력되면 컬렉터에서 이미터로 신호에 따른 전류가 흐르고 이 전류는 이미터에 연결된 부하저항에 전압강하를 나타내며 출력된다.

(b)는 컬렉터가 공통으로 접속된 공통컬렉터 회로와 소신호 등가회로를 나타낸 것이다. 컬

렉터가 공통이고 전원은 신호에 대하여 접지이기 때문에 베이스-이미터 전압과 출력전압인 부하전압의 합이 입력전압이다.

$$v_i = v_{be} + v_{R_L} = i_e(r_e + R_L) = (1+\beta)i_b(r_e + R_L)$$

입력저항은 입력전압을 입력전류인 베이스 전류로 나누어 구할 수 있는데

$$R_i = (1+\beta)(r_e + R_L)$$

이 식에서 보면 입력저항이 부하저항과 이미터 저항 r_e를 합한 값의 $(1+\beta)$배이므로 r_e가 수Ω ~ 수십Ω으로 작아도 공통컬렉터 회로의 입력저항은 매우 크다.

반면에 출력저항은 신호원의 저항이 작을 경우 이를 무시하면 이미터 저항과 큰 차이가 없어 공통컬렉터 회로의 출력저항은 수Ω ~ 수십Ω 정도로 매우 작다.

$$R_o = r_e // r_o \approx r_e$$

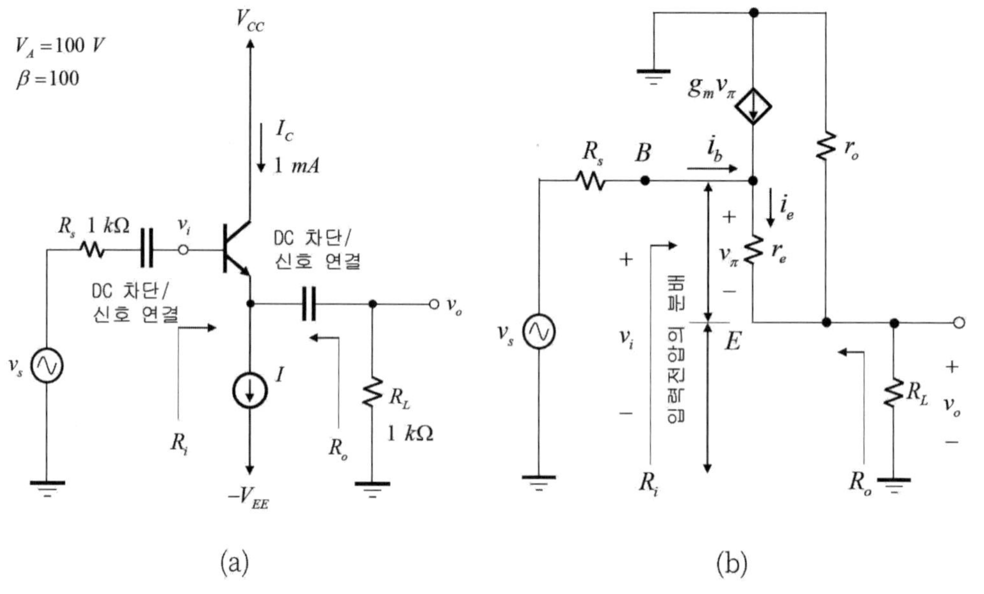

(그림 4.41) 공통컬렉터 회로(a)와 소신호 등가회로(b)

공통컬렉터 회로의 입력전압인 베이스와 접지 사이의 전압은 출력전압을 포함한다. 이미터에 부하가 연결되어 출력되기 때문에 입력전압과 출력전압의 비인 전압이득은 부하저항과 이미터와 연결된 경로의 저항비와 같다.

$$A_v = \frac{i_e R_L}{i_e(r_e + R_L)} = \frac{R_L}{r_e + R_L}$$

공통컬렉터 회로에 연결되는 부하저항은 보통 이미터 저항보다 매우 커서 전압이득이 1에 가깝고 출력되는 부하전압이 입력전압과 비슷하여 공통컬렉터 회로를 전압추종기(voltage follower)라고도 한다.

공통컬렉터 회로는 큰 입력저항과 낮은 출력저항, 1에 가까운 이득을 가지므로 저항값이 작은 부하를 구동하기 위한 버퍼로 자주 이용된다.

(문제 4.16) (그림 4.41)의 공통컬렉터 회로에서 트랜지스터의 β가 100 이고 컬렉터 전류가 I_C가 $1\,mA$ 일 때 입력저항과 출력저항, 전압이득을 구하시오.

4.4 증폭기의 주파수 응답과 궤환 회로

4.4.1 주파수 응답

신호의 전달, 또는 변환은 회로의 중요한 기능이다. 전기신호는 시간에 따라 변하는 크기를 지닌 전압 또는 전류이며 회로는 입력된 전기신호를 증폭하거나 변환하여 출력으로 내보낸다. 의미 있는 신호는 대체로 주기성을 지니고 있으며 주기적인 신호는 다양한 주파수를 갖는 신호들의 합으로 구성되기 때문에 증폭기는 입력된 신호가 갖는 모든 주파수의 성분을 같은 비율로 증폭해야 입력된 신호와 같은 형태의 신호가 출력된다.

회로를 구성하는 기본 부품인 저항과 커패시터, 인덕터 중 저항은 주파수에 따라 특성이 변하지 않지만 (그림 4.42)와 같이 커패시터는 $1/j\omega C$의 임피던스를 가지며 신호의 주파수가 없는 dc에서는 임피던스가 무한히 크고, 주파수가 증가함에 따라 작아진다. 이와 다르게 인덕터의 임피던스는 $j\omega L$로 주파수에 비례하여 증가하여 커패시터와 반대의 특성을 갖는다. 따라서 커패시터나 인덕터를 포함한 회로는 주파수에 따라 특성이 달라지며 이것을 고려하여 주파수에 따른 회로의 입력과 출력 사이의 관계를 나타낸 것을 회로의 주파수 응답이라고 한다. 증폭기는 트랜지스터 내부에 커패시터 성분들이 있으며 이들이 증폭기의 주파수에 따른 특성을 변화시킨다.

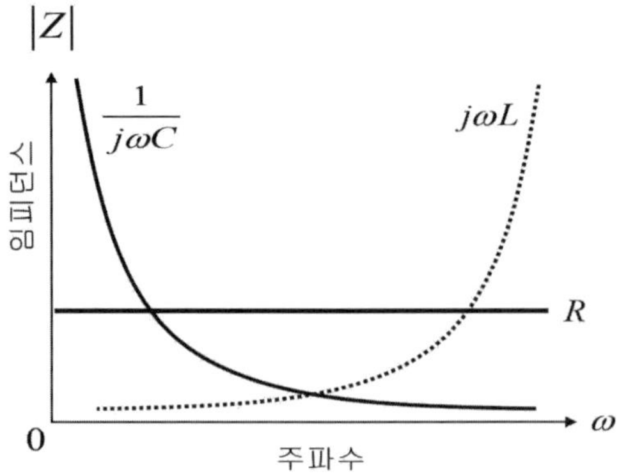

(그림 4.42) 주파수에 따른 저항과 커패시터, 인덕터의 임피던스 변화

트랜지스터는 커패시터와 함께 인덕터의 성분도 가지고 있으나 회로의 특성에 영향을 주지 않을 정도로 작아서 초고주파와 같이 아주 높은 주파수가 아니면 저항과 커패시터 성분만 고려해도 주파수에 따른 증폭기 특성의 변화를 알 수 있다.

증폭기 회로는 모든 주파수에서 같은 입출력 특성이 요구되며 증폭기의 주파수 응답은 사용할 수 있는 주파수 범위를 나타내기 때문에 매우 중요하다.

4.4.2 MOS 트랜지스터의 커패시터 성분

MOS 트랜지스터는 금속과 절연체, 반도체의 사이의 전계를 이용한 소자이다. MOS 트랜지스터는 반도체의 접합을 가질 뿐 아니라 전계로 이끌려 나온 전하들에 의해 채널이 형성되기 때문에 여러 가지 커패시터 성분을 갖는다.

(그림 4.43) (a)는 MOS 트랜지스터의 구조와 커패시터 성분들이다. MOS 트랜지스터는 게이트와 반도체 사이에 절연층이 있으며 전계효과로 도전층인 채널이 형성되기 때문에 게이트 금속과 채널 사이에 커패시터 성분을 가진다. 트랜지스터의 커패시터 성분은 주로 게이트와 소스 사이에 나타나며 이 성분을 게이트-소스 커패시터 C_{gs}라고 한다. C_{gs}는 다른 커패시터 성분보다 커서 증폭기의 주파수 특성에 가장 큰 영향을 미친다.

MOS 트랜지스터는 게이트에 전압을 가했을 때 전하가 추출되도록 게이트 가장자리에서 소스와 드레인 영역이 일부 게이트와 중첩되어 있다. 이 중첩된 부분은 게이트 길이의 10% 정도로 좁게 형성되어 있으나 게이트와 채널 사이처럼 커패시터 성분을 나타낸다. 이 중 게이트와 중첩된 소스 영역의 커패시터 성분은 C_{gs}에 포함되며 드레인 영역의 커패시터 성분은 게이트-드레인 사이의 커패시터 성분 C_{gd}에 포함된다. 포화영역에서 동작하는 MOS 트랜지스터는 채널을 통한 게이트와 드레인 사이의 커패시터 성분은 없으나 드레인 영역에 공핍층이 형성되면서 게이트와 드레인 사이의 전계로 커패시터 성분이 있다. 이들 게이트-드레인 사이의 커패시터 C_{gd}로 나타내는데 채널을 통한 커패시터 성분보다 작아서 C_{gd}는 C_{gs}에 비해 $1/10$ 이하로 작다. 그러나 트랜지스터가 공통소스로 접속되면 이득에 따라 커패시터의 값이 커지는 밀러효과(Miller effect)가 나타나기 때문에 C_{gd}도 무시할 수 없다.

MOS 트랜지스터의 소스와 드레인은 기판과 반대로 도핑되어 pn접합이 있고 트랜지스터가 동작하는 동안 기판과 역방향으로 접합되어 커패시터 특성을 나타낸다. MOS 트랜지스터는 이처럼 C_{gs}나 C_{gd}에 비해 작아 그 영향이 크지 않으나 게이트와 몸체인 기판 사이의 커패시터 성분 C_{gb}, 소스와 기판 사이의 커패시터 성분 C_{sb}, 드레인과 기판 사이의 커패시터 성분 C_{db}도 있다.

MOS 트랜지스터의 소신호 등가회로에 이들 커패시터 성분을 포함하면 (b)와 같이 나타낼 수 있는데 주로 높은 주파수에서 커패시터 성분이 특성에 영향을 미치기 때문에 이 등가회로를 고주파 등가회로 모델이라 한다. 고주파 등가회로는 이들 커패시터 성분 중 특성에 미치는 영향이 적은 것을 제외하여 (c)와 같이 간략한 고주파 등가회로로 나타내기도 한다.

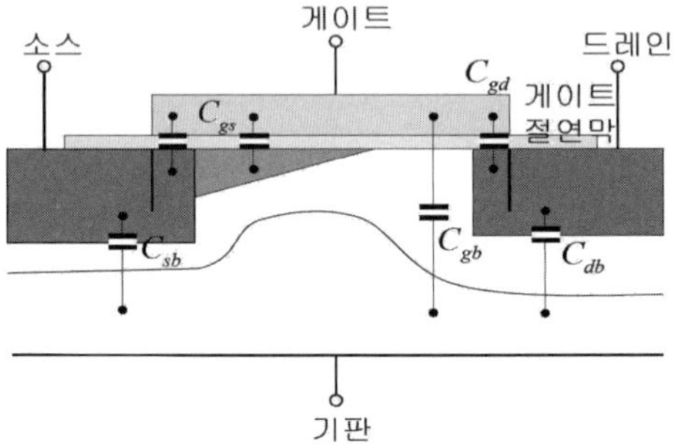

(a)

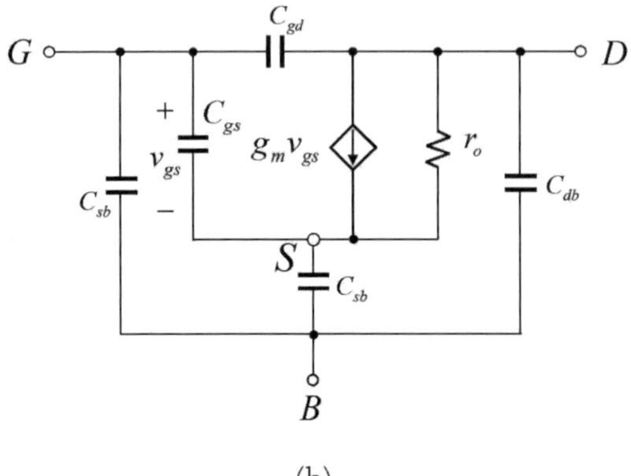

(b)

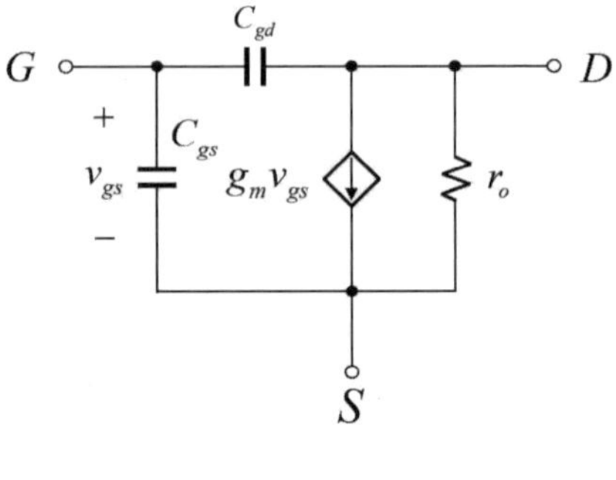

(c)

(그림 4.43) MOS 트랜지스터의 커패시터 성분(a)과 고주파 등가회로 모델(b), 간략한 고주파 등가회로 모델(c)

4.4.3 단일 시정수 회로와 보드선도

회로의 주파수에 따른 특성은 쉽게 단일 시정수(single time constant, STC) 회로를 이용하면 쉽게 이해할 수 있다. 단일 시정수 회로는 저항과 커패시터가 하나씩 직렬로 연결된 회로이며 커패시터의 위치에 따라서 서로 반대되는 출력특성을 나타낸다. 회로의 주파수 응답은 아주 높은 초고주파가 아니면 커패시터를 포함한 입력과 출력의 관계를 전달함수로부터 얻을 수 있다.

(그림 4.44) (a)와 같이 저항이 먼저 연결된 $R-C$ 회로에 신호가 입력되면 신호는 저항과 커패시터에 임피던스의 비로 분배된다. 커패시터에서 출력을 얻는다면 전달함수는

$$\frac{v_o}{v_i}=\frac{1/j\omega C}{R+1/j\omega C}=\frac{1}{1+j\omega CR}=\frac{1}{\sqrt{1+(\omega RC)^2}}\angle-\tan^{-1}(\omega RC)$$

이 식에서 주파수 ω가 아주 작으면 전달함수의 크기가 1에 가까워 출력되는 신호의 크기에 거의 변화가 없지만 ω가 $1/RC$이 되면 크기가 $1/\sqrt{2}$이 되고, 또 더욱 클 경우 $1/\omega RC$에 가까워져 주파수에 따라 역으로 비례하여 감소한다.

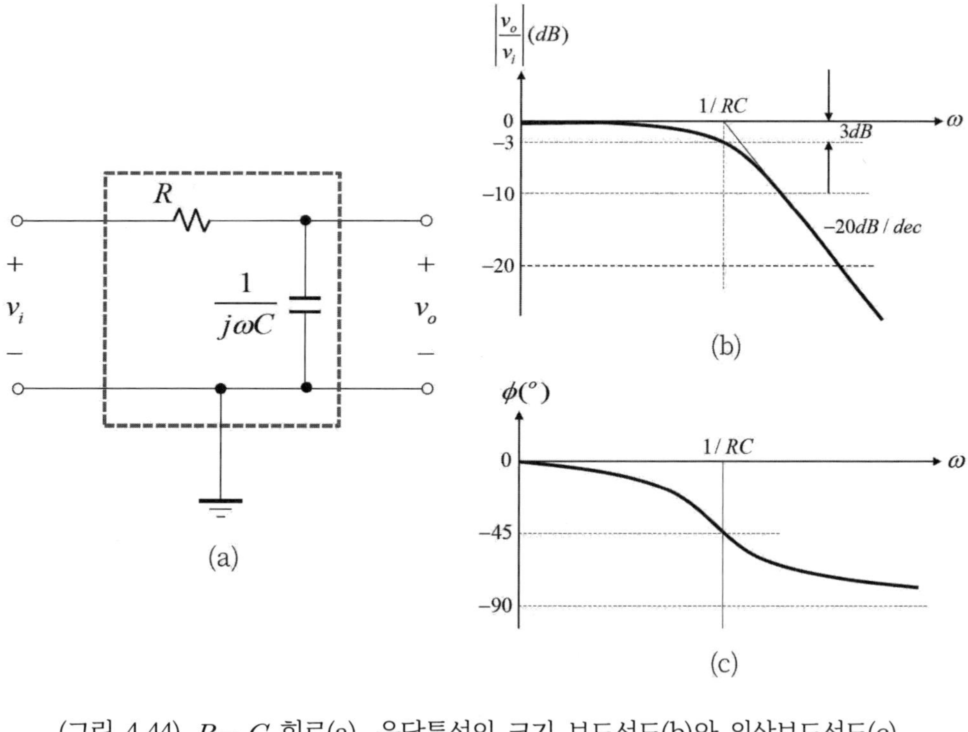

(그림 4.44) $R-C$ 회로(a), 응답특성의 크기 보드선도(b)와 위상보드선도(c)

이와 같은 주파수 응답을 그래프로 보면 쉽게 이해할 수 있는데 주로 사용되는 응답특성의 그래프는 (b)와 같이 넓은 범위에서 주파수에 따른 응답의 크기를 표시할 수 있도록 x축에 주파수를 log 스케일로, y축에는 입력과 출력의 비를 dB로 나타내며 이렇게 나타낸 전달함수의 그래프를 보드선도라 한다. 또 (c)처럼 주파수에 따른 위상의 변화를 보기 위해 x축에 log 스케일의 주파수, y축에 위상을 나타낸 그래프를 위상보드선도라 하는데 이 두 보드선도를 보면 회로의 주파수에 따른 특성을 알 수 있다.

위의 $R-C$ 회로가 갖는 전달함수의 크기를 dB로 나타내면 다음과 같다.

$$20\log\left|\frac{v_o}{v_i}\right| = 20\log\left(1+(\omega RC)^2\right)^{-1/2}$$

$$\approx \begin{cases} -10\log 1 = 0 & \omega \ll 1/RC \\ -20\log\omega RC = -20\log\omega - 20\log RC & \omega \gg 1/RC \end{cases}$$

이 식에서 주파수 ω가 $1/RC$에 비해 매우 작으면 응답의 크기는 $0\,dB$로 거의 변화가 없으나 매우 크면 응답의 크기는 주파수가 10배 증가할 때마다 $20\,dB$씩 감소한다. 따라서 전달함수의 크기는 $1/RC$인 주파수를 경계로 변화가 없는 영역과 $-20\,dB/dec$의 기울기를 가지고 선형적으로 감소하는 두 영역으로 나눌 수 있으며 이들 영역에서 주파수에 따른 전달함수의 크기를 두 직선으로 근사해 나타낼 수 있다. 특히 $1/RC$인 주파수에서는 전달함수의 크기는 두 직선의 교차점과 $-3\,dB$의 차이를 나타내며 이 주파수를 $3\,dB$ 주파수라 한다.

위상의 변화는 $-\tan^{-1}(\omega RC)$이므로 0^o에서 주파수에 따라 점차 감소하여 ω가 $1/RC$일 때 -45° 변하고 주파수가 무한히 높아지면 위상의 변화는 -90^o에 이른다.

$R-C$ 회로에서 커패시터와 저항의 위치가 (그림 4.45) (a)와 같이 바뀌어 $C-R$ 회로가 되면 주파수에 따른 특성도 반대로 바뀐다. 이 회로의 전달함수는 입력전압이 저항에 분배되어 출력된 전압과 입력된 전압의 비이며 다음과 같다.

$$\frac{v_o}{v_i} = \frac{R}{R+1/j\omega C} = \frac{1}{1+1/j\omega CR} = \frac{1}{\sqrt{1+(1/\omega RC)^2}} \angle \tan^{-1}(1/\omega RC)$$

이 식은 dB로 나타내면 $1/RC$인 를 경계로 두 주파수 영역으로 나눌 수 있다.

$$20\log\left|\frac{v_o}{v_i}\right| = 20\log\left(1+(1/\omega RC)^2\right)^{-1/2}$$

$$\approx \begin{cases} -10\log 1 = 0 & \omega \gg 1/RC \\ 20\log\omega RC = 20\log\omega + 20\log RC & \omega \ll 1/RC \end{cases}$$

$C-R$ 회로는 (b)와 같이 주파수가 높으면 입력이 모두 저항에 손실 없이 전달되지만 ω가 $1/RC$일 때는 $-3dB$로 감소하고 주파수가 더 낮아지면 주파수가 1/10이 될 때마다 $20dB$씩 선형적으로 감소하여 $R-C$ 회로와 대칭적인 주파수 응답특성을 보인다.

위상의 변화는 $\tan^{-1}(1/\omega RC)$이므로 (c)와 같이 90^o에서부터 ω가 증가함에 따라 위상이 감소하여 $1/RC$일 때 45^o가 되고 무한히 커지면 0^o에 수렴한다.

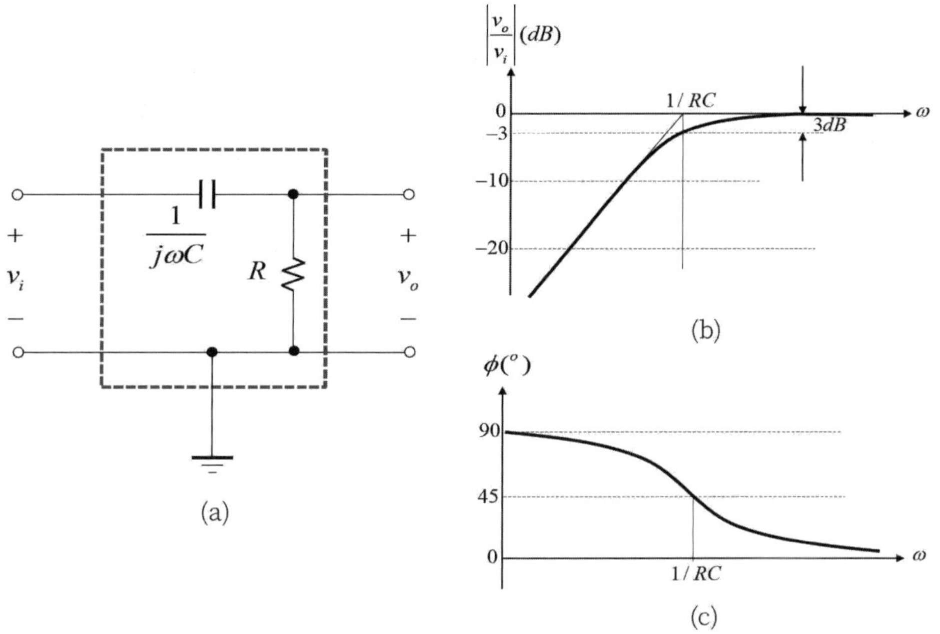

(그림 4.45) $C-R$ 회로(a), 응답 특성의 크기 보드선도(b)와 위상보드선도(c)

(문제 4.17) (그림 4.44) (a)와 같이 $1k\Omega$ 저항과 $0.1\mu F$의 커패시터가 직렬로 연결된 $R-C$ 회로의 $3dB$ 주파수와 시정수를 구하고 주파수에 따른 전달함수의 크기를 보드선도로 나타내시오.

(문제 4.18) $0.4\mu F$의 커패시터 두 개가 직렬로 연결되어 있고 $1k\Omega$ 저항이 커패시터와 다시 직렬로 연결되어 $C-C-R$ 회로를 구성하였다. 이 회로의 양단에 신호가 입력되고 저항의 양단에서 출력을 얻을 때 이 회로의 $3dB$ 주파수와 시정수를 구하시오. 또 주파수에 따른 특성을 보드선도로 나타내시오.

4.4.4 여러 개의 시정수를 갖는 증폭기 회로의 주파수 응답

위와 같이 증폭기 회로는 트랜지스터 내부에 포함된 커패시터 성분으로 인해 주파수에 따라 특성이 달라진다. 증폭기의 주파수에 따른 특성은 분수로 나타낸 전달함수를 이용하여 나타낼 수 있는데 전달함수의 분자와 분모의 해는 각각 영점과 극점을 나타낸다. 증폭기는 영점에서 이득의 증가를, 극점에서는 이득의 감소를 나타내는 변곡이 있게되며 이러한 특성의 변화가 보드선도에 잘 나타나 있다. 위의 $R-C$ 회로와 $C-R$ 회로는 모두 하나의 극점 $1/RC$을 가지며 이 극점 주파수에서 이득이 주파수에 따라 $R-C$ 회로는 $0\,dB/dec$에서 $-20\,dB/dec$로 감소하고, $C-R$ 회로는 $20\,dB/dec$에서 $0\,dB/dec$로 감소한다.

전달함수의 영점과 극점은 커패시터 성분들이 어떻게 연결되었는가에 따라 정해지는데 증폭기의 전달함수는 트랜지스터와 회로에 포함된 커패시터 성분들의 연결에 따라 다음과 같이 여러 개의 영점과 극점을 가질 수 있다.

$$A = A_0 \frac{(s-z_1)(s-z_2)\ldots(s-z_n)}{(s-p_1)(s-p_2)\ldots(s-p_m)} = A_0^{'} \frac{(1-s/z_1)(1-s/z_2)\ldots(1-s/z_n)}{(1-s/p_1)(1-s/p_2)\ldots(1-s/p_m)}$$

이 식에서 s는 $j\omega$를 대신한 복소주파수이며 z는 분자를 0으로 만드는 영점, p는 분모가 0이 되도록 하는 극점이다.

증폭기의 주파수 특성을 이해하기 위하여 두 개의 극점을 가진 이득이 A인 증폭기가 있다고 가정할 때 이득을 dB로 표시하여 전달함수를 나타내면 다음과 같다.

$$20\log|A| = 20\log|A_0^{'}| - 20\log|1-s/p_1| - 20\log|1-s/p_2|$$

여기에서 특성을 한정하여 두 극점 주파수가 멀리 떨어져 있다고 하면 서로의 영향을 무시할 수 있으며 (그림 4.46)과 같이 보드선도로 나타낼 수 있다. 증폭기는 낮은 극점 주파수에서 $-20\,dB/dec$의 기울기로부터 $0\,dB/dec$로 기울기가 달라져 주파수에 따라 일정한 이득을 나타내게 되며 높은 극점 주파수에서는 $0\,dB/dec$의 기울기로부터 $-20\,dB/dec$로 달라져 주파수에 따라 이득이 감소한다.

이처럼 증폭기의 특성은 주파수에 따라 이득이 증가하는 낮은 주파수 영역과 영향을 받지 않는 중간 주파수 영역, 감소하는 높은 주파수 영역으로 구분할 수 있는데 증폭기의 특성은 주파수에 영향을 받지 않아야 하므로 사용 가능한 주파수 범위는 중간의 이득이 일정한 주파수 범위이며 이 주파수 범위를 증폭기의 중간주파수대역(mid frequency band), 또는 대역폭(band width)이라고 한다.

이와 구분되는 낮은 주파수와 높은 주파수 범위는 증폭기로 사용하기 어려우며 중간주파수

대역에서 보이는 일정한 이득의 $1/\sqrt{2}$ 배인 $3\,dB$ 감소를 나타내는 주파수를 $3\,dB$주파수로 정하여 구분한다. $3\,dB$주파수는 낮은 주파수 영역을 구분하는 저주파 $3\,dB$주파수 (f_L, 또는 ω_L)와 높은 주파수 영역을 구분하는 고주파 $3\,dB$주파수(f_H, 또는 ω_H)가 있다.

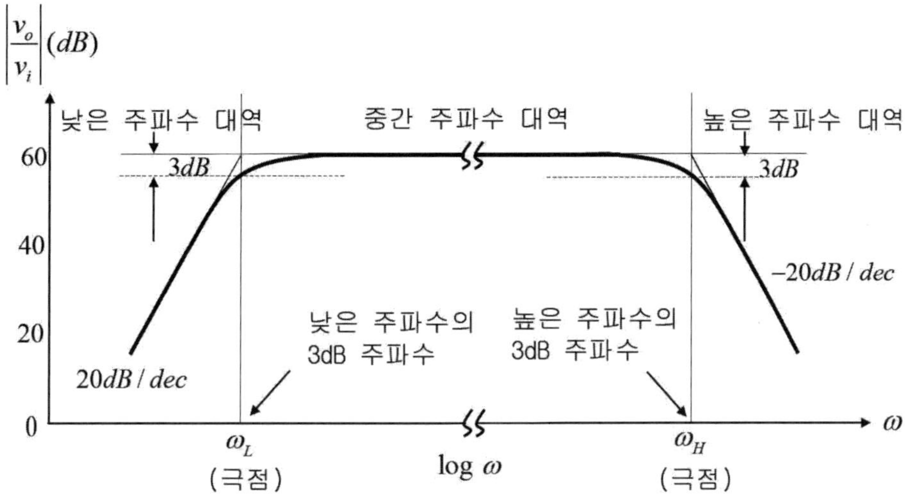

(그림 4.46) 증폭기의 주파수 특성의 개념도

(문제 4.19) 다음 전달함수를 나타내는 보드선도를 그리시오.

$$A = \frac{10^5\,(j\omega + 10^2)}{(j\omega + 10^3)(j\omega + 10^5)}$$

4.4.5 밀러의 정리

증폭기의 입력과 출력에 함께 연결된 부품의 임피던스는 이득으로 인해 바라보는 방향에 따라 다른 임피던스 효과를 나타낸다. 밀러(Miller)의 정리는 회로의 이득을 고려하여 입력과 출력에 연동된 부품의 임피던스를 각각 입력과 출력에서 보이는 등가의 임피던스로 분리하여 나타내는 것이다.

(그림 4.47) (a)와 같이 임피던스가 $1/j\omega C$ 인 커패시터가 이득 A인 증폭기 회로의 입력과 출력에 걸쳐서 연결되면 입력단자의 전압은

$$V_1 = I_1 \frac{1}{j\omega C} + V_2 = I_1 \frac{1}{j\omega C} + A V_1$$
$$V_1(1-A) = I_1 \frac{1}{j\omega C}$$

입력단자에서 본 임피던스를 Z_i라면 Z_i는 V_1/I_1이므로 다음과 같다.

$$Z_i = \frac{V_1}{I_1} = \frac{1/j\omega C}{1-A} = \frac{1}{j\omega(1-A)C} = \frac{1}{j\omega C_{eq}}$$
$$C_{eq1} = (1-A)C$$

이 식으로부터 증폭기처럼 이득을 갖는 회로의 입력과 출력에 연결된 커패시터의 용량 C는 입력단자에서 보면 이득이 곱해져 $(1-A)C$로 용량이 커지는 효과를 나타냄을 알 수 있다. 예를 들어 $-100\ V/V$의 이득을 갖는 증폭기의 입력과 출력에 $5\,fF$의 커패시터가 (a)와 같이 연결되어 있다면 입력단자에서 볼 때 이 커패시터는 $505\,fF$의 큰 값을 갖는 커패시터가 병렬로 연결된 것과 같다.

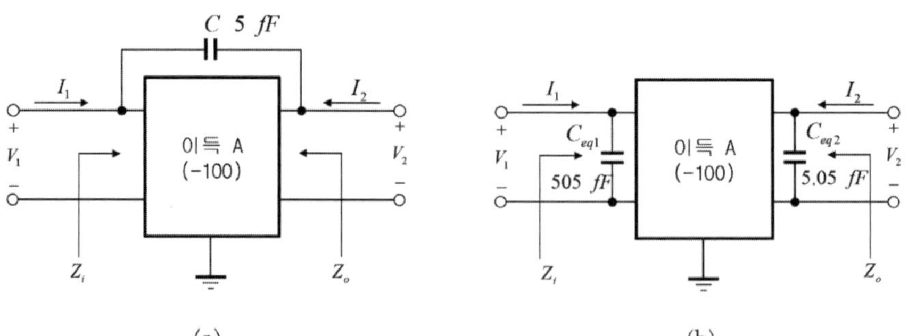

(그림 4.47) 밀러의 효과에 의한 등가 커패시터 변환. (a) 입력과 출력에 연동된 커패시터 회로 (b) 커패시터가 등가로 분리된 회로

$$C_{eq} = (1-(-100))(5f) = 505fF$$

입력단자에서와 달리 출력단자에서 커패시터를 보면 용량이 이득의 역수항을 포함한다.

$$V_2 = I_2\frac{1}{j\omega C} + V_1 = I_2\frac{1}{j\omega C} + V_2/A$$
$$V_2(1-1/A) = I_2\frac{1}{j\omega C}$$
$$Z_o = \frac{V_2}{I_2} = \frac{1/j\omega C}{1-1/A} = \frac{1}{j\omega(1-1/A)C} = \frac{1}{j\omega C_{eq}}$$
$$C_{eq2} = (1-\frac{1}{A})C$$

이득이 클 경우 $1 \gg 1/A$ 이므로 출력단에서 본 등가의 커패시터 용량은 입력단에서와 달리 큰 변화가 없다. $-100\ V/V$의 이득을 갖는 증폭기에 $5fF$의 커패시터가 연결되어 있다면 출력에서 볼 때 커패시터의 용량은 $5.05fF$ 으로 거의 같다.

$$C_{eq} = (1-1/(-100))(5f) = 5.05fF$$

이처럼 증폭기의 입력과 출력 사이에 연결된 커패시터는 입력단자에서 바라볼 때 커패시터의 용량이 증가하여 증폭기의 입력 임피던스를 감소시킨다. 따라서 증폭기의 입력과 출력 사이에 연결된 커패시터는 입력되는 신호의 감소를 초래하여 증폭기의 이득이 감소한다.

4.4.6 신호원의 연결과 저주파수 응답

센서를 통해서, 또는 어떤 목적을 가지고 생성된 작은 신호가 증폭기에 연결될 때 대부분 신호가 갖는 전압의 중앙값과 증폭기의 입력에 필요한 직류전압은 서로 다르다. 이 경우 신호의 회로를 증폭기에 직접 연결할 수 없으며 직류전압을 차단하고 신호성분만 증폭기에 전달해야 한다.

커패시터의 임피던스는 주파수에 따라 다르며 dc에서 무한히 커 개방된 상태를 나타내고 주파수가 높을수록 작아지므로 커패시터가 직렬로 연결되면 직류전압을 차단하고 신호만 구분하여 전달할 수 있다. 바이어스 전압이 서로 다른 입력단과 증폭단, 또는 출력단 사이에 커패시터를 직렬로 연결하면 이처럼 직류전압을 차단하고 신호만 연결할 수 있는데 이러한 목적으로 이용하는 커패시터를 연결커패시터(coupling capacitor)라고 한다. 또, 신호만의 접지를 위해 커패시터를 연결하기도 하며 이 경우 바이패스 커패시터(bypass capacitor)라고 한다.

연결커패시터나 바이패스를 위한 커패시터는 이득의 손실이 적게 되도록 신호의 주파수에서 임피던스가 작아야 하므로 보통 $\sim \mu F$에 이를 정도로 큰 용량의 커패시터를 사용한다. 이처럼 큰 용량의 커패시터는 부피가 크기 때문에 반도체 집적회로에서는 적용하기 어렵고 하이브리드 회로와 같이 개별 부품을 이용하는 회로에서 많이 이용한다. 집적회로에서는 신호의 연결을 위해 연결커패시터 대신 증폭기에 필요한 바이어스를 적절히 맞추도록 회로를 구성한다.

연결커패시터는 신호의 주파수가 낮으면 임피던스의 증가로 인해 이득의 손실을 나타내기 때문에 증폭기의 응답특성이 저하될 수 있다.

(예제 4.8) (그림)과 같이 크기가 $5\,mV$이고 내부저항이 $1\,k\Omega$인 신호원이 용량이 $1\,\mu F$인 커패시터를 통해 입력저항 $10\,k\Omega$인 증폭기에 연결되었다. 신호원의 주파수가 $10\,Hz, 100\,Hz, 1\,kHz$일 때 각각의 주파수에서 증폭기에 입력되는 신호의 크기는 얼마인가? 또 커패시터의 용량이 $10\,nF$일 때 입력되는 신호의 크기는?

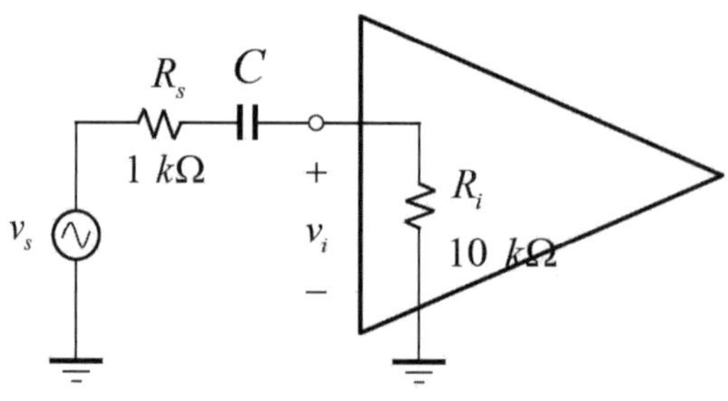

(예제 4.8 그림)

신호원의 전압은 임피던스의 비에 따라 분배되어 입력된다.

$$v_i = \frac{R_i}{R_s + R_i + \frac{1}{j\omega C}} v_s = \frac{R_i}{R_s + R_i} \frac{1}{1 + \frac{1}{j\omega C}\frac{1}{R_s + R_i}} v_s$$

$$= \frac{10k}{1k + 10k} \frac{1}{1 + \frac{1}{j\omega C}\frac{1}{1k + 10k}} (5m) = (0.909)\left(\frac{1}{1 + \frac{90.9\mu}{j2\pi f C}}\right)(5m)$$

$C = 1\,\mu F$일 때, $v_i(10Hz) = \left| \dfrac{1}{1 - j1.447} \right| (0.909)(5m) = 2.583\,mV$

$$v_i(100Hz) = \left| \frac{1}{1 - j0.1447} \right| (0.909)(5m) = 4.498\,mV$$

$$v_i(1kHz) = \left| \frac{1}{1 - j0.01447} \right| (0.909)(5m) = 4.545\,mV$$

마찬가지로 $C = 10\,nF$일 때,

$$v_i(10\,Hz) = 31.4\,\mu V,\quad v_i(100\,Hz) = 313\,\mu V,\quad v_i(1\,kHz) = 2.58\,mV$$

---

(1) 공통소스 증폭기의 저주파수 응답

(그림 4.48) (a)는 전류원을 이용하여 바이어스를 가한 공통소스 회로이다. 이 회로는 입력과 게이트 사이, 드레인 출력과 부하 사이, 그리고 소스와 접지 사이에 커패시터가 있다. 이들 커패시터는 각각 신호원 회로와 공통소스 증폭기의 입력, 공통소스 증폭기 회로와 바이어스 회로, 공통소스 증폭기의 출력과 부하 사이에서 직류전압을 차단하여 회로가 독립된 바이어스 조건에서 동작하도록 하고 신호만 통과시켜 신호원에서 부하까지 신호가 잘 전달되도록 한다.

(b)의 소신호 등가회로에서 C_{C1}, C_{C2}는 신호의 연결을 위한 연결커패시터, C_S는 신호를 접지로 연결하기 위한 바이패스 커패시터이다. 트랜지스터의 내부에 있는 커패시터 성분인 C_{gs}와 C_{gd}는 낮은 주파수에서 임피던스가 크기 때문에 개방된 회로와 같아 고려할 필요가 없다.

등가회로에서 커패시터를 단락된 회로로 보고 신호원과 부하를 포함하여 주파수를 고려하지 않은 전압이득을 나타내면 다음과 같다.

$$\frac{v_o}{v_s} = \frac{R_i}{R_s + R_i}(-g_m)(r_o // R_D // R_L)$$

주파수가 높으면 신호가 커패시터에도 분배되기 때문에 증폭기의 주파수에 따른 특성을 얻기 위해서는 커패시터도 고려해야 한다. $j\omega$ 를 s 로 변환하여 나타내면 신호원과 입력된 신호의 비는 다음과 같다.

$$\frac{v_i}{v_s} = \frac{s C_{C1} \cdot R_i}{1 + s C_{C1}(R_s + R_i)} = \frac{R_i}{R_s + R_i} \frac{s}{s + 1/C_{C1}(R_s + R_i)}$$

입력된 신호는 다시 $1/sC_S$과 $1/g_m$에 분배된다.

$$\frac{v_{gs}}{v_i}=\frac{sC_S/g_m}{1+sC_S/g_m}=\frac{s}{s+g_m/C_S}$$

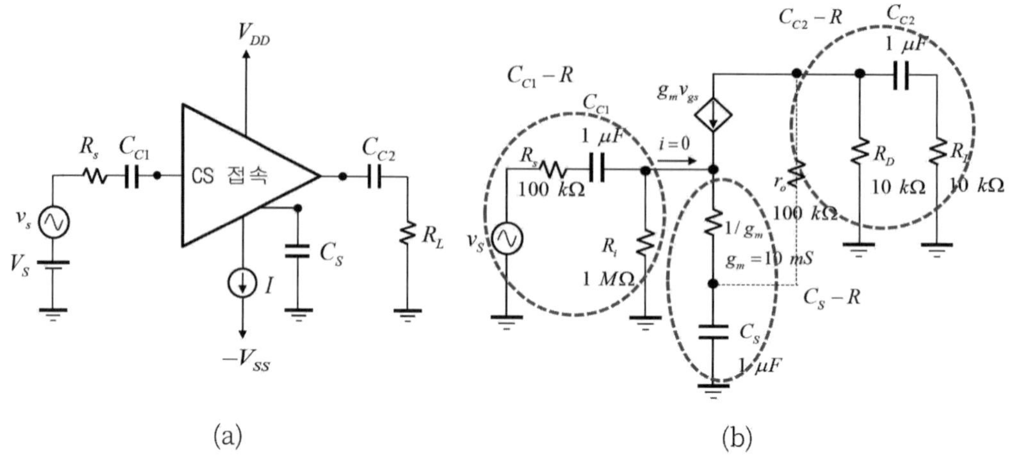

(그림 4.48) 공통소스 증폭기 회로의 신호 연결(a)과 소신호 등가회로 모델(b)

출력에 연결된 C_{C2}는 부하, 드레인 저항과 신호를 나누어 갖는다. r_o을 무시하고 출력전압을 나타내면

$$v_o=-g_m v_{gs}\frac{R_L}{R_D//(R_L+1/sC_{C2})}=-g_m(R_D//R_L)\frac{s}{s+1/C_{C2}(R_D+R_L)}v_{gs}$$

따라서 출력과 신호원의 비인 전체 회로의 전압이득은 다음과 같다.

$$\frac{v_o}{v_s}=-\frac{R_i}{R_s+R_i}g_m(R_D//R_L)\cdot$$
$$\frac{s}{s+1/C_{C1}(R_s+R_i)}\frac{s}{s+g_m/C_S}\frac{s}{s+1/C_{C2}(R_D+R_L)}$$

이 이득은 3개의 극점과 영점을 갖는다. 이득을 dB로 나타내면 증폭기의 일정한 이득과 주파수에 의존하는 세 항의 합이며 보드선도로 나타내면 극점과 영점에서 기울기가 달라지며 특성이 변한다. 증폭기의 극점들이 서로 멀리 떨어져 있으면 그림과 같이 변곡점은 ω_{p1}, ω_{p2}, ω_{p3}의 세 극점의 주파수이며 극점 주파수를 지날 때마다 이득의 기울기는 $20\,dB/dec$씩 감소하고 가장 높은 주파수의 극점을 지나면 다음과 같은 일정한 같은 이득을 갖는다.

$$20\log(A_0) = 20\log\left(\frac{R_i}{R_s + R_i}\right) + 20\log(g_m(R_L // R_D))$$

따라서 보드선도로 나타낸 공통소스 증폭기는 (그림 4.49)와 같이 아주 낮은 주파수에서 $60\,dB/dec$의 기울기로 주파수에 따른 이득의 변화를 보이다가 가장 낮은 극점 주파수에서 기울기가 $20\,dB/dec$ 감소하여 $40\,dB/dec$로 되고, 다음 극점 주파수에서 $20\,dB/dec$가 더 감소하여 $20\,dB/dec$로 되며 가장 높은 극점 주파수에서는 $20\,dB/dec$가 더 감소하여 $0\,dB/dec$의 기울기로 이득이 주파수에 따라 변하지 않는다. 따라서 증폭기는 가장 높은 극점 주파수 이상에서 정상적인 증폭기의 특성을 나타낸다.

증폭기는 신호가 증폭될 때 이득이 달라지면 출력이 왜곡되는데 보통 이득이 정상으로 동작할 때의 $1/\sqrt{2}$ 이하가 되면 왜곡이 심해 증폭기의 특성을 유지하지 못하는 것으로 본다. 따라서 증폭기의 이득이 고유이득으로부터 $1/\sqrt{2}\,(=0.707)$배인 $3\,dB$ 만큼 감소할 때를 주파수 한계로 정하며 이를 $3\,dB$주파수, 또는 차단주파수라 한다.

연결커패시터와 바이패스 커패시터를 갖는 증폭기는 이들 커패시터로 인해 극점 주파수가 나타나 이득의 기울기가 변하며 가장 높은 극점 주파수에서 고유이득보다 $3\,dB$ 낮은 이득을 보이고 이어서 고유이득에 도달한다.

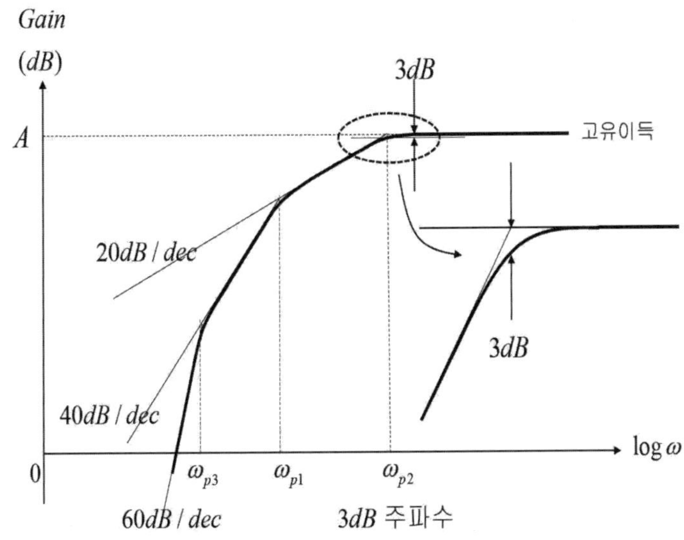

(그림 4.49) 신호원이 연결된 공통소스 회로의 주파수 특성

저주파 특성에서 연결커패시터에 의해 나타나는 $3\,dB$주파수는 증폭기의 동작이 가능한 주파수 중 낮은 주파수 범위를 한정하며 이 주파수는 증폭기의 낮은 $3\,dB$주파수(low $3\,dB$ frequency)이다.

공통소스 증폭기는 세 극점 주파수가 커패시터와 저항의 곱에 의해 결정되는데 입력저항 R_i가 매우 크고, R_D, R_L도 크지만 $1/g_m$이 상대적으로 작아서 보통 $3\,dB$주파수가 소스에 연결된 바이패스 커패시터 C_S에 의해 g_m/C_S으로 결정된다. 그러나 극점 주파수들이 서로 근접해 있으면 $3\,dB$ 주파수가 달라지므로 정확한 값은 전달함수를 이용하여 구해야 한다.

공통소스 회로와 달리 공통게이트 회로는 입력저항이 낮아서 신호원에 직접 연결되는 경우가 많지 않으며 공통드레인 회로는 주로 출력단에 연결되기 때문에 신호원과 직접 연결되지 않으므로 이들에 대한 해석은 생략한다.

(예제 4.9) 회로의 저항과 커패시터 값이 (그림 4.48) (b)와 같을 때 중간 주파수 이득과 ω_{p1}, ω_{p2}, ω_{p3}, 그리고 $3\,dB$ 주파수를 구하시오.

위 식으로부터 중간 주파수 이득은

$$\frac{v_o}{v_s} = \frac{1M}{100k + 1M}(-10m)(100k//10k//10k)$$

$$= (0.909)(-10m)(4.76k) = -43.3\ V/V$$

ω_{p1}, ω_{p2}, ω_{p3}는 다음과 같다.

$$\omega_{p1} = \frac{1}{C_{C1}(R_s + R_i)} = \frac{1}{(1\mu)(100k + 1M)} = 0.909\,rad/s,\ \ 0.145\,Hz,$$

$$\omega_{p2} = \frac{g_m}{C_S} = \frac{10m}{1\mu} = 10\,krad/s,\ \ 1.59\,kHz$$

$$\omega_{p3} = \frac{1}{C_{C2}(R_D + R_L)} = \frac{1}{(1\mu)(10k + 10k)} = 50\,rad/s,\ \ 7.96\,Hz$$

위의 주파수에서 $3\,dB$주파수는 가장 높은 주파수인 $1.59\,kHz$ 이다.

4.4.7 증폭기의 고주파 응답

증폭기에 있는 커패시터 성분은 신호의 연결을 위한 커패시터도 있고 트랜지스터 내에 기생하는 커패시터 성분도 있다. 트랜지스터 내부의 커패시터 성분은 연결에 이용되는 커패시터와 달리 $\sim pF$ 정도로 작아 낮은 주파수에서는 임피던스가 커서 증폭기의 특성에 영향을 주지 않는다. 그러나 주파수가 높아지면 임피던스가 감소하고 이에 따라 증폭기의 이득이 감소하는 등 특성의 변화를 가져온다.

(예제 4.10) 신호의 주파수가 $1\,kz, 1\,MHz, 1\,GHz$ 일 때 각 주파수에서 다음 회로의 입력 임피던스를 구하시오.

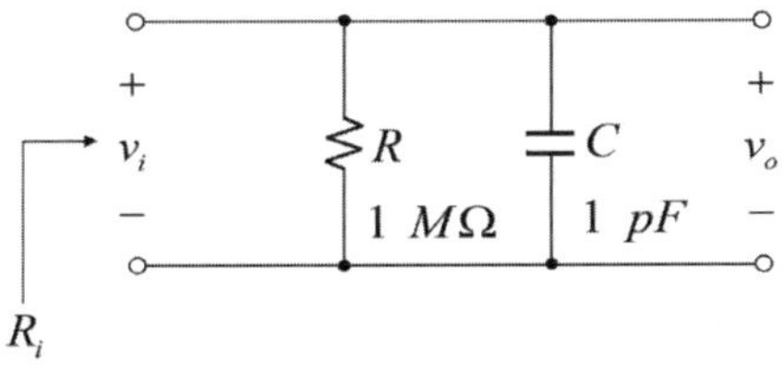

(예제 4.10 그림)

저항과 커패시터가 병렬로 연결되어 있으므로 입력저항은

$$R_i = \frac{1}{1/R + j\omega C} = \frac{R}{1 + j\omega CR} = \frac{R}{\sqrt{1+\omega^2 C^2 R^2}} \angle -\tan^{-1}\omega CR$$

각 주파수에서 임피던스

$$Z_i(1\,kHz) = \frac{10^6}{\sqrt{1+(2\pi\times 10^3\times 10^{-12}\times 10^6)^2}} \angle -\tan^{-1}(2\pi\times 10^3\times 10^{-12}\times 10^6)$$
$$\approx 10^6 \angle 0^o\,\Omega$$

$$Z_i(1\,MHz) = \frac{10^6}{\sqrt{1+(2\pi\times 10^6\times 10^{-12}\times 10^6)^2}} \angle -\tan^{-1}(2\pi\times 10^6\times 10^{-12}\times 10^6)$$
$$\approx 1.57\times 10^5 \angle -80.95^o\,\Omega$$

$$Z_i(1\,GHz) = \frac{10^6}{\sqrt{1+(2\pi\times 10^9\times 10^{-12}\times 10^6)^2}} \angle -\tan^{-1}(2\pi\times 10^9\times 10^{-12}\times 10^6)$$
$$\approx 159 \angle -90^o\,\Omega$$

주파수가 높아짐에 따라 임피던스의 크기는 급격히 감소한다.

---

(1) 공통소스 증폭기의 고주파 응답

증폭기가 매우 높은 주파수에서 동작하면 연결커패시터와 바이패스 커패시터는 증폭기의 이득에 영향을 주지 않는다. 그러나 신호의 진행 경로에 병렬로 연결된 트랜지스터 내부의 커패시터 성분은 신호의 감쇄를 일으킬 수 있다.

증폭기의 MOS 트랜지스터에는 여러 가지의 커패시터 성분이 있으며 이들 중 C_{gs}는 다른 커패시터 성분들보다 가장 용량이 크기 때문에 먼저 고려해야 할 성분이다. 또 C_{gd}는 C_{gs}보다 상대적으로 작아도 입력과 출력에 함께 연결되어 있어 밀러효과에 의해 이득의 크기에 따라 큰 용량의 커패시터와 같은 효과를 나타낼 수 있으므로 반드시 C_{gd}도 함께 고려해야 한다. 이 외에 트랜지스터의 다른 커패시터 성분들은 C_{gs}와 C_{gd}에 비해 특성에 미치는 효과가 상대적으로 작다.

(그림 4.50)은 공통소스 증폭기의 고주파 등가회로이다. 신호가 증폭기에 연결되면 신호원 저항 R_s와 입력 임피던스 Z_i에 분배되어 증폭기에는 Z_i의 신호만 입력된다. 입력 임피던스는 게이트의 바이어스 저항 R_G와 C_{gs}, C_{gd}로 구성되는데 C_{gd}는 용량이 작지만 증폭기의 입력과 출력에 함께 연결되어 있으므로 밀러효과의 영향으로 용량이 증가한다. 입력에서 본 C_{gd}의 용량은 증폭기의 이득이 $-g_m R_L'$ 이므로 다음과 같이 등가로 나타낼 수 있다.

$$C_{eq} = (1 + g_m R_L')\,C_{gd}$$

이 등가의 커패시터는의 C_{gs}와 병렬로 연결되어 있으며 이로 인해 입력에서 바라본 게이트와 소스 사이의 커패시터 용량이 매우 증가한다.

$$C_i = C_{gs} + (1 + g_m R_L')\,C_{gd}$$

이 커패시터는 게이트의 바이어스 저항과 병렬로 연결되어 있으며 다음과 같이 증폭기의 입력 임피던스 Z_i 를 형성한다.

$$Z_i = R_G // \frac{1}{s\,C_i} = \frac{R_G}{1 + s\,C_i R_G}$$

신호는 신호원이 갖는 저항과 입력 임피던스로 분배되는데 밀러효과에 의해 증가한 커패시터 용량 때문에 주파수가 높으면 입력 임피던스가 더욱 감소하여 입력되는 신호가 작아지고 이것은 곧 이득의 감소를 가져온다. 신호원이 갖는 신호 중 입력되는 신호의 비는 다음과 같다.

$$\frac{v_i}{v_s} = \frac{Zi}{R_s + Z_i} = \frac{R_G}{R_s + R_G}\,\frac{1}{1 + s\,C_i (R_s // R_G)}$$

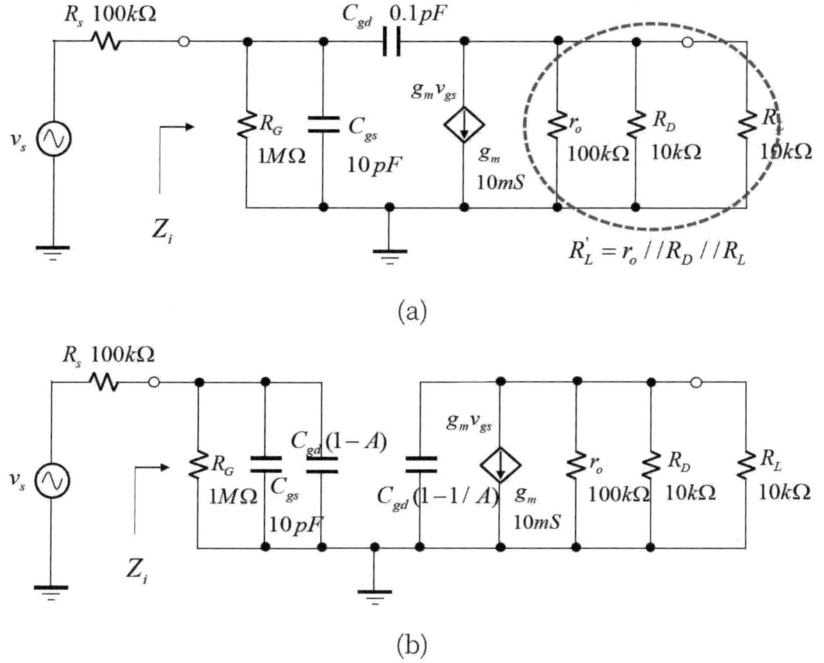

(그림 4.50) 공통소스 증폭기의 고주파 등가회로(a)와 등가 커패시턴스의 구분된 $R-C$ 회로(b)

출력에 연결된 부하를 포함한 임피던스 R_L' 도 C_{gd}의 연결로 주파수에 따라 임피던스가 변하며 주파수에 따른 특성 변화를 나타낸다.

$$Z_L' = R_L' // \frac{1}{s\,C_{gd}(1+1/g_m R_L')} \simeq R_L' // \frac{1}{s\,C_{gd}} = \frac{R_L'}{1+C_{gd}R_L'}$$

출력전압은 이 임피던스에 드레인 전류가 흘러 나타나는 전압강하이며 다음 식과 같이 주파수에 따라 특성의 변화가 있다.

$$v_o = -\,g_m v_i Z_L' = -\,g_m v_i R_L' \frac{1}{1+s\,C_{gd}R_L'}$$

출력과 신호원 전압의 비인 전체전압이득은 다음과 같이 입력과 출력의 커패시터에 의해 나타나는 두 개의 극점 주파수 ω_1과 ω_2를 갖는다.

$$A = \frac{v_i}{v_s}\frac{v_o}{v_i} = \frac{R_G}{R_s+R_G}\frac{1}{1+s\,C_i(R_s//R_G)}(-\,g_m)\frac{R_L'}{1+s\,C_{gd}R_L'}$$

$$\omega_1 = \frac{1}{C_i(R_s//R_G)}, \quad \omega_2 = \frac{1}{C_{gd}R_L'}$$

출력에서 본 C_{gd}는 큰 변화가 없으므로 C_i가 C_{gd}에 비해 매우 크다. 따라서 신호원의 저항과 부하저항의 크기에 큰 차이가 없으면 ω_2보다 ω_1이 더 작다. 이 때문에 증폭기가 고유이득으로부터 감소하기 시작하는 고주파 $3\,dB$주파수는 ω_1이 된다.

(문제 4.20) (그림 4.50)의 부품의 값을 이용하여 공통소스 증폭기가 갖는 중간주파수 전압이득과 $3\,dB$주파수를 구하시오.

---

(2) 공통게이트 증폭기의 고주파 응답

(그림 4.51)은 트랜지스터가 공통게이트로 접속된 증폭기의 고주파 등가회로이다. 공통소스 증폭기와 달리 공통게이트 증폭기는 커패시터 성분이 입력과 출력에 함께 연결되지 않고 C_{gs}는 입력에, C_{gd}는 출력에 연결되어 있어 밀러효과가 나타나지 않는다.

공통게이트 증폭기 회로는 입력저항이 $1/g_m$으로 작고 C_{gs}가 병렬로 연결되어 있다. 매우 큰 r_o은 특성에 큰 영향을 주지 않으므로 이를 무시하고 회로를 보면 신호원의 신호와 입력되는 신호의 비는 다음과 같다.

$$\frac{v_i}{v_s} = \frac{(\frac{1}{g_m})//(\frac{1}{s\,C_{gs}})}{R_s + (\frac{1}{g_m})//(\frac{1}{s\,C_{gs}})} = \frac{1}{1+g_m R_s}\frac{1}{1+s\,C_{gs}(R_s//\frac{1}{g_m})}$$

출력에 연결된 커패시터 성분은 C_{gd}와 부하의 용량인 C_L이며 이들은 R_L, R_D와 함께 병렬로 연결되어 있다. r_o이 크므로 고려하지 않으면 부하 측의 저항 R_L'은 $R_D//R_L$과 같고 이 저항과 병렬로 연결된 커패시터를 포함한 부품들의 전압강하가 출력전압이다.

$$v_o = -g_m v_{gs}(R_L'//\frac{1}{s(C_{gd}+C_L)}) = -g_m v_{gs} R_L' \frac{1}{1+s(C_{gd}+C_L)R_L'}$$

소스에 입력되는 전압 v_i은 역방향의 게이트-소스 전압 $-v_{gs}$와 같으므로 위 식을 이용하면 신호원으로부터 출력까지의 전달함수는 다음과 같이 나타낼 수 있다.

$$\frac{v_o}{v_s} = \frac{g_m R_L^{'}}{1+g_m R_s} \frac{1}{1+s\,C_{gs}/(R_s // \frac{1}{g_m})} \frac{1}{1+s(C_{gd}+C_L)R_L}$$

이 식으로부터 공통게이트 증폭기의 두 개 극점을 알 수 있는데 이들 극점은 각각 밀러효과가 없는 C_{gs}와 $C_{gd}+C_L$의 커패시터를 포함하고 있다.

$$\omega_1 = \frac{1}{C_{gs}(R_s // \frac{1}{g_m})}$$

$$\omega_2 = \frac{1}{(C_{gd}+C_L)R_L^{'}}$$

따라서 공통게이트로 접속된 증폭기는 밀러효과에 의해 커패시터의 용량이 증가했던 공통소스 증폭기보다 $3\,dB$주파수가 높고 더 넓은 주파수 범위에서 일정한 이득을 갖는다.

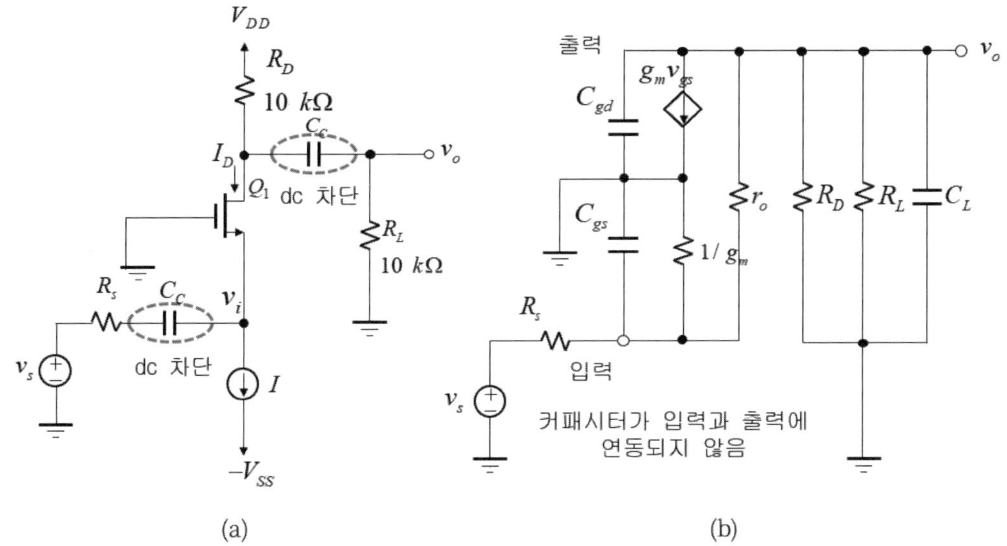

(그림 4.51) 공통게이트 증폭기 회로(a)와 고주파 등가회로(b)

(문제 4.21) (그림 4.51)의 공통게이트 증폭기에서 C_{gs}, C_{gd}가 각각 $10\,pF$과 $1\,pF$이고, 트랜지스터의 트랜스컨덕턴스가 $2\,mS$이다. 신호원의 저항과 부하저항이 모두 $10\,k\Omega$이고 부하의 용량이 C_{gs}와 같을 때 이 증폭기의 고주파 $3\,dB$주파수를 구하시오.

---

(3) 공통드레인 증폭기의 고주파 응답

(그림 4.52)의 등가회로와 같이 트랜지스터가 공통드레인으로 접속된 증폭기에서 드레인은 신호가 볼 때 접지와 같아서 커패시터 성분 C_{gs}와 C_{gd}가 입력과 출력에 분리되어 있으며 밀러효과에 따른 용량의 큰 증가가 없다. 이 회로의 극점과 $3\,dB$주파수도 앞에서 구한 방법과 같이 각각의 커패시터가 갖는 시정수를 이용하여 구할 수 있다.

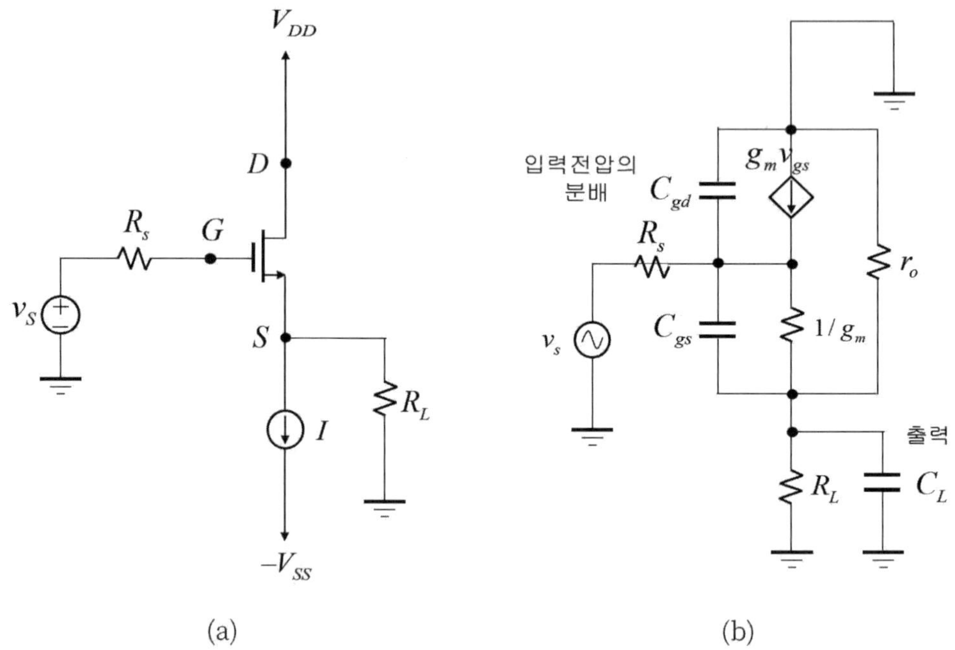

(그림 4.52) 공통드레인 증폭기 회로(a)와 고주파 등가회로(b)

C_{gs}에서 보면 병렬로 연결된 R_L과 r_o이 신호원의 저항 R_s와 직렬로 이어져 있으며 $1/g_m$이 이들과 병렬로 연결되어 있다. 모든 커패시터 성분을 개방하여 (그림 4.53) 회로와 같이 회로를 구성한 뒤 C_{gs}가 연결되었던 단자에 테스트 전압 v_{gs}를 가하고 얻어지는 전류 I를 이용하여 등가회로 저항을 나타내면 다음의 C_{gs}에서 본 저항을 얻을 수 있다.

$$R_{C_{gs}} = \frac{R_s + r_o // R_L}{1 + g_m (r_o // R_L)}$$

C_{gd}에서 바라본 저항은 R_s이며 이 저항은 커패시터를 개방하고 신호원 전압을 단락하여

얻는다.

$$R_{C_{gd}} = R_s$$

마찬가지로 C_L에서 본 저항은 R_L, r_o과 $1/g_m$이 병렬로 연결된 저항과 같다.

$$R_{C_L} = R_L // r_o // 1/g_m$$

커패시터 성분과 커패시터에서 본 저항을 곱하여 시정수로 나타낼 수 있으며 $3dB$주파수는 모든 시정수 합의 역수와 같다.

$$\omega_H = \frac{1}{C_{gs}R_{C_{gs}} + C_{gd}R_{C_{gd}} + C_L R_{C_L}}$$

이 식에서 각 시정수가 갖는 저항을 보면 $1/g_m$이 다른 저항 성분에 비해 작고 공통드레인 접속은 주로 버퍼로 이용하기 때문에 부하의 저항에 비하여 연결되는 신호원의 저항이 크다. 따라서 C_{gd}가 $3dB$주파수에 주로 영향을 미친다.

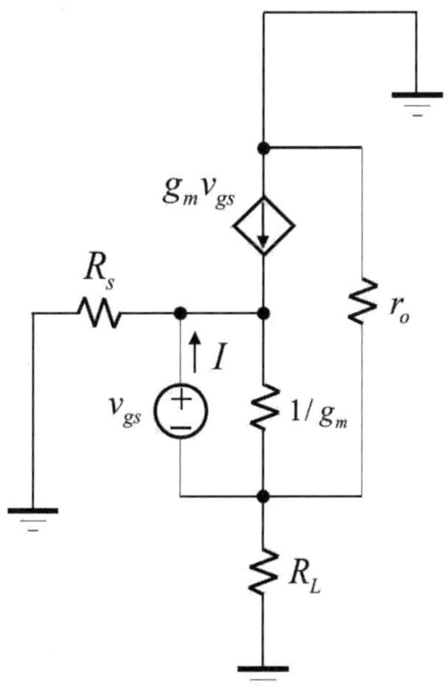

(그림 4.53) $R_{C_{gs}}$를 구하기 위한 등가회로

(4) 캐스코드 증폭기의 고주파 응답

공통소스 회로의 출력을 공통게이트 회로에 접속한 캐스코드 회로는 출력저항과 이득이 증가하지만 증폭기로 이용할 수 있는 주파수 범위가 줄어든다. (그림 4.54)는 캐스코드 회로에서 나타나는 커패시터 성분들을 나타낸 등가회로이다. 공통소스의 게이트와 접지 사이에는 C_{gs}가 있으며 게이트와 드레인에는 C_{gd}가, 드레인과 접지 사이에는 이어지는 공통게이트 회로의 C_{gs2}가 있다. 또 공통게이트 회로는 게이트가 신호에 대하여 접지와 같으므로 C_{gd2}와 부하 C_L이 함께 접지와 연결되어 캐스코드 회로는 다음과 같이 구분되는 커패시터 성분들을 갖는다.

$$C_{gs},\ C_{gd},\ C_{gs2},\ C_{gd2} + C_L$$

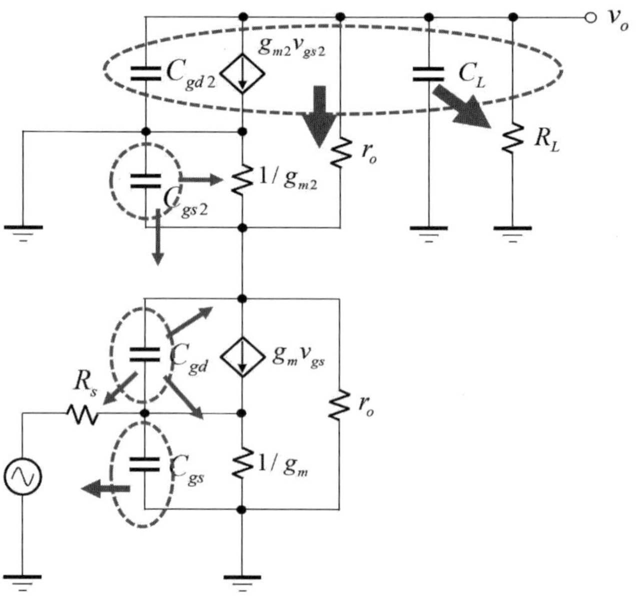

(그림 4.54) 캐스코드 회로의 고주파 등가회로

캐스코드 회로의 $3\,dB$주파수는 앞에서 구한 것과 같이 이들 커패시터에서 바라본 저항값을 구하여 시정수를 찾고 모든 시정수 합의 역수로 $3dB$주파수를 결정할 수 있다.

C_{gs}와 연결된 저항 성분은 R_s이며, C_{gd}는 (그림)과 같이 신호원 저항과 $1/g_m$, 공통소스 회로의 출력저항과 공통게이트 회로의 입력저항으로 구성된 저항을 본다. 신호원 저항이 작

으면 공통게이트 회로의 입력저항이 $1/g_m$로 작으므로 C_{gd}에서 본 저항은 다른 저항들에 크지 않다. 또 C_{gs2}는 공통소스 회로의 출력저항과 공통게이트 회로의 입력저항을 보고 있으므로 C_{gs2}가 바라보는 저항 역시 크지 않다.

C_{gd2}와 C_L은 모두 부하저항과 공통게이트 회로의 출력저항을 바라보고 있는데 캐스코드 효과로 출력저항이 매우 커서 C_{gd2}와 C_L이 바라보는 저항은 부하저항 R_L에 의해 좌우된다. 캐스코드 회로는 접속의 효과를 보기 위해 매우 큰 부하저항을 이용하는 것이 일반적이며 C_{gd2}와 C_L이 보는 저항은 다른 커패시터가 보는 저항보다 매우 큰 값을 가진다.

이들 커패시터와 저항 성분들은 모두 주파수 특성에 영향을 미치는데 이들의 효과는 각 커패시터에서 바라본 등가저항과 커패시터 용량의 곱인 시정수를 합하고 그 역수를 취하여 얻은 극점주파수로 살펴볼 수 있다. 그러나 각 커패시터에서 본 등가저항을 고려해 보면 다른 시정수를 무시할 수 있을 정도로 C_{gd2}와 C_L의 저항이 매우 커서 극점주파수는 C_{gd2}와 C_L의 시정수만으로 큰 오차 없이 나타낼 수 있다. 따라서 증폭기의 이득이 A_o이면 캐스코드 증폭기 회로의 출력저항은 $A_0 r_o$이고 캐스코드 증폭기가 R_L의 부하를 가지면 $3\,dB$주파수는 다음과 같다.

$$\omega_H \approx \frac{1}{(C_{gd2} + C_L)(A_o r_o // R_L)}$$

R_L이 충분히 크면 캐스코드 회로의 단위이득주파수(f_t)는 공통소스 회로와 같고 부하 임피던스가 이득만큼 증가하기 때문에 dc 이득은 증가하지만 $3\,dB$주파수는 위의 식과 같이 이득인 A_o만큼 감소한다. 따라서 이득의 증가는 주파수 특성의 저하에 대한 보상으로 볼 수 있다.

4.5 궤환회로와 증폭기

4.5.1 궤환 연결

증폭기와 같은 회로의 출력을 입력에 연결하면 출력된 신호 중 일부가 입력으로 되돌아가 새롭게 입력되는 신호에 연동되어 기존 회로와 다른 출력특성을 보인다. 이처럼 출력과 입력이 연결된 회로를 궤환회로(feedback circuit)라고 하는데 연결하는 방법에 따라 입력되는 신호가 증가할 수도 있고 감소할 수도 있다. 궤환회로는 출력이 입력에 어떻게 영향을 주는가에 따라 정궤환(positive feedback) 회로와 부궤환(negative feedback) 회로로 나눌 수 있으며 출력이 입력에 더해지는 경우 정궤환, 차감되는 경우 부궤환이라고 한다.

신호를 증폭하는 회로에서 궤환된 신호로 인해 입력이 감소하면 궤환된 신호가 없을 때 보다 출력이 감소하지만 정궤환으로 궤환된 신호가 더해져 입력이 증가하면 출력도 증가하고 증가한 출력이 다시 순환되어 더해져 출력이 더욱 증가한다. 이와 같은 순환이 되풀이되면 출력이 입력된 신호에 영향을 받지 않고 자발적으로 나타나게 되는 불안정한 상태가 되는데 이러한 상태를 발진(oscillation)이라고 하며 발진이 일어나면 회로는 원하는 특성을 나타내지 않는다.

이와 달리 부궤환은 출력이 증가하면 입력신호가 궤환된 신호로 차감되어 감소하고 이에 따라 출력도 감소하여 회로의 안정화에 도움이 될 수 있다. 부궤환 회로를 이용한 증폭기는 입력이 차감되어 출력이 줄고 이득이 감소한다. 그러나 이득이 감소함에 따라 출력에서 비선형적으로 왜곡되는 양이 감소하며, 잡음도 줄고 대역폭이 넓어지는 장점이 있다. 또, 입력과 출력이 연결되는 경로에 있는 회로를 이용하여 입력과 출력 임피던스를 바꿀 수 있다.

궤환회로는 (그림 4.55)와 같은 신호의 흐름도를 이용하면 해석하기 쉽다. 이 회로는 이득 A인 증폭기의 출력에서 신호를 추출하여 궤환경로의 이득 β가 곱해진 궤환량 $A\beta$를 입력에 더하는 루프가 구성되어 있다. 신호원의 신호 v_s는 궤환량 만큼 차감되어 입력되며 입력된 신호 v_i는 증폭되어 v_o으로 출력된다. 이 출력에서 다시 추출된 신호는 궤환경로에서 βv_o으로 변환되어 입력으로 되돌아간다.

증폭기의 출력 v_o은 입력이 증폭된 Av_i이고 입력되는 신호 v_i는 원래의 신호 v_s에서 궤환된 신호를 뺀 $(v_s - A\beta v_i)$이다. 따라서 신호원과 출력의 비인 전체 회로의 이득은 다음과 같다.

$$\frac{v_o}{v_S} = \frac{A}{1+A\beta}$$

궤환회로의 이득은 궤환량 $A\beta$에 의해 정해지는데 $A\beta$가 1보다 매우 크면 이득은 $1/\beta$이 되고, $A\beta$가 작으면 원래 증폭기의 이득을 갖는다.

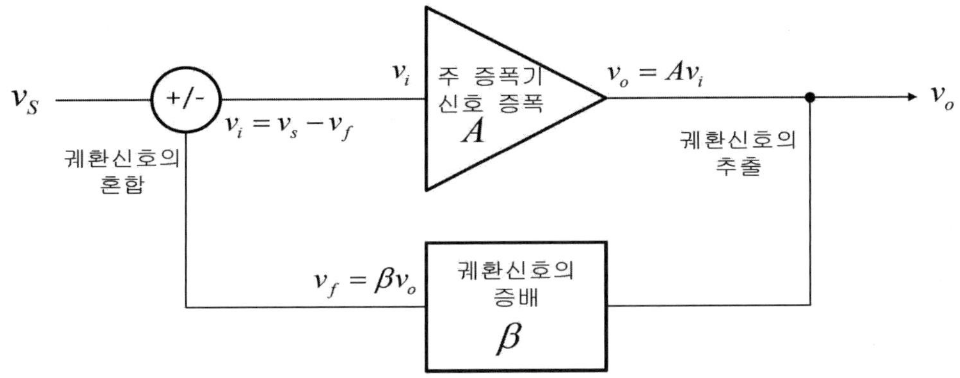

(그림 4.55) 궤환회로의 신호흐름도

(문제 4.22) 위 그림의 궤환회로에서 주 증폭기 이득이 5000 V/V, 500000 V/V 일 때 궤환경로 이득이 0.01 V/V이면 궤환회로의 이득은 각각 얼마인가?

4.5.2 부궤환 증폭기의 특성

증폭기에 궤환경로가 연결되어 부궤환의 특성을 갖는 증폭기를 부궤환 증폭기라 한다. 부궤환 증폭기는 입력신호가 궤환으로 차감되어 이득이 감소하지만 이로 인해 대역폭이 늘어나고 선형성이 증가하며 이득에 대한 변화율을 줄인다. 또 궤환경로가 연결되기 때문에 회로의 입력저항과 출력저항도 달라진다.

원래 증폭기의 주파수에 따른 이득 $A(s)$를 고려하면 부궤환 증폭기가 갖는 이득의 주파수 특성을 얻을 수 있다.

$$\frac{v_o(s)}{v_S(s)} = \frac{A(s)}{1+A(s)\beta} = \frac{\dfrac{A_0}{1+s/\omega_H}}{1+\dfrac{A_0}{1+s/\omega_H}\beta} = \frac{A_0}{(1+A_0\beta)}\frac{1}{1+s/(1+A_0\beta)\omega_H}$$

이 식을 보면 부궤환 증폭기의 이득은 A_0에서 $A_0/(1+A_0\beta)$로 감소하고 증폭기의 $3dB$ 주파수 ω_{Hf}는 $(1+A_0\beta)$배 증가함을 알 수 있다.

$$A = \frac{A_0}{(1+A_0\beta)}$$

$$\omega_{Hf} = (1+A_0\beta)\omega$$

낮은 $3dB$ 주파수 ω_{Lf}은 다음과 같이 $1/(1+A_0\beta)$배로 감소한다.

$$\frac{v_o}{v_S} = \frac{A(s)}{1+A(s)\beta} = \frac{A\dfrac{s}{s+\omega_L}}{1+A\dfrac{s}{s+\omega_L}\beta} = \frac{A}{1+A\beta}\frac{s}{s+\omega_L/(1+A\beta)}$$

$$\omega_{Lf} = \omega_L/(1+A\beta)$$

부궤환 증폭기는 이처럼 ω_H가 증가하고 ω_L이 감소하여 원래의 증폭기보다 대역폭이 넓어진다. 이득의 변화율 dA/A은 회로의 이득에 대한 안정성을 나타내는데 부궤환 증폭기는 이득의 변화율이 $1/(1+A_0\beta)$로 감소한다. 또 부궤환 증폭기는 이득이 감소하고 출력도 감소하여 비선형적인 왜곡을 줄인다.

궤환회로에서 출력을 샘플링 하거나 입력에서 궤환되는 신호를 차감하기 위해서 궤환경로의 회로를 직렬, 또는 병렬로 입력과 출력에 연결하는데 이러한 연결은 전류와 전압과 함께 입력저항과 출력저항을 변화시킨다.

궤환회로의 구성으로 나타나는 이러한 특성의 변화는 모두 이득의 감소에 의한 효과이므로 차감되는 신호에 대한 보상이라고 볼 수 있다.

4.5.3 궤환회로의 연결과 특성

궤환회로는 출력에서 전압이나 전류를 추출하여 입력으로 되돌린다. 증폭기의 출력단자에 궤환경로의 단자를 병렬로 연결하면 전압이 추출되고 직렬로 연결하면 전류가 추출된다. 입력에서는 이와 반대로 직렬로 연결하면 전압이 차감되고 병렬로 연결하면 전류가 차감된다. 궤환회로는 출력에서 전압, 또는 전류를 추출하여 적절한 값으로 변환한 뒤 입력에서 전압이나 전류로 차감하므로 직렬-병렬, 직렬-직렬, 병렬-병렬, 병렬-직렬의 네 가지 방법으로 접속할 수 있다.

궤환경로의 이득 β는 추출하고 차감하는 신호가 전류인지 전압인지에 따라 전압이득이나 전류이득, 또는 트랜스컨덕턴스나 저항으로 나타낸다.

회로의 전달함수는 궤환회로에 의해 $1/(1+A\beta)$배로 달라지고 입력저항과 출력저항은 궤환회로가 직렬로 연결되면 $1+A\beta$배, 병렬로 연결될 때는 $1/(1+A\beta)$배의 변화를 나타낸다. 궤환회로의 연결에 따른 등가회로와 특성은 다음과 같다.

(1) 직렬-병렬연결

직렬-병렬연결은 전압을 추출하여 전압을 차감한다. (전압 추출-전압 차감)

궤환경로의 연결은 (그림 4.56)의 (a)와 같이 β의 이득을 갖는 전압 증폭기가 출력과 입력 사이에 연결되는 것과 같다.

$$\beta = \frac{v_f}{v_o}$$

입력단에서는 궤환경로의 증폭기가 직렬로 연결되므로 원래의 입력전압 v_i에서 궤환된 전압 $A\beta v_i$가 차감되며 전류는 모두 같은 i_i가 흐르기 때문에 궤환된 회로의 입력저항 R_{if}는 주 증폭기의 입력저항 R_i보다 $1+A\beta$배 증가한다. 부하에서 보면 증폭기의 출력에 궤환경로의 회로가 병렬로 연결되어 있으므로 저항이 감소되며 출력저항(R_o)이 감소되는 비율은 $1/(1+A\beta)$이다.

$$R_{if} = (1 + A\beta)R_i$$

$$R_{of} = \frac{1}{1 + A\beta}R_o$$

직렬-병렬로 연결된 궤환증폭기는 이처럼 입력저항은 궤환경로에 있는 증폭기의 출력저항이 더해져 증가하고, 출력저항은 궤환경로 증폭기의 입력저항이 병렬로 연결되어 감소한다.

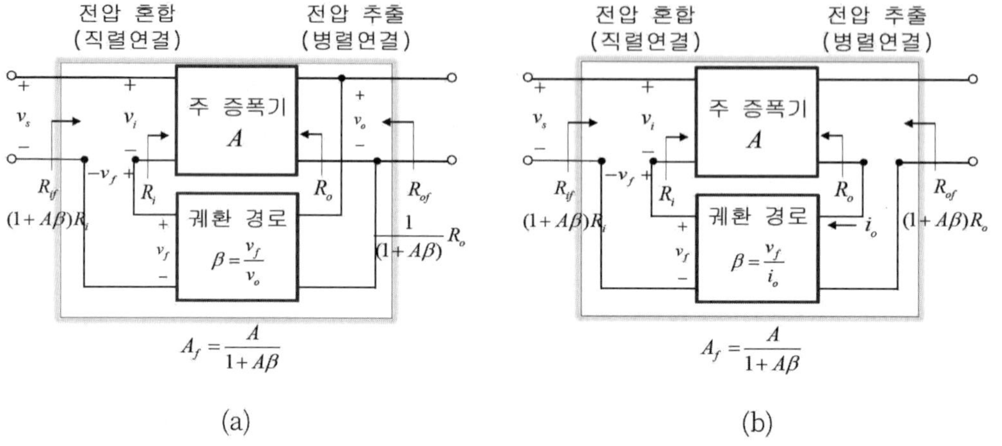

(그림 4.56) 전압이 혼합되는 궤환회로의 연결. (a)직렬-병렬, (b)직렬-직렬

(2) 직렬-직렬연결

(그림 4.56)의 (b)와 같이 입력과 출력에 궤환경로의 회로가 모두 직렬로 연결되면 출력에서 전류가 추출되고 입력에서는 전압으로 차감된다.

따라서 직렬-직렬연결로 구성된 궤환회로는 전압으로 구동되고 전류가 출력되는 트랜스컨덕턴스 증폭기와 같은 회로의 안정화에 적합하다.

직렬-직렬로 연결된 궤환회로는 출력에서 전류가 추출되고 궤환되어 입력에서 전압이 차감되기 때문에 궤환경로의 회로는 전류를 전압으로 변환하며 다음과 같은 등가의 전달저항으로 나타낼 수 있다.

$$\beta = \frac{v_f}{i_o}$$

입력단과 직렬로 연결되는 궤환경로의 회로는 입력저항을 $(1 + A\beta)$배 증가시키며 출력단의 직렬연결도 출력저항을 $(1+A\beta)$배 높이는 효과를 보인다.

$$R_{if} = (1+A\beta)R_i$$

$$R_{of} = (1+A\beta)R_o$$

(3) 병렬-병렬연결

입력단의 병렬연결과 출력단의 병렬연결은 (그림 4.58) (b)와 같이 전압을 추출하고 궤환경로를 통해 변환된 전류를 입력단에서 차감한다. 입력전류가 차감되기 때문에 이 연결은 전류를 전압으로 변환하여 출력하는 증폭기에 적합하다.

병렬-병렬연결의 궤환경로에 있는 회로는 전압을 전류로 변환하므로 궤환경로의 이득은 컨덕턴스로 표현된다.

$$\beta = \frac{i_f}{v_o}$$

이 궤환회로는 입력과 출력에서 모두 궤환경로가 병렬로 연결되므로 입력저항과 출력저항도 모두 $1/(1+A\beta)$배 감소한다.

$$R_{if} = \frac{1}{1+A\beta}R_i$$

$$R_{of} = \frac{1}{1+A\beta}R_o$$

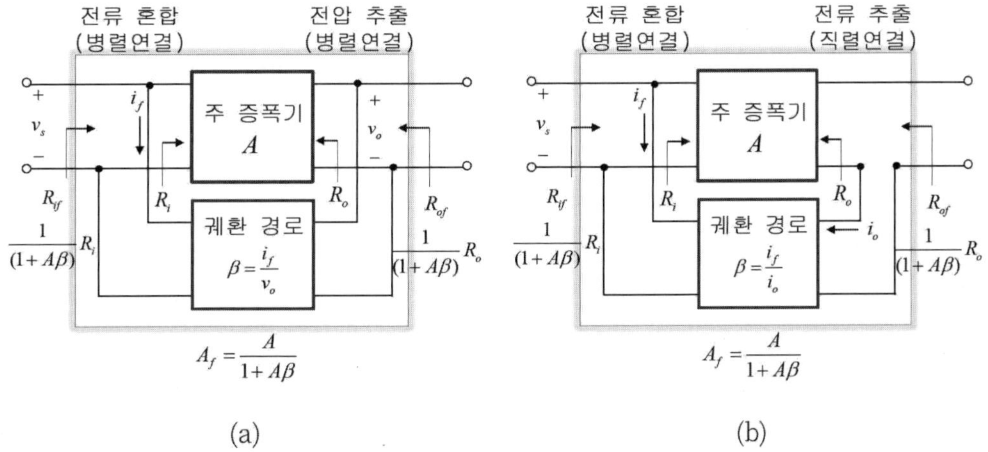

(그림 4.57) 전류가 혼합되는 궤환회로의 연결, (a)병렬-병렬, (b)직렬-병렬

(4) 병렬-직렬연결

(그림 4.57) (a)와 같이 궤환경로가 입력에서 병렬로, 출력에서 직렬로 연결되면 전류가 추출되고 전류가 차감된다. 추출된 전류가 차감되므로 궤환경로에 있는 회로는 전류를 변환하는 전류 증폭기와 같은 회로이며 궤환경로의 이득은 전류이득과 같다. 병렬-직렬연결의 궤환회로는 전류 증폭기와 같은 회로의 안정화에 적합하다.

$$\beta = \frac{i_f}{i_o}$$

병렬-직렬연결은 입력과 궤환경로의 출력이 병렬로 연결되어 입력저항이 $1/(1+A\beta)$배 감소하고 출력저항은 궤환경로의 직렬연결로 $(1+A\beta)$배 증가한다.

$$R_{if} = \frac{1}{1+A\beta}R_i$$

$$R_{of} = (1+A\beta)R_i$$

앞에 나타낸 것과 같이 모든 궤환회로는 증폭기의 이득과 궤환경로 이득의 곱인 루프이득 $A\beta$의 영향을 받기 때문에 증폭기의 특성을 이해하기 위해서는 먼저 $A\beta$를 알아야 한다. 궤환증폭기 회로의 루프이득은 테브난 등가회로를 구할 때와 같은 방법을 이용하여 구한다.

루프이득은 소스와 부하에 무관한 회로 전체의 이득이므로 소스와 부하를 개방하고 입력에 전압을 인가해 돌아오는 전압을 측정하여 얻은 비와 같다. 먼저 신호원이 연결되는 증폭기 단자와 궤환경로의 단자를 분리하고 궤환경로에 신호원에서 본 등가의 입력저항을 연결한 다음 증폭기 입력에 테스트 전압, 또는 테스트 전류를 가하면 기본 증폭기와 궤환경로를 통해 되돌아온 신호를 측정할 수 있으며 입력과 되돌아온 신호의 비가 루프이득이 된다.

4.5.4 궤환회로의 안정성

궤환회로를 통해 증폭기가 얻을 수 있는 이점은 앞에 나타낸 것처럼 대역폭의 확장과 잡음의 감소, 비선형 왜곡의 감소 등 여러 가지가 있다. 그러나 궤환회로를 갖는 증폭기는 출력이 입력에 궤환되기 때문에 발진할 가능성이 있어 먼저 안정성이 확보되어야 한다. 따라서 회로의 안정성에 대한 평가는 매우 중요한 일이다.

증폭기의 주파수를 고려한 이득을 $A(s)$라 하면 궤환경로에 있는 회로의 이득도 주파수에 따른 값이므로 $\beta(s)$로 표현되며 루프이득은 $A(s)\beta(s)$, 주파수를 고려한 궤환회로 전체의 이득은 $A(s)/(1+A(s)\beta(s))$로 나타낼 수 있다.

나이퀴스트 차트(Nyquist chart)는 증폭기의 안정상태를 평가하는데 매우 유용한 도구이다. 나이퀴스트 차트는 (그림 4.58) (a)와 같이 루프이득 $A(s)\beta(s)$를 극좌표에 나타낸 것으로 주파수에 따라 달라지는 이득의 궤적을 이용하여 안정상태가 어떤지 판단한다. 증폭기에 발진이 일어나는 것은 무조건 불안정한 경우이며 발진은 이득이 무한히 클 때(∞) 나타나므로, 루프이득이 -1이 되면 전체 회로의 이득이 무한히 커지고 발진이 일어난다.

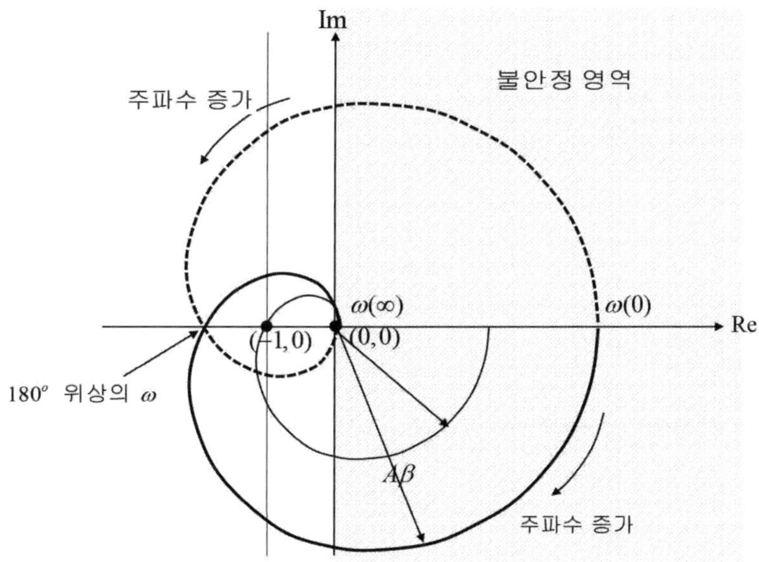

(그림 4.58) 나이퀴스트 차트

$A(s)\beta(s)$는 주파수가 0일 때 크기가 $|A\beta|$인 가장 큰 실수의 값을 갖는다. $A(s)\beta(s)$는 주파수가 높아지면서 위상이 $(-)$값으로 증가하며 크기 $|A\beta|$가 점차 감소하는 나선의 궤적을 따른다. 주파수의 증가로 위상이 -90^o를 넘어가면 $A(s)\beta(s)$는 음의 실수와 허수를 갖게 되고 주파수가 더욱 높아져 위상이 -180^o가 되면 음의 실수가 되며 이후 주파수가 더 높아지면 $A(s)\beta(s)$는 음의 실수와 양의 허수를 갖게 된다. 주파수가 무한히 높아지면 루프이득은 크기가 '0'에 수렴하게 되어 궤적의 끝점에 이른다. 수식적인 표현을 보면 주

파수가 (−)값으로 증가할 때 루프이득의 궤적은 (+)의 주파수에서 얻는 루프이득의 궤적과 실축(Re 축)에 대해 대칭적이다.

궤환증폭기는 루프이득이 -1인 경우 발진하여 불안정한 상태가 되므로 주파수가 높아져도 루프이득이 -1이 되지 않으면 회로는 안정하다. 따라서 주파수에 따른 루프이득의 궤적이 $(-1,0)$인 점을 포함하지 않으면 회로는 안정한 상태를 유지한다.

증폭기는 부궤환을 통해 필요한 것들을 얻더라도 발진이 일어나지 않아야 한다. 궤환회로는 이득이 $A/(1+A\beta)$이므로 루프이득 $A\beta$가 -1이 되면 이득이 무한히 커져 회로는 발진이 일어나며 이때 궤환된 신호는 입력되는 신호와 크기가 같고 위상은 -180^o로 반전되어 있다. 따라서 회로가 발진하지 않기 위해서는 동작하는 동안 이와 같은 조건이 만들어지지 않아야 한다. 루프이득이 '1'일 때 위상이 -180^o가 되면 발진이 일어나지만 '1'보다 작으면 위상이 -180^o가 되어도 발진이 일어나지 않는다. 따라서 회로의 이득과 위상을 보면 궤환회로가 구성될 때 이득이 얼마만큼 여유가 있는지 또는 위상이 얼마만큼의 여유가 있는지 알 수 있으며 이들로부터 필요한 이득과 위상의 여유를 확보할 수 있는 회로의 조건을 알 수 있다.

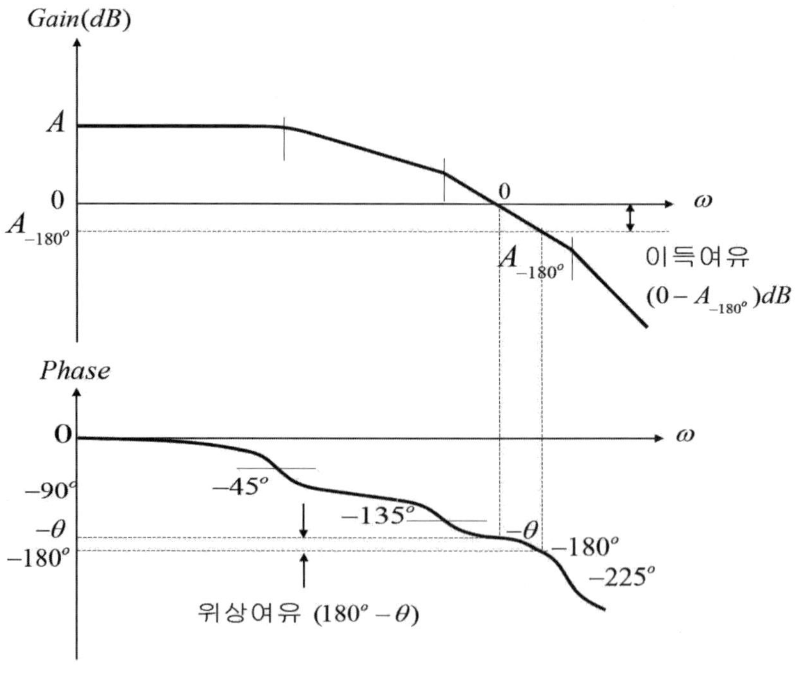

(그림 4.59) 이득여유와 위상여유

(그림 4.59)는 극점이 세 개인 증폭기의 보드선도 예이다. 하나의 극점에서 90° 의 위상 변화가 있으므로 극점이 충분히 떨어져 있다면 극점 주파수에서 각각 -45° 와 -135°, -225^o의 위상을 갖는다. 이득이 '1'이면 $0\,dB$이며 발진할 때 위상이 -180° 이므로 회로가 갖는 위상이 $-\theta^o$ 라면 이 회로는 발진에 대하여 $(180-\theta)^o$의 위상여유가 있다. 또 -180° 에서 이득이 $A_{-180^o}dB$이면 -180° 에서 갖는 이득과의 차이인 $(0-A_{-180^o})dB$의 이득여유를 갖는다.

4.5.5 주파수 보상

(그림 4.60)은 세 개의 극점을 갖는 증폭기의 보드선도이다. 이 증폭기는 위상이 -180° 일 때 이득이 '1'보다 크기 때문에 발진이 일어날 수 있다. 이 회로는 -180° 위상을 갖기 이전에 이득이 $0\,dB$가 되도록 극점을 이동하면 안정하게 동작할 수 있다.

주파수 보상을 위해 (그림)과 같이 증폭기의 이득이 $0\,dB$인 주파수에 두 번째 극점을 설정하면 $0\,dB$에서 위상이 -135° 이므로 안정하다. 이 극점에서 $-20\,dB/dec$의 기울기를 갖는 연장선으로부터 첫 번째 극점을 정할 수 있다. 이 극점 주파수는 원래 회로의 극점보다 주파수가 낮으며 극점의 이동으로 회로는 안정한 상태로 동작할 수 있다. 또 회로의 극점을 추가하여 $3\,dB$주파수를 낮추면 안정한 특성을 얻을 수 있는데 이를 위하여 커패시터를 연결하거나 궤환회로를 이용할 수 있다. 특히 증폭기의 입력과 출력에 연결되는 커패시터는 밀러효과를 통해 작은 용량의 커패시터로 큰 용량의 커패시터와 같은 효과를 나타낼 수 있으므로 효율적으로 극점을 변화시킬 수 있다. 이처럼 증폭기에 부궤환 경로를 만들면 전달함수에 극점이 더해질 수 있으며 극점은 위상을 더 변화시킨다.

필요한 극점을 갖도록 부품을 삽입하여 안정성을 주파수로 보상하는 회로를 만들 때 증폭기의 이득이 크고 궤환량이 크면 $(A\beta \gg 1)$ 궤환회로의 이득은 $1/\beta$와 같다.

$$A_f = \frac{A}{1+A\beta} \approx \frac{1}{\beta} \qquad A\beta \gg 1$$

삽입된 극점에서 이득의 기울기가 처음 꺾이고 이어서 이전의 증폭기 전달함수가 갖던 극점에서 다시 기울기가 꺾이도록 하면 극점이 삽입된 증폭기 회로는 $1/\beta$의 이득과 안정한 특성을 갖게 된다. 이때 이득 $20\log(1/\beta)$는 $-20\,dB/dec$ 선상에 있어야 한다.

이러한 보상은 위상여유를 고려하여 정할 수도 있다. 루프이득 $A\beta$가 '1'이면 $0dB$이고 이때의 위상과 위상 -180^o의 차이가 위상여유이므로 필요한 위상여유를 갖도록 정하고 이로부터 궤환회로의 첫 번째 이득의 기울기가 꺾이는 주파수를 찾아 극점을 설정할 수 있다.

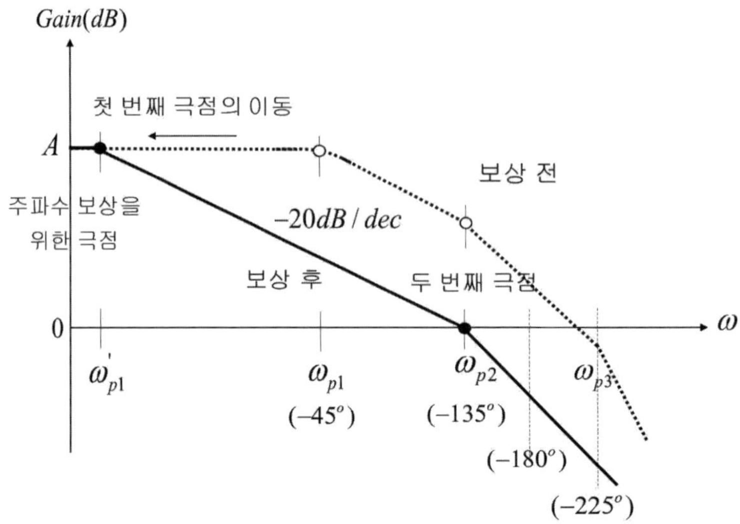

(그림 4.60) 주파수 보상을 위한 극점의 설정

4.6 전력증폭기

4.6.1 최대전력 전달조건

증폭기에서 출력된 신호를 이용하여 부하가 일하며 에너지를 소모하는데 높은 전력으로 부하가 구동되기 위해서는 부하에 큰 전압이 걸리고 많은 전류가 흘러야 한다. 그러나 신호의 증폭은 선형성을 고려하여 적절한 임피던스와 바이어스 조건 안에서 이루어지기 때문에 부하가 큰 전력을 얻을 수 있는 조건과 맞지 않을 수 있다. 따라서 높은 전력을 얻기 위해서 신호의 스윙 범위를 조절할 필요가 있으며 많은 전류가 흐르도록 출력저항도 줄여야 한다. 또 부하에 전력을 전달하는 과정에서 손실되는 전력도 최소화할 필요가 있다.

(그림 4.61)은 신호원과 부하의 임피던스 관계를 나타낸 것이다. 신호원의 저항 R_s와 부하저항 R_L은 신호가 공급하는 전력을 나누어 가지며 전류의 흐름에 따라 다음과 같은 에너지를 소모한다.

$$P_s = (\frac{v_s}{R_s + R_L})^2 R_s$$

$$P_L = (\frac{v_s}{R_s + R_L})^2 R_L$$

신호원의 저항을 고정하고 부하저항 R_L에 따른 전력의 변화를 보면 신호원 저항과 부하저항이 같을 때 $(R_L = R_s)$ 부하로 최대의 전력이 전달되며 이때 전력은 다음과 같다.

$$P_{L,\max} = I_L V_L = (\frac{v_s}{R_s + R_L})(\frac{R_L}{R_s + R_L} v_s) = \frac{R_L}{(R_s + R_L)^2} v_s^2 = \frac{v_s^2}{4R_L}$$

그러나 이때 신호원 저항이 소모하는 전력과 부하저항의 전력이 같으므로 신호원을 포함하는 회로 내에서도 큰 에너지가 소모된다. 따라서 공급된 전체 전력 중에서 얼마나 많은 전력이 부하에 공급되는가도 중요하며 이를 나타내기 위해서 다음과 같이 전력효율 ζ를 정의한다.

$$\zeta = \frac{\text{부하가 갖는 전력}}{\text{전원이 공급하는 전력}}$$

$$= (\frac{v_s}{R_s + R_L})^2 R_L / (\frac{v_s^2}{R_s + R_L}) = \frac{R_L/R_s}{1 + (R_L/R_s)}$$

전력효율은 위의 효율에 100을 곱하여 백분율로 나타내기도 하는데 이 식에서 신호원 저항과 부하저항이 같으면 효율은 50%가 되고 부하저항이 신호원 저항에 비해 클수록 효율이 높다. 전력효율을 높이기 위해서는 신호원의 저항을 줄이고 부하에 더 많은 전류가 흐르도록 해야 한다.

신호의 증폭을 위한 MOS 트랜지스터 증폭기는 이득이 높은 공통소스, 또는 공통게이트로 접속된 회로를 이용하는 것이 바람직하지만 이들 접속 회로는 출력저항이 매우 커서 부하저항이 상대적으로 더욱 크지 않으면 높은 전력효율을 얻을 수 없다. 이 경우 신호원의 저항이 낮을수록 부하전력이 높아지기 때문에 증폭기의 출력을 부하에 직접 연결하지 않고 증폭기의 출력과 부하 사이에 낮은 출력저항을 갖는 버퍼를 연결하여 회로를 구성한다. 이렇게 부하에 연결되는 출력단은 효과적으로 전력을 전달하는 것이 중요하므로 작은 출력저항으로 이득의 손실을 최소화하여 출력신호를 부하에 전달해야 한다. MOS 트랜지스터의 공통드레인 회로는 입력저항이 크고 출력저항이 $1/g_m$으로 작아 출력저항이 높은 증폭기를 저항값이 작은 부하에 연결할 때 이용하는 버퍼로 적합하다.

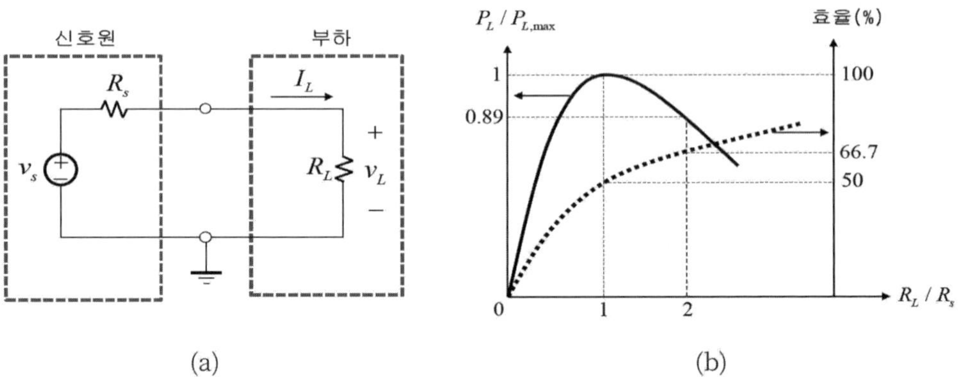

(그림 4.61) 신호원과 부하의 구분(a), 최대전력 전달조건과 효율(b)

4.6.2 신호의 스윙과 증폭기의 분류

(1) 클래스의 구분

증폭기가 신호를 왜곡하지 않고 부하를 구동하려면 신호의 크기는 트랜지스터가 선형적으로 동작할 수 있는 최대의 스윙 범위 안에 있어야 한다. 따라서 신호의 크기는 트랜지스터가 선형적으로 동작하는 범위에 의해 정해지는데 증폭기의 출력신호로 구동되는 부하는 신호가 클수록 전력도 크기 때문에 큰 출력을 얻으려면 증폭기가 왜곡되지 않은 큰 신호를 출력해야 한다.

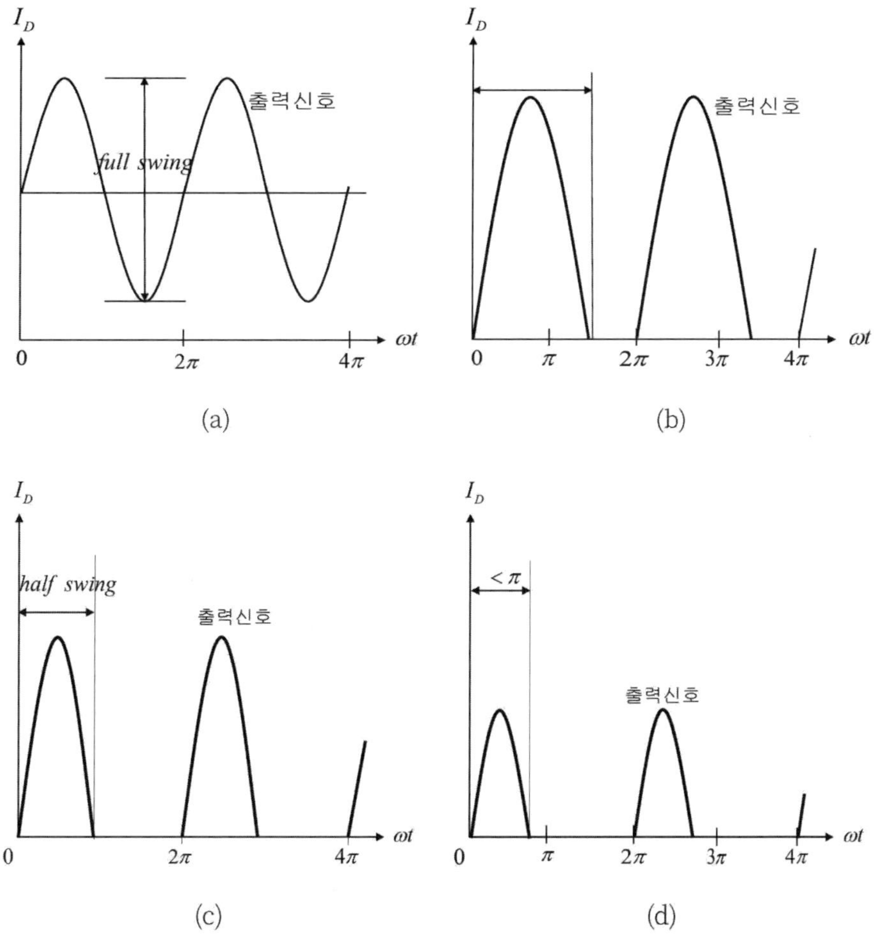

(그림 4.62) 전력증폭기의 신호와 클래스 구분. (a) A급 증폭, (b) AB급 증폭, (c) B급 증폭, (d) C급 증폭

증폭기는 보통 신호가 왜곡되지 않도록 트랜지스터의 선형적인 동작 범위 안의 큰 신호를 출력하여 부하를 구동하는데 더 큰 전력을 얻기 위해서, 또는 더 높은 효율을 얻기 위해서 트랜지스터의 선형적인 동작 범위 이내에서 증폭기 출력의 일부를 얻고 나머지는 다른 경로를 통해 신호를 보완하여 완전한 신호의 출력을 얻기도 한다.

이처럼 증폭기는 큰 출력신호를 얻기 위해 트랜지스터의 선형적인 동작 범위를 다양하게 활용하며 선형적인 범위 이내에 신호가 얼마나 포함되는지에 따라 (그림 4.62)와 같이 클래스로 구분하여 나타낸다. (a)는 신호 전체가 트랜지스터의 선형적인 범위 안에 있어서 증폭기의 출력신호 전체를 이용하는 증폭기로 A급 증폭기라 하며 (c)와 같이 반주기의 신호를 이용하는 증폭기를 B급 증폭기라 한다. (b)는 전주기보다는 좁고 반주기보다 넓은 범위의 신호를 이용하여 AB급 증폭기로 구분하여 나타내고 (d)와 같이 반주기 미만의 신호를 이용할 경우 C급 증폭기라고 한다.

(2) 푸시풀 회로

(그림 4.63) (a)는 이미터 펄로워의 출력을 가지며 A급 동작을 하는 회로이다. 이미터 펄로워는 출력저항이 $1/g_m$로 작아 보통 부하저항에 비해 크기가 작고 부하에 큰 전류를 흘릴 수 있다. 부하저항이 이미터 펄로워의 출력저항보다 매우 크면 이득은 1에 가깝고 출력전압은 입력전압을 따라간다. 신호가 음의 방향으로 스윙하면 전류가 감소하고 출력도 작아지는데 가장 큰 스윙에서 트랜지스터가 차단되면 이때 출력전압이 전류원의 전류에 의한 부하저항의 전압강하와 같고 가장 낮다. 또 신호가 양의 방향이면 트랜지스터가 포화상태로 될 때까지 스윙이 클 수 있으므로 출력신호의 범위는 다음과 같다.

$$-IR_L < v_O < V_{CC} - V_{CE,sat}$$

이와 같은 A급 증폭기는 완전한 신호의 스윙을 위해 트랜지스터가 항상 턴온 되기 때문에 계속 전력이 소모되어 비효율적이다.

신호의 크기가 V_p, 전류원이 (그림)과 같이 I일 때 포화된 트래지스터의 V_{CE}가 0.3 V 이하로 작으므로 V_{CE}를 무시하고 트랜지스터가 소모하는 전력을 간략히 나타내면 다음과 같다.

$$P_{D,1} = V_{CC}I - \frac{V_p}{2}I$$

전류원이 소모하는 전력은 $V_{CC}I$ 이며 두 바이어스 전원의 크기가 같다고 하면 전류원과

트랜지스터가 소모하는 전력은

$$P_D = 2V_{CC}I - \frac{V_p}{2}I$$

전원은 전류원과 트랜지스터, 부하에 모두 전력을 공급하고 있으므로 전력효율은 다음과 같다.

$$\zeta = \frac{\text{부하 전력}}{\text{전원이 공급한 전력}} = \frac{V_pI/2}{(2V_{CC}I - V_pI/2) + V_pI/2} = 0.25$$

A급으로 동작하는 증폭기는 신호가 없는 정상상태에서도 트랜지스터가 전력을 소모하기 때문에 이와 같은 낮은 전력효율을 나타낸다.

이러한 비효율성은 음의 스윙을 하는 동안 전류의 흐름을 바꾸어 개선할 수 있다. (그림)(b)는 이미터 쪽 전류원을 pnp 트랜지스터로 대체한 회로이다. 이 회로는 신호가 양의 스윙을 하는 동안 pnp 트랜지스터가 차단되어 부하에 전류가 흐르며 출력은 입력전압과 npn 트랜지스터의 이미터-베이스 전압만큼 차이가 있다. 최대출력전압은 npn 트랜지스터가 포화상태로 될 때 출력전압이다.

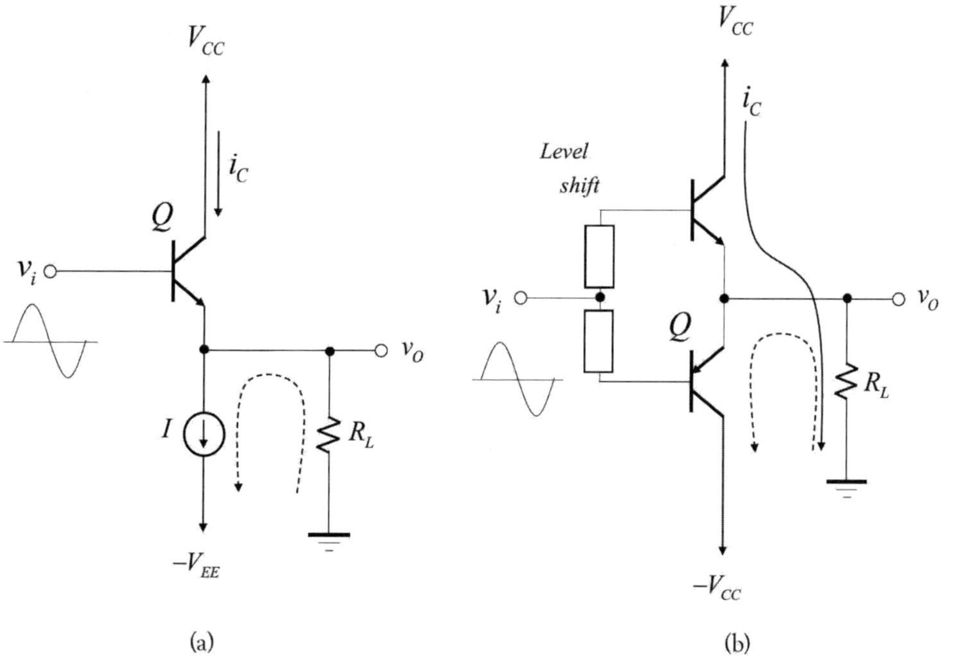

(그림 4.63) 이미터 펄로워의 A급 동작(a)과 푸시풀 회로(b)

$$V_O = V_{IN} - V_{BE}$$

$$V_{O,\max} = V_{CC} - V_{CEsat}$$

입력이 음의 방향으로 스윙할 경우 npn 트랜지스터가 차단되고 pnp 트랜지스터가 턴온되어 부하에 음의 방향 스윙을 나타낸다. 증폭기는 입력전압에 pnp 트랜지스터의 베이스-이미터 전압만큼 더해 출력되며 pnp 트랜지스터가 포화상태로 될 때 출력전압이 최소가 된다.

$$V_O = V_{IN} + V_{BE}$$

$$V_{O,\min} = - V_{CC} + V_{EC,sat}$$

따라서 전체 출력의 범위는

$$- V_{CC} + V_{EC,sat} < V_O < V_{CC} - V_{CE,sat}$$

출력이 양방향 스윙과 음방향 스윙 모두를 포함하고 있으므로 입력이 없으면 출력이 차단되어 정상상태에서는 전력이 소모되지 않는다. 이 회로는 양방향 스윙에서는 npn 트랜지스터가 부하에 전류를 보내고 음방향 스윙에서는 부하로부터 pnp 트랜지스터가 전류를 끌어오는 것처럼 동작하여 푸시풀(push-pull) 회로라고 한다.

이 회로는 양방향의 스윙은 허용하지만 트랜지스터가 턴온되기 위한 전압이 필요로 하므로 $-V_{be}$에서 $+V_{be}$에 이르는 입력전압에서는 두 트랜지스터가 모두 차단되어 출력이 왜곡된다. 이러한 출력의 왜곡은 npn 트랜지스터가 차단될 때 pnp 트랜지스터의 턴온이 이어지고 pnp 트랜지스터가 차단될 때는 npn 트랜지스터의 턴온이 이어지도록 다이오드를 연결하여 방지할 수 있으며 연산증폭기를 이용한 회로로 턴온전압이 나타나지 않도록 할 수도 있다.

포화전압과 트랜지스터의 왜곡을 무시하면 전체의 스윙에서 부하가 갖는 전력은 다음과 같다.

$$P_L = \frac{(V_{CC}/\sqrt{2})^2}{R_L} = \frac{V_{CC}^2}{2R_L}$$

양방향과 음방향 스윙에서 모두 하나의 트랜지스터가 차단상태에 있으므로 각각의 트랜지스터가 소모하는 단위시간의 전력은 반주기 동안만 고려하여 나타낼 수 있다.

$$P_S = \frac{1}{\pi}\frac{(V_{CC})^2}{R_L} = \frac{V_{CC}^2}{\pi R_L}$$

두 트랜지스터가 대칭적이어서 같은 전력을 소모한다면 전력효율은 다음과 같다.

$$\zeta = \frac{V_{CC}^2 / 2R_L}{2(V_{CC}^2 / \pi R_L)} = 0.785$$

푸시풀 증폭기의 전력효율은 A급 증폭기의 0.25보다 매우 크며 더 많은 전력이 부하에 전달되는 것을 알 수 있다.

참고문헌

1. S. M. Sze, Physics of Semiconductor Devices, 2nd ed. John Wiley & Sons, Inc., 1981
2. B, G. Streetman, and S. Banerjee, Solid State Electronic Devices, 5th ed. Prentice Hall, Inc., 2000
3. A. S. Sedra, and K. C. Smith. Microelectronic Circuits, 6th ed. Oxford University Press, Inc., 2011
4. B. Razavi, Fundamentals of Microelectronics, John Wiley & Sons, Inc., 2008
5. E. H. Nicollian, MOS(metal oxide semiconductor) Physics and Technology, John Wiley & Sons, Inc., 1982
6. S. M. Khang, CMOS Digital Integrated Circuits, 3rd ed., McGrawHill, 2005

Chapter 5

디지털 회로

Digital Circuits

5.1 디지털 회로

5.1.1 디지털 신호와 논리게이트

디지털은 물질이나 시스템 등의 상태를 숫자나 문자 등으로 구분하여 나타낸 것이며 신호를 디지털화해서 시간에 따라 구분된 상태의 변화를 알 수 있도록 한 것을 디지털 신호라고 한다. 따라서 디지털 신호는 시간에 따라 구분된 신호, 또는 샘플링된 신호라고 할 수 있으며 자연환경에서 얻는 신호와 달리 인위적으로 가공된 신호이다.

디지털 신호의 크기를 높고 낮은 두 레벨로 구분하여 나타내면 참과 거짓을 대변할 수 있으며 논리적인 연산을 할 때 편리하다. 따라서 디지털 신호는 컴퓨터와 같은 논리 장치나 데이터의 저장에 주로 사용해 왔으며 최근에는 디지털 통신이나 TV, 카메라와 음향기기 등에서도 물리적인 신호와 접하는 부분을 제외한 거의 모든 전자시스템에 사용되고 있다.

디지털 논리회로는 입력된 값을 정해진 방식으로 조합하여 출력하는 조합논리회로와 출력된 값을 저장하고 입력에 돌려보내 새로운 입력과 함께 조합하는 순차논리회로로 구분할 수 있다. 대표적인 조합논리회로는 가산기와 감산기, 비교기와 같이 정해진 연산을 수행하거나 디코더와 인코더, 멀티플렉서나 디멀티플렉서와 같이 입력을 정해진 방식으로 변환하는 장치가 있다. 순차논리회로는 기억장치와 조합논리회로로 구성되어 기억된 내용이 입력과 함께 조합되어 출력하는 논리회로이다. 이러한 논리회로는 클럭으로 된 디지털 신호의 조합을 통해 논리적 연산을 수행하는데 연산하는 과정과 부품의 수를 줄여 빠르고 전력소모가 적도록 최적화하여 회로가 구성된다.

디지털 회로는 (그림 5.1)과 같이 여러 가지 기호로 나타낸 인버터, AND 게이트와 OR 게이트, 이들이 반전된 NAND 게이트, NOR 게이트 등의 기본 논리게이트와 플립플롭, 레지스터와 같은 논리지연장치 등으로 구성된다.

인버터는 논리게이트를 구성하는 기본적인 회로이며 입력된 신호가 반전되어 출력되는 특성을 갖는다. 이러한 인버터 특성은 앞에서 나타낸 회로 중 MOS 트랜지스터의 회로에서는 공통소스 회로를, 바이폴라 트랜지스터 회로에서는 공통이미터 회로를 통해 얻을 수 있다. 또 매칭된 NMOS와 PMOS 트랜지스터의 조합으로 입출력 특성이 대칭적이며 정상상태에서 전력소모가 거의 없는 이상적인 인버터에 가까운 특성을 얻을 수 있어 이러한 트랜지스터 조합이 널리 이용되고 있다.

이 외의 다른 논리게이트도 MOS나 바이폴라 트랜지스터와 저항, 다이오드 등을 다양하게 접속하여 구성할 수 있는데 기능에 따라 많은 부품이 소요되기도 한다.

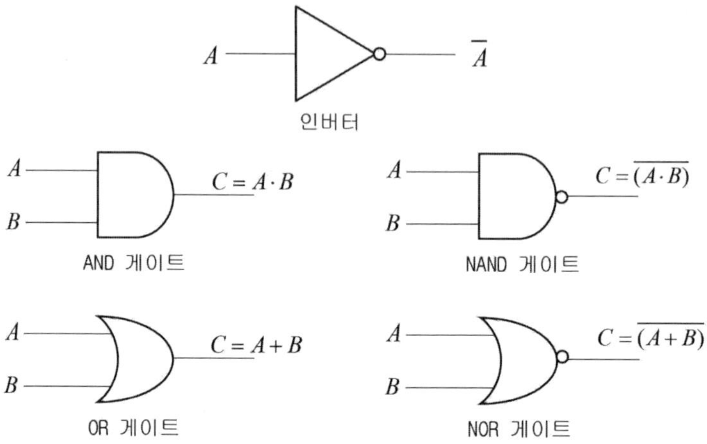

(그림 5.1) 기본 논리게이트의 기호

5.1.2 디지털 시스템

디지털 시스템은 (그림 5.2)와 같이 순차회로와 조합회로를 포함하며 이들은 또 많고 다양한 논리게이트와 메모리들로 구성되어 있다. 디지털 시스템은 이들의 순차적인 논리의 처리과정을 통해 결과를 얻기 때문에 시스템이 복잡할수록 많은 논리적 연산이 요구된다. 논리의 연산과정이 많고 논리회로의 기능이 복잡해지면 필요한 부품의 수도 많아지므로 결과를 얻는데 더 많은 시간이 소요되며 전원의 불안정, 스파이크의 발생 등과 같은 내, 외부적 요인으로 오동작의 가능성도 커진다.

디지털 회로는 이와 같은 문제점들을 고려하여 얼마나 효율적으로 동작하는지 판단하기 위한 지표로 소비전력과 전파지연, 잡음여유를 이용하며 설계의 주안점은 간단한 구성과 빠른 처리속도, 낮은 전력소모, 충분한 잡음에 둔다.

논리게이트의 주요 부품인 인버터의 동작과 이들 특성은 소자와 회로의 이해에 필요한 사항이지만 디지털 시스템의 구성과 최적화 방법 등은 본 저서에서 다루는 내용과 다소 벗어나 다루지 않았으므로 보다 상세한 내용을 위해서는 관련 서적을 참고하도록 할 필요가 있다.

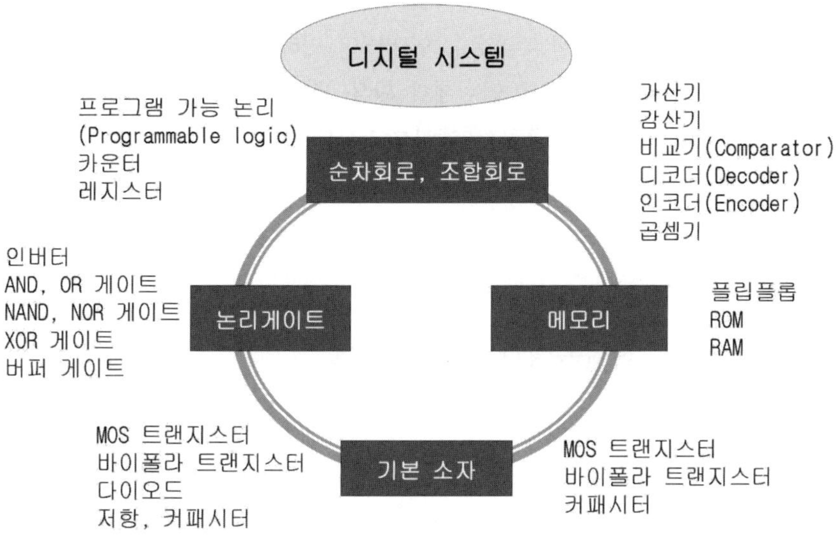

(그림 5.2) 디지털 시스템의 구성

5.2 MOS 인버터

아날로그 회로에서 증폭기가 가장 기본적인 회로라고 할 수 있는 것처럼 디지털 회로에서는 인버터 회로가 기본적이라고 할 수 있다. 인버터는 입력과 반전된 신호를 출력하는 회로로 낮은 입력에서 높은 출력을, 높은 입력에서 낮은 출력을 나타낸다. MOS 트랜지스터의 공통소스 회로는 입력과 반전된 신호를 출력하므로 인버터의 특성을 가지며 바이폴라 트랜지스터의 공통이미터 회로도 마찬가지이다.

5.2.1 MOS 인버터의 전달특성과 입출력 레벨

(그림 5.3) (a)는 공통소스로 접속된 MOS 트랜지스터의 전압전달 특성이다. 입력전압이 문턱전압 V_t보다 낮으면 트랜지스터가 차단되어 출력전압이 V_{DD}가 되고 높으면 턴온되어 포화상태로 동작하며 전류가 흘러 드레인 저항에 전압강하가 생기고 이로 인해 출력전압이 감소한다. 입력전압의 증가로 출력전압이 충분히 낮아지면 트랜지스터는 트라이오드상태로 동작하고 변화가 줄어든다. 이처럼 입력전압과 반대되는 출력전압 특성을 보이는 회로를 인버터라 하며 (b)와 같은 기호로 나타낸다. MOS 트랜지스터의 공통소스 회로는 대표적인 인버터 회로이며 바이폴라 트랜지스터의 공통이미터 회로도 같은 특성을 갖는다.

MOS 인버터는 트랜지스터가 출력전압이 급격히 변하는 포화상태에 있을 때와 달리 차단상태에서는 높은 출력전압을, 트라이오드상태에서는 낮은 출력전압을 나타내며 포화상태보다 입력의 변화에 대해 안정한 전압을 유지한다. MOS 인버터는 이처럼 안정한 차단상태와 트라이오드상태의 전압에 허용범위를 두어 높고 낮은 상태로 정하고 그 사이는 천이영역으로 두며 이러한 높고 낮은 상태는 입출력 변화율이 -1일 때의 전압으로 구분한다. (a)의 전달특성에서 입력에 대한 출력의 변화율이 차단상태에서는 '0'이지만 트랜지스터가 턴온되면 점차 증가하는데 변화율의 크기가 '1'보다 작으면 저레벨, 크면 천이상태이다. 입력전압이 저레벨 상태의 입력보다 크면 변화율이 '1'보다 크며 입력전압에 따라 최대가 된 후 점차 줄어들어 '1'보다 작아지고 인버터는 천이상태에서 벗어나 고레벨 상태가 된다. 따라서 변화율의 크기가 '1'이 되는 입력과 출력의 구간을 기준으로 신호의 범위를 정하여 (그림)과 같이 저레벨 입력과 고레벨 출력, 고레벨 입력과 저레벨 출력으로 나타낸다.

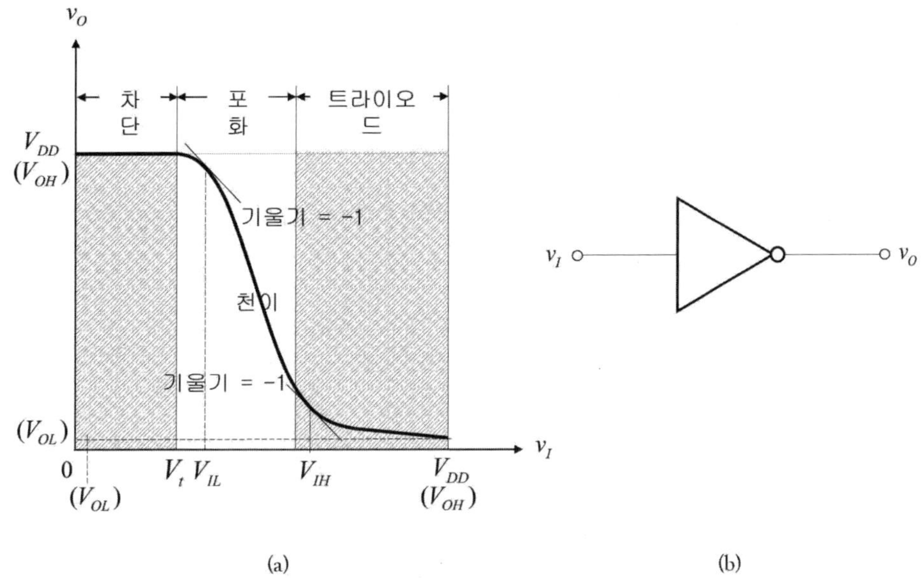

(그림 5.3) MOS 공통소스 회로의 입출력 전압전달 특성(a)과 인버터의 기호(b)

입력전압이 증가하여 출력이 높은 전압에서 낮은 전압으로 상태가 달라지려면 트랜지스터가 턴온되어 출력과 연결된 커패시터에서 축적되어 있던 전하가 빠져나와야 한다. (그림 5.4) (a)의 트랜지스터가 턴온되면 커패시터의 전하가 빠져나오기 시작하여 트랜지스터가 안정한 트라이오드상태의 동작에 이를 때까지 출력전압이 감소한다. 이러한 상태의 변화를 트랜지스터의 전류-전압 특성 그래프에 나타내면 (b)와 같다.

입력이 저레벨 전압을 유지하다가 문턱전압 이상으로 증가하면 트랜지스터가 턴온되어 $(A \rightarrow B)$ 포화상태로 들어간다. 트랜지스터가 포화된 상태로 동작하면 드레인 전류가 흘러 고레벨의 상태로 충전되어 있던 커패시터의 전하가 빠져나가고 출력전압은 전류가 흐르면서 감소한다.$(B \rightarrow C)$ 이때 전류와 전압의 변화는

$$i = \frac{1}{2}k_n(v_I - V_t)^2$$

$$\triangle v_O = \frac{1}{C}\int idt.$$

출력전압이 감소하면 게이트와 드레인 사이의 전압 v_{GD}가 줄어드는데 v_{GD}가 문턱전압과 같아지면 트랜지스터는 트라이오드상태가 되고 출력전압은 입력의 상태를 구분하는 기준 전압에 이른다.(C) 이때부터 드레인 전류가 감소하여 출력전압의 변화도 줄고 뒤이어 안정한 낮은 상태에 도달한다.($C \rightarrow D$)

$$i = k_n[(v_I - V_t)v_O - \frac{1}{2}v_O^2]$$

출력전압은 커패시터에 축적된 전하가 빠져나가거나 채워지면서 변하기 때문에 커패시터의 용량이 클수록 상태의 천이시간이 길다.

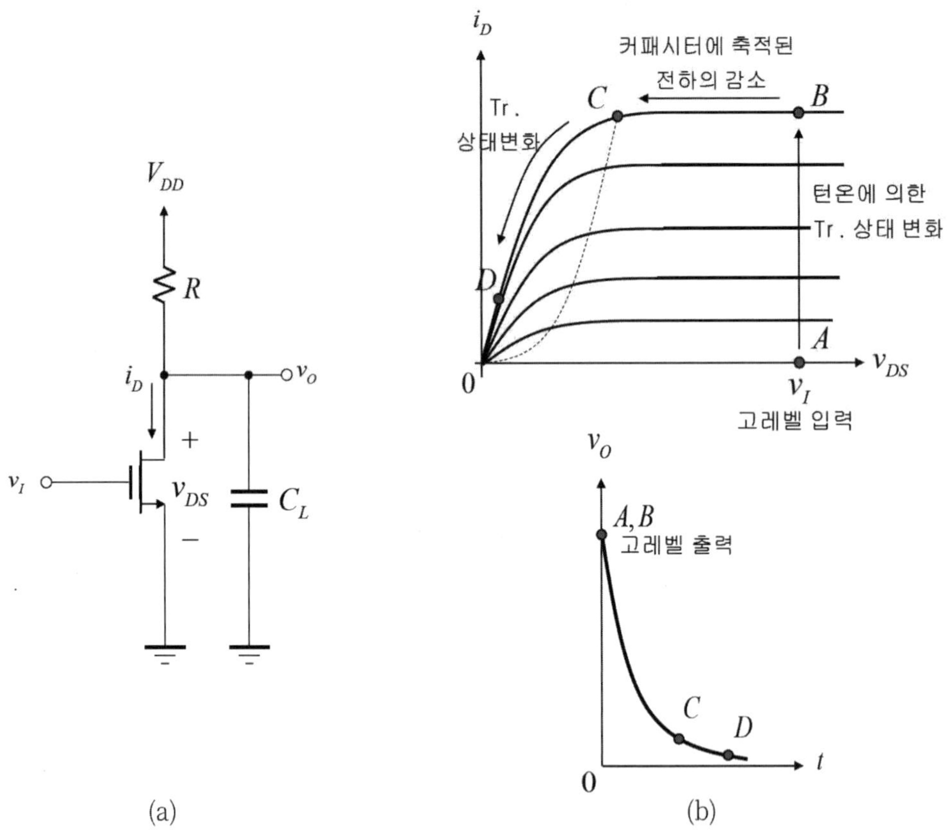

(그림 5.4) NMOS 트랜지스터의 인버터(a)와 동작 이력곡선(b)

5.2.2 MOS 인버터의 잡음여유

회로는 원하지 않는 신호의 유입으로 전압의 크기가 변할 수 있다. 특히 트랜지스터로 구성된 논리게이트는 저레벨, 또는 고레벨의 상태를 유지하다가 정전기나, 다른 전원에서 발생한 스파이크와 같은 원하지 않은 신호가 들어오면 트랜지스터의 상태가 변하여 유지하던 출력 레벨을 바꿀 수 있다. 따라서 논리게이트에 유입되는 신호의 변화는 허용된 범위 이내로 제한되어야 한다.

디지털 회로에서 여러 단계의 논리적 연산이 수행될 때 (그림 5.5)의 (a)와 같이 동작이 완료된 논리게이트의 출력은 이어진 게이트에 입력되어 다음 단계의 연산이 진행된다. 이때 원하지 않는 신호가 들어와 출력에 변화가 있더라도 다음 논리회로 입력에서 허용된 범위 안에 있어야 하며 이 범위를 잡음여유(Noise Margin)라 한다.

잡음여유는 (b)와 같이 저레벨로 허용되는 값(V_{IL})과 저레벨 출력(V_{OL})의 차이를 저레벨 잡음여유(Noise margin low, NML)로, 고레벨 출력(V_{OH})와 고레벨 입력으로 허용된 값(V_{IH})의 차이는 고레벨 잡음여유(Noise margin high, NMH)로 구분하여 나타낸다.

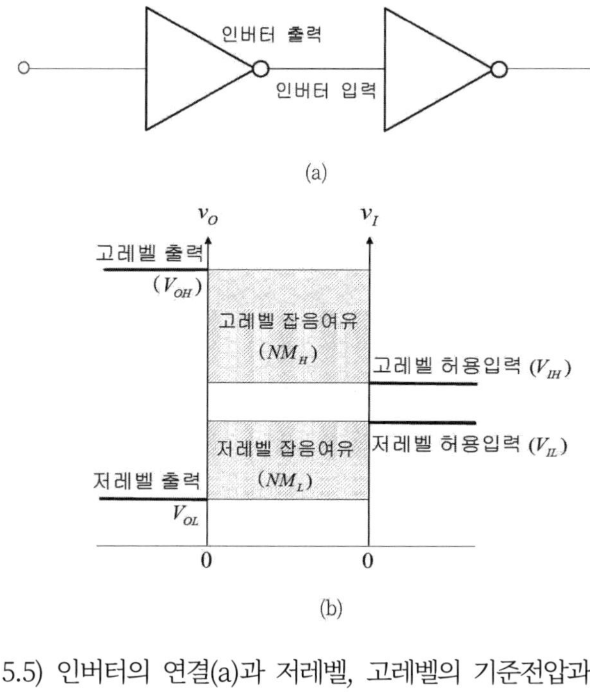

(그림 5.5) 인버터의 연결(a)과 저레벨, 고레벨의 기준전압과 잡음여유(b)

$$NML = V_{IL} - V_{OL}$$

$$NMH = V_{OH} - V_{IH}$$

인버터가 이어진 논리회로에서 저레벨 출력이 저레벨로 허용되는 전압보다 높으면 다음 논리의 연산에서 저레벨로 입력되지 않을 수 있으며 고레벨 출력은 고레벨 입력으로 허용된 전압보다 낮으면 고레벨로 입력되지 않을 수 있다.

5.2.3 MOS 인버터의 시간지연

복잡한 디지털 논리회로는 여러 단계의 논리게이트가 접속되어 있어서 기본 논리게이트인 인버터의 출력이 뒤에 이어지는 인버터를 구동하거나 여러 개의 인버터를 구동할 수도 있다. 출력전압이 변하면 게이트에 전하가 축적되거나 축적된 전하가 빠져나옴으로써 게이트 전압이 상승 또는 하강하기 때문에 출력에 연결되는 논리게이트를 커패시터로 등가화하여 나타낼 수 있다.

신호의 레벨은 연결된 커패시터들의 충전과 방전으로 변하기 때문에 저레벨에서 고레벨로 천이하거나 고레벨에서 저레벨로 천이하는 과정에서 시간이 소요된다. MOS 트랜지스터의 입력전압이 낮은 전압에서 문턱전압에 이르는 동안에는 출력에 변화가 없으며 문턱전압 이후 출력이 감소하는데 이때 신호의 천이에 필요한 일차적인 시간지연이 발생한다. 트랜지스터가 턴온되면 포화상태에서 동작하면서 게이트 전압의 증가로 출력전압이 빠르게 감소하는데 게이트 전압이 고레벨 입력의 기준전압에 이르면 출력은 저레벨 기준전압이 된다. 입력전압이 더 증가하면 트랜지스터는 트라이오드상태로 동작하게 되고 출력은 저레벨 기준전압 이하로 감소한다. 이 과정에서 커패시터의 충전과 방전에 따른 이차적인 시간지연이 나타나는데 고레벨에서 저레벨로 천이하는데 걸리는 시간은 이들 시간지연의 합이다. 신호의 천이는 (그림 5.6) (a)와 같이 신호의 크기가 10%에서 90%로 증가하는 시간을 저레벨에서 고레벨로 올라가는 천이시간(rising time, t_r)으로, 90%에서 10%로 감소하는데 소요되는 시간은 고레벨에서 저레벨로 떨어지는 천이시간(fall time, t_f)으로 정의하여 구분한다.

시간지연은 또 전파지연(propagation delay)으로도 나타내는데 입력이 신호 전체 크기의 1/2로 감소한 시점에서부터 출력신호가 전체 크기의 1/2이 될 때까지를 저-고 전파지연(t_{pLH}), 입력신호가 전체 크기의 1/2로 증가한 시점에서부터 출력신호가 전체 크기의 1/2

로 감소할 때까지를 고-저 전파지연(t_{pHL})로 정의하여 나타낸다.

시간지연은 회로의 게이트가 갖는 커패시터 용량과 함께 천이될 때 흐르는 전류에도 영향을 받기 때문에 신호가 저레벨에서 고레벨로 변화될 때와 고레벨에서 저레벨로 변화될 때 지연되는 시간이 서로 다를 수 있다. 따라서 지연시간(delay time) t_d는 다음과 같이 평균값으로 나타낸다.

$$t_d = \frac{t_{pHL} + t_{pLH}}{2}$$

인버터는 논리게이트를 구성하는 기본 회로이기 때문에 회로의 총 지연시간은 게이트 레벨(단계)의 수와 게이트의 지연시간을 곱한 것과 같다.

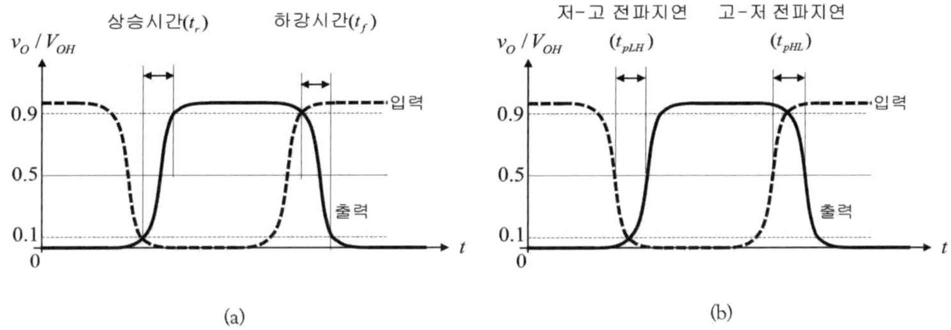

(그림 5.6) 논리게이트의 천이시간(a)과 전파지연(b)

5.2.4 MOS 인버터의 전력소모

MOS 인버터의 출력전압은 스위칭을 통해 상승하거나 하강하는데 출력전압이 상승할 때는 부하 커패시터가 충전되는 과정에서, 하강할 때는 부하 커패시터가 트랜지스터를 통해 방전되는 과정에서 에너지가 소모된다.

출력전압이 저레벨에서 고레벨로 상승하는 동안 커패시터는 충전을 통해 에너지를 저장하는데 이때 저항은 다음과 같이 같은 양의 에너지를 소모한다.

$$W_C = W_R = \frac{1}{2}CV^2$$

출력전압이 저레벨로 하강할 때는 커패시터에 저장되었던 에너지가 소모되며 소모되는 에너지의 양은 충전할 때와 같다. 인버터는 신호의 한 주기에서 한 번씩 커패시터의 충전과 방전이 있으므로 한 주기 동안 소모되는 에너지는 CV^2가 된다. 인버터가 $f\,Hz$의 주파수로 동작한다면 커패시터가 1초 동안 충·방전을 f회 반복하므로 인버터가 1초 동안 소모하는 에너지(W_{dyn})는 다음과 같다.

$$W_{dyn} = fCV^2$$

MOS 인버터는 게이트의 출력이 낮거나 높을 때 흐르는 전류의 양이 서로 달라 저레벨에서의 전류 I_L과 고레벨의 전류 I_H를 평균하여 스위칭 과정에서 흐르는 전류로 나타낸다.

$$I_{avg} = (I_L + I_H)/2$$

인버터의 평균 소비전력($P_{D,avg}$)은 전압과 평균전류의 곱이다.

$$P_{D,avg} = VI_{avg}$$

인버터에 공급되는 전압이 V일 때 n개의 인버터로 구성된 회로의 소비전력(P_D)은 게이트의 수와 평균 소비전력을 곱해서 나타낼 수 있다.

$$P_D = nVI_{avg}$$

커패시터에 큰 전류가 흐르면 인버터가 빠르게 스위칭 되지만 전력소모가 많아 스위칭 시간과 전력소모는 서로 반대로 작용한다. 따라서 스위칭 시간과 전력소모의 곱은 일정한 값으로 표시될 수 있으며 이것을 전력-지연의 곱(power-delay product)이라 한다. 여기에서 지연시간은 저-고 전파지연과 고-저 전파지연이 다를 수 있으므로 두 지연시간의 평균(t_d)을 이용한다.

$$P_D t_d = const$$

전력-지연의 곱은 회로의 성능을 나타내는 중요한 지표이며 작을수록 스위칭이 빠르고 소모되는 전력도 작다.

(문제 5.1) 5개의 인버터로 구성된 논리회로가 있다. V_{DD} 가 $5\,V$이고, 고레벨에서 전류가 $1mA$, 저레벨에서는 전류가 흐르지 않는다. 이 논리게이트의 평균 소비전력은 얼마인가? 또 총 소비전력를 구하시오.

5.3 CMOS 논리회로

5.3.1 CMOS 논리회로의 동작

매칭된 NMOS와 PMOS 트랜지스터가 (그림 5.7) (a)와 같이 결합한 회로는 논리회로에서 가장 이상적으로 볼 수 있는 대칭적인 특성을 갖는다. 인버터 특성을 나타내는 이 회로는 NMOS 트랜지스터가 동작할 때 PMOS 트랜지스터가 차단되고, PMOS 트랜지스터가 동작할 때는 NMOS 트랜지스터가 차단되어 두 트랜지스터가 서로를 보완하기 때문에 CMOS 논리(complementary MOS logic)회로라고 하며 인버터의 특성을 가져 CMOS 인버터라고도 한다.

CMOS 인버터는 레벨이 천이될 때 커패시터에 전하가 충전되거나 방전되면서 전력소모를 나타낼 뿐 정상상태인 저레벨, 또는 고레벨 상태에서는 트랜지스터가 차단되어 있으므로 정적인 전력소모가 없다.

(그림 5.7) (b)는 CMOS 인버터 회로의 입력이 저레벨과 고레벨에 있을 때 동작하고 있는 회로의 연결을 나타낸 것이다. 입력전압이 저레벨에 있어서 NMOS 트랜지스터의 턴온전압보다 낮으면 NMOS 트랜지스터는 차단상태에 있으며 PMOS 트랜지스터가 턴온되어 위의 회로와 같은 경로를 통해 출력에 연결된 커패시터에 전류가 흘러 충전된다. 커패시터 전압이 V_{DD}가 되면 전류가 흐르지 않고 출력전압은 계속해서 V_{DD}를 유지한다. 이때 PMOS 트랜지스터는 게이트와 드레인 사이의 전압이 문턱전압보다 낮아 트라이오드 상태에 있다. 입력전압이 고레벨에 있으면 아래 회로와 같이 NMOS 트랜지스터가 동작하고 PMOS 트랜지스터는 차단된다. 트랜지스터는 커패시터가 방전되어 게이트와 드레인 사이의 전압이 문턱전압보다 낮아질 때까지 포화상태로 동작하는데 이때 PMOS 트랜지스터와 NMOS 트랜지스터는 같은 크기의 전류가 흐른다.

$$i_N = \frac{1}{2}k_n(v_I - V_{tn})^2 = i_P$$

$$i_p = k_p((V_{DD} - v_I - |V_{tp}|)(V_{DD} - v_o) - \frac{1}{2}(V_{DD} - v_o)^2)$$

두 트랜지스터가 매칭되어 있으므로 PMOS 트랜지스터가 트라이오드상태로 동작하다가

(c)와 같이 입력전압이 $V_{DD}/2$에 가깝게 되고 출력전압이 $V_{DD}/2+V_t$로 감소하면 PMOS 트랜지스터는 게이트-드레인 전압이 문턱전압보다 높아져 트라이오드에서 포화상태로 바뀐다. 이때 NMOS 트랜지스터는 여전히 포화상태이며 출력전압이 더 감소하여 $V_{DD}/2-V_t$가 되면 NMOS 트랜지스터의 게이트와 드레인 사이의 전압이 문턱전압보다 높게 되어 트라이오드로 동작 상태가 바뀐다. 입력전압의 증가로 출력전압이 더 감소하여 $V_{DD}-V_t$가 되면 PMOS 트랜지스터가 차단되고 출력에 연결된 커패시터의 완전한 방전으로 출력전압은 0 V가 된다.

CMOS 인버터의 출력이 고레벨이나 저레벨의 정상상태를 유지할 때는 두 트랜지스터 중 하나가 차단되어 전력이 소모되지 않으므로 CMOS 인버터는 신호 레벨에 변화가 있을 때 스위칭 과정에서 커패시터의 충전과 방전에 따른 전력소모만 있을 뿐이다.

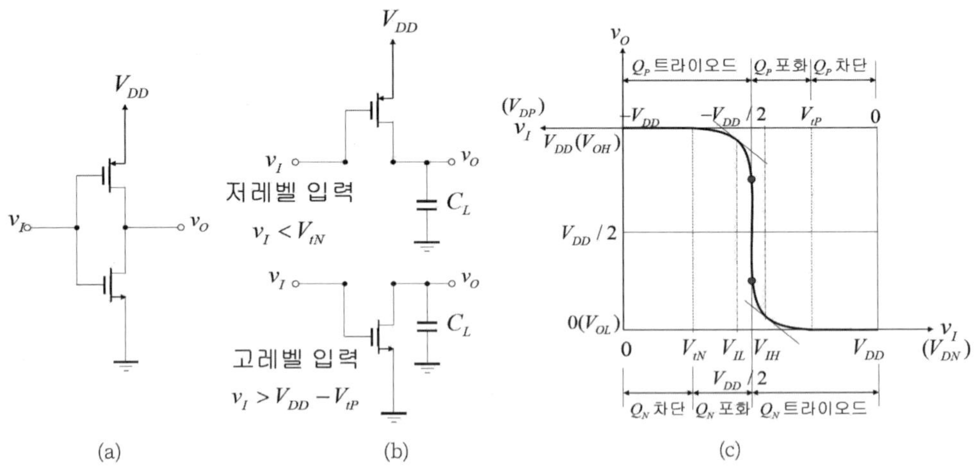

(그림 5.7) CMOS 인버터 회로(a)와 저레벨, 고레벨 입력에서 회로의 연결(b), 전압전달 특성(c)

5.3.2 CMOS 인버터의 입출력 레벨과 잡음여유

CMOS 인버터는 정상상태에서 두 트랜지스터 중 하나가 차단되어 고레벨 출력은 가장 높은 전압 V_{DD}를, 저레벨 출력은 $0\,V$로 가장 낮은 전압을 갖는다.

저레벨과 고레벨 입력의 기준은 (그림 5.8)과 같이 입력에 따른 출력의 변화율이 -1인 전압이므로 앞에 나타낸 트랜지스터의 전류-전압 관계식을 미분하여 얻을 수 있다. 두 트랜지스터가 매칭되어 k_n과 k_p가 같고 또 포화상태와 트라이오드상태인 두 전류의 크기도 같다.

$$\frac{1}{2}(v_I - V_t)^2 = (V_{DD} - v_I - V_t)(V_{DD} - v_o) - \frac{1}{2}(V_{DD} - v_o)^2$$

이 식을 미분하여 $dv_O/dv_I = -1$로 놓으면 v_{IL}에서 출력전압은

$$v_O = v_{IL} + \frac{V_{DD}}{2}$$

이 식을 위에 대입하면 다음의 저레벨 전압 v_{IL}와 고레벨 전압 v_{IH}를 얻을 수 있다.

$$v_{IL} = \frac{3}{8}V_{DD} + \frac{1}{4}V_t$$

$$v_{IH} = \frac{5}{8}V_{DD} - \frac{1}{4}V_t$$

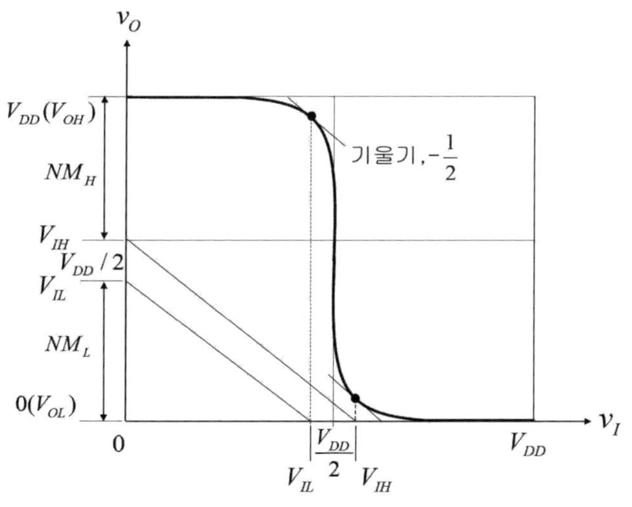

(그림 5.8) CMOS 인버터 회로의 잡음 여유

출력이 V_{DD}와 $0\,V$이므로 저레벨과 입력과 고레벨 입력과의 차이로부터 같은 크기의 잡음 여유를 갖는다.

$$NM_H = V_{OH} - V_{IH} = \frac{1}{8}(3\,V_{DD} + 2\,V_t)$$
$$NM_L = V_{IL} - V_{OL} = \frac{1}{8}(3\,V_{DD} + 2\,V_t)$$

(문제 5.2) 문턱전압의 크기가 $1\,V$인 트랜지스터로 제작된 CMOS 인버터가 $5\,V$의 고레벨 전압으로 동작하고 있다. 고레벨 잡음여유와 저레벨 잡음여유는 각각 얼마인가?

5.3.3 CMOS 인버터의 전력소모

CMOS 인버터는 스위칭이 없을 때 두 트랜지스터 중 하나가 차단상태에 있으므로 전류가 흐르지 않아 정적인 상태에서는 에너지 소모가 없으며 스위칭하는 동안에만 전력이 소모된다. CMOS 인버터의 입력이 저레벨 상태에 있다가 고레벨 입력이 들어오면 충전되어 있던 출력의 커패시터가 방전되면서 출력이 저레벨로 바뀌는 스위칭이 일어난다. 또 입력이 고레벨에서 저레벨로 변하면 방전된 커패시터가 다시 충전되어 고레벨로 상태가 바뀌는데 이러한 스위칭 과정에서 CMOS 인버터는 다음의 에너지를 소모한다.

$$E_s = \frac{1}{2}CV_{DD}^2$$
$$E_d = \frac{1}{2}CV_{DD}^2$$

여기에서 E_s는 충전될 때, E_d는 방전될 때 소모되는 에너지이다. 한 주기 동안 커패시터가 한 번씩 충전되고 방전되므로 인버터가 한 주기당 소모하는 에너지 E_{Diss}는 두 천이 과정에서 소모하는 에너지의 합이다.

$$E_{Diss} = CV_{DD}^2$$

따라서 인버터가 동작하는 주파수가 $f\,Hz$일 경우 동적인 전력소모는 다음과 같다.

$$P_{dynamic} = fCV_{DD}^2$$

CMOS 인버터의 전력소모는 이처럼 스위칭 과정의 동적인 전력소모(dynamic power dissipation)가 주된 것이며 누설전류에 의한 정적인 전력소모(static power dissipation)는 이에 비해 무시할 수 있을 정도로 작다.

(문제 5.3) 게이트 하나의 용량이 $1\,pF$인 CMOS 인버터가 $5\,V$의 고레벨 전압으로 동작한다. 이 인버터의 동작 주파수가 $100\,MHz$이면 동적 전력소모는 얼마인가?

5.3.4 CMOS 인버터의 시간지연

CMOS 인버터의 출력은 출력에 연결된 커패시터의 충-방전 상태로 정의된다. 입력이 저레벨에서 고레벨로 변하면 입력전압의 변화와 함께 NMOS 트랜지스터가 포화상태로 동작하면서 충전되어 있던 출력의 커패시터가 방전되어 출력전압이 감소한다. 출력의 감소로 게이트-드레인 전압이 문턱전압보다 높아지면 트랜지스터의 동작은 트라이오드상태로 바뀌며 출력은 계속 감소하여 $0\,V$가 되고 이후 전류가 흐르지 않는다. 이처럼 커패시터가 NMOS 트랜지스터의 드레인 전류를 통해 방전되기 때문에 출력전압의 변화는 입력의 변화로부터 지연되어 나타난다.

신호의 변환에 따른 출력의 지연은 전파지연(propagation) t_p로 나타내며 입력이 전체 변화의 1/2이 되었을 때부터 출력이 전체 변화의 1/2에 이를 때까지 시간이다. 트랜지스터가 턴온되어 출력이 V_{DD}에서 감소하여 $V_{DD}/2$가 될 때까지 평균전류를 I_{avg}라 하면 출력의 커패시터 전하량은 지연시간 동안 트랜지스터를 통해 흐르는 전류를 적분한 것과 같다.

$$Q_{1/2} = \frac{1}{2}CV_{DD} = \int_0^{t_{pHL}} idt = I_{avg}t_{pHL}$$

고레벨에서 저레벨로 바뀔 때의 지연시간 t_{pHL}와 저레벨에서 고레벨로 바뀔 때의 지연시간 t_{pLH}가 다를 수 있으므로 전파지연은 앞에서와 같이 두 지연의 평균값으로 나타낸다.

$$t_p = \frac{1}{2}(t_{pLH} + t_{pHL})$$

참고문헌

1. A. S. Sedra, and K. C. Smith. Microelectronic Circuits, 6th ed. Oxford University Press, Inc., 2011
2. B. Razavi, Fundamentals of Microelectronics, John Wiley & Sons, Inc., 2008
3. E. H. Nicollian, MOS(metal oxide semiconductor) Physics and Technology, John Wiley & Sons, Inc., 1982
4. S. M. Khang, CMOS Digital Integrated Circuits, 3rd ed., McGraw-Hill, Inc., 2005
5. D. A. Hodges, and H. G. Jackson, Analysis and Design of Digital Integrated Circuits, 2nd ed., McGraw-Hill, Inc., 1988
6. M. M Mano, and M. D. Ciletti, Digital Design, 4th ed., Prentice Hall, 2007

Chapter 6

초고주파 회로

Microwave Circuits

6.1 초고주파 신호의 구분과 시스템

도선에 신호전류가 흐를 때 도선 주위에는 자기장이 나타난다. 이때 신호의 주파수가 낮으면 도선 주위의 전자기장에 큰 변화가 나타나지 않으며 주파수가 높아 파장이 도선의 길이 정도로 짧아지면 신호의 주파수와 같은 전자기장이 주위로 퍼져나간다. 이렇게 전파되는 전자기장은 또 다른 도선을 통해 전기신호로 감지될 수 있는데 감지된 신호는 아주 미약하지만 증폭한 뒤 여러 과정을 거쳐 원래의 신호로 복원할 수 있다. 전자기장을 이용하면 이처럼 전선 없이 신호를 전달할 수 있으며 전선이 필요 없는 신호의 전달과정을 무선통신이라고 한다. 또 이렇게 전파되는 신호를 방송파라고도 하는데 이것은 신호를 전선을 이용하지 않고 많은 사람에게 전파할 수 있어서 주로 방송시스템에 이용해 왔기 때문이다.

이처럼 방송파는 전파되는 전자기장을 말하는데 이들 중 파장이 $1cm \sim 1m$인 전기신호를 마이크로파 또는 초고주파라고 부른다.

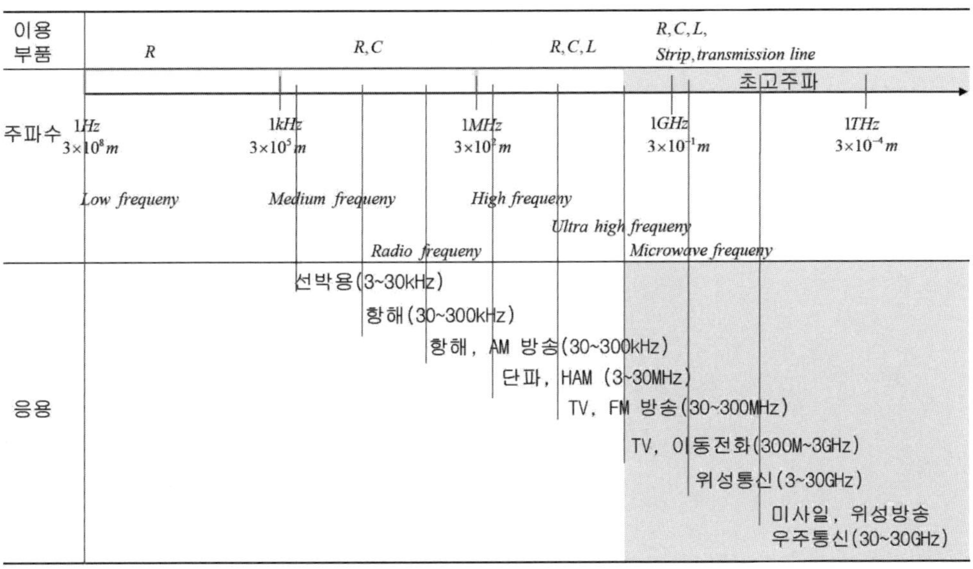

(그림 6.1) 초고주파 신호의 파장과 주파수 범위

초고주파 신호는 (그림 6.1)에 나타낸 것과 같이 정보의 전달뿐 아니라 멀리 이동하는 물체를 감지하는 레이다에 이용되기도 하며 움직이는 차량의 위치를 감지하거나 충돌방지 시스템에도 이용된다. 초고주파 신호는 신호의 전파와 감지, 처리하는 과정에 이용되는데 주파수가 높아지면 작은 용량의 커패시터와 인덕터도 회로에 영향을 미치기 때문에 트랜지스터의 내부 커패시터는 물론 배선이나 기판에 분포하는 커패시터 성분들도 회로의 특성에 영향을 미치게 되며 이러한 효과는 배선에서 나타나는 인덕터 성분도 마찬가지이다. 이뿐 아니라 신호의 파장이 회로의 배선 길이에 이를 정도로 짧아지면 회로의 위치에 따라 전압과 전류의 크기와 위상이 다르게 분포하여 부품이 연결되는 곳에서 전압과 전류의 변화가 나타날 수 있다. 따라서 파장이 짧은 초고주파 신호의 회로는 낮은 주파수의 신호로 동작하는 회로를 해석할 때와 다르게 전압과 전류를 파동으로 나타내 해석하면 더 편리하다.

6.2 2-port 전송선로의 해석

신호는 상대적인 변화를 나타내는 것으로 신호가 전달되는 전송선로는 기준선과 신호선으로 구분하여 나타낼 수 있으며 회로는 이 두 선로를 이용하여 신호를 전달받아 크기를 키우거나 원하는 형태로 가공한 뒤 부하에 전달한다. 신호는 보내는 부품과 받는 부품의 단자가 연결되어 있어 전달되는데 이처럼 신호를 연결하는 단자를 포트라고 하며 신호가 입력되는 포트와 출력되는 포트의 두 개 포트를 갖는 회로를 2-포트 회로라고 한다.

신호원이나 부하, 2-포트 회로들은 (그림 6.2)와 같이 신호선과 기준선을 이용하여 연결하는데 초고주파 신호는 파장이 짧아서 선로의 위치에 따라 전압과 전류의 크기가 다르고 부품이 연결되는 위치와 부품의 임피던스에 따라 전달되는 정도가 달라진다. 따라서 초고주파 회로를 해석하거나 설계하기 위해서는 신호가 전송되는 선로의 위치에 따른 전류, 전압의 크기와 위상을 정확히 알아야 한다.

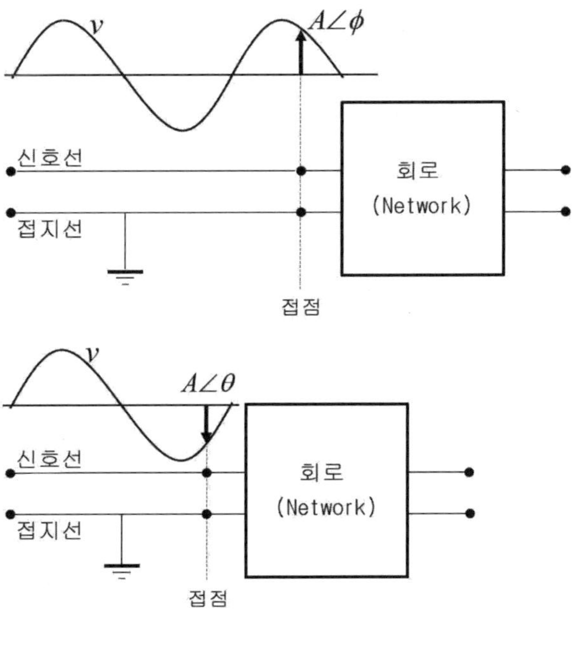

(그림 6.2) 2-포트 회로의 전송선 위치에 따른 신호 크기의 변화

전송선에서 초고주파 신호는 선로를 작은 선로로 구분하고 각 선로가 연결된 점에서 키르히호프의 법칙을 이용하여 전류-전압 관계를 나타내 해석할 수 있다. (그림 6.3)과 같이 작게 구분된 전송선로의 한 점에서 전압과 전류의 키르히호프 방정식은 다음과 같다.

$$v(x,t) - v(x+\triangle x,t) = R\triangle x\, i(x,t) + j\omega L\triangle x\, i(x,t)$$

$$i(x,t) - i(x+\triangle x,t) = G\triangle x v(x+\triangle x,t) - j\omega C\triangle x v(x+\triangle x,t)$$

이 식에서 선로의 길이가 짧으면 저항이 '0'에 가까워 무시할 수 있고 위치의 변화를 극한값으로 나타내면 방정식은 커패시터와 인덕터 성분만을 포함하는 전압-전류 관계식이 된다.

$$\lim_{\Delta x \to 0} \frac{v(x+\Delta x,t) - v(x,t)}{\Delta x} = -j\omega Li(x,t)$$

$$\lim_{\Delta x \to 0} \frac{i(x+\Delta x,t) - i(x,t)}{\Delta x} = -j\omega Cv(x,t)$$

이식을 미분방정식으로 나타내면

$$\frac{dv}{dx} = -j\omega Li, \quad \frac{di}{dx} = -j\omega Cv$$

두 식을 서로 대입하면 2차 미분방정식이 된다.

$$\frac{dv^2}{dx} + \omega^2 LCv = 0$$

이 식에서 $\omega^2 LC = \beta^2$ 로 나타내면 이 미분방정식의 해는 다음과 같은 지수함수로 나타낼 수 있다.

$$V(x) = Ae^{-j\beta x} + Be^{j\beta x}$$

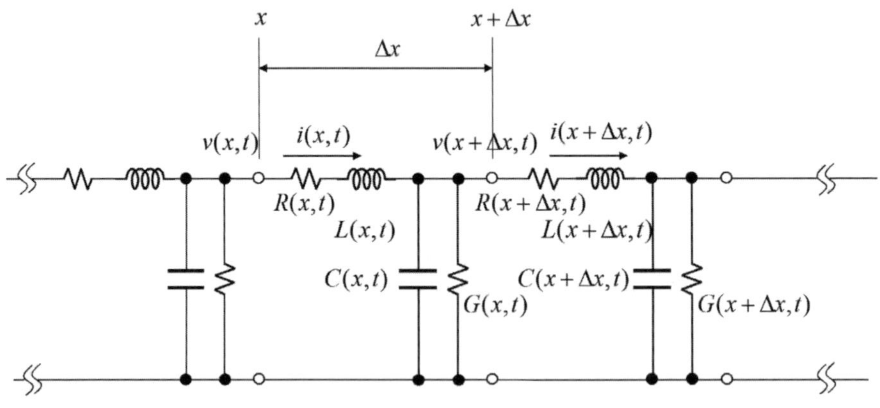

(그림 6.3) 전송선의 미세한 구간에서 전압과 전류

선로에 손실이 있는 경우 해는 다음과 같이 신호의 감쇄를 포함한다.

$$V(x) = Ae^{-\gamma x} + Be^{\gamma x}$$

$$\gamma = \alpha + j\beta$$

여기에서 γ는 실수와 허수를 포함하는 전파상수(propagation constant)이다. 실수 α는 신호가 감쇄되는 정도를 나타내는 감쇄상수(attenuation constant), 허수의 β는 앞에서 나타낸 위치에 따른 각도의 변화 즉 위상의 변화를 나타내는 위상상수(phase constant)이다.

α가 음수이면 전압의 크기가 지수함수로 감소하고 양수이면 지수함수로 증가한다. 신호가 선로에 입력되면 선로를 따라 전압이 감소하기 때문에 해로 얻은 두 성분 중 지수가 음의 실수인 항은 진행하는 성분이며, 양수인 항은 이와 반대로 진행하면서 증가하므로 반사되어 반대로 진행하는 성분을 나타낸다. 이처럼 전송선로 방정식에서 얻은 지수함수로 표현되는 전압과 전류는 진행되거나 반사되는 성분을 가지고 있어 이들을 진행파와 반사파로 구분하여 부르며 이 두 파를 중첩하여 얻어진 전압과 전류가 실제 나타나는 값이다.

전자회로를 구성하는 부품의 선로는 길이가 짧아 선로의 저항성분은 무시할 수 있을 정도로 작으므로 전압을 위상성분 만으로 나타내 미분한 다음 선로방정식에 대입하면 전류에 대한 해도 얻는다.

$$I(x) = \frac{\beta}{\omega L}(Ae^{-j\beta x} - Be^{j\beta x}) = \sqrt{\frac{C}{L}}(Ae^{-j\beta x} - Be^{j\beta x})$$

각주파수 ω인 사인파 전압을 정해진 시간에 전송선로에서 나타내면

$$v(x,t) = A\cos(\omega t - \beta x) + B\cos(\omega t + \beta x)$$

$$i(x,t) = \frac{1}{Z_0}(A\cos(\omega t - \beta x) - B\cos(\omega t + \beta x))$$

진행되는 사인파의 위상은 시간과 위치의 함수이다.

$$\phi = \omega t - \beta x$$

이 사인파는 시간 지남에 따라 위상이 ωt 만큼 변하고 선로의 위치에 따라서도 위상이 달라 시간에 따라 위상이 이동하는 형상을 띤다. 이러한 위상의 변화를 위상속도 v_p로 나타내면 다음과 같다.

$$v_p = \frac{\Delta x}{\Delta t} = \frac{\omega}{\beta}$$

주파수에 따른 신호의 감쇠나 변화를 한 방향으로 나타내는 것과 달리 신호를 진행하는 전압과 반사되는 전압으로 구분하여 나타내면 복잡하게 보일 수도 있다. 그러나 회로 내에서

신호의 반사가 일어나면 신호가 원활하게 전달되지 않고 반사된 신호로 인해 발진이 일어날 수 있어 신호가 반사되지 않도록 회로를 구성해야 하며 진행파와 반사파의 구분은 이것을 위해 필요한 일이다.

(그림 6.4)와 같이 선로 위에서 전압과 전류는 기준점으로부터의 위치를 정해 나타낼 수 있는데 보통 선로의 시작점($x=0$)을 기준으로 하거나 부하의 위치($d=0$)를 기준점으로 정한다. 부하를 갖는 회로는 신호가 손실 없이 전달되려면 부하가 연결되는 곳에서 신호가 반사되지 않아야 하므로 부하의 위치를 기준점으로 정하는 것이 편하다.

부하의 위치를 기준점으로 놓고 전압과 전류를 나타내면 다음과 같다.

$$V(d) = Ae^{j\beta d} + Be^{-j\beta d}$$

$$I(d) = \frac{1}{Z_0}(Ae^{j\beta d} - Be^{-j\beta d})$$

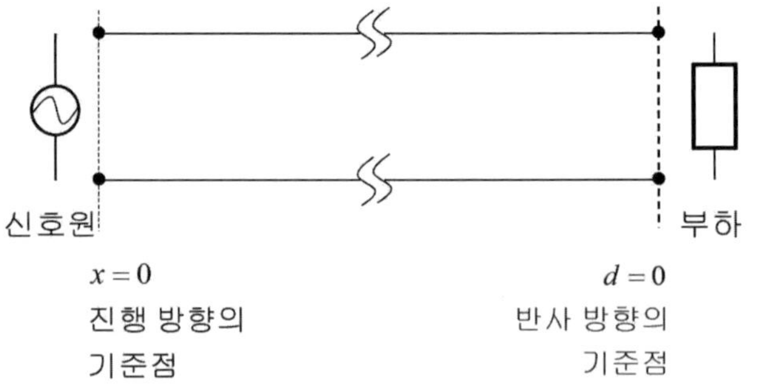

(그림 6.4) 선로의 기준점 설정

6.3 반사계수와 특성임피던스

선로 위에서 전압과 전류는 진행파와 반사파 두 성분을 가지고 있으며 진행파와 반사파의 비를 반사계수(Γ)라 한다. 반사계수는 전압반사계수와 전류반사계수로 구분할 수 있는데 특정하지 않는 경우 전압반사계수를 의미한다.

반사계수는 선로방정식의 해로부터 얻은 반사파를 진행파로 나누어 구할 수 있다.

$$\Gamma(x) \equiv \frac{Be^{j\beta x}}{Ae^{-j\beta x}} = \frac{B}{A}e^{j2\beta x} = \Gamma_0 e^{j2\beta x}$$

여기에서 Γ_0는 시작점($x=0$)에서의 반사계수를 나타내며 반사파와 진행파 크기의 비인 B/A와 같다. 반사계수의 위상은 진행파와 반사파 위상상수의 2배이다.

회로에서 반사는 대부분 선로가 연결되는 곳에서 일어나는데 부하가 연결된 위치에서 반사계수를 부하반사계수 Γ_L이라고 한다. (그림 6.5)와 같이 부하가 l에 있다고 하면 부하반사계수는 다음과 같다.

$$\Gamma_L = \Gamma(l) = |\Gamma| e^{j2\beta l}$$

진행되는 거리 x를 반사가 일어나는 부하의 위치로부터 d로 표시하여 위치에 따라 반사계수를 나타내면 지수 항이 $-j2\beta d$이다.

$$\Gamma(d) = |\Gamma| e^{-j2\beta d} = \frac{B}{A}e^{-j2\beta d}$$

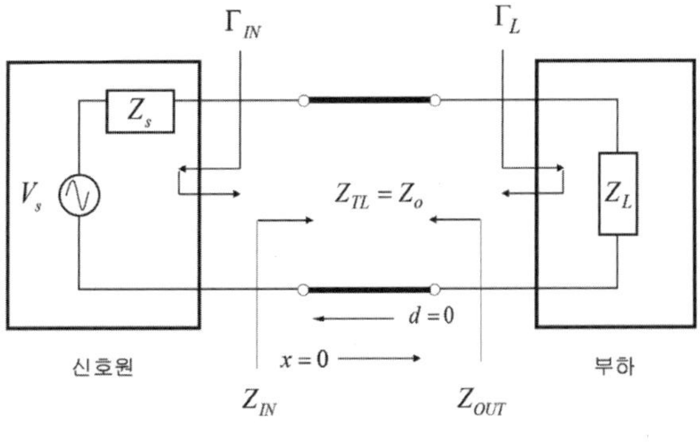

(그림 6.5) 선로의 위치와 반사계수

선로 위에서 전압과 전류의 비는 반사가 일어나지 않을 경우 $\omega L/\beta$로 일정하다. 선로가 갖는 이 일정한 임피던스는 선로의 특성임피던스라고 하며 Z_0로 나타내는데 이 특성임피던스는 인덕터와 커패시터 성분비의 제곱근과 같다.

$$Z_0 = Ae^{-j\beta x}/(\frac{\beta}{\omega L}Ae^{-j\beta x}) = \frac{\omega L}{\beta} = \sqrt{\frac{L}{C}}$$

신호가 반사되어 반사파가 있으면 선로에서 임피던스는 다음과 같이 위치에 따라 다르다.

$$Z(x) = \frac{V(x)}{I(x)} = \sqrt{\frac{L}{C}}\frac{Ae^{-j\beta x} + Be^{j\beta x}}{Ae^{-j\beta x} - Be^{j\beta x}} = Z_0\frac{Ae^{-j\beta x} + Be^{j\beta x}}{Ae^{-j\beta x} - Be^{j\beta x}}$$

선로의 시작점과 부하의 위치를 각각 $x=0$, $x=l$이라고 하면 (그림)과 같이 시작점에서 임피던스는 Z_{IN}, 부하위치에서 임피던스는 Z_L로 표시한다.

$$Z_{IN} = Z(0) = \frac{V(0)}{I(0)} = Z_0\frac{A+B}{A-B}$$

$$Z_L = Z(l) = \frac{V(l)}{I(l)} = Z_0\frac{Ae^{-j\beta l} + Be^{j\beta l}}{Ae^{-j\beta l} - Be^{j\beta l}}$$

이 임피던스를 반사계수로 나타내면 다음과 같다.

$$Z_L = Z_0(\frac{1+\Gamma_L}{1-\Gamma_L})$$

반사계수는 위치에 따라 -1에서 1의 값이 반복되므로 선로의 임피던스도 $0 \sim \infty$의 값이 반복해서 나타난다.

6.4 S-파라미터

(그림 6.6) (a)와 같이 입력과 출력이 있는 2-포트 회로는 임피던스나 어드미턴스, 또는 하이브리드 파라미터를 이용하여 전압-전류 관계를 나타낼 수 있다. 다음은 각 포트의 전류를 이용하여 전압을 나타낸 것이며 계수는 임피던스로 되어있다.

$$V_1 = Z_{11}I_1 + Z_{12}I_2$$

$$V_2 = Z_{21}I_1 + Z_{22}I_2$$

이 식에서 전압과 전류의 첨자 1은 입력포트를, 2는 출력포트를 나타낸다. Z_{11}은 입력포트의 전압과 전류, Z_{12}는 입력포트의 전압과 출력포트의 전류 사이의 관계를 나타내는 것처럼 Z_{21}과 Z_{22}도 포트, 또는 포트들 사이의 전압과 전류의 관계를 나타내는 임피던스이다.

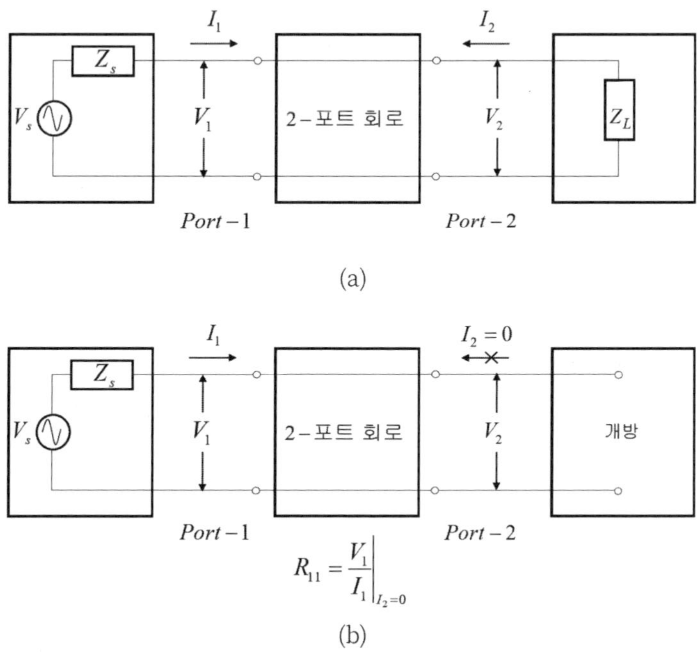

(그림 6.6) 2-포트 회로에서 전류, 전압의 표시(a)와
임피던스 파라미터 R_{11}의 측정(b)

위 식에서 포트들 사이의 임피던스는 전류와 전압을 측정하여 구할 수 있는데 Z_{11}은 (b)와 같이 출력포트에 전류가 흐르지 않도록 개방한 뒤 입력포트의 전류와 전압을 측정하여 구할 수 있으며 Z_{12}는 입력포트를 개방하고 입력포트의 전압과 출력포트의 전류를 측정하여 얻는다. 이처럼 포트와 포트들 사이의 임피던스를 구하면 이들을 이용하여 회로의 특성을 잘 나타낼 수 있다.

그러나 마이크로파와 같이 높은 주파수에서는 회로가 개방되면 신호가 반사되어 되돌아와 영향을 미치기 때문에 마이크로파에서 전압-전류 관계는 임피던스와 같이 단자를 개방하고 측정하여 얻을 수 없다. 또 선로에 증폭기, 또는 다른 부품이 연결될 때 적절히 연결되지 않으면 신호 중 일부가 반사되기 때문에 입력된 신호만 변환되어 출력되며 출력에 연결된 부하에서도 신호가 반사되어 회로로 되돌아가 역방향으로 신호가 전달될 수도 있다. 이러한 문제점들로 인해 마이크로파에서는 전류와 전압보다 입력과 출력단에서 각각 입사된 성분과 반사되는 성분 사이의 관계를 이용하여 특성을 나타내는 것이 더 편리하다.

(그림 6.7)과 같이 2-포트 회로의 입력단에서 신호 a_1이 입사되었을 때 회로로부터 되돌아 나오는 신호 b_1은 입력단에서 반사된 신호와 출력으로부터 역방향으로 전달된 신호를 포함한다. 또, 출력단에서 나오는 신호 b_2는 입력단에서 전달된 신호와 부하에서 되돌아와 다시 출력단에서 반사된 신호의 합이다. 입사와 반사되는 신호들 사이의 이러한 관계는 s-파라미터를 정의하여 쉽게 나타낼 수 있는데 s-파라미터를 이용하여 회로의 입력과 출력 사이의 관계를 나타내면 다음과 같다.

$$b_1 = s_{11}a_1 + s_{12}a_2$$

$$b_2 = s_{21}a_1 + s_{22}a_2$$

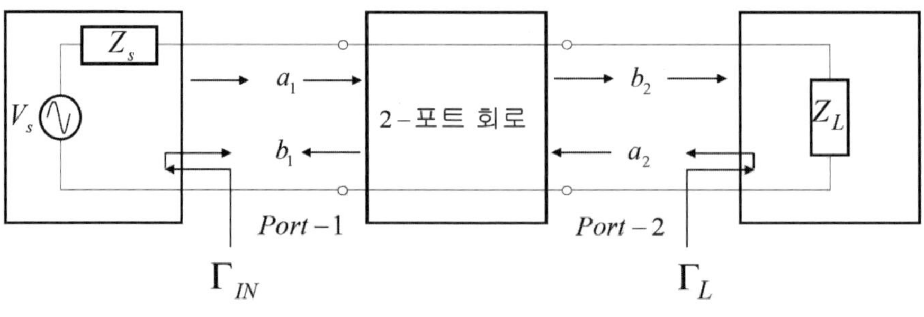

(그림 6.7) 2-포트 회로의 입사파와 반사파

위 식에서 s_{11}은 포트-2에 연결된 회로에서 되돌아오는 신호가 없을 때($a_2 = 0$) 포트-1에서 회로에 입력되는 신호와 신호가 들어와 반사되어 되돌아 나가는 신호의 비를, s_{22}는 포트-1에 들어오는 신호가 없을 때($a_1 = 0$) 포트-2에 신호가 들어와 반사된 비를 나타낸다. 또 s_{21}은 포트-2에 연결된 회로에서 되돌아오는 신호가 없을 때($a_2 = 0$) 포트-1에서 포트-2로 전달되는 신호의 비로 순방향으로 전달되는 신호에 대한 이득과 같고, s_{12}는 포트-1에 들어오는 신호가 없을 때($a_1 = 0$) 포트-2에서 포트-1로 전달되는 신호의 비인 역방향 신호이득과 같다.

이들 사이의 관계인 s-파라미터는 다음과 같이 정의할 수 있다.

$$s_{11} = \frac{b_1}{a_1}|_{a_2 = 0} : \text{ 입력단에서의 반사비}$$

$$s_{12} = \frac{b_1}{a_2}|_{a_1 = 0} : \text{ 역방향 전달이득}$$

$$s_{21} = \frac{b_2}{a_1}|_{a_2 = 0} : \text{ 순방향 전달이득}$$

$$s_{22} = \frac{b_2}{a_2}|_{a_1 = 0} : \text{ 출력단에서의 반사비}$$

s-파라미터는 포트-1, 또는 포트-2에 신호가 들어가지 않는 상태에서 측정하여 구할 수 있다. 포트-2에 연결되는 부하에서 신호가 반사되지 않도록 하면 s_{11}과 s_{21}에 필요한 조건인 부하에서 포트-2로 들어오는 신호가 없는 상태($a_2 = 0$)가 되며, 포트-1에 연결되는 신호원을 제거하고 신호원의 위치에서 반사가 일어나지지 않도록 하면 s_{12}와 s_{22}에 필요한 조건인 포트-1에 들어오는 신호가 없는 상태($a_1 = 0$)가 될 수 있다. 이러한 조건은 단순히 회로를 개방하거나 단락시키는 것이 아닌 임피던스의 정합을 통해서 얻을 수 있다.

트랜지스터와 같은 부품과 회로의 고주파 특성은 이처럼 신호가 반사되지 않도록 임피던스를 맞추고 측정하여 얻으며 측정된 결과로부터 s-파라미터를 추출한다. 추출된 s-파라미터는 회로와 부품의 주파수에 따른 특성으로 회로의 설계에 이용한다.

(문제 6.1) 증폭기에 이용되는 트랜지스터의 s-파라미터 중 s_{21}은 클수록, s_{12}는 작을수록 좋은 특성을 나타낸다고 할 수 있다. 그 이유는 무엇인가?

6.5 스미스 차트

6.5.1 스미스 차트

초고주파 회로는 신호가 반사되지 않고 잘 전달될 수 있도록 회로를 구성하는 것이 중요하며 반사되는 정도를 도식적으로 나타내 이용하면 매우 편리하다. 부하의 위치에서 반사계수와 임피던스의 관계는 다음 식과 같다.

$$\Gamma_L = \frac{Z_L - Z_0}{Z_L + Z_0} = \frac{z_L - 1}{z_L + 1}$$

이 식에서 z_L은 실수와 허수를 갖는 부하임피던스($Z_L = R + jX$)를 특성임피던스 Z_0으로 나누어 정규화(normalization)한 것이다. 마찬가지로 복소임피던스 Z를 정규화하면

$$z = \frac{Z}{Z_0} = r + jx$$

임피던스 값은 반사계수 평면에서 다음과 같은 좌표로 나타낼 수 있다.

$$\Gamma = U + jV = \frac{z+1}{z-1} = \frac{(r-1)+jx}{(r+1)+jx} = \frac{r^2 - 1 + x^2}{(r+1)^2 - x^2} + j\frac{(2x)}{(r+1)^2 - x^2}$$

이 반사계수에서 특성임피던스의 실수부 r과 허수부 x를 구분하여 정리하면 다음과 같은 원의 방정식을 얻는다.

$$(U - \frac{r}{r+1})^2 + V^2 = (\frac{1}{r+1})^2$$

$$(U-1)^2 + (V - \frac{1}{x})^2 = (\frac{1}{x})^2$$

위의 첫 번째 식은 정규화된 특성임피던스의 실수인 저항 성분 r의 궤적이고 두 번째 식은 허수부인 리액턴스 성분 x의 궤적이다. r의 궤적은 $(U + jV)$로 표시되는 반사계수의 평면에서 원점이 $(r/(r+1), 0)$이고 반경이 $(1/r+1)$인 원으로 그려지는데 r이 0이면 (그림 6.8)과 같이 원점이 $(0, 0)$이고 반경이 1인 원이며 r이 커질수록 원점은 $(1, 0)$에 가까워지고 반경이 작아져 r이 무한히 커지면 원점이 $(1, 0)$인 점이 된다.

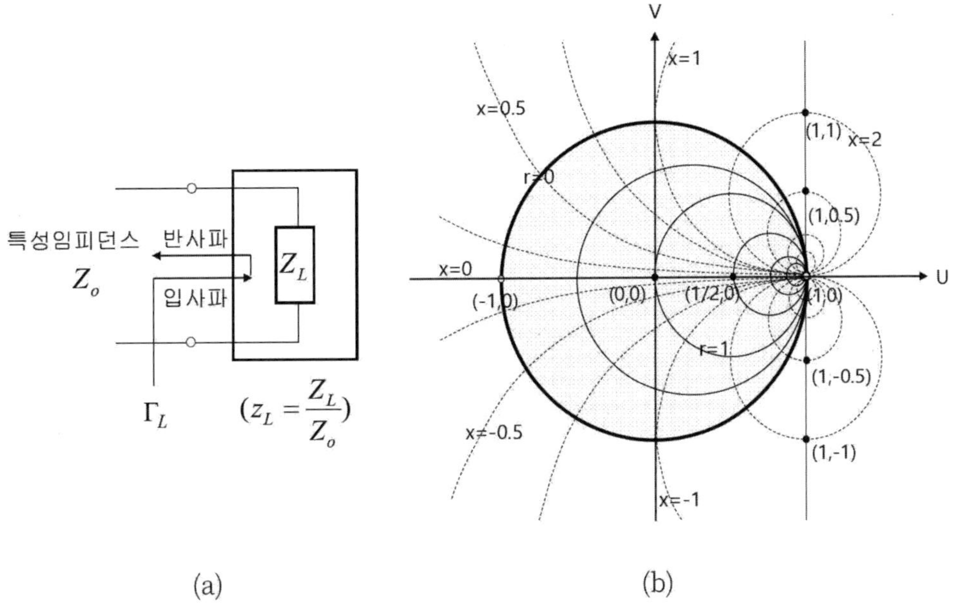

(그림 6.8) 부하반사계수(a)와 반사계수 평면에 투영된 복소임피던스(b)

리액턴스 성분 x의 궤적은 원점이 $(1, 1/x)$, 반경이 $(1/x)$인 원이다. x가 (+)이면 궤적이 반사계수 평면의 위쪽 반면에 있고 (-)이면 아래쪽 반면에 있으며 '0'이면 원점이 $(1, \pm\infty)$이고 반경이 무한히 큰 원이 되어 원의 궤적은 U와 V의 크기가 '1'보다 작은 좁은 평면에서 보면 U축에 있는 직선과 같다. x의 궤적인 원은 x가 증가함에 따라 원점이 $(1,0)$에 접근해 가고 반경이 줄어들어 ∞가 되면 점$(1,0)$이 된다. 따라서 (+)의 실수와 허수를 갖는 모든 복소 임피던스는 반사계수를 나타내는 평면에서 반경이 '1'인 원 안에 투영될 수 있으며 리액턴스가 인덕터와 같은 (+)값을 가질 때는 위쪽 반원에, 커패시터와 같은 (-)값을 가질 때는 아래쪽 반원에 있다.

이처럼 정규화된 복소임피던스의 궤적을 반사계수 평면에 나타낸 것을 임피던스 스미스 차트(Smith chart)라고 하며 초고주파 회로에서 임피던스 매칭 등에 널리 이용한다.

임피던스와 반사계수의 관계와 마찬가지로 어드미턴스와 반사계수의 관계도 스미스 차트를 이용하여 나타낼 수 있다. 정규화된 어드미턴스로 반사계수를 나타내면 다음과 같다.

$$\Gamma = \frac{1/y - 1}{1/y + 1} = \frac{(1-y)/y}{(1+y)/y} = -\frac{y-1}{y+1} = -\Gamma' = \Gamma' e^{j\pi}$$

이 식과 같이 임피던스 대신 정규화된 컨덕턴스 g와 서셉턴스 값 b로 나타낸 반사계수 Γ'

은 (그림 6.9) (a)와 같이 임피던스로 나타낸 반사계수 Γ와 180^o의 위상 차이가 있다.

임피던스가 인덕턴스 성분을 가지면 반사계수가 어드미턴스 스미스 차트에서도 임피던스의 스미스 차트와 같이 위쪽 반원 안에 있으며 커패시터 성분을 가지면 모두 아래쪽 반원에 있다. 두 스미스 차트를 (b)와 같이 함께 나타내면 어드미턴스와 임피던스가 서로 변환된 값을 쉽게 알 수 있다.

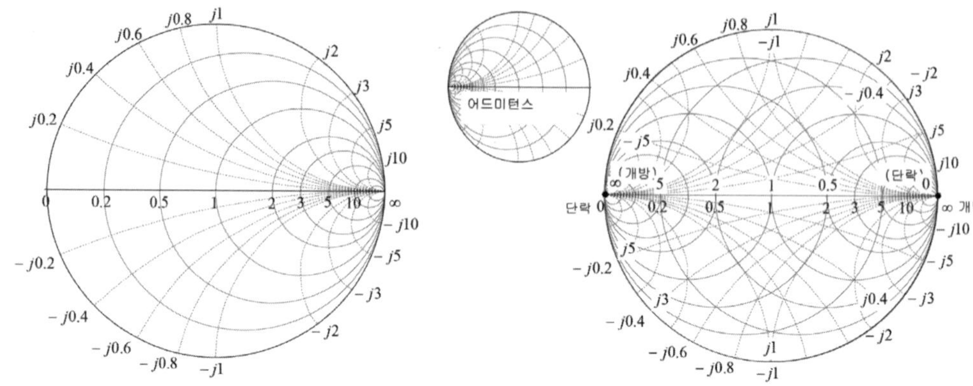

(a) (b)

(그림 6.9) 임피던스 스미스 차트(a)와 임피던스-어드미턴스 스미스 차트(b)

어드미턴스 스미스 차트는 병렬로 연결된 회로를 나타낼 때 편리하다.

스미스 차트는 특성임피던스 Z_0인 선로가 부품에 연결될 때 나타내는 반사계수를 도식화 한 것이다. 따라서 부품의 임피던스가 특성임피던스와 같으면($Z = Z_0$) 반사계수는 '0'이 되어 반사가 일어나지 않고 차트 중앙의 점$(1,0)$으로 투영되며 특성임피던스와 다르면 r과 x에 의해 정해진 반사계수를 갖는다.

개방된 전송선($r=\infty$)의 임피던스는 스미스 차트에서 $(1,0)$인 점으로 나타낼 수 있는데 이 점은 반사계수가 '1'이며 개방된 전송선에서는 입력된 신호가 모두 반사된다는 것을 의미한다. 또 전송선이 단락($r=0$)되면 임피던스가 저항 축의 왼편 끝점에 위치하며 위상은 180° 다르지만 개방된 선단과 같이 반사계수의 크기는 '1'이다.

전송선에서 위치에 따른 반사계수는 $\Gamma_L e^{j2\beta d}$이며 이것은 부하와 연결되는 전송선 끝단의 반사계수 Γ_L과 크기가 같고 위상이 달라진 값이다. 복소평면에서 위상의 변화는 각도의 변화로 나타낼 수 있다. β는 $2\pi/\lambda$이므로 부하에서부터 선로에서 입력을 향해 $\lambda/8$ 길이 만큼 이동하면 시계의 반대 방향으로 90° 위상변화를 나타내며, 반 파장인 $\lambda/2$를 이동하면 위상이 360° 달라져 다시 이전의 임피던스로 돌아간다. 선로 위치에 따른 임피던스의 변화는 이처럼 반사계수의 각도 변화를 이용하여 나타낼 수 있다. (그림 6.10)은 정규화된 임피던스가 3인 부하($z_L = 3$)가 있을 때 부하로부터 입력을 향해 $\lambda/8$ 이동한 선로의 위치에서 반사계수와 임피던스를 보인 것이다. d가 $\lambda/8$이므로 $2\beta d$를 고려하면

$$2\beta d = 2\frac{2\pi}{\lambda}\frac{\lambda}{8} = \frac{\pi}{4}$$

$$\Gamma(\lambda/8) = 0.5e^{-j\frac{\pi}{4}} = 0.5\angle -90^o$$

정규화된 임피던스 3인 부하가 $\lambda/8$ 이동하면 반사계수는 위상이 0^o에서 -90^o로, 임피던스는 3에서 $(0.6 - j0.8)$로 바뀐다.

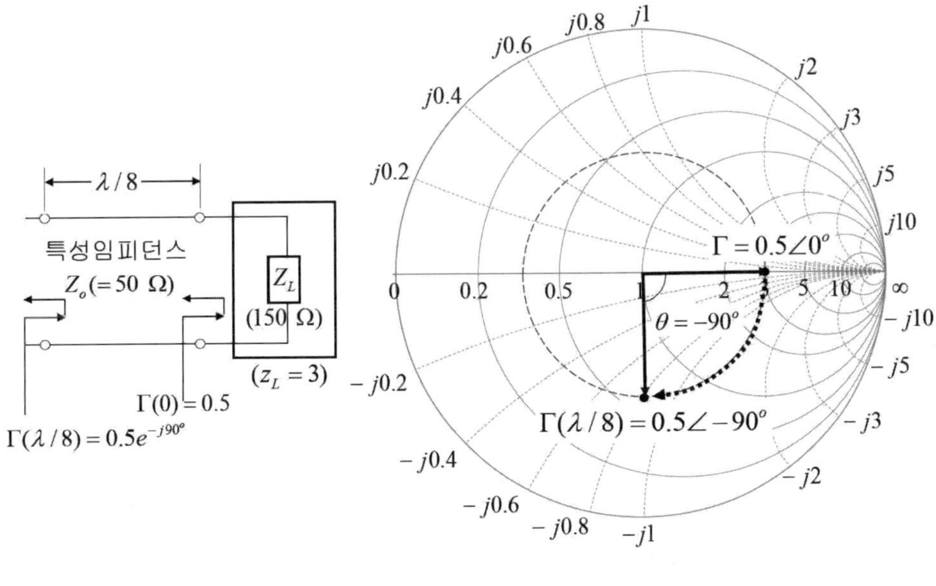

(a) (b)

(그림 6.10) 선로의 이동에 따른 임피던스의 변화

스미스 차트는 복소임피던스를 반사계수 평면에 나타낸 것으로 다음과 같은 차트의 특징이 있으며 선로 위에서 보이는 임피던스 변화와 매칭에 편리하게 이용할 수 있다.

1. 스미스 차트에 적용하는 임피던스는 특성임피던스로 정규화된 값이다.
2. 신호원을 향한 선로의 위치 변화는 반사계수가 시계방향으로 회전하는 것과 같다.

3. 반사계수의 시계방향 1회전(360°)은 선로 위에서 신호원을 향해 반파장($\lambda/2$) 옮긴 것과 같다.

4. 스미스 차트의 중앙점은 임피던스가 특성임피던스와 같고 매칭되어 반사되지 않음을 의미한다.

5. 반사계수가 실수축(U-축)과 만나는 점은 전압정재파비(voltage standing wave ratio, VSWR)와 같다.

(예제 6.1) 선로에 $3\,GHz$의 주파수를 갖는 신호가 연결되어 동작하고 있을 때 단락된 종단면으로부터 $1.25\,cm$ 떨어진 곳의 임피던스는 얼마인가?

$6\,GHz$ 신호의 파장

$$\lambda = \frac{v}{f} = \frac{3\times 10^{10}}{3\times 10^{9}} = 10\,cm$$

단락된 종단면으로부터 떨어진 거리

$$1.25\,cm = \frac{\lambda}{8}$$

스미스 차트의 단락위치(좌측 끝점)에서 시계방향으로 $1/4$회전하여 위치를 변화시키면 $j1$의 임피던스를 나타낸다.

6.5.2 스미스 차트에서 스텁과 인덕터, 커패시터 특성

단락되거나 개방된 전송선로의 끝은 각각의 임피던스가 '0'과 무한히 큰 값이며 반사계수의 크기는 '1'이다. 이 임피던스는 선로를 따라 이동하면서 리액턴스가 달라지며 반사계수의 위상도 변한다. 따라서 끝이 단락되거나 개방된 선로의 길이를 조절하면 필요한 리액턴스를 얻을 수 있는데 끝을 단락하고 길이를 조정하여 필요한 리액턴스를 갖도록 한 선로를 단락된 스텁(short stub), 끝이 개방된 것을 개방된 스텁(open stub)이라고 한다. 개방된 스텁(open stub)이나 단락된 스텁(short stub)을 이용하면 인덕터나 커패시터와 같이 회로의 임피던스를 변환할 수 있다.

(그림 6.11)과 같이 단락된 스텁은 길이가 $\lambda/8$이면 리액턴스가 $j1$이며 길이가 $\lambda/4$이면 임피던스가 ∞가 되어 개방된 것과 같다. 길이가 $3\lambda/4$일 때는 리액턴스가 $-j1$이 되고 파장과 같으면 원래의 단락된 상태로 되돌아간다.

끝이 개방된 스텁은 개방된 위치에서 반사계수가 '1'이고 임피던스가 ∞이지만 $\lambda/8$의 길이를 가지면 반사계수가 $1\angle-90^o$가 되어 $-j1$의 리액턴스를 갖는다.

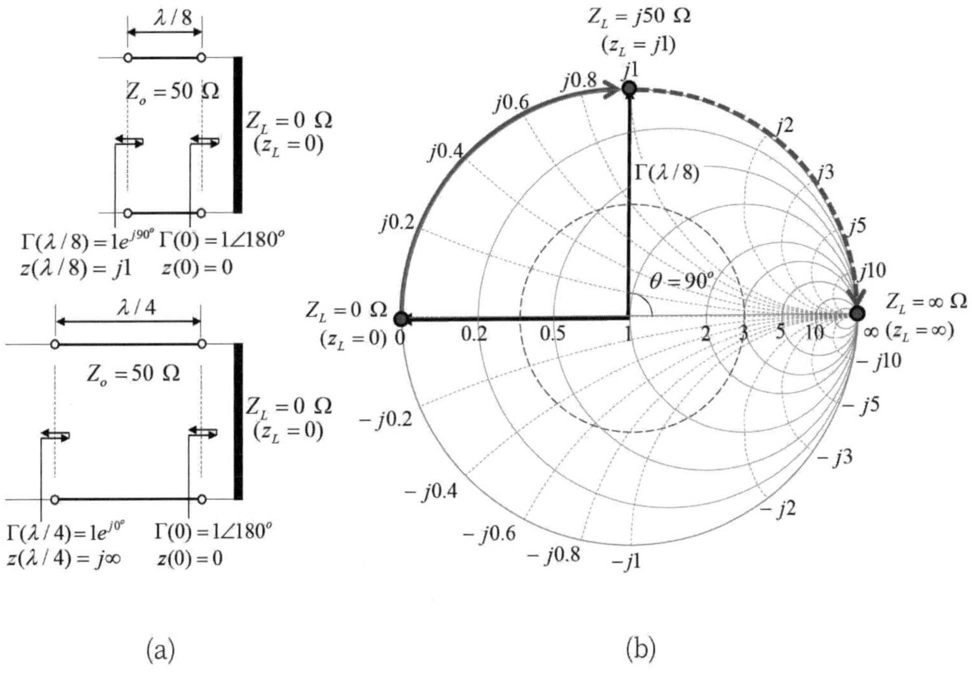

(그림 6.11) 선로 길이에 따른 단락된 스텁의 임피던스 변화

인덕터와 리액턴스는 $j\omega L$, 커패시터의 리액턴스는 $-j/wC$로 모두 주파수 ω의 함수이며 이들을 포함한 부하는 동작 주파수에 따라 리액턴스가 달라진다. 순저항과 이들 리액턴스를 포함한 부하의 임피던스는 스미스 차트에서 주파수가 높아지면 시계방향으로 움직이는 궤적을 나타내는데 (그림 6.12) (a)와 같이 인덕터는 스미스 차트의 위쪽 반평면에서 커패시터는 아래쪽 반평면에서 시계방향으로 움직인다. 이와 같은 주파수에 따른 특성의 변화는 어드미턴스 스미스 차트에서도 나타낼 수 있는데 임피던스 스미스 차트와 같이 주파수 증가에 따

라 시계방향으로 움직이는 궤적을 나타낸다.

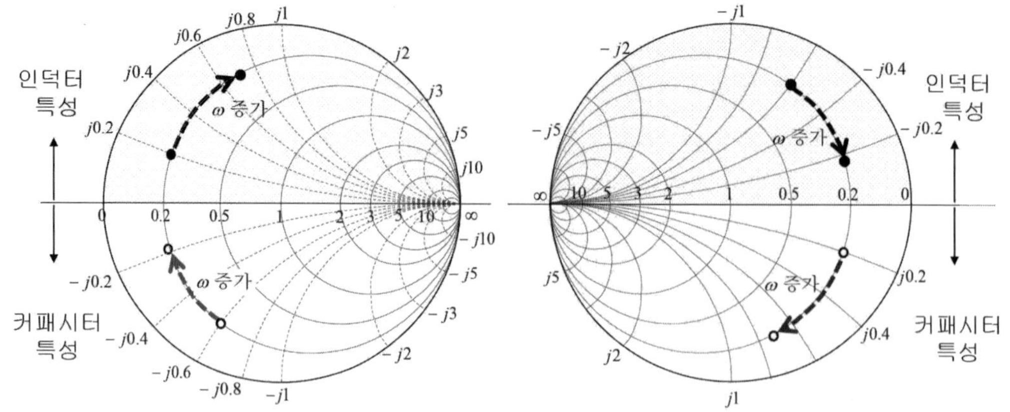

(a)

(b)

(그림 6.12) 인덕터와 커패시터의 주파수에 따른 임피던스(a)와 어드미턴스(b) 변화

6.6 임피던스 매칭

회로의 부품이 연결될 때 임피던스가 서로 다르면 초고주파 신호는 반사로 인해 원하는 대로 잘 전달되지 않으며 전해지는 신호가 반사되지 않기 위해서는 연결되는 부품의 임피던스가 같아야 한다. 그러나 트랜지스터를 비롯한 부품들 대부분은 임피던스가 정해져 있기 때문에 서로 다르면 임피던스를 변환하여 같게 되도록 해야 한다. 이처럼 서로 다른 임피던스를 갖는 부품이 연결될 때 신호가 반사되지 않도록 임피던스를 변환하는 것을 임피던스 정합 또는 매칭(matching)이라고 한다.

임피던스가 정해져 있는 부품은 저항이나, 인덕터, 커패시터 등의 여러 가지 부품을 이용하여 매칭할 수 있는데 연결되는 부품이 저항 성분을 가지면 전류가 흐를 때 전력이 손실되므로 임피던스 매칭에는 저항이 있는 부품은 이용하지 않고 다음과 같이 리액턴스 값만 가지는 커패시터와 인덕터, 또는 저항이 없는 전송선로를 이용한다. 스미스 차트는 매칭을 위한 이러한 임피던스의 변환에 편리하게 이용할 수 있다.

6.6.1 인덕터와 커패시터를 이용한 매칭

인덕터와 커패시터를 이용하면 저항의 변화 없이 두 임피던스를 정합할 수 있다. 예를 들어 $50\,\Omega$의 특성임피던스를 갖는 부하가 필요한 단자 임피던스 $20-j40\,\Omega$이 되도록 인덕터와 커패시터를 이용하여 임피던스를 변환하는 과정은 다음과 같다.

1. 임피던스를 정규화하여 스미스 차트에 나타낸다.

부하임피던스($Z_L=50\,\Omega$)와 목표로 하는 임피던스($Z_I=20-j40\,\Omega$)를 특성임피던스($Z_0=50\,\Omega$)로 나누어 정규화하면 $z_L=1$, $z_i=0.4-j0.8$이 되어 정규화된 부하와 단자의 임피던스는 (그림 6.13)과 같이 임피던스 스미스 차트에서 각각 한 점으로 나타낼 수 있다.

2. 임피던스 스미스 차트의 임피던스를 어드미턴스 스미스 차트로 변환한다.

단자의 임피던스 $z_i = 0.4 - j0.8$는 어드미턴스 $y_i = 0.5 + j1$과 같다.

3. 임피던스 스미스 차트에서 부하와 동일한 저항의 궤적인 원을 그린다.

4. 어드미턴스 스미스 차트에서 단자와 동일한 컨덕턴스의 궤적인 원을 그린다.

5. 컨덕턴스 원과 저항의 원이 만나는 교차점을 찾아 리액턴스 값($z_L' = 1 + j1$)을 읽고, 부하와 교차점의 리액턴스 차이($z_L' - z_L = j1$)를 구한다. 이 리액턴스는 부하와 직렬로 연결되는 부품의 정규화된 리액턴스 값이다.

6. 리액턴스의 차이에 특성임피던스를 곱하여($Z_0(z_L' - z_L) = j50\,\Omega$) 얻은 크기의 리액턴스 부품을 부하에 직렬로 연결한다.

7. 컨덕턴스 원과 저항의 원이 만나는 교차점을 찾아 어드미턴스 값($y_L' = 0.5 - j0.5$)을 읽고, 단자의 서셉턴스 차이($y_i - y_L' = j1.5$)를 구한다. 이 서셉턴스는 수정된 부하(z_L')에 병렬로 연결되는 부품의 정규화된 서셉턴스 값이다.

8. 서셉턴스 값에 특성임피던스의 역수($1/Z_0$)를 곱하여 얻은 크기의 서셉턴스 부품 ($Y_0(y_i - y_L') = j0.03\,S$)을 병렬로 연결한다.

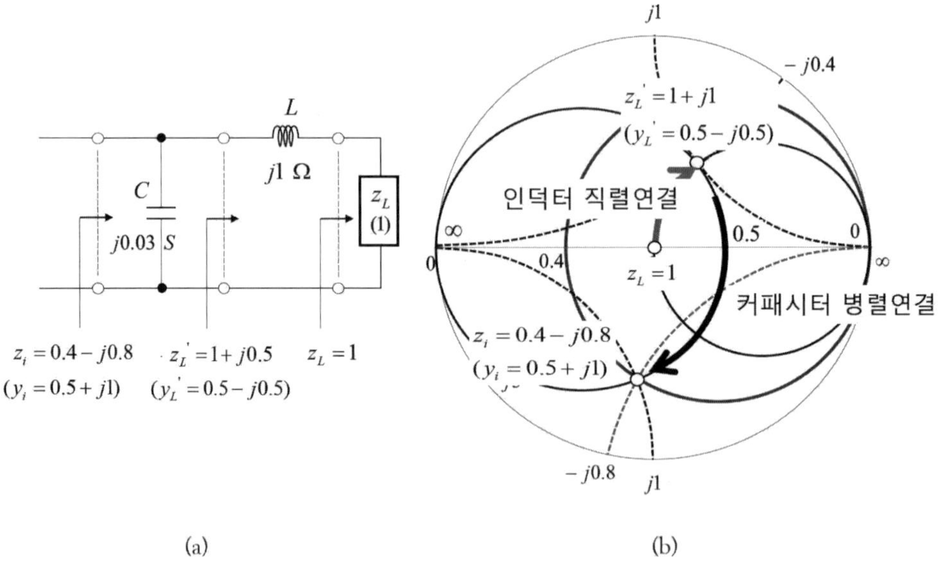

(그림 6.13) 인덕터와 커패시터를 이용한 임피던스 매칭

6.6.2 스텁과 전송선로를 이용한 임피던스 매칭

선로의 길이를 조정하면 스텁의 임피던스가 달라지므로 인덕터와 커패시터를 이용하여 임피던스를 매칭할 수 있는 것처럼 스텁도 필요한 임피던스를 갖도록 하여 연결하면 임피던스를 매칭할 수 있다.

다음은 단락된 스텁과 전송선로를 이용하여 선로의 특성임피던스(Z_0)와 같은 크기의 부하($Z_L = Z_0$)를 매칭하는데 필요한 임피던스($Z_{in} = R_i + jX_i$)가 되도록 전송선로와 스텁을 이용하여 임피던스를 변환하는 과정이다.

1. 부하의 임피던스와 정합할 단자의 임피던스를 어드미턴스로 바꾸고 정규화하여 어드미턴스 스미스 차트($y_L = 1$, $y_i = g_i + jb_i$)에 나타낸다.
2. 어드미턴스 스미스 차트에서 부하의 컨덕턴스와 같은 컨덕턴스 원을 그린다.
3. 정합하고자 하는 단자의 반사계수와 같은 크기의 반사계수 원을 그려 부하의 컨덕턴스 원과 반사계수 원이 만나는 교차점을 찾는다.

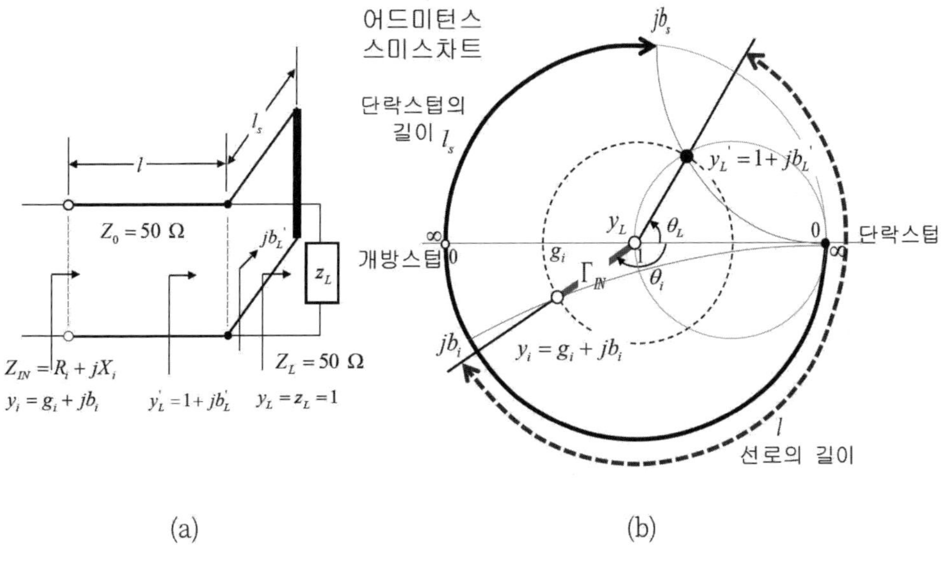

(a) (b)

(그림 6.14) 단락된 스텁과 선로를 이용한 임피던스 매칭

4. 교차점의 어드미턴스($y_L' = 1 + jb_L'$)는 부하(y_L)에 단락된 스텁의 서셉턴스(jb_L')를 더하여 얻은 것이므로 단락스텁의 길이 l_s를 이 값이 되도록 정한다.

5. 부하와 병렬로 길이가 l_s인 스텁을 연결한다.

6. 단자의 반사계수 각과 교차점 반사계수가 나타내는 각의 차이($\theta = \theta_i - \theta_L$)를 구한다. 이 차이는 단자에 연결되는 선로의 길이 l에 해당하는 각이다. ($l = (\theta/2\pi)(\lambda/2)$)

7. 단자와 부하 사이에 길이 l의 선로를 연결한다.

6.7 초고주파 증폭기

6.7.1 회로의 구성과 이득

초고주파에서 사용하는 증폭기 회로의 전계효과 트랜지스터는 빠른 스위칭과 높은 이득 특성을 갖도록 짧은 게이트 길이로 제작하며 GaAs와 같이 전자이동도가 높은 반도체 재료를 이용하거나 더욱 높은 이동도의 채널을 형성하기 위해 AlGaAs/GaAs와 같은 이종접합을 이용하기도 한다. 또 트랜지스터는 내부의 커패시터 성분으로 인해 주파수가 증가에 따라 이득이 감소하기 때문에 커패시터 성분과 저항의 감소를 위해 구조를 달리하여 제작하기도 한다.

트랜지스터에 입력되는 초고주파 신호는 신호원과 트랜지스터의 임피던스가 맞지 않으면 반사되어 입력되지 않을 수 있으며, 트랜지스터에서 증폭된 출력신호도 부하와 연결된 상태에 따라 충분히 전달되지 않을 수 있다. 또 부하에서 반사된 신호가 거꾸로 된 경로를 통해 입력으로 되돌아올 수 있으며 이러한 신호들의 영향으로 증폭기 회로는 발진을 일으킬 수도 있다. 이렇게 신호의 반사나 회로의 발진이 일어나면 트랜지스터의 특성이 우수하더라도 그 효과를 기대할 수 없다. 따라서 트랜지스터에 신호가 잘 입력되고 입력된 신호가 증폭되어 부하에 잘 전달될 수 있도록 입력단과 출력단에서 임피던스를 적절히 매칭시켜야 한다. 이를 위해 신호원과 트랜지스터, 트랜지스터와 부하 사이에 임피던스 매칭을 위한 회로의 접속이 필요하며 매칭(정합)회로는 반사가 일어나지 않도록 하는 회로이다.

(그림 6.15)는 초고주파 증폭기의 구성이다. 트랜지스터의 전단부에는 신호원과 트랜지스터의 임피던스를 매칭하기 위한 입력 매칭회로가 있으며 출력단에는 트랜지스터와 부하의 임피던스를 정합하기 위한 출력 매칭회로가 있다. 이 회로들은 신호가 잘 전달되도록 할 뿐 아니라 회로가 발진하지 않고 안정한 상태에서 동작하도록 한다.

초고주파 영역에서 트랜지스터의 특성은 앞에서 나타낸 S-파라미터를 이용하여 나타내는데 S-파라미터는 필요한 주파수의 신호를 트랜지스터에 입력하고 정해진 조건에서 트랜지스터의 입력단과 출력단에 나타나는 신호를 측정하여 구한다. S-파라미터의 s_{11}은 입력단에서 입력된 신호가 반사되는 비이며 s_{22}는 출력단에서 신호가 반사되는 비, s_{21}은 신호가 순방향으로 전달되는 비, s_{12}은 신호가 역방향으로 전달되는 비와 같다. 트랜지스터는 s_{21}이 크고 s_{12}는 작아서 입력된 신호를 증폭하되 역방향으로는 신호가 잘 전달되지 않는 특성을 갖는다.

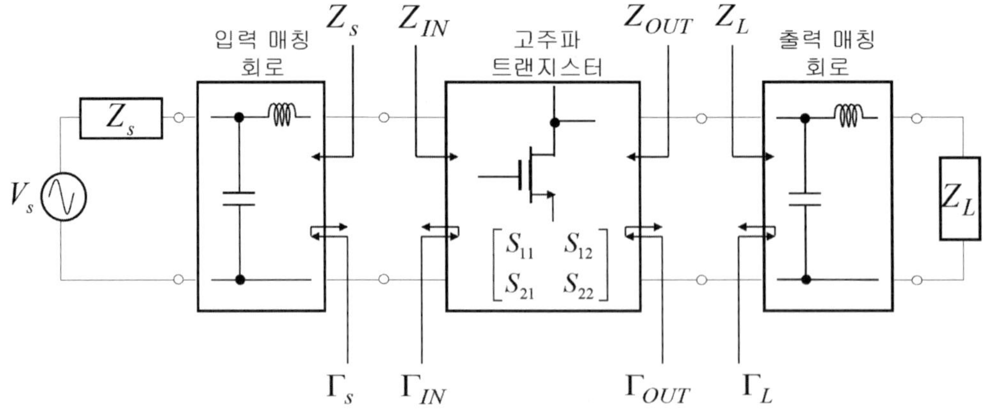

(6.15) 초고주파 증폭기의 회로

트랜지스터에 입력된 신호는 s_{21} 만큼 증폭되어 출력되고 이 신호는 부하로 전달된다. 이때 트랜지스터에서 출력된 신호가 부하에서 반사될 수 있으므로 트랜지스터의 출력과 입력의 역방향 경로가 분리되어 있지 않으면 부하에서 되돌아 나온 신호가 트랜지스터를 통해 입력으로 되돌아가 입력과 출력에 영향을 미친다. (그림)에서 신호원의 반사계수가 Γ_S, 부하의 반사계수가 Γ_L이므로 트랜지스터의 S-파라미터와 반사계수, 전달되는 경로를 고려하여 신호들 사이의 관계를 나타내면 입력 반사계수(Γ_{IN})와 출력 반사계수(Γ_{OUT})는 각각 다음과 같다.

$$\Gamma_{IN} = s_{11} + \frac{s_{12}s_{21}\Gamma_L}{1 - s_{22}\Gamma_L}$$

$$\Gamma_{OUT} = s_{22} + \frac{s_{12}s_{21}\Gamma_s}{1 - s_{11}\Gamma_s}$$

이 식에서 역방향 경로의 파라미터인 s_{12}가 0이면 Γ_{IN}은 s_{11}과 같고 Γ_{OUT}은 s_{22} 와 같다.

초고주파 증폭기의 회로는 (그림 6.16)과 같이 신호원인 소스와 부하 사이에 증폭기가 있으므로 입력과 출력의 상태, 회로의 구성과 동작 주파수에 따라 신호가 반사될 수 있으며 이득도 달라지기 때문에 필요에 따라 이득을 전달전력이득(transmission power gain, G_T), 동작전력이득(operating power gain, G_P), 가용전력이득(available power gain, G_A) 등과 같이 여러 가지로 구분하여 나타낸다.

전달전력이득은 부하에 유도된 전력(load power, P_L)과 소스에서 얻을 수 있는 전력(available source power, P_{AVS})의 비이며, 동작전력이득은 부하에 유도된 전력과 회로에 입력된 전력(P_{IN})의 비, 가용전력이득은 회로에서 얻을 수 있는 전력(available network power gain, P_{AVN})과 소스에서 얻을 수 있는 전력과의 비이다.

$$G_T = \frac{P_L}{P_{AVS}} = \frac{\text{부하에 유도된 전력}}{\text{소스에서 얻을 수 있는 전력}}$$

$$G_P = \frac{P_L}{P_{IN}} = \frac{\text{부하에 유도된 전력}}{\text{회로에 입력된 전력}}$$

$$G_A = \frac{P_{AVN}}{P_{AVS}} = \frac{\text{회로에서 얻을 수 있는 전력}}{\text{소스에서 얻을 수 있는 전력}}$$

입력의 반사계수와 신호원인 소스의 반사계수가 공액으로 매칭되면 소스에서 얻을 수 있는 모든 전력이 입력되므로 전달전력이득 G_T는 입력이 매칭되었을 때 전력이득을 나타내며, 부하의 반사계수와 출력의 반사계수가 서로 공액이면 회로에서 얻을 수 있는 모든 전력이 부하에 전달되므로 가용전력이득 G_A는 입력과 출력이 모두 매칭되었을 때 전력이득이다.

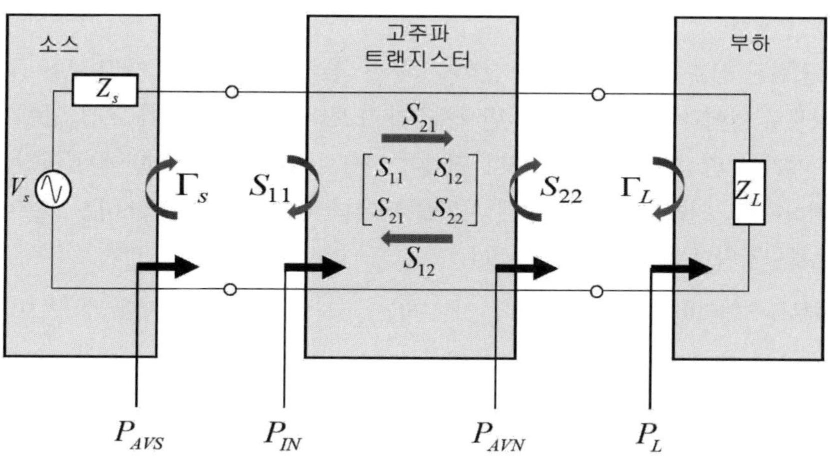

(그림 6.16) 증폭기 회로의 전력 구분

회로에서 출력이 입력에 영향을 미치지 않는 조건($s_{12}=0$)에서 전달이득은 입력회로의 영향을 받는 부분과 트랜지스터의 전달특성, 출력 회로의 영향을 받는 세 부분으로 구분된다. 구분된 각 영역의 이득을 각각 소스이득(G_S), 트랜지스터 고유이득(G_o), 부하이득(G_L)으로 나타내면 회로 전체의 전달이득은 이들의 곱이다.

소스이득은 소스반사계수와 입력반사계수가 공액일 때($\Gamma_S = s_{11}^*$) 최대가 된다. 따라서 가장 큰 이득을 얻을 수 있는 상태는 소스반사계수 평면에서 한 점으로 표시될 수 있으며 일정한 이득을 나타내는 입력반사계수의 변화를 원으로 나타낼 수 있다.

이와 마찬가지로 부하이득을 나타낼 수 있는데, 부하이득이 최대가 되는 조건은 $\Gamma_L = s_{22}^*$이며 부하반사계수에서 한 점이 된다. 따라서 부하반사계수에 따라 이득이 변하며 이득이 일정한 반사계수의 궤적도 원으로 나타낼 수 있다.

이러한 조건들을 이용하면 원하는 이득을 가진 증폭기의 전체 회로를 구성할 수 있다.

6.7.2 증폭기의 안정과 이득

증폭기에서 출력되는 신호는 원래의 신호보다 매우 크다. 따라서 역방향 경로가 충분히 분리되어 있지 않으면 출력된 신호가 입력단으로 전달되어 반사된 신호와 함께 신호원으로 되돌아가 발진을 일으키는 원인이 되기 때문에 증폭기는 발진이 일어나지 않는 안정한 상태에서 동작해야 한다.

회로는 입력된 신호에 비해 반사된 신호가 더 큰 경우, 즉 반사계수가 '1'보다 클 때 발진이 일어나므로 입력과 출력에서 모두 반사계수가 '1'보다 작으면 회로가 조건 없이 안정하다. 증폭기의 설계는 안정한 상태가 기준이 되어야 하므로 입력단과 출력단에서 안정한 상태의 범위를 정하여 그 안에서 필요한 설계 사양을 맞춘다. (그림 6.17)은 스미스 차트에 도식된 입력과 출력안정원의 예를 나타낸 것이다.

입력단에서는 입력반사계수가 '1'보다 작으면($\Gamma_{IN} < 1$) 회로가 안정할 수 있으며 '1'보다 크면($\Gamma_{IN} > 1$) 불안정할 수 있으므로 입력반사계수가 '1'인 상태는($\Gamma_{IN} = 1$) 안정한 상태와 불안정한 상태를 구분하는 경계가 된다.

Γ_{IN}이 '1'인 상태를 부하반사계수 Γ_L 평면에 나타내면 (그림 6.17)의 (a)의 반경이 r_L이고

원점의 위치가 c_L인 원의 궤적과 같다. Γ_{IN} 이 s_{11}을 포함하고 있으므로 s_{11}이 '1'보다 작으면 Γ_L이 '0'인 상태는($\Gamma_L = 0$) 부하반사계수 평면에서 원점이고 이때 Γ_{IN}이 '1'보다 작으므로($\Gamma_N < 1$) 원점을 포함한 원의 바깥쪽 영역이 안정한 상태를 나타내며 원의 안쪽 영역이 불안정한 상태를 나타내는 영역이다. 이처럼 부하반사계수 평면에서 Γ_{IN}이 '1'인 원은 안정한 범위를 구분하는 기준이 되기 때문에 출력안정원이라고 한다.

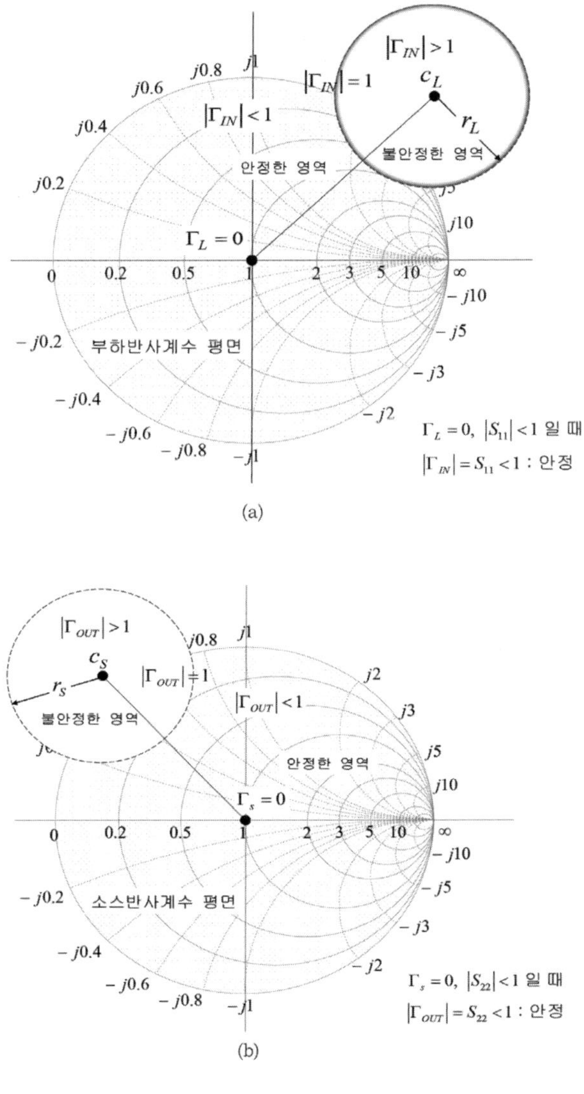

(그림 6.17) 부하반사계수 평면의 출력안정원(a)과 소스반사계수 평면의 입력안정원(b)

출력단의 안정한 범위는 소스의 반사계수 평면에 나타낼 수 있으며 $\Gamma_{OUT} < 1$인 조건이다. Γ_{OUT}이 '1'인 상태($\Gamma_{OUT} = 1$)를 소스반사계수인 Γ_S 평면에 나타내면 부하반사계수 평면에서 원을 그렸던 것처럼 소스반사계수 평면에서도 (b)와 같이 반경이 r_S이고 원점의 위치가 c_S인 원의 궤적을 그린다. 이 원은 소스반사계수의 안정한 범위를 나타내는 경계이다. 입력단이 매칭된 상태는 Γ_S가 '0'이고 소스반사계수 평면에서 원점이다. 이때 s_{22}가 '1'보다 작으면 Γ_{OUT}과 s_{22}가 같으며($\Gamma_{OUT} = s_{22}$) 입력단이 매칭된 상태인 원점은 안정하다고 볼 수 있다. 따라서 소스반사계수 평면에서 Γ_{OUT}이 '1'인 원($\Gamma_{OUT} = 1$)을 입력안정원이라고 하며 이 원은 안정, 또는 불안정한 영역을 구분한다.

증폭기는 입력과 출력이 모두 안정한 상태에서 동작해야 하므로 출력안정원과 입력안정원은 증폭기 설계의 기준이 된다.

참고문헌

1. G. Gonzalez, Microwave Transistor Amplifiers Analysis and Design, 2nd ed., Prentice-Hall Inc., 1997
2. D. M. Pozar, Microwave and RF Design of Wireless Systems, John Wiley & Sons, Inc., 2001
3. G. D. Vendelin, A. M. Pavio, and U. L. Rohde, Microwave Circuit Design Using Linear and Nonlinear Techniques, 2nd ed., John Wiley & Sons, Inc., 2005
4. K. Chang, Microwave Solid-State Circuits and Applications, John Wiley & Sons, Inc., 1994

물리량의 표현과 상수, 반도체의 특성

1. 기본 물리량

물리량	일반적인 표현	기호	기본 물리량의 조합
길이 (Length)	l	m	
질량 (Mass)	m	kg	
시간 (Time)	t	s	
온도 (Temperature)	T	K	
전류 (Current)	I, i	A	
주파수 (Frequency)	f	Hz	
힘 (Force)	F	N	kg-m/s^2 (질량-가속도의 곱)
압력 (Pressure)	p	Pa	N/m (단위면적당 힘)
에너지 (Energy)	W	J	N-m (힘의 이동)
전압 (Electric Potential)	V, v	V	J/C (전하량 당 에너지)
전력 (Power)	P	W	J/s (에너지의 시간 변화)
전하량 (Charge)	Q	C	A-s (전류-시간의 곱)
저항율 (Resistance)	R	Ω	V/A (전압과 전류의 비)
도전율 (Conductance)	S	S	A/V (전류와 전압의 비)
용량 (Capacitance)	C	F	C/V (전압당 전하량)
자속 (Magnetic Flux)	ϕ	Wb	V-s (전압-시간의 곱)
자기량 (Inductance)	L	H	Wb/A (자속과 전류의 비)
자속밀도 (Magnetic Induction)	B	T	Wb/m^2 (면적당 자속)
속도(Velocity)	v	m/s	m/s (시간당 위치 변화)
가속도 (Acceleration)	a	m/s^2	m/s^2 (시간당 속도 변화)

2. 기본 물리 상수

물리량	일반적인 표현	단위	기본 물리량의 조합
전자전하량	q	C	$1.60218 \times 10^{-19}\ C$
전자의 질량	m_0	kg	$0.91095 \times 10^{-30}\ kg$
전자의 에너지	e	eV	$1.60218 \times 10^{-19}\ J$ $23.053\ kcal/mol$
아보가드로 상수	N	/mol	$6.02204 \times 10^{23}/mol$
볼쯔만 상수	k	J/K	$1.38066 \times 10^{-23}\ J/K$
플랑크 상수	h	J-s	$6.62617 \times 10^{-34}\ Js$
진공에서 유전율	ϵ_0	F/cm	$8.85418 \times 10^{-12}\ F/m$
진공에서 투자율	μ_0	H/cm	$1.25663 \times 10^{-6}\ H/m$
광속	c	m/s	$2.99792 \times 10^{8}\ m/s$
열전압($300^o C$)	$V_T,\ kT/q$	V	$0.0259\ V$

3. 여러 가지 반도체의 물리적, 전기적 성질

성질(단위) / 반도체	Ge	Si	GaAs
결정구조	Diamond	Diamond	Zincblende
원자수(/cm^3)	4.42x10^{22}	5.0x10^{22}	4.42x10^{22}
원자량	72.6	28.09	144.63
항복 전계(V/m)	~1x10^5	~3x10^5	~4x10^5
밀도(g/cm^3)	5.3267	2.328	5.32
전도대의 유효상태밀도, Nc(/cm^3)	1.04x10^{19}	2.8x10^{19}	4.7x10^{17}
가전자대의 유효상태밀도, Nv(/cm^3)	6.0x10^{18}	1.04x10^{19}	7.0x10^{17}
전자친화력, X(V)	4	4.05	4.07
에너지갭(300K)	0.66	1.02	1.44
진성캐리어농도(/cm^3)	2.4x10^{13}	1.45x10^{10}	1.79x10^6
고유저항(Ω-cm)	47	2.3x10^5	1x10^8
격자상수(A)	5.64613	5.43095	5.6533
소수캐리어 수명(s)	1x10^{-3}	2.5x10^{-3}	~x10^{-8}
전자이동도(cm^2/V.s)	3900	1500	8900
홀이동도(cm^2/V.s)	1900	450	400
열전도율,300K(W/cm-C)	0.6	1.5	0.46
열확산계수(cm^2/s)	0.36	0.9	0.44

문제풀이 및 해답

1.1

$$v_{a'b} = \frac{6//(4+2)}{7+6//(4+2)} v_{ab} = \frac{3}{7+3} 10 = 3\ V$$

1.2

$$v_1 = (10m)(\frac{5}{5+5}) = 5\ mV$$

$$v_{ab} = -(100v_1)(10//20) = -(100)(5m)(\frac{10\times 20}{10+20}) = -\frac{1}{3}\ V$$

1.3

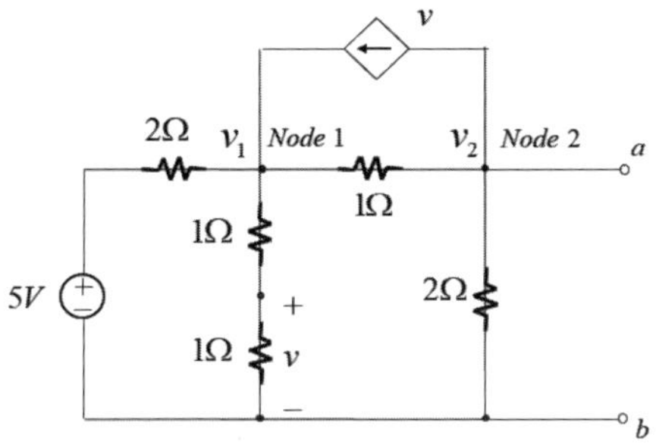

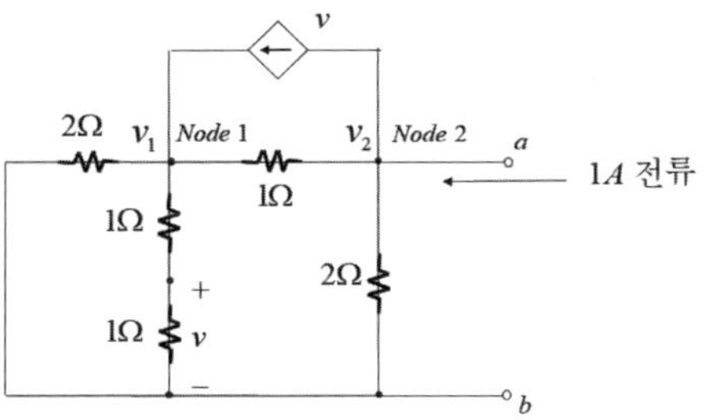

그림의 회로에서 개방회로 전압은

$$\frac{2v-5}{2} + \frac{2v}{2} - v + \frac{2v-v_2}{1} = 0 \ \rightarrow\ 4v - v_2 = 5$$

$$v + \frac{v_2-2v}{1} + \frac{v_2}{2} = 0 \ \rightarrow\ 4v = 5v_2$$

개방회로 전압 $v_o = v_2$이므로 두 식으로부터 테브난 등가전압은,

$$v_{th} = \frac{5}{4} V$$

독립전원을 제거하고 노드1과, 노드 2에서 KCL 적용

$$\frac{2v}{2} + \frac{2v}{2} - v + \frac{2v-v_2}{1} = 0$$

$$v + \frac{v_2-2v}{1} + \frac{v_2}{2} = 1$$

식을 정리하면

$$v_2 = 4v$$

$$3v_2 - 2v = 1$$

$$v_2 = 1$$

v_2를 테스트전류로 나누면 $R_{th} = 1\ \Omega$을 얻는다.

1.4

직렬연결된 인덕터의 총 인덕턴스

$$L_T = L_1 + L_2 + L_3$$

병렬연결된 인덕터의 총 인덕턴스

$$L_T = 1/(\frac{1}{L_1} + \frac{1}{L_2} + \frac{1}{L_3})$$

2.1

전기신호는 다른 신호로 쉽게 변환이 가능하고 전선을 통해 멀리 전달할 수 있으며 전자파의 형태로 공간으로 전파될 수 있다.

2.2

$$2^4 = 16$$

16 단계로 구분된다.

2.3

파장

$$\lambda = \frac{v}{f} = \frac{3\times 10^8}{1\times 10^9} = 0.3\ m$$

2.4

부품의 특성이 제한된 범위 내에서 선형적이기 때문이다.

3.1

Si, Ge, GaAs, InP, GaN, GaP GaInAs, AlGaN 등

3.2

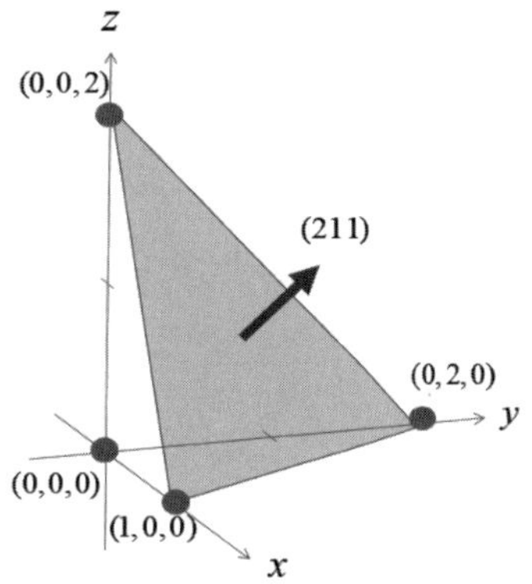

3.3

활성화에너지가 낮으면 도핑된 원자가 쉽게 활성화되어 캐리어를 만들기 때문이다.

3.4

p형 도펀트:

$B(0.045\ eV),\ Al(0.067\ eV),\ Ga(0.072\ eV)$

n형 도펀트:

$P(0.045\ eV),\ As(0.054\ eV),\ Sb(0.039\ eV)$

3.5

p형과 n형 영역의 전하량이 같으므로 도핑농도가 적은 p형 영역의 공핍층이 넓다.

3.6

쇼트키접합은 금속과 한 종류의 반도체가 접합되어 형성되기 때문에 접합되는 반도체의 타입에 따라 한 종류의 캐리어가 있다. 따라서 다이오드에 가하는 전압의 극성이 바뀔 때 소수캐리어를 보상할 필요가 없다.

3.7

부하의 최대전압,

$V_{OP} = V_p - V_{D0} = 100 - 0.7 = 99.3\ V$

부하의 최대전류,

$$I_{OP} = \frac{V_{OP}}{r_D + R_L} = \frac{99.3}{10+10} = 4.965\ A$$

최대 역전압,

$V_{R,\max} = 2V_P - V_{D0} = 200 - 0.7 = 199.3\ V$

3.8

$RC = (10\mu)(100k) = 1s$, $T = 1/60 = 16.6\ ms$이므로 리플전압

$$V_r = \frac{V_p}{2fRC} = \frac{100}{2(60)(100k)(10\mu)} = 0.833\ V$$

3.9

출력전압 $v_O = v_A - V_{D0} = 5 - 0.7 = 4.3\ V$

전류 i

$$i = \frac{v_O}{R_L} = \frac{4.3}{1k} = 4.3\ mA$$

3.10

드레인 전류 식으로부터

$$I_D = \frac{1}{2}\mu_p C_{ox}(\frac{W}{L})(|v_{GS}| - |V_t|)^2$$

$$= \frac{1}{2}(400\times 10^4)(15\times 10^{-15})(\frac{10}{1})(|-5| - |-1|)^2$$

$$= 64\times 10^{-4} = 6.4\ mA$$

3.11

$V_G = 0V,\ V_D = 10V$이므로 $V_{GD} = -10\ V$

$V_{GS} = 0 - (-10 + (1k)I_D) = 10 - (1k)I_D$

포화상태를 가정하면,

$$I_D = \frac{1}{2}(100\mu)(2)(10 - (1k)I_D - 1)^2$$

이차방정식으로부터 $I_D = 24.7\ mA$, $3.276\ mA$의 두 해를 얻는다. $24.7\ mA$는 동작 조건에 맞지 않으므로, $I_D = 3.276\ mA$ 드레인 전류를 이용하여

$V_{GS} = 0 - (-10 + (1k)(3.276m)) = 6.724\ V,$

$V_S = -6.724\ V$

$V_{GD} = -10\ V$이므로 가정한 포화상태를 만족한다.

$1\ M\Omega$ 저항의 전류

$= \dfrac{10-0}{1M} = 10\ \mu A$

$2\ M\Omega$ 저항에는 전류가 흐르지 않는다. $(\dfrac{0-0}{1M} = 0\ A)$

3.12

회로에서 Q_1의 드레인 전압과 게이트-소스 전압은

$V_{D1} = 5 - R_m I_{D1} = 5 - (1k)I_D$

$V_{GS} = 5 - (1k)I_D - (-5) = 10 - (1k)I_D$

$I_D = \dfrac{1}{2}(100\mu)(10)(10 - (1k)I_D - 1)^2$

$= (500\mu)(9 - (1k)I_D)^2$

방정식을 풀면 드레인전류 $I_D = 19.06\ mA,\ 0.945\ mA$를 얻는다. 이 중 $19.5\ mA$는 트랜지스터의 동작 조건에 맞지 않으므로 드레인 전류는

$I_D = 0.945\ mA$

드레인 전류가 W/L의 비에 비례하므로 Q_2의 드레인 전류를 2배로 하기 위한 게이트 폭은

$W_2 = 20\ \mu m$

3.13

에미터에서 컬렉터를 향해 흐르며 컬렉터 전류가 에미터 전류보다 크다.

3.14

NMOS 트랜지스터	npn 바이폴라 트랜지스터
차단영역	차단영역
트라이오드영역	
포화영역	활성영역
	역활성영역

3.15

베이스 전압은 전압분배로부터

$V_B = \dfrac{100k}{100k + 100k} 5 = 2.5\ V$

활성영역을 가정하면 $V_{BE} = 0.7\ V$이므로

$V_E = 2.5 - 0.7 = 1.8\ V$

$I_E = \dfrac{V_E}{3k} = \dfrac{1.8}{3k} = 0.6\ mA$

$I_C = \dfrac{I_E}{1+\beta} = \dfrac{0.6m}{1+100} = 0.594\ mA$

$V_C = 5 - (3k)I_C = 5 - (3k)(0.594) = 3.218\ V$

$I_B = \dfrac{I_C}{\beta} = \dfrac{0.594m}{100} = 5.94\ \mu A$

$V_{BC} = 1.8 - 3.218 = -1.418 < 0.4\ V$이므로 활성영역에서 동작한다.

4.1

포화상태에서 동작하는 입력의 최대전압은

$v_{GD} = V_t = 1\ V$

$v_G - (15 - (v_G - 1)^2) = 1$

방정식을 풀면 $v_G = 4.4\ V,\ -3.41\ V$이며 $-3.41\ V$는 동작조건에 맞지 않으므로

$v_G = 3 + v_{s,\max} = 4.4\ V$

$v_{ig,\max} = 4.4 - 3 = 1.4\ V$

4.2

$v_i/v_s = 0.99$이므로

$\dfrac{1}{1 + 1/j\omega CR_i} = 0.99$

$C = \dfrac{1}{0.01}\dfrac{0.99}{(2\pi \times 10^5)(10^6)} = 157.6 \times 10^{-12} = 157.6\ pF$

4.3

그림의 회로에서 각 증폭단의 입력전압과 최종단의 출력전압

$$v_{i1} = v_s \frac{R_{i1}}{R_s + R_{i1}}, \quad v_{i2} = A_{v1} v_{i1} \frac{R_{i2}}{R_{o1} + R_{i2}},$$

$$v_{i3} = A_{v2} v_{i2} \frac{R_{i3}}{R_{o2} + R_{i3}}$$

$$v_o = A_{v3} v_{i3} \frac{R_L}{R_{o3} + R_L}$$

$$\frac{v_o}{v_s} = \frac{v_{i1}}{v_s} \frac{v_{i2}}{v_{i1}} \frac{v_{i3}}{v_{i2}} \frac{v_o}{v_{i3}}$$

$$= \frac{100k}{10k+100k} \frac{(50)100k}{50k+100k} \frac{(-100)100k}{10k+100k} \frac{(1)500}{50+500}$$

$$= (-5000)(0.909)(0.667)(0.909)(0.909)$$

$$= -2504 \ V/V$$

4.4

차동출력 이득의 1/2

4.5

트랜지스터의 드레인 전류 $I_D = I/2 = 1/2 \ mA$이므로 오버드라이브 전압은

$$I \frac{1}{2}(1m)(V_{OV})^2 = \frac{1}{2} \ m, \quad V_{OV} = \sqrt{2} \ V$$

차동신호의 범위는 $\pm \sqrt{2} \ V_{OV}$이내 이므로

$-1 \ V < v_d < 1 \ V$

4.6

$$A_d = g_m R = (10m)(10k) = 100 \ V/V$$

$$A_{cm} = \frac{R}{2R_S}\left(\frac{\Delta R}{R}\right) = \frac{10k}{2(100k)} \frac{0.1k}{10k}$$

$$= (0.05)(0.01) = 5 \times 10^{-4} \ V/V$$

$$CMRR = \frac{A_d}{A_{cm}} = \frac{100}{5 \times 10^{-4}} = 2 \times 10^5 \ V/V$$

$$CMRR(dB) = 20\log(2 \times 10^5) = 106 \ dB$$

4.7

	이상적 연산 증폭기	실제 연산 증폭기	
개방회로이득	∞	$\sim 10^6$	부품의 이득특성이 유한하다.
입력저항	0	$\sim 2 \ M\Omega$	누설전류, 바이어스전류가 흐른다.
신호의 크기	∞	$\sim 13 \ V$	부품의 동작범위가 제한되어 있다.
출력저항	0	$\sim 75 \ \Omega$	부품의 저항을 갖는다.
대역폭		신호의 주파수에 따라 다르다	

4.8

$$\frac{v_o}{v_i} = -100 = -\frac{R_2/R_1}{1 + \frac{1}{10^4}\left(1 + \frac{R_2}{R_1}\right)}$$

$R_2/R_1 = 100.02$이므로 $R_1 = 1 \ k\Omega$으로 정하면

$R_1 = 1 \ k\Omega$

$R_2 = 100.02 \ k\Omega$

4.9

비반전 연산증폭기 회로의 이득 식으로부터

$$\frac{v_o}{v_i} = \frac{1 + R_2/R_1}{1 + \frac{1}{10^4}\left(1 + \frac{R_2}{R_1}\right)} = \frac{1 + 50k/1k}{1 + \frac{1}{10^4}\left(1 + \frac{50k}{1k}\right)} = 50.74 \ V/V$$

4.10

커패시터에 흐르는 전류

$$i_C = \frac{v_i - 0}{R} + i^- = \frac{1}{1M} + 10n = 1.01 \ \mu A$$

출력전압,

$$v_o = -\frac{1}{C}\int_0^{10} i dt = -\frac{1}{1\mu}\int_0^{10} (1.01 \times 10^{-6}) dt$$

$$= -1.01 t|_0^{10} = -10.01 \ V$$

4.11

활성영역에서 동작하므로 $V_{BE} = 0.7 \ V$

$$i_C = I_S e^{v_{BE}/V_T} = (1p) e^{0.7/0.025} = 1.446 \ mA$$

출력전압

$$V_C = V_{CC} - I_C R_C = 15 - (1.446m)(5k) = 7.77\ V$$

베이스 전류와 β

$$I_B = \frac{3-0.7}{100k} = 0.023\ mA$$

$$\beta = \frac{I_C}{I_B} = \frac{1.446m}{0.023m} = 62.9$$

4.12

$$r_\pi = \beta\frac{V_T}{I_C} = 100\frac{25m}{10m} = 250\ \Omega$$

$$r_e = \frac{r_\pi}{1+\beta} = \frac{250}{1+100} = 2.475\ \Omega$$

$$g_m = \frac{I_C}{V_T} = \frac{10m}{25m} = 0.4\ S$$

4.13

$$r_\pi = \beta\frac{V_T}{I_C} = 100\frac{25m}{10m} = 250\ \Omega$$

$$g_m = \frac{I_C}{V_T} = \frac{10m}{25m} = 0.4\ S$$

$$A_v = \frac{v_o}{v_\pi} - g_m(r_o//R_C//R_L)$$

$$= -(0.4)(100k//10k//10k) = 1905\ V/V$$

$$\frac{v_\pi}{v_s} = \frac{250}{1k+250} = 0.2\ V/V$$

$$G_v = \frac{v_\pi}{v_s}\frac{v_o}{v_\pi} = (-1905)(0.2) = -381\ V/V$$

4.14

$$r_\pi = \beta\frac{V_T}{I_C} = 100\frac{25m}{1m} = 2500\ \Omega$$

$$r_e = \frac{r_\pi}{1+\beta} = \frac{2500}{1+100} = 24.75\ \Omega$$

$$g_m = \frac{I_C}{V_T} = \frac{1m}{25m} = 0.04\ S$$

$$A_v = \frac{v_o}{v_i} = -\frac{g_m(R_C//R_L)}{1+g_m R_e} = -\frac{(0.04)(1k//1k)}{1+(0.04)(100)} = -4\ V/V$$

$$G_v = \frac{v_i}{v_s}\frac{v_o}{v_i} = -\frac{(1+\beta)(r_e+R_e)}{R_s+(1+\beta)(r_e+R_e)}\frac{g_m(R_C//R_L)}{1+g_m R_e}$$

$$= -\frac{(1+100)(25+100)}{50+(1+100)(25+100)}\frac{(0.04)(1k//1k)}{1+(0.04)(100)} \approx -4\ V/V$$

4.15

접속방법 \ 특성	공통에미터 접속	공통베이스 접속
이득의 위상	반전증폭	비반전증폭
입력저항	r_π (크다)	(작다)
출력저항	$\sim R_C$	$\sim R_C$
이득	$-g_m(R_C//R_L)$	$g_m(R_C//R_L)$

4.16

$$r_\pi = \beta\frac{V_T}{I_C} = 100\frac{25m}{1m} = 2500\ \Omega$$

$$r_e = \frac{r_\pi}{1+\beta} = \frac{2500}{1+100} = 24.75 \approx 25\ \Omega$$

$$R_i = (1+\beta)(r_e+R_L) = (1+100)(25+1k) = 103.5\ k\Omega$$

$$R_o \approx r_e = 25\ \Omega$$

$$A_v = \frac{R_L}{r_e+R_L} = \frac{1k}{25+1k} = 0.976\ V/V$$

4.17

시정수 $\tau = RC = (1k)(1\mu) = 1\ ms$

3dB 주파수 $\omega_{3dB} = \frac{1}{RC} = 1000\ rad/s$

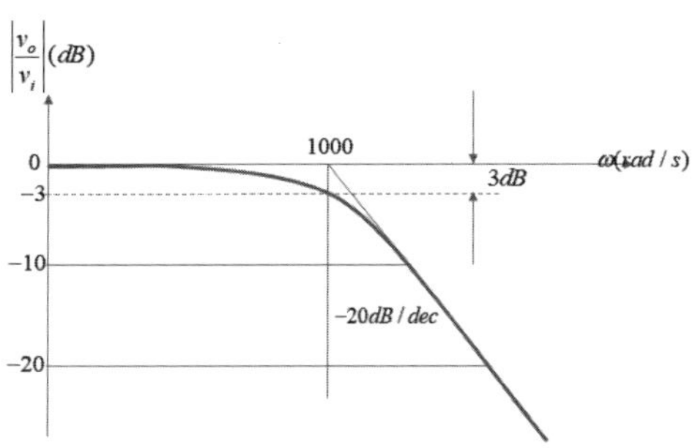

4.18

등가 커패시턴스 $C_{eq}=1/(\frac{1}{C}+\frac{1}{C})=\frac{1}{2}C=0.2\ \mu F$

시정수 $\tau=RC=(1k)(0.2\mu)=0.2\ ms$

3dB 주파수 $\omega_{3dB}=\frac{1}{RC}=5000\ rad/s$

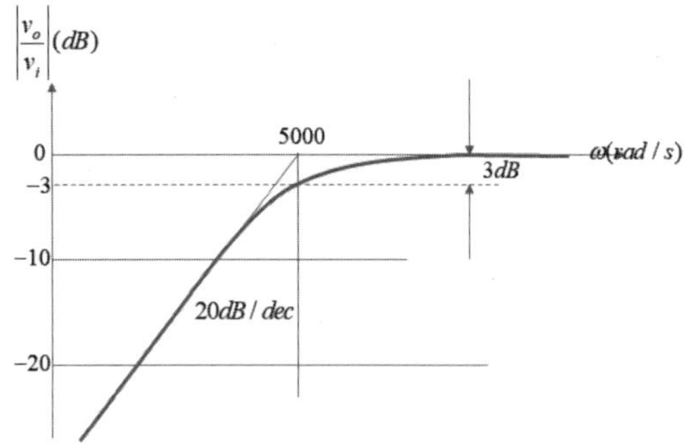

4.19

$$A=\frac{10^5(j\omega+10^2)}{(j\omega+10^3)(j\omega+10^5)}$$

$$=\frac{10^7(1+j\omega/10^2)}{10^3(1+j\omega/10^3)10^5(1+j\omega/10^5)}$$

$$=10^{-1}\frac{(1+j\omega/10^2)}{(1+j\omega/10^3)(1+j\omega/10^5)}$$

$$20\log A=-20+20\log(1+\frac{j\omega}{10^2})-20\log(1+\frac{j\omega}{10^3})-20\log(1+\frac{j\omega}{10^5})$$

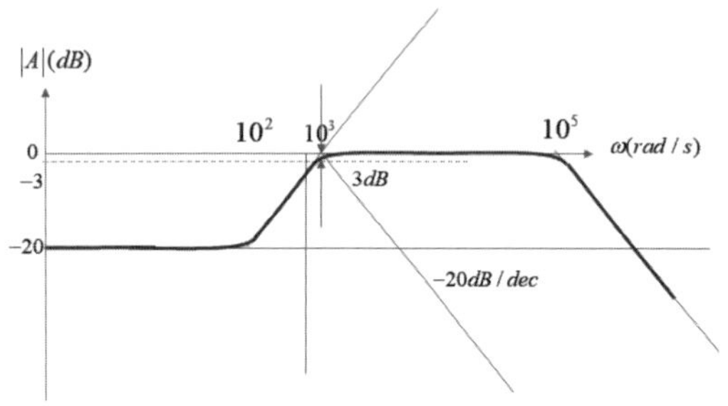

4.20

dc 이득,

$A_v=-g_mR_L'=-(10m)(100k//10k//10k)$

$=-476.6\ V/V$

등가의 입력 커패시턴스,

$C_i=C_{gs}+C_{gd}(1+g_mR_L')$

$=10p+0.1p(1+476.6)=57.66\ pF$

커패시터에서 본 저항,

$R_s//R_G=100k//1M=90.9\ k\Omega$

극점주파수,

$$\omega_1=\frac{1}{(57.66p)(90.9k)}=1.908\times10^5 rad/s,\ f_1=30.38\ kHz$$

$$\omega_2=\frac{1}{(0.1p)(47.6k)}=2.1\times10^8 rad/s,\ f_2=33.4\ MHz$$

$\omega_1\ll\omega_2$ 이므로 3dB 주파수는 30.38 kHz

4.21

(식)으로부터

$$\omega_1=\frac{1}{(10p)(10k//\frac{1}{2m})}=2.1\times10^8 rad/s,\ f_1=33.4\ MHz$$

$$\omega_2=\frac{1}{(10p+10p)(10k//10k)}=1\times10^7 rad/s,\ f_2=1.59\ MHz$$

$\omega_2\ll\omega$ 이므로 3dB 주파수는 1.59 MHz

4.22

$A=5\times10^3,\ 5\times10^5,\ \beta=0.01$ 이므로

$$\frac{v_o}{v_s}=\frac{A}{1+A\beta}$$

$$\frac{v_o}{v_s}=\frac{5000}{1+(5000)(0.01)}=98.04$$

$$\frac{v_o}{v_s}=\frac{5\times10^5}{1+(5\times10^5)(0.01)}\approx100=\frac{1}{\beta}$$

5.1

평균전류

$$I_{avg}=\frac{1+0}{2}=\frac{1}{2}\ mA$$

게이트당 소비전력

$P_{D,avg}=VI_{avg}=(5)(0.5m)=2.5\ mA$

총 소비전력(5 NAND)

$5 \times 2.5m = 12.5\ mW$

5.2

$$NM_H = NM_L = \frac{1}{8}(3V_{DD} + 2V_t)$$

$$= \frac{1}{8}(3 \times 5 + 2 \times 1) = \frac{17}{8}\ V$$

$$NM_L = V_{IL} - V_{OL} = \frac{1}{8}(3V_{DD} + 2V_t)$$

5.3

동적 전력소모

$$P_{dynamic} = fCV_{DD}^2 = (100M)(1p)(5^2) = 2.5\ mW$$

6.1

s_{21}은 입력된 신호가 전달되어 출력되는 비율로 이득을 나타내고 s_{12}는 출력이 입력에 미치는 영향을 나타내므로 s_{21}이 크면 이득을 높이지만 s_{12}가 크면 회로를 불안정하게 하는 요인이 된다.

찾아보기

반도체소자와 전자회로

지은이 양전욱
펴낸이 양오봉
펴낸곳 패스메이커

초판 1쇄 인쇄 2023. 9. 5.
초판 1쇄 발행 2023. 9. 10.

패스메이커 전라북도 전주시 완산구 어진길 32 (풍남동2가)
전화 (063) 219-5319~5322
FAX (063) 219-5323
출판등록 2012년 8월 20일 제465-2012-000021호

값 28,000원

ISBN 979-11-6372-208-3 93420

· '패스메이커'는 전북대학교출판문화원의 임프린트입니다.